Hermann Heinzel · Richard Fitter · John Parslow

Pareys Vogelbuch

Alle Vögel Europas, Nordafrikas
und des Mittleren Ostens

Übersetzt und
bearbeitet von

Prof. Dr. G. Niethammer und Dr. H. E. Wolters
Zoologisches Forschungsinstitut und Museum Alexander Koenig, Bonn

Mit 2255 farbigen Einzeldarstellungen
und 585 farbigen Verbreitungskarten

VERLAG PAUL PAREY · HAMBURG UND BERLIN

Die Originalausgabe erschien unter dem Titel

THE BIRDS OF BRITAIN AND EUROPE
with North Africa and the Middle East

im Verlag Collins Publishers, London

ISBN 3490 03018 4

 Printed in Germany by Kleins Druck- und Verlagsanstalt GmbH, Lengerich (Westfalen). Umschlag: Jan Buchholz und Reni Hinsch, Hamburg. Lithographie und Druck der Farbtafeln: F. E. Bording, Kopenhagen.

INHALT

Einleitung 6

Seetaucher: *Gaviidae* 20

Lappentaucher: *Podicipedidae* 22

Albatrosse, Sturmvögel, Sturmschwalben:
Diomedeidae, Procellariidae, Hydrobatidae 24

Pelikane: *Pelecanidae* 30

Tölpel, Tropikvögel, Fregattvögel:
Sulidae, Phaethontidae, Fregatidae 30

Kormorane, Schlangenhalsvögel:
Phalacrocoracidae, Anhingidae 32

Reiher und Dommeln: *Ardeidae* 34

Ibisse und Löffler: *Threskiornithidae* 40

Störche und Nimmersatte: *Ciconiidae* 42

Flamingos: *Phoenicopteridae* 42

Entenvögel: *Anatidae*

- **Schwäne** 44
- **Gänse** 44
- **Enten** 50

Greife (Adler, Bussarde usw.): *Accipitridae* 70

Falken: *Falconidae* 90

Rauhfußhühner, Fasanen: *Tetraonidae, Phasianidae* 96

Kraniche, Laufhühnchen: *Gruidae, Turnicidae* 110

Trappen: *Otididae* 112

Rallen: *Rallidae* 114

Reiherläufer, Austernfischer, Stelzenläufer: *Dromadidae, Haematopodidae, Recurvirostridae* 118

Regenpfeifer, Kiebitze: *Charadriidae* 120

Schnepfenvögel, Goldschnepfen: *Scolopacidae, Rostratulidae* 126

Triele, Brachschwalben und Rennvögel: *Burhinidae, Glareolidae* 142

Raubmöwen: *Stercorariidae* 144

Möwen: *Laridae* 146

Seeschwalben: *Sternidae* 158

Alken: *Alcidae* 164

Flughühner: *Pteroclidae* 166

Tauben: *Columbidae* 170

Kuckucke: *Cuculidae* 174

Eulen: *Strigidae* 176

Ziegenmelker: *Caprimulgidae* 184

Segler: *Apodidae* 186

Bienenfresser, Racken: *Meropidae, Coraciidae* 188

Papageien, Eisvögel: *Psittacidae, Alcedinidae* 190

Wiedehopfe: *Upupidae* 190

Spechte: *Picidae* 192

Lerchen: *Alaudidae* 198

Schwalben: *Hirundinidae* 206

Stelzen: *Motacillidae* 208

Seidenschwänze: *Bombycillidae* 216

Bülbüls, Buschwürger: *Pycnonotidae, Malaconotidae* 216

Würger: *Laniidae* 218

Braunellen: *Prunellidae* 220

Grasmücken: *Sylviidae* 222

- **Schwirle, Rohrsänger** 222
- **Spötter** 228
- **Eigentliche Grasmücken** 230
- **Laubsänger, Goldhähnchen** 236

Sänger: *Muscicapidae*

- **Fliegenschnäpper** 240
- **Wiesenschmätzer** u. a. 242
- **Steinschmätzer** 244
- **Rotschwänze** 250
- **Erdsänger** (Nachtigall u. a.), **Heckensänger** 252
- **Drosseln** 256

Timalien, Papageischnäbel: *Timaliidae, Paradoxornithidae* 262

Schwanzmeisen, Beutelmeisen, Nektarvögel *Aegithalidae, Remizidae, Nectariniidae* 264

Meisen, Spechtmeisen: *Paridae, Sittidae* 266

Mauerläufer, Baumläufer: *Tichodromadidae, Certhiidae* 272

Wasseramseln, Zaunkönige: *Cinclidae, Troglodytidae* 272

Ammern: *Emberizidae* 274

Finken: *Fringillidae* 284

Sperlinge, Prachtfinken: *Passeridae, Estrildidae* 298

Stare: *Sturnidae* 302

Pirole: *Oriolidae* 302

Rabenvögel: *Corvidae* 304

Irrgäste 312
Schlüssel zur Bestimmung der Steinschmätzer 313
Literatur 314
Register 315

EINLEITUNG

Zum Text

Der Text befaßt sich mit den Vögeln Europas, Nordafrikas und Südwestasiens, wobei der Ural, der Kaspisee und das westliche Grenzgebiet des Iran die Ostgrenze des berücksichtigten Territoriums darstellen; im Westen schließt es die Kanarischen Inseln, Madeira, die Azoren, Island und Grönland ein.

Die behandelten und abgebildeten Vögel sind – soweit dies durchführbar war – in systematischer Reihenfolge nach Familien geordnet; Ausnahmen bilden seltene Irrgäste, die auf verschiedenen Tafeln zusammengefaßt wurden. Innerhalb der Familien entspricht die bildliche Reihenfolge der Arten nicht in allen Fällen der systematischen, da sie auf der Notwendigkeit beruht, dem Feldbeobachter ähnlich erscheinende Arten auf der gleichen Tafel darzustellen. So gehört z. B. der Kampfläufer (S. 132) nicht in die Gruppe (Unterfamilie) der Wasserläufer, sondern in die Nähe der Strandläufer (S. 126), denen er aber im Felde keineswegs besonders ähnlich sieht.

So wird ein Vogel gemessen (Rotkehlchen)

Der Text stellt die für die Bestimmung des Vogels im Felde wichtigsten **Merkmale** heraus, insbesondere jene, die nicht auf den ersten Blick erkennbar sind oder die bildlich darzustellen nicht möglich ist, wie die Stimme, die Flugweise und andere Eigenarten des Verhaltens, und den Biotop. Am Ende jeder Artbeschreibung wird die ungefähre Größe des Vogels von der Schnabel- bis zur Schwanzspitze angegeben. Dabei ist zu beachten, daß ein in zusammengekauerter Haltung sitzender Vogel oft kleiner erscheint als er tatsächlich ist.

Die **Stimme** der Vögel ist oft eines der wichtigsten Hilfsmittel zu ihrer Bestimmung, vor allem bei im Gefieder kaum unterschiedenen Zwillingsarten wie Zilpzalp und Fitis (S. 237) oder Teich- und Sumpfrohrsänger (S. 225). Man unterscheidet Gesang und Rufe. Der Gesang, der bei den meisten Vogelarten des hier behandelten Gebiets und anderer gemäßigter Zonen die Funktion hat, eventuellen Rivalen den Besitz eines Brutreviers durch das singende Männchen anzuzeigen und den Weibchen das Revier anzubieten, ist naturgemäß in der Regel nur in der Brutzeit zu hören, doch gibt es auch Vögel, deren Gesang auch im Herbst oder Winter erklingt (z. B. Rotkehlchen, Zaunkönig). Die je nach dem Anlaß sehr vielfältigen, aber meist kennzeichnenden Rufe der Vögel hingegen sind im allgemeinen zu allen Jahreszeiten zu hören. Nur wenige Vögel sind außerhalb der Brutzeit schweigsam.

Der **Biotop,** d. h. der Lebensraum, in dem sich Nahrungssuche, Rast und Fortpflanzung des Vogels abspielen, kann ebenfalls in vielen Fällen eine wichtige Hilfe für die Artbestimmung sein. Zur Brutzeit bewohnen die meisten Vogelarten nämlich einen ganz bestimmten Biotop, und nur nach der Brutzeit besuchen sie beim Umherstreifen oder auf dem Zuge auch andere Lebensräume. Siehe auch S. 18.

Nicht alle Vogelarten Europas sind das ganze Jahr über in ihrem hiesigen Lebensraum anzutreffen. Einige erscheinen bei uns erst im Frühjahr, um zu brüten, und wandern im Herbst wieder südwärts. Viele nord- und mitteleuropäische Arten ziehen nur bis Südeuropa, andere bis ins tropische oder gar südliche Afrika, einige wenige südostwärts bis Indien, der Wanderlaubsänger (S. 238) sogar bis Südostasien und die Küstenseeschwalbe

Rauchschwalben auf dem Zuge

(S. 160) bis zur Antarktis. Manche nord- und nordosteuropäischen Arten erscheinen in West- und Mitteleuropa als Wintergäste, da die winterlichen Lebensbedingungen bei uns ihren Ansprüchen genügen. Wieder andere nördliche Arten besuchen West- und Mitteleuropa im Herbst und Frühjahr auf ihrer Wanderung ins Winterquartier bzw. ins Brutgebiet. Schließlich gibt es die nur gelegentlich und ausnahmsweise in unserem Gebiet erscheinenden Irrgäste; ihre Brutheimat liegt meist weit entfernt.

Jede in Deutschland vorkommende Vogelart ist mit **Symbolen** versehen, aus denen hervorgeht, ob sie bei uns als Brutvogel, Wintergast usw. anzutreffen ist:

● Brutvogel, häufig und weit verbreitet (wenn auch nicht unbedingt in jedem Teil Deutschlands)
◑ Brutvogel, regelmäßig vorkommend, aber nur lokal verbreitet, vielerorts fehlend
○ Zuggast (Durchzügler) oder Wintergast, regelmäßig erscheinend
△ nur selten oder ausnahmsweise in Deutschland erscheinend (Irrgast)
●/○ unregelmäßiger oder ehemaliger Brutvogel, jedoch regelmäßig auf dem Zuge oder im Winter erscheinend
●/△ unregelmäßiger oder ehemaliger Brutvogel, nur selten oder überhaupt nicht mehr erscheinend
(1) Eine Zahl in Klammern verweist auf die zu der jeweiligen Artbeschreibung gehörende Verbreitungskarte.

Weitere im Text und auf den Tafeln verwandte Symbole und Abkürzungen:

♂ = Männchen
♀ = Weibchen
ad. = adult = erwachsen, ausgefärbt
subad. = fast adult, fast ausgefärbt
imm. = immatur = unausgefärbt
juv. = juvenil = jung (Jugendkleid)
N-, O-, S-, W- = Nord-, Ost-, Süd-, West-.

Ein blauer Punkt weist jeweils auf eine bei uns besonders vielgestaltige oder sonstwie bemerkenswerte Familie hin. Zusammengehörende Gruppen sind auf den Abbildungsseiten durch die wechselnden Hintergrundfarben gekennzeichnet.

Zu den Abbildungen

Die Abbildungen zeigen alle sich deutlich voneinander unterscheidenden Kleider jeder Vogelart, die in dem in diesem Buch behandelten Gebiet brütet oder als regelmäßiger Zug- oder Wintergast vorkommt. Manchmal werden auch Flugbilder oder andere für die Bestimmung hilfreiche Haltungen des Vogels dargestellt. Die *Hauptabbildung* zeigt den Vogel jeweils im Brutgefieder, d. h. in dem Kleid, das er im Frühjahr und Sommer trägt. Eine Ausnahme bilden hierbei die Enten: Sie legen ihr „Brutkleid“ (Prachtkleid) schon im Spätherbst an und mausern im Mittsommer in das Ruhekleid (Schlichtkleid). Natürlich nutzt sich das Gefieder im Laufe der Monate ab und kann dann seinen Farbton ein wenig verändern, ja, in manchen Fällen kommt das Brutkleid erst dadurch zustande, daß seine charakteristischen Farbmale, die im Winter durch graue oder bräunliche Federränder verdeckt sind, erst nach deren Abnutzung sichtbar oder doch deutlich werden. Beispiele dafür sind der schwarze Kehllatz des Haussperlings (S. 299) oder die roten Brustflecke des Hänflings (S. 290). In anderen Fällen, beispielsweise bei den Enten, wie bereits erwähnt, oder dem Trauerschnäpper (S. 241), kommen die Unterschiede zwischen Brut- und Ruhekleidern dagegen durch Mauser zustande.

Bei der Mehrzahl der Vögel werden in unserem Buch Brut- und Ruhekleid (Winterkleid), Männchen- und Weibchengefieder, Jugendkleid und evtl. das noch unausgefärbte Kleid des erwachsenen Vogels abgebildet, soweit zwischen ihnen merkliche Unterschiede bestehen; in einigen wenigen Fällen, hauptsächlich bei Watvögeln und Möwen, die vom Jugend- bis zum Alterskleid viele Färbungsstadien durchmachen, ist diese Vollständigkeit nicht möglich. Als Jugendkleid bezeichnen wir das erste Gefieder nach dem Nestflaum oder Dunenkleid, das bis zur Jugendmauser getragen wird; ihm folgt meist sogleich das (ausgefärbte) Alterskleid oder ein diesem sehr ähnliches Gefieder. Bei manchen Arten und Gruppen, z. B. einigen Greifen und Möwen, finden wir aber noch ein „unausgefärbtes“ Zwischenkleid oder mehrere solcher Kleider, bevor das endgültige Alterskleid angelegt wird.

Ferner werden auch die wichtigsten und im Felde erkennbaren geographischen Rassen, in die sich die meisten Vogelarten unterteilen lassen, abgebildet sowie auffallende Färbungsvarianten (Phasen), wie wir sie in unserem Bereich etwa beim Kuckuck (S. 175), Kampfläufer (S. 133) oder Eleonorenfalken (S. 93) finden.

Farbanomalien beim Gimpel

Rassen sind zur Brutzeit räumlich voneinander getrennt, außer an den Grenzen ihrer Verbreitungsgebiete, wo sie Mischzonen mit der Nachbarrasse bilden; Phasen hingegen leben auch zur Brutzeit nebeneinander und vermischen sich.

Albinotische, melanistische und andere nur ausnahmsweise, am häufigsten bei Stadtvögeln auftretende Färbungsanomalien sind nicht abgebildet.

Die wichtigsten Vertreter der einzelnen Arten sind im selben Maßstab abgebildet, weitere Rassen, Färbungsvarianten, Flugbilder usw. aber kleiner, ebenso wie sehr seltene Irrgäste und nur zum Zwecke des leichteren Vergleichs dargestellte Vögel aus anderen Verwandtschaftsgruppen.

Die Vögel

Wie schon im einleitenden Kapitel erläutert, umfaßt das vorliegende Buch nicht nur alle Vögel Europas, sondern auch die der Nachbargebiete Nordafrika und Westasien, mit anderen Worten: alle als Brutvögel und regelmäßige Gäste in der westlichen Paläarktis anzutreffenden Arten. Die Paläarktis ist jene große tiergeographische Region, die Nord- und Mittelasien, Europa und Nordafrika umfaßt und wie die anderen Regionen der Erde eine ihr eigentümliche Tierwelt besitzt. Mit Nordamerika (der Nearktis) wird sie aufgrund mancher Ähnlichkeiten in der Zusammensetzung der Tierwelt zuweilen als Holarktis zusammengefaßt. Wenig südlich des hier behandelten Gebiets, am Südrand der Sahara, grenzt die Paläarktis an eine andere tiergeographische Region, die von der Sahara bis zur Südspitze Afrikas reichende Aethiopis. Einige der Aethiopis zugehörige Arten (z. B. Helmperlhuhn, S. 100, Senegaltschagra, S. 216, Erz- und Jerichonektarvogel, S. 264, und Tristramstar, S. 302) kommen auch im Süden unseres Gebiets vor. Da es sich hierbei um zwar nur in einem beschränkten Bereich unseres Territoriums, aber doch um dort regelmäßig brütende Arten handelt, ist deren Einordnung und Darstellung unproblematisch. Ganz anders ist das bei den in unseren Breiten nur unregelmäßig als Irrgäste auftretenden Vögeln, vor allem bei solchen aus Nordamerika. Mit der Zunahme der Beobachter werden sie in immer größerer Zahl wahrgenommen. Sie können aber nicht alle ausführlich besprochen werden. Die Mehrzahl von ihnen ist deshalb nur in einer Liste am Ende des Buches aufgeführt. Ferner ist zu bedenken, daß Irrgäste aus Sibirien zwar so gut wie sicher auf eigenen Flügeln zu uns

Amerikanischer Irrgast unter europäischen Vögeln:
Graubruststrandläufer unter Alpenstrandläufern

gelangt sind, solche von jenseits des Atlantik aber wohl vielfach auf Schiffen als blinde Passagiere mitfuhren, von tierfreundlichen Reisenden gepflegt und in der Nähe der europäischen Küste freigelassen wurden. Im Einzelfall ist ein Urteil darüber natürlich kaum möglich. Wir haben uns darauf beschränkt, nur die Vögel abzubilden, die vor allem in neuerer Zeit häufig bei uns vorgekommen sind (s. vor allem die Seiten 136–137, 260–261 und 282–283). Offensichtlich aus menschlicher Obhut entflohene Vögel sind natürlich nicht berücksichtigt, wohl aber die vom Menschen fest eingebürgerten Arten.

Nach der Einteilung der Zoologen bilden die Vögel (Aves) innerhalb des Unterkreises der Wirbeltiere (Vertebrata) eine Klasse. Zusammen mit den Schädellosen (Acrania) und Manteltieren (Tunicata) bilden die Wirbeltiere den Kreis oder Stamm der Chordatiere (Chordata. Die Chorda ist die knorpelähnliche Vorform der Wirbelsäule.)

Nach unserem gegenwärtigen Wissensstand gibt es etwa 8800 lebende Vogelarten, wobei zu einer Art alle jene Individuen und Individuengruppen gehören, die sich unter natürlichen Umständen fruchtbar miteinander vermischen oder zu einer solchen Vermischung offensichtlich bereit wären,

Fischadler *(Pandion haliaetus)*

wenn sie durch Verbreitungsschranken daran nicht gehindert würden. Viele dieser Arten, besonders solche, die weit verbreitet sind oder deren Verbreitungsgebiet durch geographische Schranken zerteilt wird, werden in geographische Rassen (Unterarten) gegliedert, die oft nur geringfügig, zuweilen (vgl. Aaskrähe – Raben- und Nebelkrähe – S. 310, 311) aber auch recht deutlich voneinander verschieden sind.

Stammesgeschichtlich nahe verwandte und einander ähnliche Arten werden zu kleinen Gruppen, Gattungen, zusammengefaßt. Da es für deren Abgrenzung keine allgemein gültigen Merkmale gibt, schwankt ihre Größe, je nach der Auffassung der einzelnen Forscher und dem Stand unserer Einsicht in die stammesgeschichtlichen Beziehungen der Arten. Das kann, da das erste Wort des wissenschaftlichen (lateinischen) Namens einer Vogelart stets die Gattung bezeichnet, zu der sie gerechnet wird, zu verwirrend unterschiedlichen wissenschaftlichen Bezeichnungen mancher Arten führen: So verteilen beispielsweise einige Autoren die in diesem Buch, wie meist üblich, in einer Gattung *Anas* zusammengefaßten Entenarten (S. 52 bis 56) auf 9 verschiedene Gattungen und schreiben dementsprechend *Anas platyrhynchos, Chaulelasmus streperus, Mareca penelope* usw. statt *Anas platyrhynchos, Anas strepera, Anas penelope* usw. So eng gefaßte, aus nur zwei, drei oder wenig mehr Arten bestehende Gattungen bieten zwar meist die Gewähr, daß sie wirklich nahe verwandte Arten enthalten, aus praktischen Gründen aber neigt man heute zur Annahme weit gefaßter, artenreicher Gattungen. So große Gattungen, aber auch solche, die aus scharf unterschiedenen Arten oder Artengruppen bestehen, lassen sich dann in Untergattungen zerlegen, deren Namen in Klammern hinter dem Gattungsnamen angeführt werden können, z. B. *Sturnus (Pastor) roseus, Sturnus (Sturnus) vulgaris, Sturnus (Sturnus) unicolor* (s. S. 302).

Hier sei darauf hingewiesen, daß die wissenschaftlichen Gattungs- und Untergattungsnamen stets mit großen, die auf sie folgenden eigentlichen Artnamen dagegen immer mit kleinen Anfangsbuchstaben geschrieben werden, ebenso wie die Namen der Rassen (Unterarten), die als drittes Wort den seit Karl von Linné (1707–1778) stets aus zwei Wörtern bestehenden (binären) Artbezeichnungen angehängt werden können; z. B. bezeichnet *Parus ater* die Art Tannenmeise, deren einzelne Rassen *Parus ater ater, P.a.ledouci, P.a.cypriotes* usw. heißen.

Nahe verwandte Gattungen werden zu Familien zusammengefaßt, deren Abgrenzung in vielen Fällen noch strittiger ist als die Umgrenzung der Gattungen. Doch haben unterschiedliche Auffassungen hier nicht so schwerwiegende Folgen, da der stets auf -idae endende wissenschaftliche Familienname in den Artbezeichnungen nicht in Erscheinung tritt. Der Einteilung dieses Buches in Kapitel liegt in erster Linie diese Gruppierung nach Familien zugrunde, die sich vielfach wieder in Unterfamilien gliedern lassen mit auf -inae endenden Namen. Der blaue Punkt ist ein Hinweis auf besonders vielgestaltige oder bemerkenswerte Familien.

Die Familien schließlich werden zu Ordnungen zusammengefaßt, von denen es in der Klasse der Vögel je nach Auffassung etwa 24 bis 52 gibt. Die weitaus größte unter ihnen ist die der Sperlings- oder Singvögel, zu der mehr als 5000 Arten in 70–80 Familien gehören. Die Größe einiger Ordnun-

Punktierte gelbe Linie:
Nur manchmal so weit südlich brütend

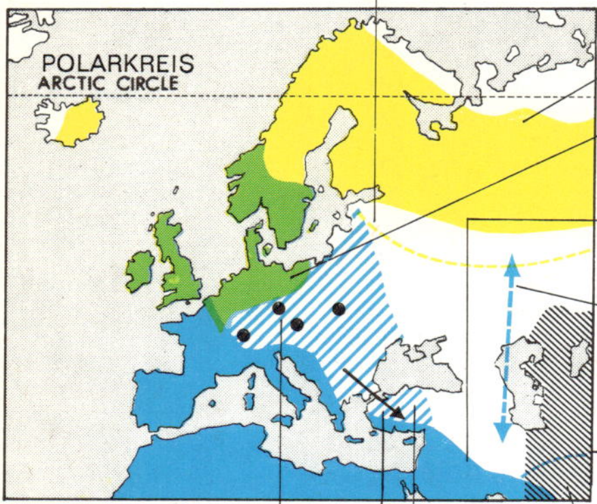

Gelb: Brutgebiet (hier nur Sommervogel)

Grün: Brutgebiet (hier Jahresvogel)

Blau: Hier nur Wintervogel

Blauer Pfeil: Durchzugsgebiet (gewöhnl. ohne Aufenthalt)

Punktierte blaue Linie: Bis hierhin in manchen Wintern

Blaue Schraffur: Regelmäßig auf dem Zuge

Dieses Gebiet nicht berücksichtigt

Schwarze Punkte: Hier nur unregelmäßig brütend

Schwarzer Pfeil: Hier Massierung auf dem Herbstzug

gen führt außerdem zur Bildung von Unterordnungen wie z. B. bei den Sperlingsvögeln. Es hat sich in der Vogelkunde eingebürgert, die wissenschaftlichen Namen der Ordnungen auf -formes zu bilden; in anderen Tierklassen ist das nicht der Fall.

Die wissenschaftlichen Namen der Vögel, nach international festgelegten Regeln aus lateinischen oder latinisierten Wörtern gebildet, dienen auch der wissenschaftlichen Verständigung über die Sprachgrenzen hinweg: So weiß der chinesische Ornithologe, was der deutsche Vogelkundler meint, wenn er *Pandion haliaetus* schreibt, wohingegen er nicht oder nur schwer entziffern könnte, was mit „Fischadler" gemeint ist.

Zu den Verbreitungskarten

Die verschiedenen Farben und Symbole, die auf den Verbreitungskarten unseres Buches verwendet werden, sind in der Abbildung auf S. 12 erläutert. Allgemein gilt, daß Gelb das Brutgebiet, Blau das Überwinterungsgebiet einer Vogelart anzeigt, während Gebiete, in denen der Vogel sowohl zur Brutzeit als auch im Winter anwesend ist, grün dargestellt sind (gelb + blau = grün).

Die Kärtchen sind zu klein, um auch noch die Häufigkeit eines Vogels in einem bestimmten Gebiet anzugeben. So kommen Turmfalken und Amseln überall in Deutschland vor, allein die Individuenzahl der Amsel ist viel größer als die des Turmfalken. Bei der Benutzung der Karten ist ferner zu bedenken, daß jede Vogelart nur in ganz bestimmten Biotopen (Lebensräumen) anzutreffen ist, etwa an Gewässern oder in Nadelwäldern. So ist sie auch nur in den Teilen des auf den Karten bezeichneten Gebietes zu finden, in denen diese Biotope vorhanden sind. Es gibt aber auch Vögel, etwa die Kreuzschnäbel (S. 296), die nach Art der Nomaden in einem Jahr in einer bestimmten Gegend brüten, im nächsten dort jedoch fehlen. Die

Zahl solcher „Zigeunervögel" ist aber nicht groß. Dagegen sind häufig Änderungen der Verbreitungsgrenzen in Abhängigkeit von Klimaschwankungen festzustellen. Außerdem haben einige Vogelarten sozusagen unter unseren Augen ihr Verbreitungsgebiet in den letzten Jahrzehnten vergrößert (z. B. Türkentaube, S. 172, Wacholderdrossel, S. 256) oder sich aus den nördlichsten Teilen des Verbreitungsgebietes (für immer?) zurückgezogen (z. B. Rotkopfwürger, S. 218, Steinrötel, S. 242). Dabei sind die vielen, auf den direkten Einfluß des Menschen (Zerstörung der Lebensräume, Verfolgung, Umweltvergiftung, aber auch Schaffung neuer Lebensräume) zurückzuführenden Veränderungen der Verbreitungsgebiete nicht einmal berücksichtigt.

Schwierigkeiten bietet auch die Darstellung der Überwinterungsgebiete. Für viele Zugvögel liegen diese ohnehin außerhalb des von unseren Kärtchen erfaßten Gebietes, aber auch bei den in unserem Gebiet überwinternden Arten kann es von Jahr zu Jahr Unterschiede in der Winterverbreitung geben. So sind in milden und beerenreichen Wintern selbst in Nord-Norwegen noch Wacholderdrosseln anzutreffen, in strengen Wintern jedoch nicht. Ähnliches trifft auch für andere Vögel zu, in Deutschland etwa für Kiebitze und Feldlerchen.

Die Verbreitungskarten, die gewiß nicht ganz frei von Fehlern sein werden, vor allem hinsichtlich der Verbreitung der Vögel im asiatischen Teil unseres Gebietes, gründen sich vor allem auf die nicht immer ganz genauen Karten bei Dementiev und Gladkov (1951–1954), Die Vögel der U. S. S. R. (russisch), sowie auf K. H. Voous (1960), Atlas van de Europese Vogels (deutsche Ausgabe, bearb. von M. Abs, 1962: Die Vogelwelt Europas und ihre Verbreitung. Parey, Hamburg u. Berlin) und auf die von P. A. Hollom geschaffenen und jeweils auf den neuesten Stand gebrachten Karten in den verschiedenen Auflagen von R. Peterson, G. Mountfort und P. A. D. Hollom, A Field Guide to the Birds of Britain and Europe (deutsche Ausgabe, bearb. von G. Niethammer, 1954, 9. Aufl. 1970: Die Vögel Europas, Parey, Hamburg u. Berlin).

Wie bestimmt man Vögel?

Wer in der freien Natur Vögel bestimmen will, braucht vor allem eines: Geduld. Der Anfänger darf nicht damit rechnen, jeden Vogel, dessen er ansichtig wird, auf Anhieb bestimmen zu können. Zunächst muß er ihn bei guter Beleuchtung ins Blickfeld bekommen. Oft genug scheint der Vogel den Beobachter immer wieder zu narren, der sich verzweifelt bemüht, festzustellen, ob er es mit einer Dorngrasmücke oder einer Klappergrasmücke zu tun hat.

Sodann sollte man jeglichen Lärm vermeiden. Wer geräuschvoll durch das Unterholz eines Waldes bricht oder sich ungehemmt mit seinem Begleiter unterhält, wird schwerlich viele Vögel zu Gesicht bekommen. Andererseits ist es vor allem für den Anfänger eine wertvolle Hilfe, einen kenntnisreichen Freund auf seinen Exkursionen zur Seite zu haben. Vielerorts gibt es auch vogelkundliche Vereine, die Führungen veranstalten. Ihnen sollte sich gerade der Anfänger anschließen; er wird sich auf diese Weise Kenntnisse erfahrener Beobachter zunutze machen können.

Obwohl sich unsere gewöhnlichen Park- und Gartenvögel meist aus großer Nähe beobachten lassen, besonders an günstig gelegenen Futterplätzen, kommt man im allgemeinen bei der Bestimmung nicht ohne ein gutes Fernglas aus. Es empfiehlt sich ein Glas mit 7- oder 8facher Vergrößerung. Wichtiger noch als die Vergrößerung aber sind Lichtstärke und Gesichtsfeld, die vom Durchmesser der Objektivlinse abhängig sind. In der Regel ist er neben der Vergrößerung angegeben, z. B. 7×40 oder 8×50. Wenn der Durchmesser der Linse durch die Vergrößerung dividiert, Werte zwischen 4 und 6 ergibt – etwa 40 : 7 = 5,7 –, dann hat man ein brauchbares Glas.

Wer zum Beobachten hinausgeht, sollte auch die richtigen Bezeichnungen für die einzelnen Teile des Vogelkörpers und Vogelgefieders kennen, wie sie unsere Abbildung (S. 14) zeigt. Er ist dann in der Lage, sich Notizen über einen unbekannten Vogel zu machen, die er zu Hause mit Beschreibungen und Abbildungen vergleichen kann. Dabei sollte er folgende Punkte beachten:

1. Wichtig sind Hinweise auf die *Größe* des beobachteten Vogels durch den Vergleich mit bekannten Arten wie Blaumeise, Haussperling, Star, Kiebitz, Saatkrähe oder Fasan, bei Wasservögeln Teichhuhn, Stockente und Höckerschwan.

Gefiederpartien des Vogels

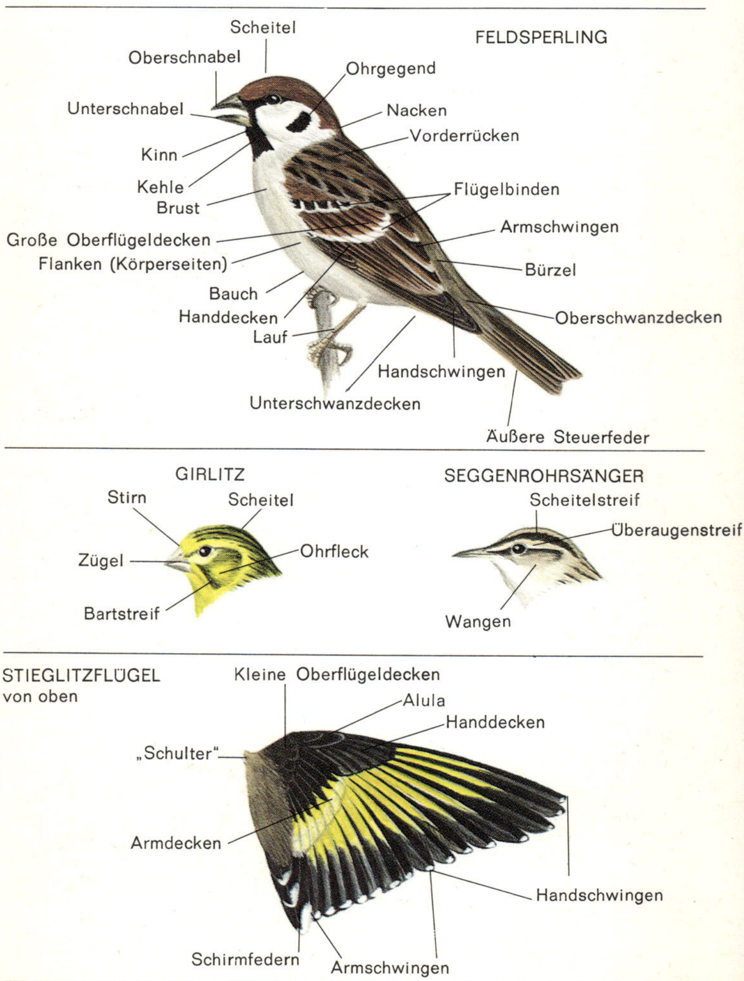

Handdecken + Armdecken = Große Oberflügeldecken

2. Wichtig ist auch die allgemeine *Färbung*, wobei zu beachten ist, daß auffallendes Sonnenlicht viele Farben rötlich, Blickrichtung gegen das Licht die Farben dunkler erscheinen läßt. Ein grauer Vogel, groß wie eine Saatkrähe, mit schwarzem Kopf und schwarzen Flügeln beispielsweise kann nur eine Nebelkrähe (s. S. 311) sein.

3. Zu achten ist auch auf alle farbigen Flecke oder *Abzeichen* im Gefieder. Ein schwärzlicher Vogel, kleiner als eine Saatkrähe und mit grauem Nackenfleck, ist durch diese Merkmale eindeutig als Dohle (s. S. 311) gekennzeichnet.

4. Ferner ist auf *Form und Größe von Schnabel, Füßen (Läufen, „Beinen"), Flügeln, Schwanz und Hals* zu achten. Ein schwarzweißer Vogel, fast so groß wie eine Saatkrähe, mit langem Schwanz ist ohne Zweifel eine Elster (s. S. 307). Ein langläufiger brauner Vogel mit langem gebogenem Schnabel kann nichts anderes als ein Großer Brachvogel, Regenbrachvogel oder – in einem Teil unseres Gebietes – ein Dünnschnabelbrachvogel sein (s. S. 139).

5. Auch die *Färbung von Auge, Schnabel, Lauf und Fuß* ist für die Bestimmung wichtig. Alpenkrähe und Alpendohle unterscheiden sich vor allem durch ihre Schnabelfärbung (s. S. 307), und Waldkauz und Sumpfohreule, sonst ziemlich ähnlich, unterscheiden sich auf den ersten Blick durch die Augenfarbe (s. S. 183 und 179).

6. Auch die *Bewegungen*, besonders die Art des Fluges, sind oft kennzeichnend. Der Flug kann hüpfend wie beim Buchfinken, wellenförmig wie beim Buntspecht oder geradlinig wie bei der Krähe sein. Der Vogel kann am Boden laufen oder hüpfen oder, wie der Buchfink, sich in einer Art Tanzschritt bewegen. Viele Vögel führen mit dem Schwanz sehr charakteristische Bewegungen aus, Turmfalken und auch andere Greifvögel „rütteln", d. h. sie halten sich mit schnellem Flügelschlag in der Luft an einer Stelle, viele Wasservögel tauchen.

Rüttelnder Turmfalke

7. Von besonderer Bedeutung ist die *Stimme*. Ein geschulter Vogelstimmenkenner wird gewiß doppelt so viele Vögel durch sein Gehör wie durch sein Auge erkennen. Manche Arten mit sehr ähnlicher Gestalt und Gefiederfärbung, sog. Zwillingsarten, sind im Feld ausschließlich nach ihren Lautäußerungen sicher zu bestimmen, so etwa Zilpzalp und Fitis (S. 237) oder Sumpf- und Weidenmeise (S. 269).

8. Man sollte die beobachteten Vögel und ihre Merkmale mit anderen, besser bekannten Arten *vergleichen*. Ein kleiner Falke, dessen Flug an einen Mauersegler erinnert, wird z. B. ein Baumfalke (s. S. 95) sein.

9. Auch *Jahres- und Tageszeit, Wetter und Ort* der Beobachtung können auf die Bestimmung Einfluß haben. So ist eine in Deutschland im November beobachtete Stelze mit Gelb an der Unterseite höchstwahrscheinlich eine Gebirgstelze (s. S. 213) und keine Schafstelze (S. 213), die um diese Jahreszeit in ihrem afrikanischen Winterquartier ist. Und eine in der Mit-

Sumpfmeise | Weidenmeise (Mitteleuropa) | Weidenmeise (Nordeuropa)

tagszeit über die Heide dahinfliegende braune Eule ist viel eher eine Sumpfohreule (s. S. 179) als ein Waldkauz (S. 183), der gewöhnlich erst am Abend munter wird. Ein im Getreidefeld singender Rohrsänger ist in Deutschland mit fast absoluter Sicherheit ein Sumpfrohrsänger (s. S. 225), in Südost-Rußland könnte es auch ein Buschspötter (S. 229) sein.

10. Wichtig ist es, auf den *Biotop* zu achten. Ein mit dem rostroten Schwanz zitternder graubrauner Vogel in einem Laubwald ist gewiß ein Gartenrotschwanz-♀, ein ähnlicher Vogel mitten in einer Stadt oder an einem halbfertigen Neubau ist eher ein Hausrotschwanz-♀. Man darf allerdings nicht vergessen, daß gelegentlich Vögel auch einmal an ganz ungewöhnlichen Örtlichkeiten auftauchen, etwa ein Grünspecht an baumlosen Klippen oder irgendein kleiner Waldvogel zwischen den Häuserblocks einer Großstadt.

11. *Gesichtswinkel, Lichtverhältnisse, Entfernung des Vogels* vom Beobachter – all das kann ebenfalls die Bestimmung erleichtern oder erschweren. Im Nebel und bei schlechtem Licht erscheinen die Umrisse oft verzerrt, und die Farben sind nicht zu erkennen. Bei Vögeln, die vom Beobachter wegfliegen, sind Größe und Gestalt meist nicht genau auszumachen; hier kann eine auffällige Bürzelfärbung Anhalt für die richtige Bestimmung geben (etwa der weiße Bürzel beim Gimpel, S. 287); das Gleiche gilt für auffallende, vor allem weiße Schwanzzeichnungen.

Hausrotschwanz-♀ Gartenrotschwanz-♀

Wir locken Vögel in unseren Garten

In der Nähe unserer Wohnung oder in unserem Garten lassen sich Vögel am besten beobachten und wecken das Interesse für die Vogelkunde. Es gibt verschiedene Möglichkeiten, sie zu Dauergästen in unserer unmittelbaren Nachbarschaft zu machen: Bepflanzung des Gartens mit Sträuchern und Büschen, Anlage einer auch im Winter eisfrei gehaltenen flachen Vogeltränke und vor allem eines Futterplatzes und das Anbringen von künstlichen Nisthöhlen.

Die Winterfütterung, die nicht nur Finken und Meisen, sondern zuweilen selbst Spechte in unseren Hausgarten lockt, muß natürlich in richtiger Weise durchgeführt werden; regelmäßig, mit dem richtigen Futter und vor allem so, daß das Futter nicht vom Kot der Vögel beschmutzt werden kann: das hat nämlich schon mehrfach zur Verseuchung eines ganzen Vogelbestandes mit ansteckenden Krankheiten geführt und größere Verluste gebracht als ein strenger Winter, der eine positive Auslese darstellt.

Locken wir im Winter Vögel durch die Fütterung in unsere Nachbarschaft, so können wir sie im Frühjahr mit Nistkästen in unseren Gärten sogar heimisch machen. Es gibt geschlossene Kästen (oder Höhlen) mit einem Einflugloch von verschiedenem Durchmesser für Meisen, Rotschwänze, Trauerschnäpper, Kleiber u. a. und Kästen mit halboffener Vorderwand (Halbhöhlen) für Grauschnäpper, Rotkehlchen u. a., daneben Spezialhöhlen für Baumläufer und Eulen und Kunstnester für Schwalben. Wichtig ist es, alle Kästen alljährlich nach der Brutzeit zu kontrollieren und zu säubern, damit sie nicht zu Brutstätten von Ungeziefer werden.

In allen Fragen des Vogelschutzes, insbesondere der Winterfütterung und der Schaffung künstlicher Nistgelegenheiten hole sich der Anfänger Rat bei einem erfahrenen Vogelschützer oder – in Deutschland – bei der zuständigen Orts- oder Kreisgruppe des Bundes für Vogelschutz.

Wo finden wir die Vögel?

Zu wissen, wo und in welchem Gelände wir nach bestimmten Vögeln zu suchen haben, ist der Schlüssel zu erfolgreicher Vogelbeobachtung. Ein Morgen- oder Abendspaziergang durch landwirtschaftlich genutztes Gelände mit Ackerland, Wiesen, Gärten, Gebäuden und kleinen Gehölzen verspricht eine Begegnung mit einer ganzen Anzahl von Vogelarten. Umfaßt das Gebiet auch noch Bruch und Sumpf, Teiche und Wasserläufe, so ist es nicht unmöglich, in einigen Stunden 50–60 Vogelarten zu sehen, zumindest im Frühjahr und Sommer.

Nach den von ihnen bevorzugten Lebensräumen kann man die Vögel grob einteilen in Land-, Wasser- und Uferbewohner.

Landvögeln bietet sich eine Fülle verschiedener Biotope, von der spärlich bewachsenen Wüste oder Halbwüste bis zum dichten Wald mit reichem Unterholz. Lerchen, Steinschmätzer, Flughühner u. a. sind charakteristisch für Wüsten, Halbwüsten und Steppen und dort am artenreichsten. Das Gegenstück zu diesen pflanzenarmen oder doch offenen Biotopen des Südens sind die Tundren des hohen Nordens, jedoch mit dem Unterschied, daß sie vor allem im Frühjahr und Sommer wasserreich und sumpfig sind und daher fast ausschließlich Watvögel und andere Ufer- und Wasserbewohner beherbergen. In West- und Mitteleuropa ist offenes Gelände in der Regel nur noch in Form

Kohl- und Blaumeise an aufgehängten Erdnußkernen

Trauerschnäpper

Rotkehlchen

Kästen für Höhlenbrüter (links) und Halbhöhlenbrüter (rechts)

von Ackerland und mehr oder weniger ausgedehnten Weiden (Wiesen) anzutreffen. Hier leben Lerchen, Pieper, Rebhühner und Kiebitze. In Nordeuropa gehen die Schafweiden mancherorts in moorige Heiden über, in denen Moorschneehuhn, Wiesenpieper und Ringdrossel zu Hause sind. Für die trockeneren, selten gewordenen Heidegebiete Mitteleuropas sind Heidelerche, Baumpieper, Brachpieper, Schwarzkehlchen und Hänfling charakteristisch.

Buschwerk ist besonders reich an Vögeln, vor allem an Singvögeln. Wo viel Buschwerk, offenes Gelände, Einzelbäume und Gehölze miteinander abwechseln, wie es in West- und Mitteleuropa vor allem in der Nähe von Ortschaften der Fall ist, finden wir besonders viele Vögel. Hier begegnen wir als charakteristischen Arten Amsel und Singdrossel, Zaunkönig und Heckenbraunelle, Kohl- und Blaumeise, Grünling und Buchfink. Sehr reich ist auch das Vogelleben in den Gebüschstreifen, die häufig die Wälder säumen.

Der Übergang vom Buschwerk zum Wald vollzieht sich meist ganz allmählich. Wir haben es in unserem Gebiet hauptsächlich mit zwei Waldtypen zu tun: mit dem Nadelwald, der sich als Taiga in großer Ausdehnung über Nordeuropa erstreckt und auch die Höhen der meisten Gebirge Mittel- und Südeuropas bedeckt, und mit dem Laubwald, der einst südlich des Nadelwaldgürtels einen großen Teil Europas bedeckte. Jahrtausende der Waldzerstörung haben ausgedehnte Laubwälder heute in Südeuropa und Nordafrika selten werden lassen, und auch in West- und Mitteleuropa sind die Laubwälder stark gelichtet und haben Ackerland oder Fichten- und Kiefernkulturen Platz machen müssen. Neben unseren bekannten Park- und Gartenvögeln finden wir im Laubwald zahlreiche weitere Arten, die in Gärten nur hier und da oder überhaupt nicht vorkommen: Spechte, Waldschnepfe und viele andere, da und dort noch den Schwarzstorch oder den Schreiadler neben den häufigeren Greifvögeln wie Mäusebussard oder Habicht. Nadelwälder beherbergen eine ganz besondere Vogelwelt, u. a. Goldhähnchen, Tannen- und Haubenmeise, Kreuzschnäbel und Zeisig.

Zu den Uferbewohnern unter den Vögeln rechnen wir auch die in Sümpfen und Brüchen lebenden Arten neben denen, die wir an Fluß- und Bachufern antreffen. Charakteristisch für diese Biotope sind – neben einigen Singvögeln (z. B. den Rohrsängern) – die langbeinigen Reiher, Rallen und Wasserläufer, aber auch manche Regenpfeifer. Vögel dieser Gruppen finden sich auch an den salzigen Lagunen. Auf Sandstränden und im Wattenmeer sind Strandläufer und andere Watvögel anzutreffen. Hier an der Meeresküste finden wir auch die Brutkolonien vieler Seeschwalben und Möwen.

See- und Lappentaucher, Schwäne, Tauchenten, Alken, Tölpel, Kormorane und vor allem die Sturmvögel sind die eigentlichen Wasserbewohner unter den Vögeln; die meisten von ihnen sind Seevögel, nur ein kleiner Teil lebt auf dem Süßwasser. Viele von ihnen kommen nur zum Brüten und zur Aufzucht der Jungen für längere Zeit an Land; die Lappentaucher bauen sogar schwimmende Nester.

Vogelkundliche Vereinigungen

In den meisten Ländern gibt es mindestens *eine* vogelkundliche Organisation. Für *Europa* sind die wichtigsten dieser ornithologischen Gesellschaften in Peterson, Mountfort, Hollom: Die Vögel Europas (Verlag Paul Parey, Hamburg und Berlin) aufgeführt.

Die zentrale Vereinigung in *Deutschland* ist die 1850 gegründete „*Deutsche Ornithologen-Gesellschaft*" mit z. Z. mehr als 2000 Mitgliedern; sie gibt die älteste ornithologische Zeitschrift der Welt, das „Journal für Ornithologie", heraus. Für ihren Jahresbeitrag (derzeit 40 DM) erhalten die Mitglieder diese Zeitschrift sowie die Zeitschrift „Die Vogelwarte" ohne weitere Kosten. Anmeldungen zum Beitritt beim Schatzmeister (gegenwärtig R. Nöhring, 1 Berlin 12, Hardenbergplatz, Zool. Garten).

Weitere ornithologische Gesellschaften bestehen in *Bayern* (Ornithologische Gesellschaft in Bayern; Zeitschrift: Anzeiger der Ornithologischen Gesellschaft in Bayern) und im *Rheinland* (Gesellschaft rheinischer Ornithologen; Zeitschrift: Charadrius); ferner gibt es in allen Ländern und Landesteilen der BRD ornithologische *Arbeitsgemeinschaften,* die Mitteilungsblätter, z. T. auch Zeitschriften („Corax" in Schleswig-Holstein und Hamburg; „Anthus" in Westfalen; „Emberiza" in Rheinland-Pfalz; „Luscinia" in Hessen) herausgeben. Die meisten sind im *„Dachverband Deutscher Avifaunisten"* zusammengeschlossen, der das Referierwerk „Ornithologische Schriftenschau" herausgibt.

Es bestehen in der BRD ferner Landesgruppen des *„Deutschen Bundes für Vogelschutz"* mit zahlreichen Orts- und Kreisgruppen. Die *Stubenvogelliebhaber* sind vor allem im „Verband deutscher Waldvogelliebhaber" organisiert, neben dem die sich in erster Linie mit der Haltung und Zucht ausländischer Vögel befassenden Verbände „AZ" und „Estrilda" bestehen.

In der *Schweiz* ist die zentrale Organisation die *ALA (Schweizerische Gesellschaft für Vogelkunde und Vogelschutz;* Zeitschrift: Der ornithologische Beobachter). Dem Bund für Vogelschutz in der BRD entspricht der *Verband der Schweizerischen Vogelschutzvereine.*

In *Luxemburg* besteht der *Luxemburger Landesverband für Vogelkunde und Vogelschutz* (Zeitschrift: Regulus).

Institute

Wie in anderen Ländern bestehen auch in *Deutschland, Österreich* und der *Schweiz* ausschließlich oder doch besonders auf ornithologischem Gebiet tätige Institute.

Vor allem der Vogelzugforschung und der Ökologie widmen sich in der BRD die beiden *Vogelwarten* in Möggingen bei Radolfzell (Max-Planck-Institut für Verhaltensphysiologie, Vogelwarte Radolfzell) und Wilhelmshaven (Institut für Vogelforschung „Vogelwarte Helgoland", Wilhelmshaven-Rüstersiel), in der DDR die Vogelwarte Hiddensee (Kloster auf Hiddensee), in der Schweiz die Schweizerische Vogelwarte in Sempach.

Der Erforschung der Ethologie der Vögel widmet sich neben anderem die Abteilung Lorenz des *Max-Planck-Instituts für Verhaltensphysiologie* in Seewiesen bei Starnberg; der Untersuchung des biologischen Rhythmus die Abteilung Aschoff desselben Instituts in Erling-Andechs. In Österreich werden verhaltenskundliche Untersuchungen im *Institut für vergleichende Verhaltensforschung* in Wien 16 (Wilhelminenberg) durchgeführt.

Taxonomische Untersuchungen sind die Hauptaufgaben der ornithologischen Abteilungen der *Zoologischen Museen;* die wichtigsten dieser Museen im deutschsprachigen Raum sind die Institute in Basel (Naturhistorisches Museum), Berlin Ost (Zoologisches Museum der Humboldt-Universität), Bonn (Zoologisches Forschungsinstitut und Museum Alexander Koenig), Frankfurt (Forschungs-Institut und Natur-Museum Senckenberg), München (Zoologische Staatssammlung) und Wien (Naturhistorisches Museum).

Schließlich gibt es in den meisten Ländern der BRD und in der DDR staatliche *Vogelschutzwarten,* deren Aufgaben überwiegend auf dem Gebiet der angewandten Vogelkunde liegen.

Pfeifente mit Jungen

SEETAUCHER: *Gaviidae*.

Eine der 5 Hauptgruppen der Vögel, die von der Wasseroberfläche aus tauchen, die übrigen 4 sind Lappentaucher (S. 22), Kormorane (S. 32), Tauchenten (S. 58) und Alkenvögel (S. 164). Seetaucher sind größer als Lappentaucher und wie diese extrem ans Wasserleben angepaßt. Bei beiden Familien sitzen die Beine ganz hinten am kurzschwänzigen, zigarrenförmigen Körper. Dies verleiht den Tauchern einen kraftvollen Antrieb beim Schwimmen, macht sie aber unbeholfen an Land, das sie kaum jemals betreten. Ruhend halten die Seetaucher den Kopf mehr horizontal als die Kormorane, aber nicht ganz waagerecht wie die Säger. Im Flug sind Hals und Kopf lang ausgestreckt und leicht abwärts gerichtet, so daß der Vogel etwas bucklig wirkt. Stimme vor allem zur Brutzeit zu hören, verschiedene weithin tönende rauh klagende Laute. Geschlechter gleich. Im Winter oben dunkel, unten weiß. Nester an Binnengewässern, nicht schwimmend, sondern meist auf festem Grund. Im Winter auf eisfreien Flüssen und an Küstengewässern.

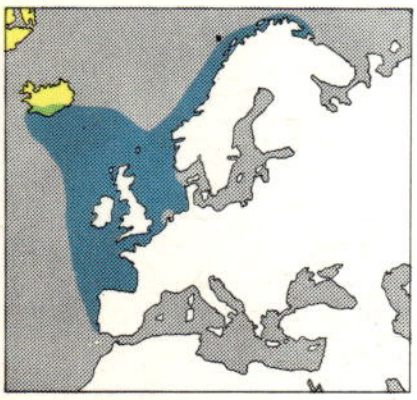
1

2

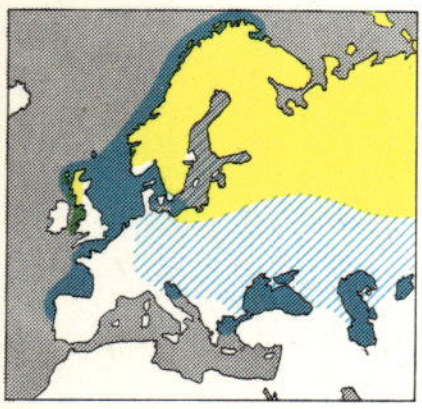
3

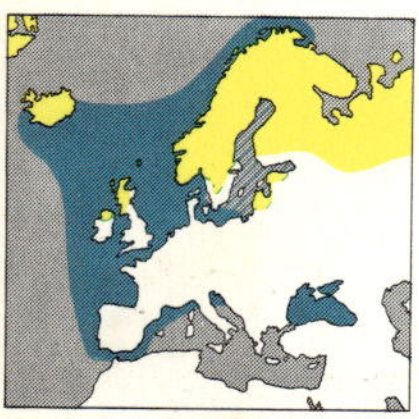
4

EISTAUCHER *Gavia immer.* Im Frühling und Sommer unverkennbar durch schwarzen Kopf und Schnabel sowie schwarz-weiß gestreiftes Halsband; auf dem Rükken auffallendes Schachbrettmuster. Im Winter vom kleineren Prachttaucher auch am größeren Schnabel und an eckigeren Kopfkonturen zu unterscheiden. Scheitel und Oberhals gewöhnlich dunkler als der Rükken. Stimme: Am Brutplatz ein lautes klagendes Geschrei, im Fluge bellend „kwök". Nistet an größeren Seen, oft auf Inseln. 68–81 cm. ○ (1)

GELBSCHNABEL-EISTAUCHER *Gavia adamsii.* Unterscheidet sich vom viel häufigeren Eistaucher hauptsächlich durch den fahl gelblich-weißen Schnabel, der oben gerade und unten gewinkelt ist, so daß er „aufgeworfen" erscheint. (Doch haben manche Eistaucher im Winter auch einen hellen Schnabel). Stimme und Verhalten wie Eistaucher. 84–99 cm. △ (2)

PRACHTTAUCHER *Gavia arctica.* Im Brutkleid leicht vom größeren Eistaucher am aschgrauen Oberkopf, schwarzen Vorderhals und an den schwarz-weißen Vertikalstreifen zu unterscheiden. Der schwächere Schnabel und die fliehende Stirn kennzeichnen ihn zu allen Jahreszeiten. Im Winter erscheinen Scheitel und Oberhals gewöhnlich heller als der schwärzliche Rücken. Stimme und Verhalten ähnlich Eistaucher. 58–68 cm. 8 (3)

STERNTAUCHER *Gavia stellata.* Der kleinste Seetaucher, im Brutkleid unverkennbar durch die Färbung von Kopf und Hals, eine Kombination von Rot und Grau mit vertikalen schwarz-weißen Streifen. Im Winter ist die Oberseite mit weißen Punktflecken („Sterntaucher") übersät, und die Kopfseiten erscheinen heller als bei anderen Seetauchern. Stets am schlanken, aufgeworfenen Schnabel zu erkennen. Im Gegensatz zu den großen Lappentauchern ohne Flügelbinde (S. 25). Flugruf mehr quäkend als bei anderen Seetauchern. Nistet auf stillen kleineren Seen des hohen Nordens, erscheint im Oktober zahlreich an den Küsten der Nord- und Ostsee, viel spärlicher im Binnenland. 53–58 cm. ○ (4)

SEETAUCHER

Kormoran
Seetaucher
Kormoran
Seetaucher
Bauchputzen
Winter
EISTAUCHER
Sommer
GELBSCHNABEL-
EISTAUCHER
Winter
Sommer
Winter
Sommer
PRACHTTAUCHER
Winter
Sommer
Nest
STERNTAUCHER

LAPPENTAUCHER: *Podicipedidae.* Kleiner, langhalsiger und mit relativ dickerem Körper als die Seetaucher. (S. 21). Füße nicht mit Schwimmhäuten, sondern mit Schwimmlappen längs der Zehen versehen. Sonst ganz ähnlich extrem ans Wasserleben angepaßt wie die Seetaucher. Geschlechter gleich. Im Ruhekleid oben dunkel, unten weiß. Juv. auf Kopf und Hals längs gestreift. Im Flug Kopf und Hals nach unten durchhängend. Schwimmnester immer auf Binnengewässern. Im Winter auch auf Küstengewässern.

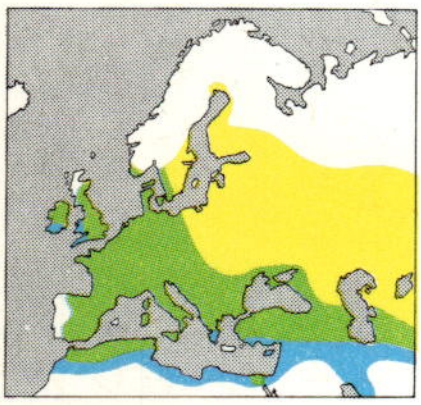
1

HAUBENTAUCHER *Podiceps cristatus.* Im Brutkleid unverkennbar am zweigeteilten Schopf und rotbraunem Backenbart, der bei der Balz gefächert wird. Im Winter Kopfseiten auffallend weiß. Hält den dünnen langen Hals senkrecht. Im Fluge viel Weiß im Flügel. Stimme ein rauhes Tuten oder Bellen und knorksend „arr". Juv. pfeifen durchdringend „bilibili". 48 cm. ● (1)

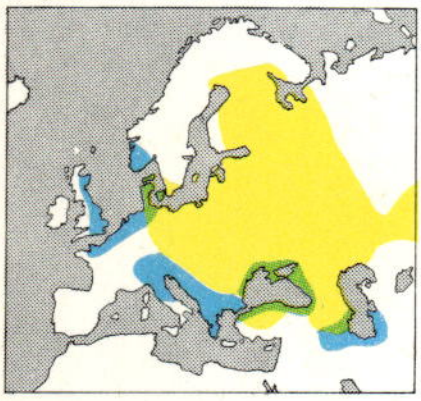
2

ROTHALSTAUCHER *Podiceps grisegena.* Im Brutkleid leicht vom größeren Haubentaucher durch den kastanienroten Hals, die hellgrauen Wangen und das Fehlen der Schopf- und Kragenfedern zu unterscheiden, im Ruhekleid durch den gedrungeneren, schwarz-gelben Schnabel, das Fehlen eines weißen Überaugenstreifens und graueren Hals. Auch zieht sich das Schwarz des Scheitels an den Kopfseiten weiter abwärts und geht allmählich in die weniger weißen Wangen über. Stimme zur Balzzeit ein wieherndes „öööö" („Hengst"). Im Winter hauptsächlich in Küstengewässern. 43 cm. ◑ (2)

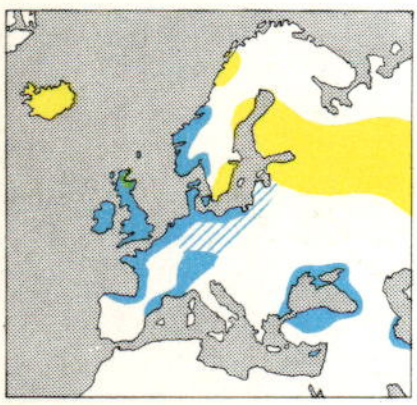
3

OHRENTAUCHER *Podiceps auritus.* Etwa so groß wie Schwarzhalstaucher und diesem ähnlich, aber im Brutkleid leicht am Färbungsmuster von Kopf und Hals zu erkennen. Im Ruhekleid kontrastreicher am Kopf als Schwarzhalstaucher und von diesem auch immer am geraden, nicht aufgeworfenen Schnabel zu unterscheiden. Stimme ein tief perlender Triller. Im Winter hauptsächlich auf Küstengewässern. 33 cm. ○ (3)

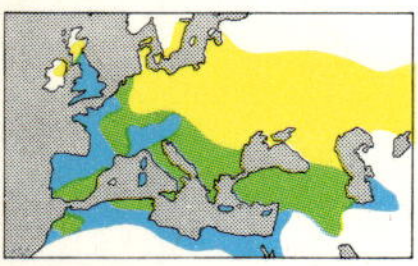
4

SCHWARZHALSTAUCHER *Podiceps nigricollis.* Ein wenig kleiner als Ohrentaucher, von dem er im Brutkleid leicht zu unterscheiden ist. Im Ruhekleid geht das Schwarz des Scheitels allmählich in die nicht so hellen Kopfseiten über. Aufgeworfener Schnabel. Stimme ein gereihtes Bibbern. 30 cm. ◑ (4)

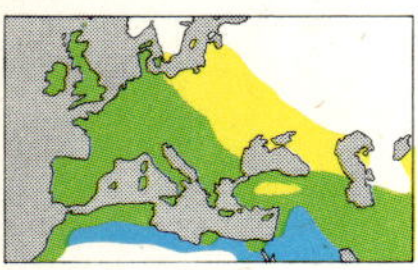
5

ZWERGTAUCHER *Tachybaptus ruficollis.* Der kleinste europäische Taucher; im Brutkleid am kastanienbraunen Hals und dem leuchtenden gelblich-weißen Fleck im Schnabelwinkel zu erkennen. Im Ruhekleid unscheinbar bräunlich, unten weiß. Stimme ein lautes helles Trillern. Unser häufigster Taucher, selbst auf kleinen Teichen nistend und im Winter auf allen eisfreien Gewässern. 27 cm. ● (5)

Bindentaucher

BINDENTAUCHER *Podilymbus podiceps.* Ein transatlantischer Irrgast, der aber fast alljährlich in England erscheint. Ein gedrungener kurzhalsiger Taucher, etwa so groß wie Schwarzhalstaucher, unverkennbar durch seinen kurzen dicken, fast runden Schnabel, der an der Wurzel weiß ist. Weiße Unterschwanzdecken. Stimme ein rauhes Bellen gefolgt von einem klagenden „bnaah". 30–38 cm.

LAPPENTAUCHER

ALBATROSSE, STURMVÖGEL UND STURMSCHWALBEN:

Diomedeidae, Procellariidae und Hydrobatidae. Langflügelige Hochseevögel, deren äußere Nasenöffnungen nach vorn röhrenförmig ausgezogen sind („Röhrennasen"). Ausschließlich pelagisch und besonders zum Segelflug über dem Meere befähigt, suchen sie das Land nur zur Brutzeit auf. Sie ruhen auch auf dem Wasser und können schwimmen; 3 Vorderzehen durch Schwimmhäute verbunden. Die Albatrosse, die größten Seevögel, ausgezeichnet durch ihre mächtige Flügelspannweite und ihren ausdauernden Segelflug, sind nur Irrgäste in unserer Region.

MOLLYMAUK *Diomedea melanophris.* Ähnelt einer riesigen Mantelmöwe (S. 151) hat aber eine relativ viel größere Flügelspanne (1,80–2 m), dunklen Schwanz und Augenstreif sowie weißes Feld im Unterflügel. Immat. sind im allgemeinen grauer, besonders am Kopf. Schnabel zunächst schwärzlichgrau, später hornfarben und schließlich gelb, beim voll erwachsenen Vogel mit schwarzer Spitze. Stimme „gah" oder „gah-gah-gah", manchmal mit Schnabelklappern. Seltener Irrgast vom Süd-Atlantik. 81–86 cm.

GELBNASENALBATROS *Diomedea chlororhynchos.* Der einzige andere Albatros, der noch im Nord-Atlantik beobachtet werden kann. Er ist aber erheblich kleiner, mit fahlgrauem Kopf und viel mehr Weiß am Unterflügel sowie schwarzem Schnabel mit gelbem Streifen und rötlicher Spitze. Unausgefärbte mit rein weißem Kopf und ganz schwarzem Schnabel. 76–86 cm.

1

WEICHFEDERSTURMVOGEL *Pterodroma mollis.* Ein mittelgroßer Sturmtaucher von der Größe des Schwarzschnabelsturmtauchers, aber mit grauer Oberseite, dunklen Ohrdecken, mit einem unvollständigen grauen Brustband, dunklem Unterflügel, kürzerem Schnabel und ganz verschiedenem, nämlich mehr wellenförmigem Flug. Nistet auf entlegenen Meeresinseln und wandert selten an kontinentale Küstengewässer. 35 cm. (1)

KAPSTURMVOGEL *Daption capensis.* Ein seltener Irrgast aus der Antarktis, mit auffallendem Schachbrettmuster auf der Oberseite, das viele Generationen von Seeleuten an eine Taube erinnerte („Kaptaube"). 35 cm.

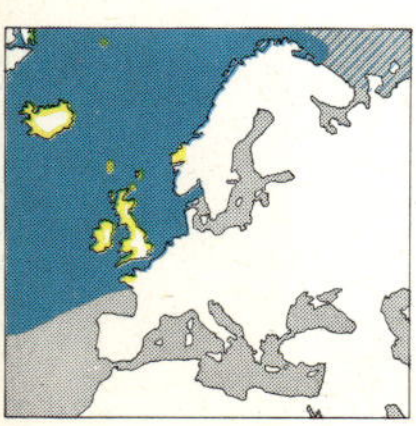

2

EISSTURMVOGEL *Fulmarus glacialis.* Ein ziemlich großer möwenartiger Sturmvogel, gewöhnlich mit silbergrauer Oberseite, weißem Kopf und weißer Unterseite; in der Arktis gibt es aber auch teilweise oder ganz dunkelgraublaue Vögel und sogar eine seltene fast ganz weiße Phase. Sofort von der Silbermöwe (S. 151) am typischen Sturmvogelflug zu unterscheiden, der mit steifen Schwingen segelnd und kurvend dicht über dem Wasser dahinführt, ferner am Fehlen der schwarzen Flügelspitzen und aus der Nähe auch an den Röhrennasen. Stimme am Brutplatz heiseres stoßweises Gakkern, Grunzen und Keuchen. Speit Feinden faulig-riechendes Öl entgegen. Nester kolonieweise an Felsklippen, gelegentlich an Gebäuden oder ein paar Kilometer landeinwärts. Außerhalb der langen Brutzeit hauptsächlich pelagisch. 48 cm. △ (2)

GELBNASENALBATROS
MOLLYMAUK
WEICHFEDER-
STURMVOGEL
KAP-
STURMVOGEL
helle Phase
EISSTURMVOGEL
dunkle Phase

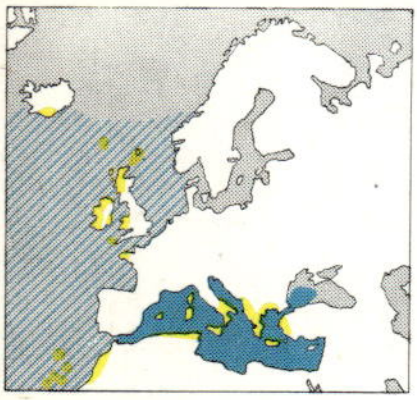
1

SCHWARZSCHNABELSTURMTAUCHER *Puffinus puffinus.* Der häufigste Sturmtaucher unseres Gebietes. Die atlantische und ostmediterrane Rasse sind durch scharfen Kontrast der dunklen Oberseite mit der weißen Unterseite gekennzeichnet. Blaßrosa Füße und schwarzer Schnabel. Die im westlichen Mittelmeer (Balearen) heimische Rasse *mauretanicus* ist unterseits viel dunkler und kann vom Dunklen und Gelbschnabelsturmtaucher am besten durch viel geringere Größe und „eiligeren" Flug unterschieden werden. Die ostmediterrane Rasse *yelkouan* ist oben brauner. Am Brutplatz nachts mit lauten krähenden und wimmernden Rufen lärmend. Nistet auf Meeresinseln. 35 cm. △ (1)

2

KLEINER STURMTAUCHER *Puffinus assimilis.* Eine kleine Ausgabe des Schwarzschnabelsturmtauchers, doch mehr im Ruder- als im Gleitflug zu beobachten. Hat leuchtend blaue Füße, und das Schwarz des Scheitels erstreckt sich nicht bis unters Auge. Ruffreudig am Brutplatz, aber nicht so lärmend wie Schwarzschnabelsturmtaucher. Von den felsigen Ufern der Atlantischen Inseln wandert er bis an die Küsten Nordwestafrikas, der Iberischen Halbinsel und Westirlands. 27 cm △ (2)

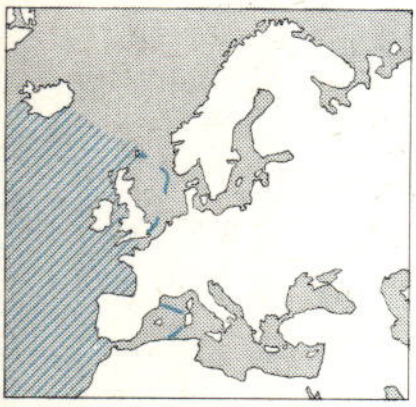
3

GROSSER STURMTAUCHER *Puffinus gravis.* Unterscheidet sich vom Gelbschnabelsturmtaucher besonders durch die scharf markierte dunkle Kopfkappe, ferner durch dunklen Schnabel, weißen Fleck an der Schwanzwurzel und dunklen Fleck am Bauch, der im Felde nicht leicht zu sehen ist. Rudert mit für Sturmtaucher typischen flachen Flügelschlägen, segelt aber auch manchmal. Als Spätsommer- und Herbstbesucher vom Südatlantik manchmal an gebirgigen Küsten. 46 cm. △ (3)

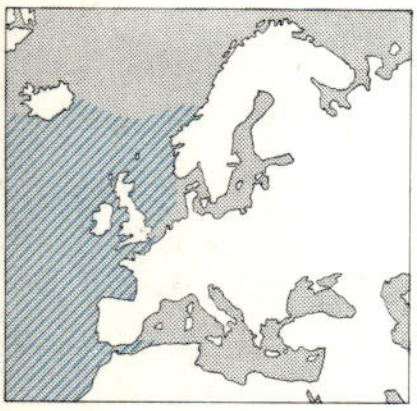
4

DUNKLER STURMTAUCHER *Puffinus griseus.* Vom Großen und Gelbschnabelsturmtaucher leicht durch einfarbig dunkles Gefieder zu unterscheiden, größer und noch dunkler als *P. puffinus mauretanicus.* Dies ist der Hammelvogel der neuseeländischen Gewässer, dessen fette Junge zu Tausenden gegessen werden. Er wandert im Südwinter bis in den nördlichen Atlantik (Island und Norwegen) und erscheint ausnahmsweise auch im Mittelmeer. 40 cm. △ (4)

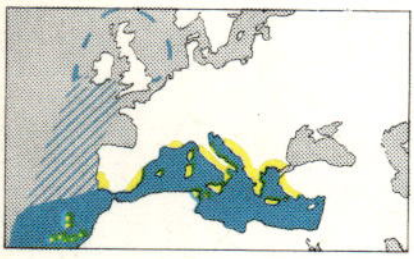
5

GELBSCHNABELSTURMTAUCHER *Calonectris diomedea.* Der größte an europäischenn Gewässern brütende Sturmvogel, von den beiden anderen großen Sturmtauchern am besten zu unterscheiden durch eine Kombination von einheitlich brauner Oberseite, dem Mangel einer deutlichen dunklen Kopfkappe, weißer Unterseite und (aus der Nähe) gelbem Schnabel. Manchmal mit kleinem weißen Fleck an der Schwanzwurzel. In den Brutkolonien auf einsamen Felseninseln und Klippen heiser und möwenartig schreiend. 46 cm. △ (5)

Westl. Mittelmeer
P. p. mauretanicus
Atlantik
P. p. puffinus
ad.
SCHWARZSCHNABEL-
STURMTAUCHER
GROSSER
STURMTAUCHER
KLEINER
STURMTAUCHER
DUNKLER
STURMTAUCHER
GELBSCHNABELSTURMTAUCHER

STURMSCHWALBEN: *Hydrobatidae.* Kleine schwarze weißbürzelige Sturmvögel des offenen Meeres, die unstet und dicht über den Wellen flattern und gelegentlich durch Stürme an Land verschlagen werden, sonst aber das Land nur zum Nisten in Höhlen an Felsküsten aufsuchen, wo sie ausschließlich nachts rege sind. Schnabel kurz und schwarz.

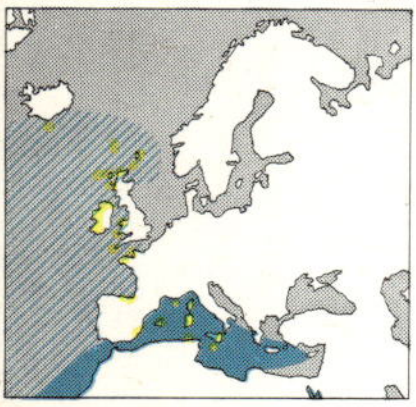
1

STURMSCHWALBE *Hydrobates pelagicus.* Kleinster europäischer Seevogel, der einer Mehlschwalbe (S. 207) ohne Gabelschwanz nicht unähnlich sieht, mit weißem, sich scharf vom übrigen insgesamt schwarzen Gefieder abhebendem Bürzel. Helles Feld im Unterflügel. Füße schwarz. Folgt gewöhnlich Schiffen im direkten Flug; hat überdies einen flatternden Futterflug. Ihr ziegenmelkerähnlicher schnurrender Ruf, der mit einem schluckauf-artigen „hikav" endet, ist nur am Nest und gewöhnlich nachts zu hören. 15 cm. △ (1)

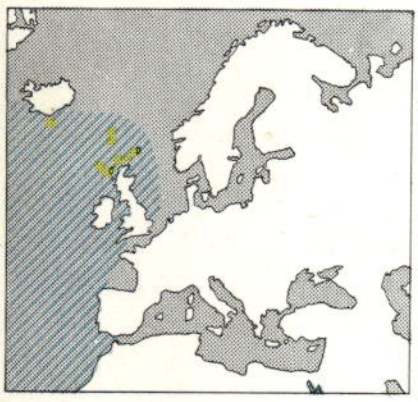
2

WELLENLÄUFER *Oceanodroma leucorhoa.* Ein wenig größer als Sturmschwalbe und von dieser durch Gabelschwanz (im Flug schlecht zu sehen), Grau in der weißen Bürzelmitte (im Freien nicht zu sehen), brauneren Oberflügel, dunklen Unterflügel und vor allem charakteristischen hüpfenden Zickzackflug unterschieden. Folgt Schiffen nicht. Schnurrt guttural am Nistplatz zur Nachtzeit. 20 cm. △ (2)

3

MADEIRA-WELLENLÄUFER *Oceanodroma castro.* Etwas brauner als die anderen kleinen Sturmvögel, aber im Freien äußerst schwer von Sturmschwalbe, Wellenläufer und Buntfüßiger Sturmschwalbe zu unterscheiden. Etwas größer und langflügeliger als Sturmschwalbe, vom Wellenläufer durch reinweißen Bürzel (ohne Grau in der Mitte) und von der Buntfuß-Sturmschwalbe durch kürzere und ganz schwarze Füße unterschieden. Schwach gegabelter Schwanz als Feldkennzeichen fast wertlos, in der Hand sind die schwarzen Spitzen der weißen Schwanzdecken ein nützliches Kennzeichen. Ruft am Nest „kär-tschuck-e-tschuck-tschuck-tschuck". Folgt manchmal Schiffen. Entfernt sich im Winter nicht sehr weit von der Brutinsel. 19 cm. (3)

4

BUNTFUSS-STURMSCHWALBE *Oceanites oceanicus.* Von der Sturmschwalbe hauptsächlich durch den charakteristischen Gleitflug unterschieden, bei dem die Füße mit den gelben Schwimmhäuten über den kurzen Schwanz hinaus gestreckt werden. Scheint manchmal mit ausgebreiteten Schwingen auf der Oberfläche des Wassers entlang zu trippeln. Als Besucher aus der Antarktis häufig in der Biskaya, aber selten nahe der Küste. 18 cm. △ (4)

5

FREGATTENSTURMSCHWALBE *Pelagodroma marina.* Die einzige kleine Sturmschwalbe des Nordatlantiks mit weißem Gesicht und weißer Unterseite. Füße mit orangefarbenen Schwimmhäuten. Flug wellenförmig und unstet, mit langen über das Schwanzende reichenden Füßen. 20 cm. (5)

6

BULWERSTURMSCHWALBE *Bulweria bulwerii.* Die einzige vollständig schwarze kleine Sturmschwalbe im nördlichen Atlantik, mit ziemlich langem keilförmigen Schwanz, schwarzem Schnabel und schwarz-roten Füßen. Läßt am Brutplatz ein krächzendes Bellen hören. Nistet an felsigen Orten auf Meeresinseln und zeigt sich in Küstennähe höchstens in NW-Afrika. 27 cm. (6)

Mehlschwalbe
Sturmschwalben
auf Nahrungssuche
STURMSCHWALBE
WELLENLÄUFER
MADEIRA-
WELLENLÄUFER
BUNTFUSS-STURMSCHWALBE
FREGATTEN-
STURMSCHWALBE
BULWERSTURMSCHWALBE

TÖLPEL: *Sulidae*

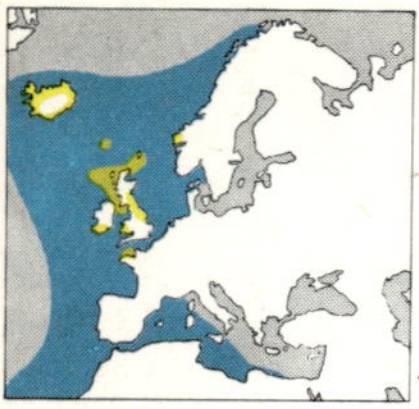
1

BASSTÖLPEL *Sula bassana.* Ein großer weißer Seevogel mit schwarzen Flügelspitzen, der beim Stoßtauchen schon aus der Ferne bestimmt werden kann, wenn er sich aus großer Höhe mit angelegten Flügeln senkrecht ins Wasser stürzt. Aus der Nähe auch an der gelblichen Tönung von Kopf und Hals, am kräftigen blauweißlichen Schnabel, an den schwarzbraunen Füßen und dem grauen, von nackter blaugrauer Haut umrahmten Auge zu erkennen. Geschlechter gleich. Juv. auf dunkelbraunem Grunde weiß gesprenkelt, mit jedem Monat mehr Weiß im Gefieder. Die rauhe Stimme nur in Nestnähe zu hören. Fliegt rasch geradeaus, gleitet und segelt auch, kann schwimmen. Brütet an Felsküsten, auf Meeresinseln; außerhalb der Brutzeit auch auf offener See. Der Maskentölpel, *Sula dactylatra* mit schokoladenbraunen Schwingen und Steuerfedern, kann an der marokkanischen Küste erscheinen. 91 cm. ○ (1)

2

WEISSBAUCHTÖLPEL *Sula leucogaster.* Viel kleiner als der Baßtölpel und mit Ausnahme der weißen Brust und des weißen Bauches dunkelbraun. Unausgefärbte ähnlich ad., aber insgesamt fahler. Am ehesten am Nordende des Roten Meeres oder an der marokkanischen Küste zu beobachten. 63 cm. (2)

3

TROPIKVÖGEL: *Phaethontidae*

ROTSCHNABEL-TROPIKVOGEL *Phaethon aethereus.* Ein überwiegend weißer Hochseevogel, mit sehr langen zugespitzten mittleren Steuerfedern, schwarzer Bänderung auf dem Rücken, schwarzem Augenstreif und Flügelband; roter Schnabel. Seine schrillen, raspelnden Schreie sind oft über See zu hören. Fliegt mit kräftigen, entfernt taubenähnlichen Flügelschlägen und stürzt sich aus der Höhe auf Beute an der Wasseroberfläche. Kann im nördlichen Roten Meer und an der marokkanischen Küste erwartet werden. 108 cm. (3)

FREGATTVÖGEL *Fregatidae.* Große dunkle Vögel tropischer Meere mit auffallend langem Gabelschwanz und langen schmalen Flügeln. Gute Segler. Am wahrscheinlichsten ist das gelegentliche Erscheinen eines wandernden Prachtfregattvogels, *Fregata magnificens,* an der marokkanischen Küste. ♂ dieser Art mit roter Kehlhaut, ♀ mit weißer Brust; bei immat. sind Kopf und Unterseite weiß.

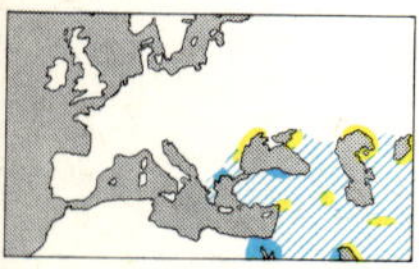
4

PELIKANE: *Pelecanidae*

ROSAPELIKAN *Pelecanus onocrotalus.* Ein mächtiger weißer Vogel, zur Brutzeit mit rosa Anflug und struppigem Schopf; Flügelspitzen schwarz (von oben) bzw. ganzer Flügelrand scharf schwarz abgesetzt (von unten); Brust mit gelbem Fleck, Schnabel fleischfarben, Kehlsack gelb. Geschlechter gleich. Unausgefärbte hellbraun, mit jeder Mauser weißer werdend. Grunzender Ruf am Brutplatz. Im majestätischen Flug werden Kopf und Hals zurückgelegt. Segelt gern, fliegt in Formation. An Süß- und Brackwasserseen, Sümpfen und in flachen Küstengewässern. Der afrikanische Rötelpelikan, *P. rufescens,* kann bis Ägypten wandern. Er ist kleiner, hellgrau und hat eine längere Haube. 140–180 cm. △ (4)

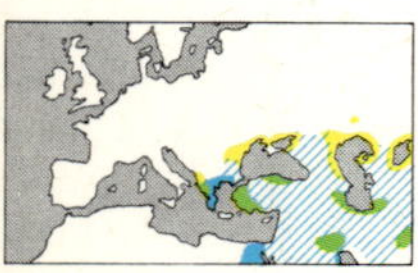
5

KRAUSKOPFPELIKAN *Pelecanus crispus.* Etwas größer als Rosapelikan, niemals wie dieser mit rosa Anflug, mit gelben statt roten Augen, mit grauen statt fleischfarbenen Füßen und mit orangerotem statt gelbem Kehlsack. Unterflügel schmutzig weiß (nicht schwarzweiß). Vorkommen wie Rosapelikan. 160–180 cm. △ (5)

imm.
(1. Jahr)
BASSTÖLPEL
imm.
(2. Jahr)
ad.
ad.
WEISSBAUCH-
TÖLPEL
imm.
ad.
MASKENTÖLPEL
ROTSCHNABEL-
TROPIKVOGEL
ad.
♀
♂
PRACHTFREGATT-
VOGEL
ad.
imm.
imm.
KRAUSKOPFPELIKAN
ROSAPELIKAN
ad.

KORMORANE: *Phalacrocoracidae.* Große dunkle tauchende Wasservögel mit langem kräftigem, an der Spitze hakenförmig gebogenem Schnabel, ziemlich kurzen Flügeln und relativ langem Schwanz. Geschlechter gleich. Juv. meist braun mit hellerer Unterseite. Breiten an Land die Flügel zum Trocknen aus; richten den Schnabel im Schwimmen schräg aufwärts. Fliegen oft in V-Formation, mit gerade nach vorn gestrecktem Hals. Von den Tauchern vor allem durch den langen Schwanz unterschieden. Nisten kolonieweise an Felsen oder im Binnenland auf Bäumen.

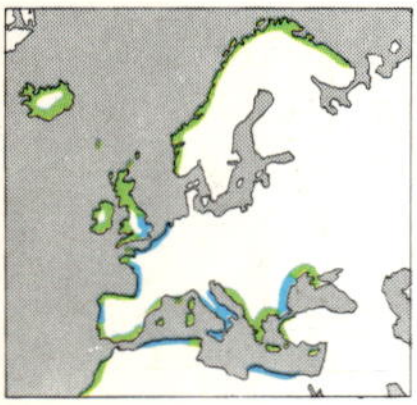
1

KRÄHENSCHARBE *Phalacrocorax aristotelis.* Kleiner als Kormoran und ganz dunkel mit Ausnahme des Gelb am Schnabelgrunde und Auge. Im Brutkleid durch eine nach vorn gebogene Federhaube gekennzeichnet. Juv. braun mit weißlicher Kehle. Rauhes schnarrendes Krächzen nur am Brutplatz. Fliegt mit schnelleren Schlägen als der Kormoran. Ausschließlich Meeresvogel, nistet an Felsküsten und erscheint selten an schlammigen oder sandigen Küsten oder landeinwärts. 76 cm. △ (1)

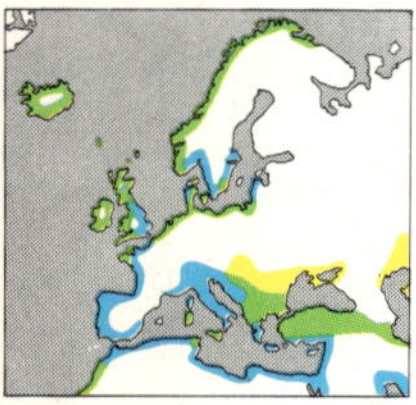
2

KORMORAN *Phalacrocorax carbo.* Der größte europäische ganz dunkle Wasservogel, mit gelbem Fleck an der Schnabelwurzel. Weiß im Gesicht und zur Brutzeit mit weißem Fleck an den Schenkeln. Viele ältere Vögel, besonders bei den kontinentalen und nordafrikanischen Rassen *sinensis* und *maroccanus*, sind an Kopf und Hals im Brutkleid überwiegend weiß. Juv. braun, Kehle und Unterseite weißlich. Am Brutplatz rauhes Schnarren. An Küsten, auch an Binnenseen und mitunter Flüssen. 90 cm. ◑ (2)

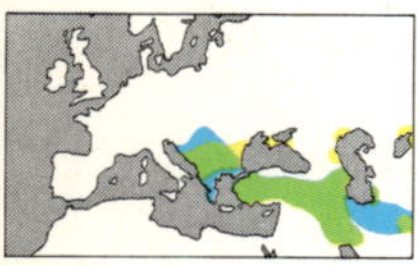
3

ZWERGSCHARBE *Phalacrocorax pygmeus.* Der kleinste europäische Kormoran, gut kenntlich an seinem kurzen Kopf und im Brutkleid am rotbraunen Kopf und weißgetupften Gefieder, doch manchmal Kopf kurz vor Beginn der Brutzeit noch schwarz. Binnengewässer mit ausgedehnten Röhrichtbeständen; oft auch in kleinen Sümpfen. Eine südöstliche Art. 48 cm. △ (3)

4

RIEDSCHARBE *Phalacrocorax africanus.* Ein kleiner Kormoran (etwa so groß wie Zwergscharbe), in dessen schwarzem Brutkleid nur eine graue Sprenkelung auf den Flügeln und weiße Streifen hinter dem Auge auffallen; kleine Haube. Im Ruhekleid brauner mit weißer Kehle und hellerer Unterseite. Zischt am Nest. Binnen- und Küstengewässer. Nur Ägypten. 58 cm.

SCHWARZGESICHTSCHARBE *Phalacrocorax nigrogularis.* Ganz dunkel, nur im Brutkleid mit Weiß an Wangen, Hals und Bürzel. Inseln im Persischen Golf. 80 cm.

SCHLANGENHALSVÖGEL: *Anhingidae*

AFRIKANISCHER SCHLANGENHALSVOGEL *Anhinga rufa.* Wirkt wie ein schlanker langschwänziger, langhalsiger Kormoran mit dünnem spitzem Schnabel und einem seltsamen Knick im Hals. Schwarz, mit rotbraunen und weißen Längsstreifen am Hals. Immat. heller mit weißlicher Unterseite. Grunzt am Nest. Im Schwimmen sieht man oft nur Hals und Kopf über Wasser. Bewegt den Hals typisch schlangenartig. An Seen und Flußmündungen, nistet kolonieweise auf Bäumen und Büschen in Wassernähe. Im Mittleren Osten (vielleicht heute an den meisten Plätzen verschwunden). 102 cm.

ad.
imm.
Krähenscharbe
Kormoran
KRÄHENSCHARBE
Marokko
Ph. c. maroccanus
rutkleider
ad.
Kontinent
Ph. c. sinensis
Atlantikküsten
Ph. c. carbo
imm.
KORMORAN
Brutkleid
Winter
imm.
ZWERGSCHARBE
Brutkleid
imm.
SCHLANGENHALSVOGEL
imm.
RIEDSCHARBE

REIHER UND DOMMELN: *Ardeidae.* Große bis sehr große Watvögel mit langen Beinen, Hals und Schnabel – alles Anpassungen an die Nahrungssuche im Seichtwasser. Kopf oft mit einer Haube geschmückt. Die Flügel wirken im Flug breit und rund; Schwanz kurz. Kopf und Hals werden im Fluge, oft auch in Ruhestellung, zurückgelegt. Störche, Löffler, Ibisse und Kraniche fliegen mit gerade nach vorn gestrecktem Hals. Geschlechter gewöhnlich gleich. Nisten kolonieweise, meist auf Bäumen oder im Röhricht.

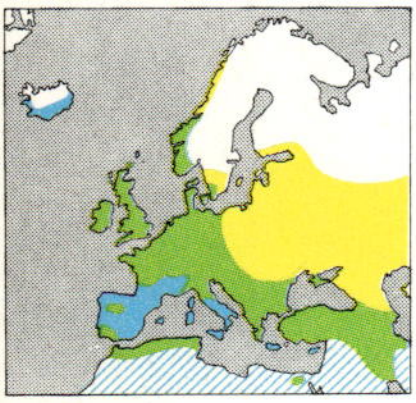
1

FISCHREIHER *Ardea cinerea.* Im allgemeinen der häufigste unter den großen Reihern, hauptsächlich grau, mit weißem Kopf und Hals und schwarzen, bei immat. grauen Haubenfedern. Ruft meistens rauh „kräiik", weitere krächzend-würgende Rufe mit Schnappbewegungen am Nest. Fliegt langsam und majestätisch; Schwingen dunkler als auf dem Flugbild. Steht oft lange stocksteif mit eingezogenem Hals, watet schleichend auf der Jagd nach Beute. Nester auf Bäumen, ausnahmsweise im Röhricht. In der Bundesrepublik wurden 1961 4625 besetzte Horste gezählt. 91 cm. ◑ (1)
In Nordafrika kann als Irrgast aus dem tropischen Afrika der Schwarzhalsreiher, *A. melanocephala,* erscheinen; kenntlich am schwarzen Kopf und an der überwiegend schwarzen Oberseite.

Fischreiher

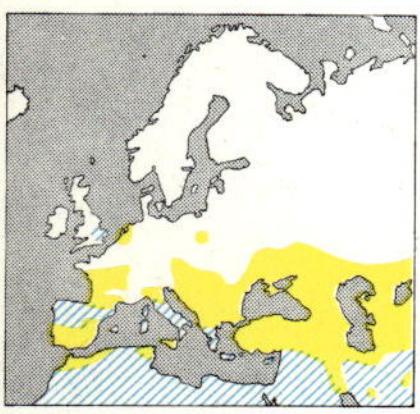
2

PURPURREIHER *Ardea purpurea.* Kleiner, schnittiger und viel dunkler als der Fischreiher, mit schwarzem Scheitel und Bauch, rotbraun gestreiftem Hals und kastanienbrauner Brust; immat. braun, weniger schwarz auf dem Scheitel und weniger gestreift am Halse. Im Flug wirkt der ganze Flügel einfarbig dunkel, und die Füße erscheinen größer als beim Fischreiher. Ruft ähnlich wie Fischreiher, aber nicht so tief; im allgemeinen schweigsamer. Nistet kolonieweise, aber im Gegensatz zum Fischreiher meist im Röhricht, nur selten auf Büschen. 79 cm. (2)

3

GOLIATHREIHER *Ardea goliath.* Bei weitem der größte Reiher, aber mit einiger Wahrscheinlichkeit nur am Roten Meer oder höchstens am Persischen Golf zu beobachten. Erinnert sehr an den allerdings viel kleineren Purpurreiher, der jedoch schwarzen Scheitel hat. Deutlich größer als der Fischreiher, von dem er sich am auffälligsten durch den rotbraunen Kopf, Hals und Bauch unterscheidet. Hat eine laute rauhe und tiefe Stimme, die dem Bellen eines Hundes ähnelt. Bewohnt Sümpfe und Seichtwasser. 120 cm. (3)

REIHER
juv.
Reiherkolonie
ad.
FISCHREIHER
ad.
juv.
PURPURREIHER
GOLIATHREIHER

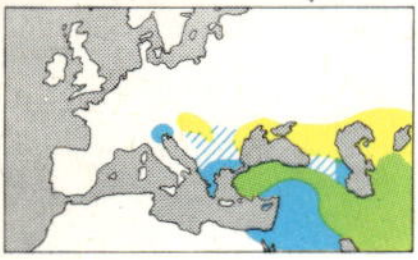
1

SILBERREIHER *Casmerodius albus.* Bei weitem der größte weiße Reiher. Ohne Haube, aber im Brutkleid mit langen Schmuckfedern auf den Flügeln; Beine schwarz, Schnabel schwarz-gelb oder gelb. Nur mit (seltenen) Albinos des Fischreihers (S. 345) zu verwechseln oder mit einem Irrgast aus Schwarzafrika, dem Mittelreiher *Mesophoyx intermedia,* der aber kleiner ist, einen kürzeren gelben Schnabel und kürzere Beine hat. Schweigsam, sogar am Nest, nur juv. lärmen. Sümpfe, flache Süß- und Brackwässer, gewöhnlich im Röhricht nistend. 89 cm. (1)

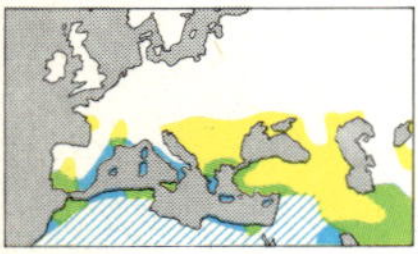
2

SEIDENREIHER *Egretta garzetta.* Ein kleiner weißer Reiher mit schwarzem Schnabel und schwarzen Beinen und am besten an den gelben Füßen im Flug zu bestimmen. Im Brutkleid mit langen Schmuckfedern. Mitunter, aber selten, eine ganz schwarze Mutante. Am Nest ein rauhes Bellen, sonst schweigsam. In Sümpfen und Flachwasser, auch in Küstennähe, Nester gewöhnlich auf Bäumen und nicht weit vom Wasser entfernt. 56 cm. △ (2)

3

KÜSTENREIHER *Egretta gularis.* Bereitet beim Bestimmen Schwierigkeiten, da dieser nahe Verwandte des Seidenreihers in 2 verschiedenen Rassen mit jeweils 2 Farbphasen vorkommt. Beide Rassen haben Schmuckfedern und gelbe Füße wie Seidenreiher. Bei der östlichen Form *schistacea* ist die dunkle Phase zahlreicher als die weiße, die sich vom Seidenreiher hauptsächlich durch den gelben Schnabel unterscheidet. Auch bei der westlichen Rasse *gularis* ist die dunkle Phase weit vorherrschend, aber die seltenen weißen Exemplare sind nur sehr schwer vom Seidenreiher zu unterscheiden, weil sie bräunlichen Schnabel haben. Jedoch lebt der Küstenreiher nur an der Küste. In Marokko kann er mit dem Glockenreiher *Egretta ardesiaca* verwechselt werden, der ganz dunkel ist und als Irrgast an Binnengewässern erscheinen kann. 56 cm. (3)

4

KUHREIHER *Bubulcus ibis.* Etwas kleiner als Seidenreiher und im Ruhekleid, unausgefärbt und im Flug auch ähnlich weiß erscheinend. Im Brutkleid aber mit deutlich gelblichen Federn auf Scheitel, an Brust und auf Mantel sowie Beine und Füße rötlich (dunkelgrün zu anderen Zeiten). Schnabel gelb. Am Nest verschiedene gutturale Rufe. Bei der Nahrungssuche gern unter weidendem Vieh; Neststand wie beim Seidenreiher. Breitet sich aus, hat von Afrika aus jüngst Amerika besiedelt. 51 cm. (4)

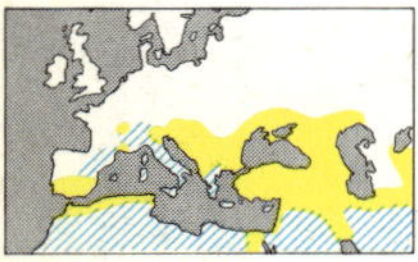
5

RALLENREIHER *Ardeola ralloides.* Der kleinste weiße Reiher, der aber nur im Fluge wirklich weiß erscheint. Im Sitzen wirkt er hauptsächlich bräunlich gelb („Semmelreiher") mit weißen Schwingen, Schwanz und Bauch. Im Brutkleid Scheitel und Haubenfedern schwarz gestreift und Schnabel bläulich (sonst grünlich); Beine gelblich-grün. Immat. oberseits streifig. Ruft hoch „kerr". In Sümpfen und an sumpfigen Flußufern, auf Bäumen nistend. 46 cm. △ (5)

PADDYREIHER *Ardeola grayii.* Wie Rallenreiher, aber Rücken tief kastanienbraun. Im Feld nicht zu unterscheiden. Mangroven von Kuweit. West-Iran. 46 cm.

WEISSE REIHER
Brutkleid
Ruhekleid
Balz
SILBERREIHER
schwarze Phase
Balz
SEIDENREIHER
weiße
Phase
Ruhekleid
KUH-
REIHER
Brutkleid
KÜSTENREIHER
schwarze
Phase
Brutkleid
Ruhekleid
Balz
RALLENREIHER

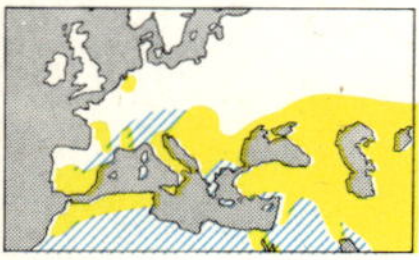
1

NACHTREIHER *Nycticorax nycticorax.* Ein kleiner schwarz-grau-weißer Reiher, dessen geduckte Haltung ihn kompakter erscheinen läßt als er wirklich ist. Aus der schwarzen Kappe ragen lange schmale weiße Schmuckfedern über den schwarzen Rücken; Auge rot, Schnabel grünlich, Füße gelb. Immat. hauptsächlich braun und weiß gefleckt wie ein Tannenhäher (S. 305), erinnert dann an eine kleine stark gefleckte Rohrdommel. Stimme ein rauhes Krächzen. Erscheint im Flug breitflügelig und kontrastreich hell-dunkel, fliegt mit schnelleren Flügelschlägen als große Reiher und oft in Linie. Ein heimlicher, hauptsächlich nächtlicher Vogel, der meist in der Dämmerung fliegend oder in dichter Vegetation sumpfiger Gebiete nur schwer zu sehen ist, manchmal freilich weitab vom Wasser. Nistet auf Bäumen oder Büschen, in Deutschland nur sehr unregelmäßig und lokal. 61 cm. 8 (1)

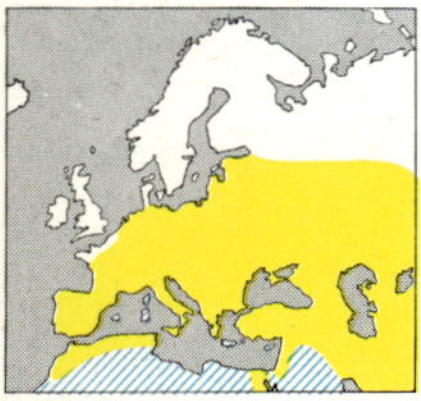
2

ZWERGDOMMEL *Ixobrychus minutus.* Der bei weitem kleinste reiherartige Vogel und der einzige mit ins Auge fallendem hellen Flügelfeld, das besonders im Fluge zu sehen ist. ♀ schlichter gefärbt und ohne Flügelfleck; juv. ähnlich, erscheint aber mehr gestreift. Stimme ein froschartiges Quaken, verschiedene mehr oder weniger krächzende Laute, im Fluge „quor". Schneller Flug mit Gleitstrecken. Ein sehr heimlicher Vogel, der manchmal an Schilfstengeln wie ein Rohrsänger hochklettert. Erstarrt auch in Pfahlstellung wie die Rohrdommel. In verwachsenen Sümpfen und am Rande der Binnengewässer. 35 cm. ◑ (2)

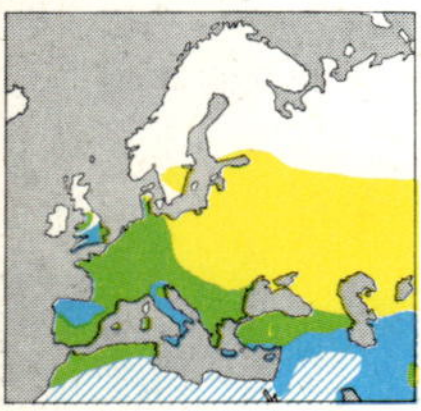
3

ROHRDOMMEL *Botaurus stellaris.* Ein ziemlich großer brauner Reiher, der sehr heimlich ist und viel öfter zu hören als zu sehen ist. Stark gefleckter Rücken, Scheitel schwarz. Sieht ganz verschieden aus, je nachdem ob er sich wie ein Haushuhn duckt, mit gestrecktem Hals in der Pfahlstellung erstarrt oder drohend das Gefieder spreizt. Wirkt im Fluge mit seinen runden Flügeln eulenartig, aber an dem langen Schnabel und den das Schwanzende überragenden Beinen kenntlich. Das Männchen ruft in der Brutzeit dumpf und weithin hörbar „ü-prumb" („Moorochse", „Wumbatsch"); Flugruf rabenähnlich „krau" oder „grog". In ausgedehnten Rohrdickichten und Sümpfen. 76 cm. ◑ (3)

NORDAMERIKANISCHE ROHRDOMMEL *Botaurus lentiginosus.* Irrgast aus Nordamerika, etwas kleiner als Rohrdommel und am Fehlen des schwarzen Scheitels und an den schwarzen Halsflecken zu erkennen. Auch oberseits weniger deutlich schwarz gefleckt und mit schwarzer Flügelspitze. Flugruf ein rauhes „kok-kok-kok" und ein nasales „heenk". Ferner ein dreisilbiger brummender Ruf, der an eine alte Wasserpumpe erinnert und ganz ungewöhnlich bei europäischen Vögeln ist. Häufiger fliegend als Rohrdommel. Die meisten wurden auf den Britischen Inseln, Island und Färöer in feuchten Gebieten festgestellt. 66 cm.

DOMMELN
ad.
imm.
NACHTREIHER
♀
♂
imm.
Pfahlstellung
ZWERGDOMMEL
ROHRDOMMEL
Pfahlstellung
NORDAMERIKANISCHE
ROHRDOMMEL
Drohstellung

IBISSE UND LÖFFLER: *Threskiornithidae.*

Ziemlich große langhalsige und langbeinige Watvögel, die mit nach vorn gestrecktem Hals fliegen, was sie sogleich von den Reihern unterscheidet. Schnabel bei den Ibissen lang und gebogen, bei den Löfflern gerade und an der Spitze löffelartig verbreitert.

1

LÖFFLER *Platalea leucorodia.* Der einzige große reiherartige Vogel mit einem langen breiten schwarzen Schnabel, der an der Spitze löffelartig verbreitert ist. Ad. haben ein gelbliches Brustband und im Brutkleid eine lange gelbliche Haube. Immat. mit schwarzen Schwingenspitzen und ohne Haube. In der Regel schweigsam, aber zur Brutzeit auch grunzend. An flachen Binnen- und Küstengewässern, Nester kolonieweise auf Bäumen, Büschen und im Röhricht großer Sümpfe. 86 cm. △ (1)

Großer Brachvogel Uferschnepfe Sichler

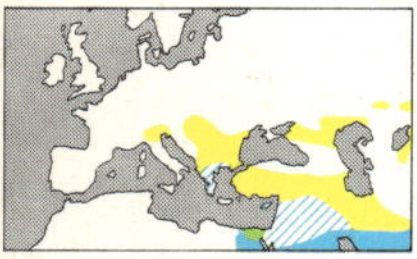
2

SICHLER *Plegadis falcinellus.* Erinnert an einen großen rundflügeligen dunklen Brachvogel (S. 139). Der einzige Vogel mit langen dunklen Beinen und einem Bogenschnabel. Gefieder purpurbraun, auf Flügeln und Schwanz mit grünlichem Glanz, Beine grünlichbraun. Ruft selten, rauh krächzend. Fliegt oft in Linie. Im gleichen Lebensraum wie Löffler, mit dem und anderen Reihervögeln er oft gemeinsam brütet. 56 cm. △ (2)

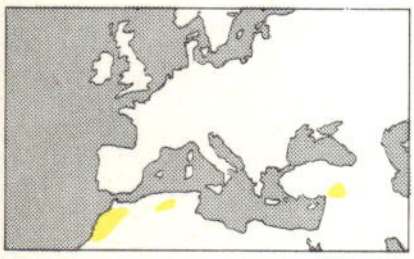
3

WALDRAPP *Geronticus eremita.* Größer als Sichler, von dem er sich besonders durch den nackten roten Kopf unterscheidet, ferner durch roten Schnabel und Beine und eine Art Nackenkrause. Kam früher in den Alpen vor und war noch im 16. Jahrhundert deutscher Brutvogel, heute aber nur noch in abnehmender Zahl bei Birecik am Euphrat und in wenigen Kolonien in NW-Afrika. Nester an Felsen und Ruinen, unabhängig vom Wasser. 75 cm. (3)

4

HEILIGER IBIS *Threskiornis aethiopicus.* Unverkennbar durch das schwarz-weiße Gefieder, den schwarzen kahlen Kopf und Hals und die zerschlissenen dunklen Armschwingen. Immat. haben Kopf und Hals schwarz und weiß befiedert und keine zerschlissenen Armschwingen. Ziemlich schweigsam, aber manchmal krächzend. Am Rande von Binnen- und Küstengewässern, in Sümpfen und auch kultiviertem Land. Nistet nicht mehr in Ägypten, heute in unserem Gebiet auf den südlichen Irak beschränkt. 65 cm. (4)

juv.
ad.
LÖFFLER
juv.
ad.
juv.
SICHLER
WALDRAPP
juv.
ad.
HEILIGER IBIS

● STÖRCHE UND NIMMERSATTE: *Ciconiidae*.

Große bis sehr große langhalsige und langbeinige Vögel, mit langem kräftigem Schnabel und schwarzem und/oder weißem Gefieder, die im Gegensatz zu den Reihern mit ausgestrecktem Hals fliegen und die über das Schwanzende ausgestreckten Beine etwas abwärts hängen lassen. Aufrechte Haltung.

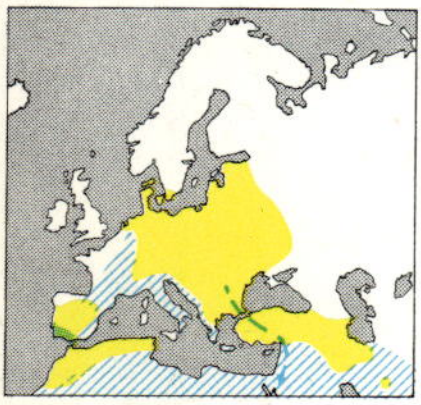

1

WEISS-STORCH *Ciconia ciconia*. Einer der größten Landvögel unseres Gebietes, der sich von allen anderen großen weißen Vögeln durch eine Kombination von langen roten Beinen und Schnabel, langem Hals, weißem Gefieder mit schwarzen Schwingen unterscheidet. Schweigsam, bei Balz- und Brutzeremonien aber mit zurückgelegtem Kopf schnabelklappernd. Im offenen Gelände, auf Bäumen oder Häusern brütend in großen Nestern, denen oft ein Wagenrad als Unterlage dient. In Deutschland wurden 1958 rund 4800 Paare gezählt (nur halb so viele wie 1934). 102 cm. ◑ (1)

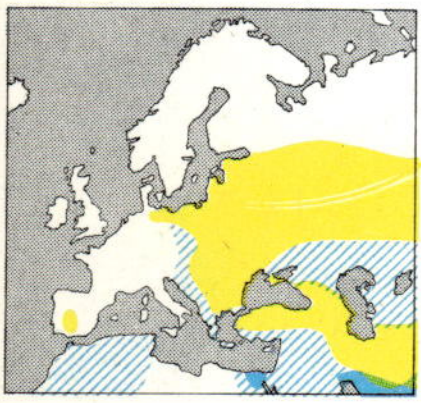

2

SCHWARZSTORCH *Ciconia nigra*. Nur Unterseite von Brust bis Schwanz weiß. Immat. brauner, besonders an Kopf und Hals. Weniger gesellig, aber stimmfreudiger als Weißstorch, Hauptruf „hi-lih-hi-lih". Bewohner einsamer Wälder, zur Nahrungssuche an Gewässern und Sümpfen in waldiger Umgebung; auf dem Zuge auch im offenen Gelände. Nistet auf Bäumen. 97 cm. ◑ (2)

3

NIMMERSATT *Ibis ibis*. Wissenschaftlicher Name irreführend, da der Nimmersatt kein Ibis, sondern ein Storch ist. Vom Weißstorch durch den gelben Schnabel, schwarzen Schwanz und das rote nackte Gesicht unterschieden. Mit rotem Anflug auf der Oberseite. Juv. braun an Kopf, Hals und Oberseite; immat. grau, wo juv. braun ist, hat aber rötliche Unterflügeldecken. Im allgemeinen schweigsam, kann aber auch schwach krächzen und grunzen. Seltener Irrgast in Nordafrika aus dem fernen Süden, sowohl an Binnen- wie Küstengewässern. 100 cm. (3)

FLAMINGOS: *Phoenicopteridae*

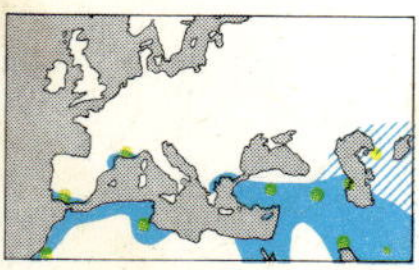

4

FLAMINGO *Phoenicopterus ruber*. Die einzige Flamingo-Art unseres Gebietes, leicht kenntlich am rötlichen Gefieder und an der im Fluge sehr auffallenden konstrastreichen Schwarz-Weiß-Färbung sowie an dem nahezu rechtwinkelig abgeknickten Seihschnabel, der zur Aufnahme großer Massen kleiner Lebewesen des Flachwassers dient. Immat. oben dunkel, Schnabel blaugrau, Beine dunkelgrau. Andere Arten, die nicht selten in Europa aus Zoologischen Gärten entweichen, sind der Chileflamingo, *Ph. chilensis*, der rote „Knie" und rote Füße hat, und der kleinere und viel leuchtender gefärbte Zwergflamingo, *Ph. minor*, von Ostafrika, der einen dunkelroten Schnabel hat. Ein sehr geselliger und stimmfreudiger Vogel, der im Fluge laute gänseartige trompetende „honk"-Rufe hören läßt. In ausgedehnten Flachwasserseen oder brackigen Lagunen, wo die Nester in Form konischer Schlammhügel errichtet werden. Brütet bei uns nur in Südmarokko, Südtunesien, Südspanien, in der Camargue, Südostrußland und Nordwestiran. 127 cm. △ (4)

ad.
juv.
ad.
WEISS-STORCH
juv.
ad.
ad.
NIMMERSATT
juv.
SCHWARZSTORCH
imm.
Küken
FLAMINGO

SCHWÄNE, GÄNSE UND ENTEN: *Anatidae*.

Wasservögel, die durch langen Hals, vergleichsweise schmale und gewöhnlich spitze Flügel, Schwimmfüße und (mit Ausnahme der Säger) durch platten und stumpfen Schnabel charakterisiert sind. Juv. Nestflüchter im dichten Dunenkleid, die gleich selbständig Nahrung suchen. Zwei Hauptgruppen: Schwäne und Gänse (Unterfamilie *Anserinae* S. 45) und Enten (*Anatinae* S. 51). Viele Arten sind Fremdlinge bei uns, die aus Gefangenschaft entwichen sind.

SCHWÄNE UND GÄNSE: *Anserinae*

Schwäne (Gattung *Cygnus*). Die größten Wasservögel; alle Schwäne der nördlichen Halbkugel sind weiß. juv. aschbraun. Die reinweißen Schwingen und die im Fluge verborgenen Füße unterscheiden sie von allen anderen großen weißen Vögeln.

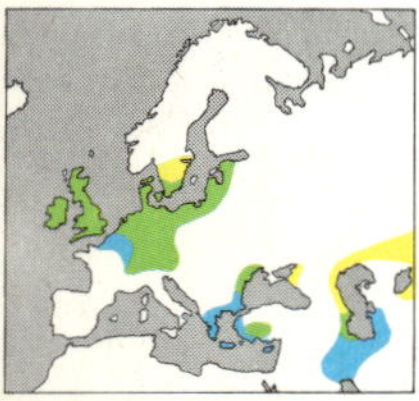
1

HÖCKERSCHWAN *Cygnus olor*. Ad. sofort am orangeroten Schnabel mit schwarzem Höcker zu erkennen. Der Hals ist in der Ruhestellung elegant gebogen, der Schwanz im Schwimmen leicht angehoben. Lautes Fluggeräusch. Juv. braun, in einer seltenen Mutante auch weiß. Gewöhnlich schweigsam, trompetet, schnarcht und zischt aber auch bei Beunruhigung. Halbzahme in allen Stadien der Verwilderung weit verbreitet, auch in Parks. 152 cm. ● (1)

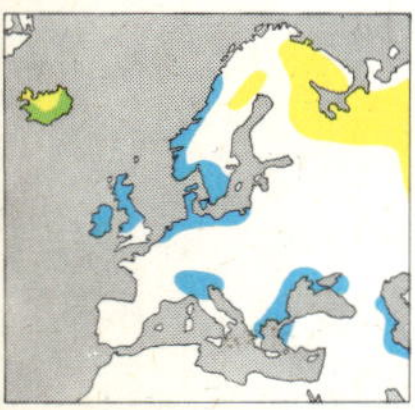
2

SINGSCHWAN *Cygnus cygnus*. Vom Höckerschwan durch gelbe statt orangerote Wurzel des höckerlosen Schnabels unterschieden, durch aufrechtere Haltung des Halses, das Fehlen eines lauten metallischen Fluggeräusches und größere Ruflust. Vom Zwergschwan durch mehr Gelb am Schnabel unterschieden. Stimme ein lautes, etwas gänseähnliches „anghö". 152 cm. ○ (2)

ZWERGSCHWAN *Cygnus bewickii*. Kleiner und kurzhalsiger als Singschwan, das Gelb am Schnabel endet stumpf vor den Nasenlöchern. Ruf ein „huh huh" und auch ein etwas melodischeres Tuten als Singschwan. Brütet in der sumpfigen Tundra. 122 cm. ○ (3)

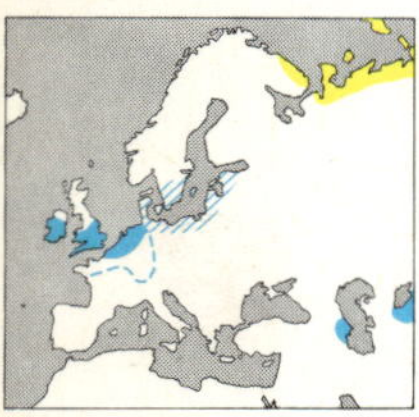
3

Feldgänse (Gattung *Anser*). Große untersetzte Vögel mit relativ langen Hälsen und kurzen Beinen. Gesellig und stimmfreudig, fliegen oft in V-Formation. Gerr auf Wiesen, um dort Gras zu weiden.

STREIFENGANS *Anser indicus*. Brütet an hochgelegenen Seen Zentralasiens und wurde in Schweden halbwild eingebürgert. Sehr hell, leicht an den zwei schwarzen Querbinden am Hinterkopf zu erkennen. Juv. noch ohne diese Binden. Schnabel gelb, Füße orangerot. Ruf ein klangvolles „aang aang". 75 cm.

SCHNEEGANS *Anser caerulescens*. Ein sehr seltener Gast aus dem arktischen Nordamerika, in 2 Farbphasen: die häufigere schneeweiße mit schwarzen Flügeln und die seltenere „blaue", die überwiegend dunkel schiefergrau ist. Schnabel rot bis rötlich, Füße mehr purpurfarben. Die schwarzen Flügel unterscheiden sie stets eindeutig von Schwänen, Graugans-Albinos oder weißen Hausgänsen. Ruffreudig, Flugruf stets einsilbig. Vorkommen in Deutschland oft behauptet, aber nie mit Sicherheit als Irrgast (und nicht als Zoo-Flüchtling) nachgewiesen. 63–76 cm.

HÖCKERSCHWAN
imm.
SINGSCHWAN
imm.
imm.
ZWERGSCHWAN
STREIFENGANS
weiße Phase
blaue Phase
imm.
weiße Phase
blaue Phase
SCHNEEGANS

Graugänse: Eine schwierige Gruppe graubraun gefärbter Arten der Gattung *Anser.* Unterschwanzdecken weiß. Bei der Bestimmung muß man sich auf die Färbung von Schnabel und Füßen, die Gestalt des Schnabels und die Rufe konzentrieren. In Deutschland brütet nur die Graugans und zwar hauptsächlich östlich der Elbe; an einigen anderen Stellen (Dümmer, Niederrhein) wurde sie eingebürgert. Häufigster Durchzügler und Wintergast ist bei uns die Saatgans.

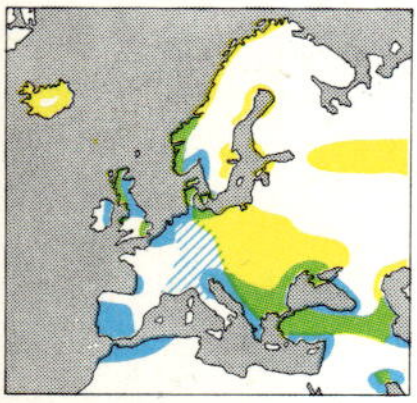

1

GRAUGANS *Anser anser.* Groß, silbergrau, besonders heller Vorderflügel, orangefarbener Schnabel und fleischfarbene Füße. Schwerfälliger Gang und Flug; ruft klangvoll „aahng-ong-ong" und zischt bei Beunruhigung wie Hausgänse, die von der Graugans abstammen. Brütet in Sümpfen und im ausgedehnten Röhricht; die östliche Rasse *rubrirostris* (Osteuropa und Irak) hat fleischfarbenen Schnabel. 76–89 cm. ◑ (1)

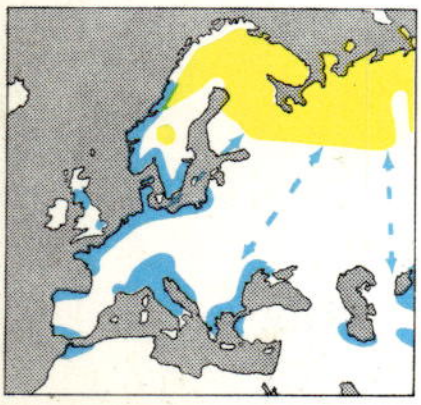

2

SAATGANS *Anser fabalis.* Die andere große graue Gans, die aber viel dunkler als Graugans ist, besonders an Kopf, Hals und Vorderflügel. Schnabel ziemlich lang, entweder ganz orangegelb oder orangegelb im Spitzenteil und schwärzlich im Wurzelteil. Beine orangefarben. Weniger stimmfreudig als Kurzschnabelgans, deren Rufe auch höher sind. Brütet an Binnengewässern der Taiga und Tundra. 71–89 cm. ○ (2)

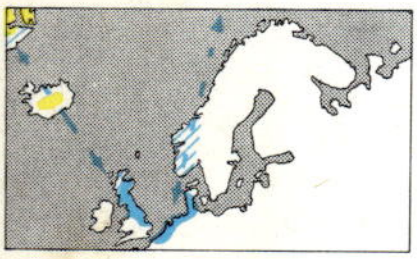

3

KURZSCHNABELGANS *Anser brachyrhynchus.* Bedeutend kleiner als Saatgans, mit ähnlich dunklem Kopf und Hals, aber hellem Vorderflügel, und sofort zu erkennen an fleischfarbenen Füßen und dem kurzen, an der Wurzel ebenfalls fleischfarbenen Schnabel. Sehr ruffreudig, ähnlich wie Graugans, aber höher, wie „ang-ang" und „uink-uink" schrill gemischt. Brütet in der Tundra, manchmal auf Felsterrassen. 61–76 cm. ○ (3)

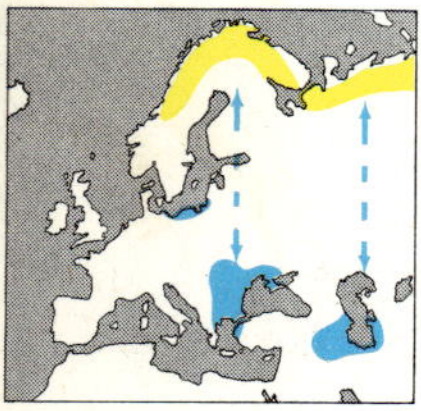

4

ZWERGGANS *Anser erythropus.* Die kleinste graue Gans, ad. nur mit der Bläßgans zu verwechseln, bei der sich aber das Weiß auf der Stirn nicht so weit scheitelwärts erstreckt; Schnabel viel kleiner als bei Bläßgans, überdies schmaler gelber Augenring und höhere schrillere Stimme. Immat. ohne Augenring und ohne Weiß an der Stirn. Schnabel rötlich, Beine orange. Kann unter nahrungsuchenden Bläßgänsen auch an schnelleren Bewegungen erkannt werden. Brütet an trockeneren Plätzen der Tundra bis zum Rand der Taiga. 53–68 cm. ○ (4)

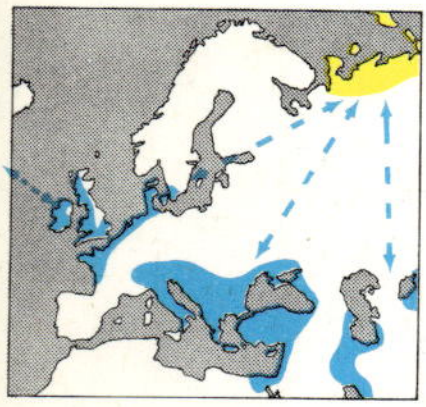

5

BLÄSSGANS *Anser albifrons.* Ad. leicht anzusprechen am auffallenden weißen Stirnband und an den breiten schwarzen Querflecken am Bauch. Schnabel rötlich (gelb oder orange bei der Grönlandrasse *flavirostris*), Beine orange. Juv. einfarbig graubraun, von der gleichgroßen Kurzschnabelgans durch helleren Kopf und Hals, dunkleren Vorderflügel, orangefarbene Beine und das Fehlen von Schwarz am Schnabel zu unterscheiden. Ruft schnatternd „kou-ljou", klingt aus der Ferne wie das Geläut einer Hundemeute; ruft in höherer Tonlage als Graugans, aber tiefer als Kurzschnabelgans. Brütet in der sumpfigen Tundra. 68–76 cm. ○ (5)

Östl. Rasse
A. a. rubrirostris
Westl. Rasse
A. a. anser
GRAUGANS
KURZSCHNABELGANS
SAATGANS
ZWERGGANS
Grönland
A. a. flavirostris
imm.
Eurasische Rasse
A. a. albifrons
BLÄSSGANS

Meergänse (Gattung *Branta*). Mit Ausnahme der Kanadagans ziemlich kleine Gänse, bei denen Scheitel und Hals (Ausnahme Rothalsgans) schwarz sind. Geschlechter gleich. Die 3 paläarktischen Arten sind Wintergäste in den mittleren und südlichen Teilen unserer Region.

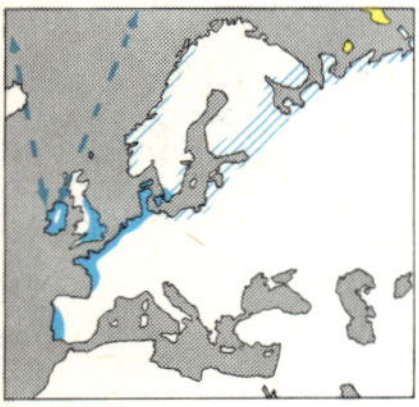

1

RINGELGANS *Branta bernicla.* Die einzige Gans mit ganz schwarzem Kopf und die kleinste und dunkelste der 3 schwarzhalsigen Gänse, nicht größer als ein Stockerpel (S. 53). Auch Vorderbrust schwarz. An jeder Seite des schwarzen Halses ein weißer Fleck. Rücken, Bürzel und Flügel dunkelgraubraun, Schwanzdecken weiß. Unterseite schiefergrau bei der dunkelbrüstigen Rasse *bernicla,* die im arktischen Europa brütet, aber hell graubraun bis weiß bei der hellbrüstigen Rasse *hrota,* die in Grönland und Spitzbergen brütet. Immat. ohne weiße Halsflecke und am Vorderflügel weiß gesprenkelt. Ruft laut „rott-rott-rott" („Rottgans"). Brütet auf arktischen Seen und Inseln und in der sumpfigen Tundra, überwintert an den Küsten Europas, besonders im Wattenmeer, dann höchst gesellig. 56–61 cm. ○ (1)

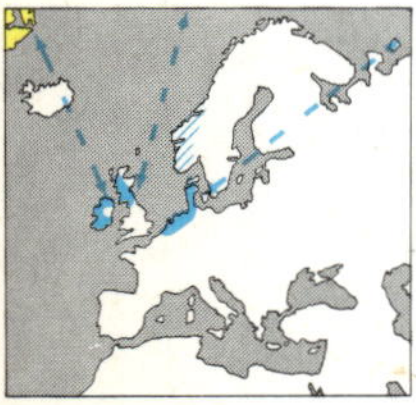

2

NONNENGANS *Branta leucopsis.* Von allen anderen eigentlichen Gänsen durch die schwarz-weiße Kopfzeichnung unterschieden. Die viel größere Kanadagans hat nur ein weißes Kehlband, und das Schwarz des Halses reicht bei ihr nicht soweit brustwärts. Das heisere „grägrägrä" klingt aus der Ferne wie das rauhe Kläffen eines Terriers. An arktischen Küsten, besonders im Wattenmeer, seltener im Binnenland auf sumpfigen Wiesen. 58–69 cm. ○ (2)

3

KANADAGANS *Branta canadensis.* Aus Nordamerika fest eingebürgert in Großbritannien und Schweden, nistete auch schon in Dänemark und Norwegen, und erscheint regelmäßig in Mitteleuropa. Größer mit viel längerem Hals als Ringelgans, unverkennbar durch das weiße Kehlband. Ruft laut trompetend und doppelsilbig „ker-honk". Zur Brutzeit sehr laut. Auf Seen, in Sümpfen und angrenzenden feuchten Wiesen, im Winter auch an Küsten, in Deutschland vor allem in der Leda-Jümme-Niederung und zwischen Hiddensee, Bock und Ummanz. 92–102 cm. ○ (3)

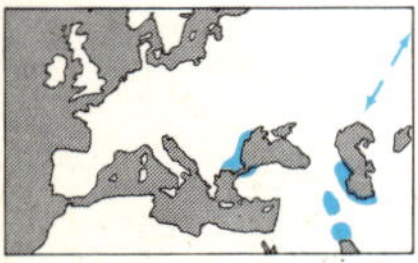

4

ROTHALSGANS *Branta ruficollis.* Die kleinste und am auffallendsten gefärbte echte Gans, mit sehr kleinem Schnabel und viel Kastanienbraun an Hals und Kopfseiten. Von ferne besonders durch die weißen Flanken auffallend. Schwarze Flügel mit zwei weißlichen Binden. Immat. nicht so kontrastreich. Ruft hoch und schrill „kik-kuik" und ähnlich. Im Winter auf den Grassteppen rund ums Kaspische Meer und an der Westseite des Schwarzen Meeres, seltener an Flüssen im Irak und in Thrakien, gelegentlich weiter westlich, besonders in Ungarn. Öfters wohl auch aus Gefangenschaft entwichen. 53–55 cm. △ (4)

MEERGÄNSE
Dunkle Rasse
B. b. bernicla
Helle Rasse
B. b. hrota
RINGELGANS
NONNENGANS
KANADAGANS
ROTHALSGANS

ENTEN: *Anatinae.* Eine Unterfamilie mit 8 Gruppen in dem hier behandelten Gebiet: Halbgänse (*Tadorna* s. u.), Glanzenten (*Aix* s. u.), Schwimmenten (*Anas* S. 53), Tauchenten (*Aythya* S. 59), Eiderenten (*Somateria* S. 61), Meerenten und Verwandte (*Melanitta* u. a. S. 63), Säger (*Mergus*) und Ruderenten (*Oxyura* S. 67). Enten sind im allgemeinen kleiner und haben kürzeren Hals und kürzere Beine als Schwäne und Gänse. Meist sind ♂ und ♀ sehr deutlich unterschieden, und juv. ähneln dem ♀. Im Sommerkleid sind die ♂ vorübergehend den ♀ sehr ähnlich, oft von diesen außer an der Schnabelfarbe kaum zu unterscheiden. Beide Geschlechter haben einen farbigen Flügelspiegel.

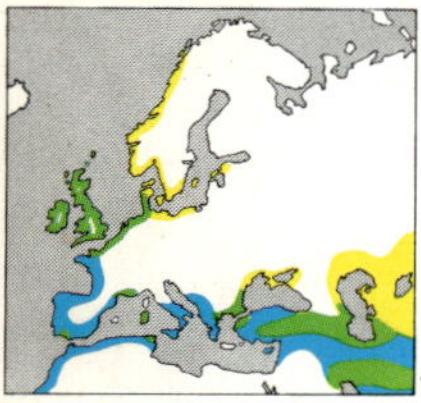
1

BRANDGANS *Tadorna tadorna.* Eine große, etwas gänseähnliche Ente (daher auch Brand„gans") mit dunkelgrünem Kopf und rotbraunem Brustband. Beine fleischfarben, Schnabel rot, ♂ gewöhnlich im Sommer mit Schnabelhöcker, Geschlechter sonst gleich. Im Sommerkleid brauner und mehr weiß, noch mehr bei juv., die Stirn, Wangen und die ganze Unterseite weiß und Schnabel und Beine gräulich haben. ♂ hat einen pfeifenden Flugruf, ♀ ein lachendes Quaken „ak-ak-ak". Brütet an Meeresküsten oder brackigen Binnengewässern (Asien), in Erdhöhlen (Kaninchen- und sogar Fuchsbauen). Zur Mauser der ad. versammeln sich im Sommer rund 100 000 aus weiten Teilen des Brutgebietes auf dem zwischen Elbe- und Wesermündung gelegenen Großen Knechtsand. 61 cm. ◑ (1)

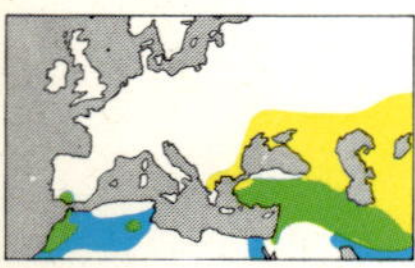
2

ROSTGANS *Tadorna ferruginea.* Eine große rostfarbene gänseähnliche Ente; Kopf heller als das übrige Gefieder, Schwanz und Flügelspitzen schwarz und im Fluge auffallendes weißes Flügelfeld. ♂ mit schmalem schwarzen Halsband; Schnabel und Füße schwarz. Ruft laut und nasal „ong ong", entfernt an Graugans erinnernd. An Ufern von Binnenseen, Flüssen, Lagunen, in Steppen und Gebirgen. 63 cm. △ (2)

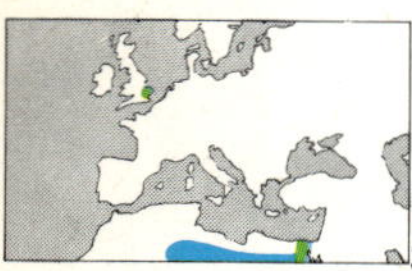
3

NILGANS *Alopochen aegyptiacus.* Eine weitere gänseartige Ente, die heller und etwas größer, langhalsiger und langbeiniger als die Rostgans ist. Gefieder heller oder dunkler (s. Abb.). Mit weißen Schultern und dunklem schokoladefarbenem Fleck ums Auge und an der Brust; Schnabel und Füße fleischfarben. Geschlechter gleich; juv. ohne Gesichtsfleck. Stimme ein gutturales Quaken wie „kek kek" und auch sanfter, mehr pfeifend. An den Ufern von Binnengewässern, oft auf Bäumen fußend. In Westeuropa eingebürgert. Als Irrgast in Nordafrika, in Europa wohl meist aus Gefangenschaft entwichen. 70 cm. (3)

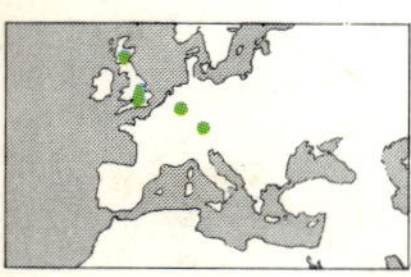
4

MANDARINENTE *Aix galericulata.* ♂ durch auffallende Schmuckfedern unverkennbar, ♀ hauptsächlich graubraun, mit nur angedeuteter Haube, blauem Hinterflügel und Flügelspitzen, schmalem weißem Augenring, schwarzem Schnabel und gelblichen Füßen. Im Sommer- und Jugendkleid sind ♂ und ♀ nur an der Schnabelfarbe zu unterscheiden. ♂ pfeift im Fluge scharf „wrrick", ♀ einfach „ack". An Gewässern im Walde. Stammt aus China, in Europa eingebürgert vor allem in Großbritannien, sonst vielfach als Parkvogel. 43 cm. (4)

HALBGÄNSE, GLANZENTEN
♀
♂
BRANDGANS
♀
♂
ROSTGANS
graue Variante
braune Variante
NILGANS
♂
♀
MANDARINENTE

Schwimmenten (Gattung *Anas*). Schwimmenten gründeln von der Wasseroberfläche aus und tauchen selten, ausgenommen juv. und flugunfähige. ♀ braun; Flügelspiegel beim Bestimmen wichtig. Flug schnell.

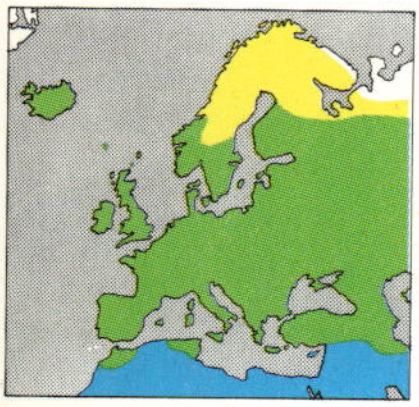

1

STOCKENTE *Anas platyrhynchos*. Die größte, häufigste und am weitesten verbreitete Schwimmente, Stammmutter unserer Hausente. ♂ im Sommerkleid mit gelbem Schnabel; Schnabel des ♀ ist grünlich, des juv. rötlich. Das bekannte laute Quaken, das an Hausenten erinnert, bringt nur das ♀; ♂ hat ein sanfteres „quihk". Nistet unweit aller möglichen stehenden und fließenden Gewässer, auch in Städten. Im Winter überall an offenen Gewässern, auch an den Küsten. 58 cm. ● (1)

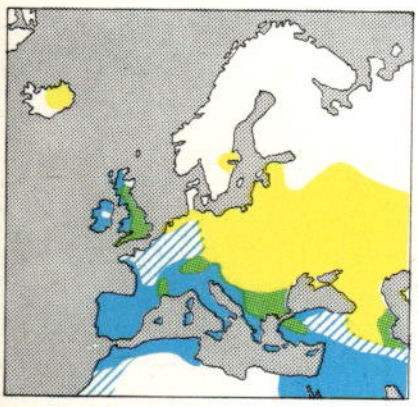

2

SCHNATTERENTE *Anas strepera*. ♂ die am wenigsten prächtig gefärbte Schwimmente, hauptsächlich grau mit kontrastreichen schwarzen Schwanzdecken, die besonders beim ruhenden ♂ auffallen. Im Flug zeigen sich der weiße Bauch und die schwarz-weiß-rotbraune Fleckung des Flügels. ♀ erinnert an ein kleines Stockenten-♀ mit niedriger Stirn, aber im Fluge ist es am weißen Bauch und dem schwarz-weißen Spiegel zu erkennen. Schnabel beim ♂ grau, beim ♀ dunkel hornfarben mit orangefarbenen Seiten, beim juv. gelb. ♂ ruft tief nasal „tö tö", ♀ schnatternd „räck räck räck", sanfter als das Stockenten-♀ quakt. Eine mehr östliche Art, weit weniger häufig als die Stockente und nur selten an der Küste erscheinend. 51 cm. ◑ (2)

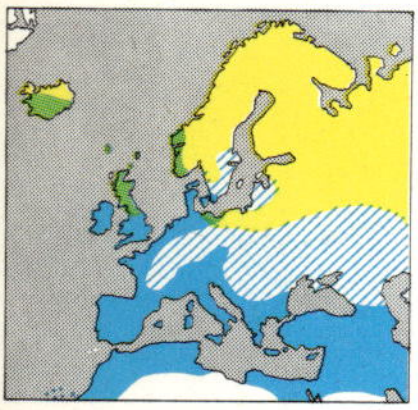

3

PFEIFENTE *Anas penelope*. ♂ mit kurzem Schnabel, kastanienbraunem Kopf, cremefarbenem Scheitel, grauem Unterkörper und weißer Linie am Flügel; im Fluge auffallend weißer Vorderflügel. ♀ kleiner und schlanker als ♂, mit kürzerem Schnabel, spitzerer Stirn, spitzem Schwanz, weißem Bauch und grünem Spiegel wie Spießerpel (S. 57). Das charakteristische pfeifende „huihu" des ♂ verrät es sogar aus der Ferne und bei Nebel. ♀ hat einen schnurrenden Ruf. Fliegt oft in kleinen Trupps. Nistet in Sümpfen der Tundra, selten an Küsten; auf dem Zuge sehr zahlreich am Wattenmeer, im Winter auf flachen Küstengewässern, an Flußmündungen und Seen, oft auch in Scharen auf Feldern grasend. 46 cm. ◑ (3)

NORDAMERIKANISCHE PFEIFENTE *Anas americana*. Ein seltener Gast aus Übersee. Das ♂ hat zwar ein anders gefärbtes Kopfmuster als das Pfeifenten-♂, es teilt mit diesem aber den weißen Vorderflügel, die schwarzen Unterschwanzdecken und das typische Pfeifen. ♀ fast ununterscheidbar vom Pfeifenten-♀, höchstens am Kopf grauer und (im Fluge zu sehen) Achseln weiß. ♂ der Chilenische Pfeifente, *Anas sibilatrix*, die manchmal aus Gefangenschaft entkommt, hat weißes Gesicht, grünen Hinterkopf und bräunliche Flanken. 46–56 cm.

Balz
STOCKENTE
SCHNATTERENTE
PFEIFENTE
NORDAMERIKANISCHE
PFEIFENTE

1

KRICKENTE *Anas crecca.* Die kleinste Ente unseres Gebietes, die äußerst gesellig ist und oft strandläuferartig im dichten Schwarm rasant dahinfliegt. ♂ mit sehr charakteristischer Kopffärbung, im Sitzen und Schwimmen aus der Ferne noch an einem horizontalen weißen Streifen über dem Flügel und ganz besonders an einem cremefarbigen Fleck unterm Schwanz zu erkennen. Das ♂ der nordamerikanischen Rasse der Krickente, *Anas crecca carolinensis,* eines seltenen Irrgastes in Europa, hat einen senkrechten weißen Streif an den Brustseiten, und das Grün an den Kopfseiten ist nicht so kontrastreich abgegrenzt. ♀ beider Rassen wie kleines Stockenten-♀, aber mit schwarz-grünem Spiegel und weißlichem Bauch. Schnabel und Füße grau, bei juv. Schnabel rötlich. ♂ ruft pfeifend „krick", ♀ schnell „gägägä". Balzgruppen im Frühling im Chor melodisch klingelnd. Brütet an stehenden und langsam fließenden Gewässern mit dichter Vegetation, auch im Gebirge. Im Winter an Seen, Flüssen und Küstengewässern. 36 cm. ◑ (1)

SICHELENTE *Anas falcata.* Seltener Irrgast aus Ostasien oder Flüchtling aus Gefangenschaft. ♂ leicht an der Färbung, der langen Haube und den verlängerten Flügelfedern zu erkennen. Schnabel schwarz bis dunkelgrau; Spiegel schwarz und grün. 51 cm.

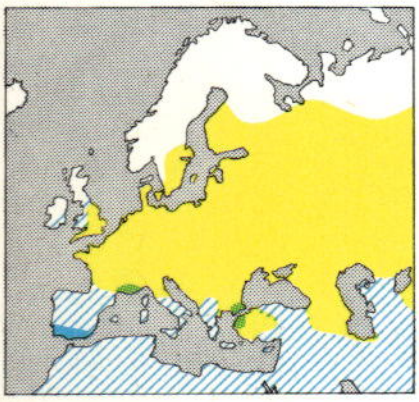

2

KNÄKENTE *Anas querquedula.* Kaum größer als Krickente, schlanker als diese und selten in so großen Trupps wie sie. ♂ von allen anderen Entenvögeln durch den weißen Überaugenstreif und von allen außer Löffelente und Blauflügelente durch blau-grauen Vorderflügel zu unterscheiden. ♀ heller und fleckiger als Krickenten-♀ und mit etwas kontrastreicheren Kopfseiten, was auch für die ♂ im Sommerkleid gilt. An der Basis des etwas längeren Schnabels ein heller Fleck. Im Flug blaugrauer Vorderflügel typisch. Schnabel des ♂ schwärzlich, des ♀ gräulich. ♂ erzeugt ein eigentümliches Knarren (Balzruf), das entfernt an das Schnarren der Misteldrossel (S. 258) erinnert. ♀ quakt und ist wenig stimmfreudig. Vorkommen wie Krickente, aber nicht im Gebirge und bei uns nicht im Winter. 38 cm. ◑ (2)

BLAUFLÜGELENTE *Anas discors.* Seltener Irrgast aus Nordamerika, mit graublauem Vorderflügel, ♂ leicht am halbmondförmigen weißen Fleck vor dem Auge zu erkennen. ♀ sehr ähnlich Knäkenten-♀, aber Vorderflügel noch mehr blau, Schnabel schwärzlich und Füße gelb. ♂ ruft ein pfeifendes „pihp" und sanft lispelnd „tsiht-tsiht-tsiht", ♀ sanft krickentenähnlich „gägägäg". 38 cm.

GLUCKENTE *Anas formosa.* Seltener Irrgast aus Sibirien oder Gefangenschaft; ♂ mit auffallender Färbung und Musterung an den Kopfseiten, erinnert etwas an Kragenente (S. 63), mit verlängerten Schulterfedern und senkrechten weißen Streifen an der Körperseiten. ♀ ähnelt einem großen Krickenten-♀ mit einem auffallend hellen Fleck an der Schnabelwurzel. ♂ ruft ein oft wiederholtes tiefes gluckendes „pruhp", ♀ quakt rauh. 41 cm.

KRICKENTE
Stockente
Nordamerikanische Rasse
A. cr. carolinensis
SICHELENTE
KNÄKENTE
BLAUFLÜGELENTE
GLUCKENTE

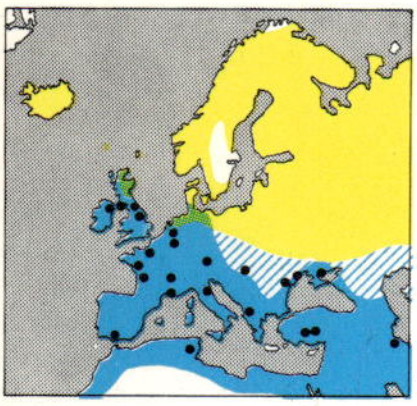

1

SPIESSENTE *Anas acuta.* ♂ leicht an dem weithin auffallenden Muster von Kopf und Hals und an den langen Schwanzspießen kenntlich. ♀ ähnelt einem Pfeifenten-♀ (S. 53), hat aber spitzeren Schwanz, schlankeren Hals, schmalere Schwingen, undeutlichen bronzefarbenen Spiegel und braunen Bauch. Die einzige andere weißhalsige Schwimmente ist das kurzhalsige, breitschnäbelige Löffelenten-♂, und nur das ♂ der weißköpfigen Eisente (S. 65), einer tauchenden Meerente, hat auch einen solch langen Schwanz. ♂ bei der Balz krickentenähnlich, aber weniger weit zu hören, „krük", gelegentlich auch pfeifend; ♀ hat ein ziemlich tiefes Quaken. Fliegt schnell und ist dann am langen dünnen Hals und spitzen Schwanz gut zu erkennen. Nistet in offenen Feuchtgebieten wie an Seen, auf Mooren, in Sümpfen, auf Wiesen; zur Zugzeit besonders in Flußmündungen, Lagunen und vor der Küste auf dem Meer. ♂ 66 cm, ♀ 56 cm. ◑ (1)

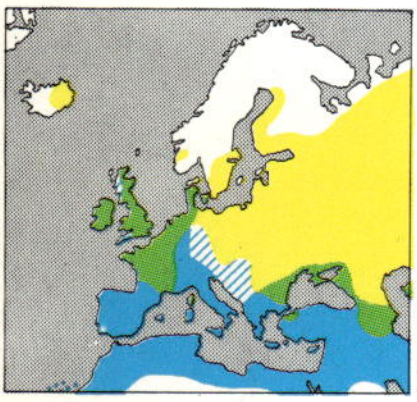

2

LÖFFELENTE *Anas clypeata.* Beide Geschlechter am breiten Löffelschnabel zu erkennen, der dem Kopf ein charakteristisches, abwärts gerichtetes Profil verleiht. ♂ durch den grünen Kopf, die weiße Brust, die kastanienbraunen Flanken und die hellgrünen Vorderflügel gekennzeichnet; es ist auch die einzige Schwimmente mit goldgelbem Auge. ♀ wie breitschnäbeliges Stockenten-♀ (S. 53), aber mit grünem Spiegel und im Flug sichtbaren blauen Vorderflügeln. Der Ruf des ♂ ist ein harsches „tuk-tuk", der des ♀ ein doppeltes Quaken „woak-woak". Flache Binnengewässer mit freier Wasserfläche und Randvegetation, Sumpf und Wiesen mit offenen Wasserbänken. Zur Zugzeit auch im Küstenbereich, in Meeresbuchten und am Wattenmeer. 51 cm. ◑ (2)

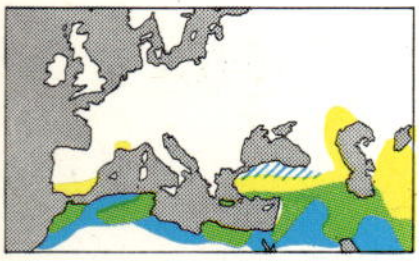

3

MARMELENTE *Marmaronetta angustirostris.* Die einzige Schwimmente unseres Gebietes, bei der die Geschlechter gleich sind und keinen auffälligen Flügelspiegel haben. Vergleichbar etwa einem ziemlich großen langhalsigen hellgräulichen Krickenten-♀ (S. 55), mit dunklem Augenstreif und davon abstechenden hellen Bakken; Kopf mit kurzem Schopf; Schwanz weiß. ♂ ruft nasal „jiiib", ♀ ähnlich mit einem Doppelpfiff. An seichten Süß- und Brackwasserseen mit deckungspendender Vegetation; im Winter auch an offenen Gewässern, sogar in Wüstengebieten. 41 cm. △ (3)

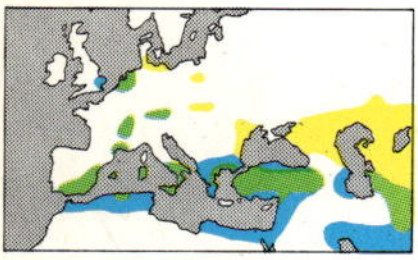

4

KOLBENENTE *Netta rufina.* Das ♂ ist die einzige rotschnäbelige und rotfüßige Tauchente (s. S. 58) unseres Gebietes, es unterscheidet sich ferner vom kleineren Tafelenten-♂ durch eine Haube und eine lange breite weiße Flügelbinde, die im Fluge sehr auffällt. Am unscheinbar einförmig braun gefärbten ♀ sind die hellen und scharf begrenzten Wangen bezeichnend (nur mit Trauerente-♀ zu verwechseln, das aber insgesamt dunkler gefärbt ist). Gründelt und taucht und nimmt auch damit eine Art Zwischenstellung zwischen Schwimm- und Tauchenten ein. ♂ ruft rauh „bät" und leise „geng", das ♀ rauh „körr". An warmen flachen Binnenseen und Teichen, auch an brackigen Lagunen, gewöhnlich solchen mit dichter Randvegetation. Bei uns vor allem am Bodensee. Oft aus Gefangenschaft entwichen. 56 cm. ◑ (4)

♂
♀
SPIESSENTE
♀
LÖFFELENTE
♂
♂
♀
MARMELENTE
♀
♂
KOLBENENTE

Tauchenten (Gattung *Aythya*). Aufs Tauchen und Schwimmen unter Wasser spezialisierte Enten. Kurzhalsiger und kompakter als die Schwimmenten, kurze Beine weit hinten eingelenkt. Mit breitem Hautsaum an der Hinterzehe. Tauchenten liegen beim Schwimmen tiefer im Wasser als die Schwimmenten und tragen den Schwanz nicht so hoch wie diese. ♂ äußern tiefe, oft keuchende Pfeiflaute und ♀ ein rauhes schnarrendes „körr körr".

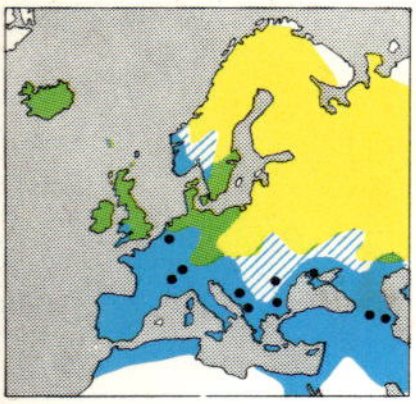

1

REIHERENTE *Aythya fuligula.* Das ♂ ist die einzige Tauchente mit einer langen schwarzen Haube und selbst aus der Ferne leicht an den kontrastreich schwarzweißen Körperseiten zu erkennen. ♀ mit kurzem Federstutz am Hinterkopf, hauptsächlich braun mit gelbem Auge und manchmal mit weißem Band an der Schnabelwurzel (vgl. Bergente) oder weißlichen Unterschwanzdecken (vgl. Moorente). Im Flug beide Geschlechter mit weißer Flügelkante. Schnabel blaugrau. An stehenden oder träge fließenden Gewässern mit Uferbewuchs. Im Winter gesellig auf allen möglichen eisfreien tiefen Gewässern, Talsperren und schnell fließenden Strömen, selten auch auf dem Meere. 43 cm. ◑ (1)

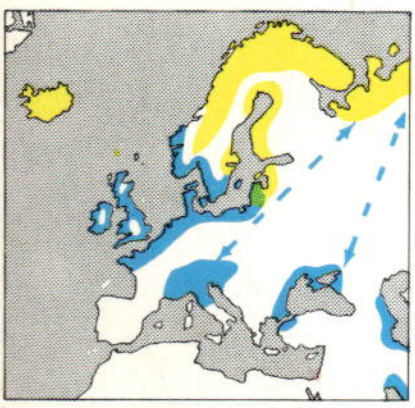

2

HALSRINGENTE *Aythya colllaris.* Seltener Irrgast aus Nordamerika. Ähnlich Reiherente, aber Kopf wirkt infolge des nur kurzen Schopfes spitzer; zwei weiße Ringe am Schnabel. Beim ♂ im Sitzen ein schmales weißes Feld vor dem Flügel auffällig; ♀ mit weißem Augenring und weißlicher Umrandung der Schnabelwurzel. 43 cm.

BERGENTE *Aythya marila.* Eine größere Ausgabe der Reiherente, aber ♂ sofort durch den hellgrauen Rücken zu unterscheiden und ♀ durch den großen weißen Fleck an der Schnabelwurzel, der immer viel ausgedehnter ist als die mitunter vorhandene weiße Schnabeleinfassung beim Reiherenten-♀. ♂ durch schwarzen Kopf und Hals vom Tafelenten-♂ unterschieden. Gelegentlich vorkommende Bastarde zwischen Tafel- und Bergente können von letzterer durch schwarze Schnabelspitze, dunkleres Auge und weniger kontrastreiche Flügelzeichnung unterschieden werden. Binnengewässer der Tundra und Taiga. Im Winter vorzugsweise gesellig auf dem Meere, selten auf größeren Binnengewässern. 48 cm. ○ (2)

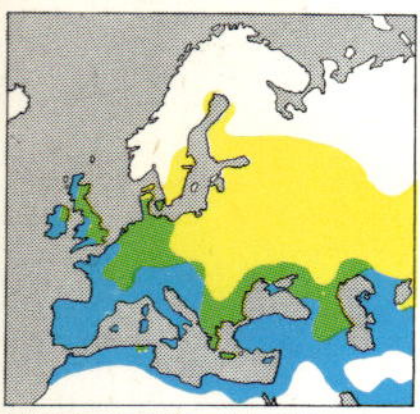

3

TAFELENTE *Aythya ferina.* Das ♂ ist die einzige Ente unseres Gebietes mit kastanienbraunem Kopf und Hals (ohne cremefarbenen Scheitel wie bei der Pfeifente S. 53) und mit grauer Oberseite; kein weißes Flügelband. ♀ vorn braun, hinten grau-braun. Schnabel blaugrau mit schwarzer Spitze und schwarzer Basis. Aufenthalt ähnlich Reiherente, nistet aber auch an Brackwasserseen. 46 cm. ◑ (3)

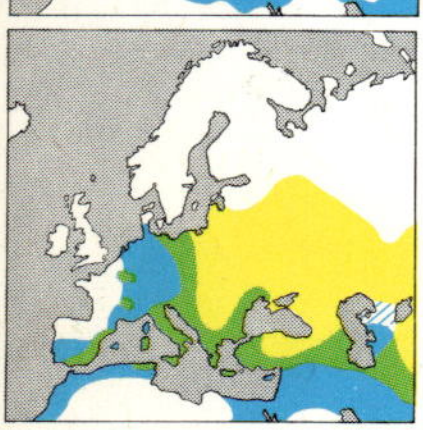

4

MOORENTE *Aythya nyroca.* Ähnlich einem warm kastanienbraun gefärbten Reiherenten- oder Tafelenten-♀, aber sogar aus der Ferne am leuchtenden weißen Unterschwanz zu erkennen, der fast stets zu sehen ist. ♂ mit weißem Auge. ♀ matter gefärbt, niemals mit weißer Schnabelbasis. Im Fluge durch das große gebogene weiße Flügelband von der Tafelente zu unterscheiden. Vegetationsreiche, vor allem stehende Binnengewässer. 41 cm. ◑ (4)

vom Wasser
auffliegende Tauchente
Stockente
REIHERENTE
HALSRINGENTE
BERGENTE
TAFELENTE
MOORENTE

Eiderenten (Gattung *Somateria*). Große schwerfällige Meeresenten, gewandte Taucher, die nur selten im Binnenland zu sehen sind. ♂ mit auffallender Färbung, ♀ braun gesprenkelt und die einzigen Enten mit gebänderter Brust; beiden fehlt ein Flügelspiegel. Die Stirn bildet mit dem Schnabel im Profil eine Linie (ausgenommen bei der Prachteiderente), und die Stirnbefiederung reicht weit bis auf den Oberschnabel. Die ♀ rufen rauh „korr".

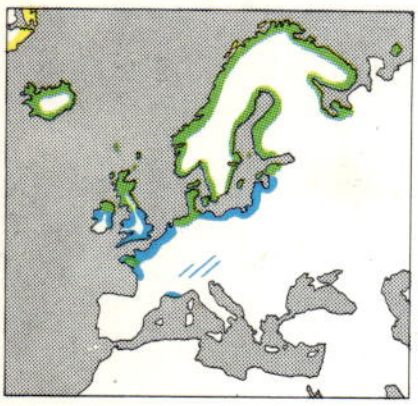

1

EIDERENTE *Somateria mollissima.* ♂ unverkennbar, da die einzige Ente, die oben weiß und unten schwarz ist; ferner: Genick hell moosgrün und an der Brust rötlicher Anflug. Im Fluge leuchten die fast ganz weißen Flügel, die nur schwarze Spitzen und Kanten haben. Immat. und ♂ im Sommerkleid können verwirrend scheckig aussehen, aber gewöhnlich sind Kopf und Unterseite schwarz. ♀ von anderen ♀, so z. B. der Stockente (S. 53), durch massigeren Körperbau, das lange Kopfprofil und die gebänderte Brust unterschieden. Große schwarz-weiße und scheckig braune Enten auf dem Meere sind fast immer Eiderenten. ♂ ruft weit schallend „uhú uhú". An felsigen und sandigen Meeresküsten, gern auf Inseln, nur selten an Binnenseen wenige Kilometer landeinwärts. 58 cm. ◑ (1)

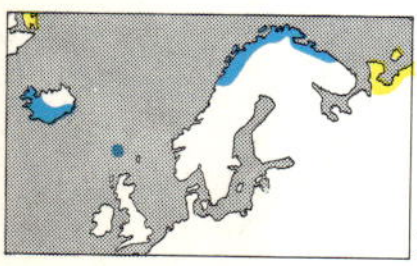

2

PRACHTEIDERENTE *Somateria spectabilis.* ♂ sehr gut kenntlich, da die einzige Ente, die aus der Ferne vorn weiß und hinten schwarz aussieht. Ganz verschieden von der männlichen Eiderente: dick aufgetriebener orangefarbener Schnabel, hellgrauer Kopf und schwarzer Rücken. Im Fluge ein großes weißes Feld am Grunde des dunklen Flügels. Immat. und ♂ im Sommerkleid können verwirrend scheckig aussehen, haben aber im allgemeinen einen schwarzen Kopf. ♀ etwas mehr rostbraun als Eiderenten-♀, aber sonst sehr schwer von diesem zu unterscheiden; aus der Nähe und bei guter Beleuchtung ist vielleicht zu sehen, daß der nackte Teil des Oberschnabels nicht so weit zum Auge reicht wie bei der Eiderente, und die Körperfedern bogenförmig gemustert, bei der Eiderente dagegen quergestreift sind. Balzruf des ♂ soll mehr an das Kollern des Birkhahnes als an Eidererpel erinnern. An arktischen Küsten und auf Binnengewässern der Tundra. 56 cm. △ (2)

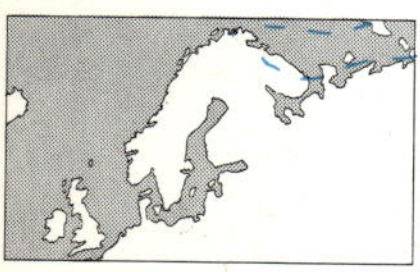

3

PLÜSCHKOPFENTE *Somateria fischeri.* Seltener Wintergast aus Sibirien an den Küsten Nordrußlands und des arktischen Norwegens. In beiden Geschlechtern von den anderen Eiderenten durch den großen hellen Fleck ums Auge unterschieden, auch reicht die Stirnbefiederung viel weiter auf den Schnabel. ♂ sonst mit grünem Kopf und schwarzer Hinterbrust. Flugmuster eher wie Eider- als wie Prachteiderente 53–56 cm. (3)

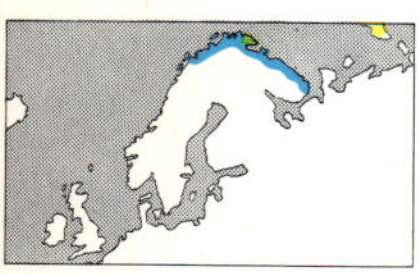

4

SCHECKENTE *Polysticta stelleri.* ♂ ist die einzige Ente, die weißen Kopf, schwarz-weiße Oberseite und rotbraune Unterseite hat; dazu je ein grüner Fleck an Stirn und Nacken. Das dunkelbraune ♀ ist an zwei weißen Flügelbinden und von nahem am purpurblauen Spiegel zu erkennen. Beide Geschlechter haben ein ganz anderes Kopfprofil als die Eiderenten. ♂ fast stumm, ♀ ruffreudiger mit einer Reihe rauher und gutturaler Laute. Beide haben ein der Schellente ähnliches pfeifendes Fluggeräusch. Brütet in der Tundra Alaskas und Nordsibiriens; Wintergast an den Küsten Nordeuropas, ausnahmsweise bis Deutschland. 46 cm. △ (4)

Sommerkleid
1. Frühjahr
Nördl. Rasse
S. m. borealis
♂
♂
imm.
♀
♂
EIDERENTE
♀
♂
PRACHTEIDERENTE
♀
♂
PLÜSCHKOPFENTE
Sommerkleid
♂
♀
♂
♀
SCHECKENTE

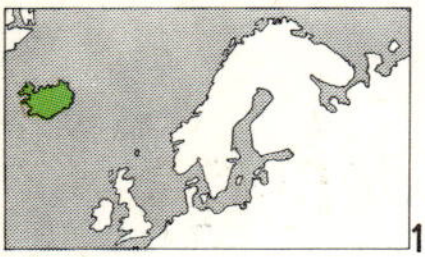

1

KRAGENENTE *Histrionicus histrionicus.* Ein für Island sehr typischer Vogel, der sonst in Europa nur seltener Gast ist. Das ♂ hat ein sehr auffälliges Muster, sieht aber von ferne fast ganz schwarz aus, nur das Weiß am Kopf und der kurze Schnabel sind Anhaltspunkte für die Artbestimmung. Das einfarbig braune ♀ mit den charakteristischen weißen Flecken an den Kopfseiten ist von Trauer- und Samtenten-♀ außerdem sogleich an der geringen Größe und dem kurzen Schnabel und von dem Eisenten-♀ (S. 65) am viel weniger weißen Bauch zu unterscheiden. Das Fehlen einer Flügelbinde ist ein wichtiger Hinweis bei fliegenden Vögeln. An Stromschnellen und Sturzbächen, im Winter an Brandungszonen. Schwimmt oft unter Kopfnicken, stelzt auch den Schwanz. Schweigsam, aber ♂ hat ein abfallendes, in einem Triller endendes Pfeifen, ♀ quakt rauh. 43 cm. △ (1)

Meerenten und Verwandte (Gattung *Melanitta* u. a.). Große Tauchenten, ausgesprochen marin und meist nur zur Brutzeit am Süßwasser zu finden. Gefieder der ♂ vorwiegend schwarz, der ♀ braun. Schwanz kurz und zugespitzt. Schnabel des ♂ schwarz mit gelbem oder orangefarbenem Abzeichen und mit Höcker an der Wurzel. ♂ schweigsam, nur bei der Balz girren und pfeifen sie, ♀ knarren rauh und tief.

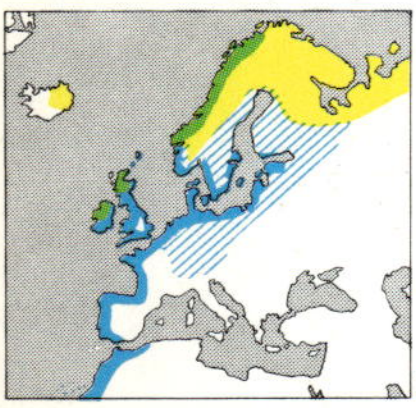

2

TRAUERENTE *Melanitta nigra.* Das ♂ ist die einzige, von ihrem Schnabelfleck abgesehen, ganz schwarze Ente. Das ♀ ist durch die helle untere Gesichtshälfte von allen anderen weiblichen Enten unterschieden, mit Ausnahme der Kolbenente (S. 59), die aber eine weiße Flügelbinde hat, und der Eisente (S. 65), die aber kürzeren Schnabel und viel hellere Unterseite hat. Füße schwarz. ♂ sitzt oft mit gestelztem Schwanz auf dem Wasser. Nistet an stehenden oder träge fließenden Gewässern der Tundra und Taiga. Außerhalb der Brutzeit auf dem Meere jenseits der Brandungszone. ♂ erscheinen schon im Sommer zur Mauser vor den Nordfriesischen Inseln. 48 cm. ○ (2)

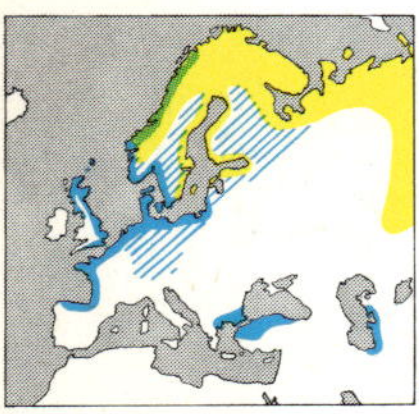

3

SAMTENTE *Melanitta fusca.* In beiden Geschlechtern von der kleineren Trauerente durch den weißen Flügelspiegel, der besonders im Fluge auffällt, und durch die roten Füße unterschieden. Das ♂ hat auch einen kleinen weißen Fleck hinterm Auge und anderes Schnabelmuster. ♀ und juv. haben jederseits des Auges im dunklen Gesicht einen hellen Fleck. An Süßwasserseen der Taiga, seltener in der Tundra als Trauerente; im Winter hauptsächlich in Küstengewässern, in kleinen Trupps oder mit Trauer- und Eiderenten vergesellschaftet. 56 cm. ○ (3)

BRILLENENTE *Melanitta perspicillata.* Irrgast aus Nordamerika an den Küsten des nordwestlichen Europa, von Trauer- und Samtente durch den großen, eiderentenartigen Schnabel unterschieden, der beim ♂ ganz bunt, beim ♀ grünlich ist. ♂ hat typische weiße Flecke an Stirn und Nacken, ♀ und immat. fahle Flecke am Nacken sowie vor und hinter dem Auge (ähnlich wie Samtente). Beim ♀ sind diese Flecke manchmal verdunkelt, so daß es dann das einfarbige Gesicht am besten von den beiden anderen *Melanitta*-Arten unterscheidet. Keine Flügelbinde; Beine trüb orange. 56 cm. △

KRAGENENTE
TRAUERENTE
Amerikanische Rasse
M. n. americana
SAMTENTE
BRILLENENTE

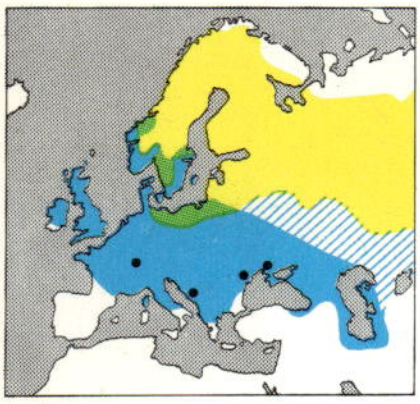

1

SCHELLENTE *Bucephala clangula.* Typisch der große, im Profil fast dreieckige Kopf, der weiße Hals, die breiten weißen Flügelbinden und das gelbe Auge. ♂ mit grünlich glänzendem, schwarzem Kopf und leuchtend weißem Fleck, ♀ und immat. ohne diesen Fleck am braunen Kopf. Gewöhnlich schweigsam, nur zur Balz ruft das ♂ ziemlich hoch und etwas vibrierend „knirrr" und rauh „quirrik", das ♀ guttural „körr". Fliegt steiler als die meisten Tauchenten von der Wasserfläche auf und verursacht ein klingendes, pfeifendes Fluggeräusch wie „pjübpjübpjüb". An waldumsäumten Seen und großen Teichen, nistet in Schwarzspecht- und anderen Baumhöhlen; im Winter an größeren stehenden und fließenden Gewässern, auch auf dem Meere. 46 cm. ◑ (1)

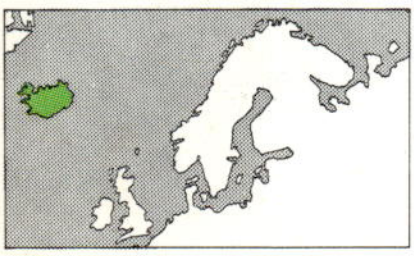

2

SPATELENTE *Bucephala islandica.* Außerhalb Islands sehr selten zu sehen. ♂ unterscheidet sich von der ein wenig kleineren Schellente durch das rundere Stirn- und Oberkopfprofil und stärker verlängertes Nackengefieder, vor allem auch durch den halbmondförmigen großen weißen Zügelfleck, weiter durch die überwiegend schwarzen Schultern und aus der Nähe durch den purpurn statt grün glänzenden Kopf. Stimme und Fluggeräusch ähnlich Schellente. Brütet an Binnenseen in Fels- und Erdhöhlen und Ruinen. Im Winter auch in Küstengewässern. 53 cm. △ (2)

BÜFFELKOPFENTE *Bucephala albeola.* Sehr seltener Irrgast aus dem nördlichen Nordamerika; kleinste Tauchente. ♂ leicht an der Färbung und besonders dem auffälligen weißen Kopffleck zu erkennen. Das dunklere ♀ hat einen viel kleineren weißen Fleck hinter dem Auge. Beide Geschlechter mit weißer Flügelzeichnung wie eine kleine Schellente. Der kurze Schnabel unterscheidet sie vom ebenfalls sehr seltenen Kappensäger (S. 67). Ruft nur selten, ♂ guttural rollend, ♀ leise „quäk". 36 cm.

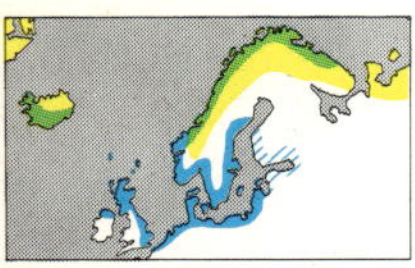

3

EISENTE *Clangula hyemalis.* Eine ausgesprochene Meerente mit extremen Tauchleistungen, ziemlich klein und zierlich, die abgesehen vom auffallend langen Schwanz des ♂ durch den ungewöhnlich kurzen Schnabel und den Mangel einer hellen Flügelzeichnung charakterisiert ist. ♂ im Sommerkleid vorn abgesehen von einem weißen Gesichtsfleck dunkel, unterseits weiß und mit im Spitzenteil rötlichem Schnabel; im Winter bis auf einen schwarzen Wangenfleck an Kopf und Hals weiß. Der Spießerpel (S. 57), die einzige andere so langschwänzige Ente, hat ein ganz andersartiges Kopfmuster. ♀ ähnlich ♂, nur insgesamt verdunkelt; Schnabel ganz grau. Stimmfreudig, ♂ ruft laut und melodisch „aulick-a-a-aulick" oder ähnlich, das ♀ quakt sanft. Flug rasch und wendig; die Flügel werden dabei weniger angehoben, aber tiefer durchgeschlagen als bei anderen Enten. Brütet am Süß- und Salzwasser der Tundra und arktischer Küsten, auch im gebirgigen Binnenland Skandinaviens; im Winter auf dem Meer und nur ausnahmsweise an Binnnengewässern. ♂ 53 cm, ♀ 41 cm. ○ (3)

SCHELLENTEN, EISENTE

Säger (Gattung *Mergus*). Tauchende Entenvögel mit auffallend schlanken, an den Kanten gesägten Schnäbeln mit hakenförmig gebogener Spitze, ganz auf Fischfang eingestellt. Mit Haube. Fliegen schwerfällig wie Tafelenten (S. 59) auf, aber schnell und geradeaus, mit pfeifendem Fluggeräusch (ausgenommen Zwergsäger). Da Kopf und Hals genau in der Körperachse nach vorn gestreckt werden, wirkt das Flugbild zigarrenförmig; dadurch von den Lappentauchern und durch die weißen Flügelfelder auch von den Seetauchern unterschieden. ♀ und immat. mit rotbraunem Kopf und heller Kehle. Außerhalb der Balz schweigsam. ♀ rufen rauh „karr".

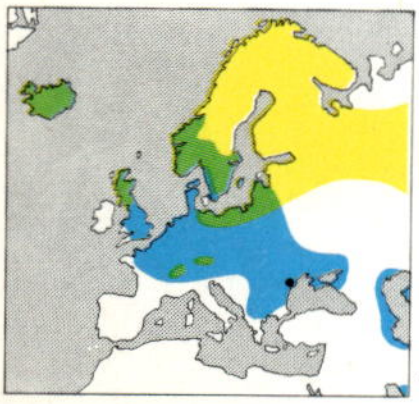

1

GÄNSESÄGER *Mergus merganser.* Die ♂ beider großen Säger-Arten haben dunkelgrünen Kopf und Vorderhals sowie roten Schnabel. Gänsesäger-♂ mit mähnenartigem Schopf (keine Haube) und lachsrotem Anflug am weißen Körper. Der kleinere Mittelsäger hat eine auffallende Haube, kastanienbraune Brust und graue Flanken. ♀ und immat. sind schwer zu unterscheiden, aber beim Gänsesäger sind Kehle und Hals scharf vom Rotbraun des Kopfes abgesetzt, und die Haube ist weniger auffällig. Nistet in großen Baumhöhlen an Seen und Strömen; im Winter hauptsächlich im Binnenland, aber auch an der Küste. 66 cm. ◑ (1)

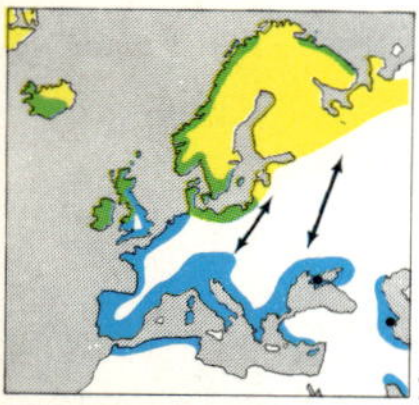

2

MITTELSÄGER *Mergus serrator.* Nur knapp stockentengroß, mit sehr schlankem Schnabel. Im Fluge auch im Ruhekleid durch auffallende schwarze Binden im weißen Flügelfeld vom Gänsesäger unterschieden. Nistet auf dem Boden, auch an der Küste, wo er sich im Winter fast ausschließlich aufhält. 58 cm. ◑ (2)

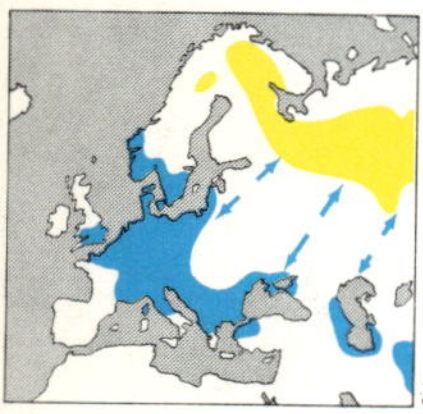

3

ZWERGSÄGER *Mergus albellus.* Das ♂ ist die hellste Ente unseres Gebietes mit nur wenigen schwarzen Abzeichen, wirkt aber im Fluge etwas scheckiger. ♂ taucht ständig wie Lappentaucher, hat aber leuchtende weiße Wangen und ist auch heller als andere kleine Tauchenten. Nistet in Baumhöhlen an bewaldeten Gewässern, im Winter auf Flüssen und Seen und auch an der Küste. 42 cm. ○ (3)

KAPPENSÄGER *Mergus cucullatus.* Seltener Irrgast aus Nordamerika. ♂ von der Büffelkopfente (S. 65) durch den dünnen Schnabel unterschieden, ♀ wie Zwergsäger, aber ganzer Kopf rotbräunlich. 46 cm.

Ruderenten (Gattung *Oxyura*). Gedrungene kurzhalsige Tauchenten, die sich taucherähnlich verhalten und auch wie Taucher manchmal beim Schwimmen nur den Kopf über Wasser halten, andererseits aber oft mit gestelztem Schwanz schwimmen. Im allgemeinen schweigsam, aber ♂ lassen bei der Balz quakende und gluckende Laute hören.

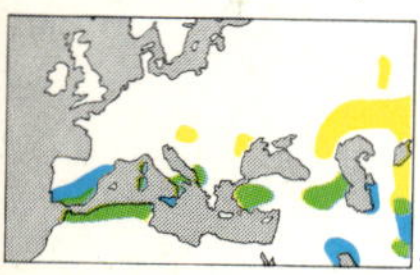

4

WEISSKOPF-RUDERENTE *Oxyura leucocephala.* ♂ mit weißem Gesicht und blauem Schnabel, ♀ mit braunem Wangenfleck, beide mit an der Wurzel aufgetriebenem Schnabel. In flachen, oft riedbewachsenen Süß- und Brackwässern. 46 cm. △ (4)

SCHWARZKOPF-RUDERENTE *Oxyura jamaicensis.* Eine nordamerikanische, in England eingebürgerte Art, kleiner als *leucocephala* und beim ♂ mit weniger Weiß am Kopf. ♀ bis auf den schlankeren Schnabel schwer von *leucocephala*-♀ zu unterscheiden. An kleinen Binnenseen. 41 cm.

GÄNSESÄGER

MITTELSÄGER

ZWERGSÄGER

KAPPENSÄGER

WEISSKOPF-RUDERENTE

SCHWARZKOPF-RUDERENTE

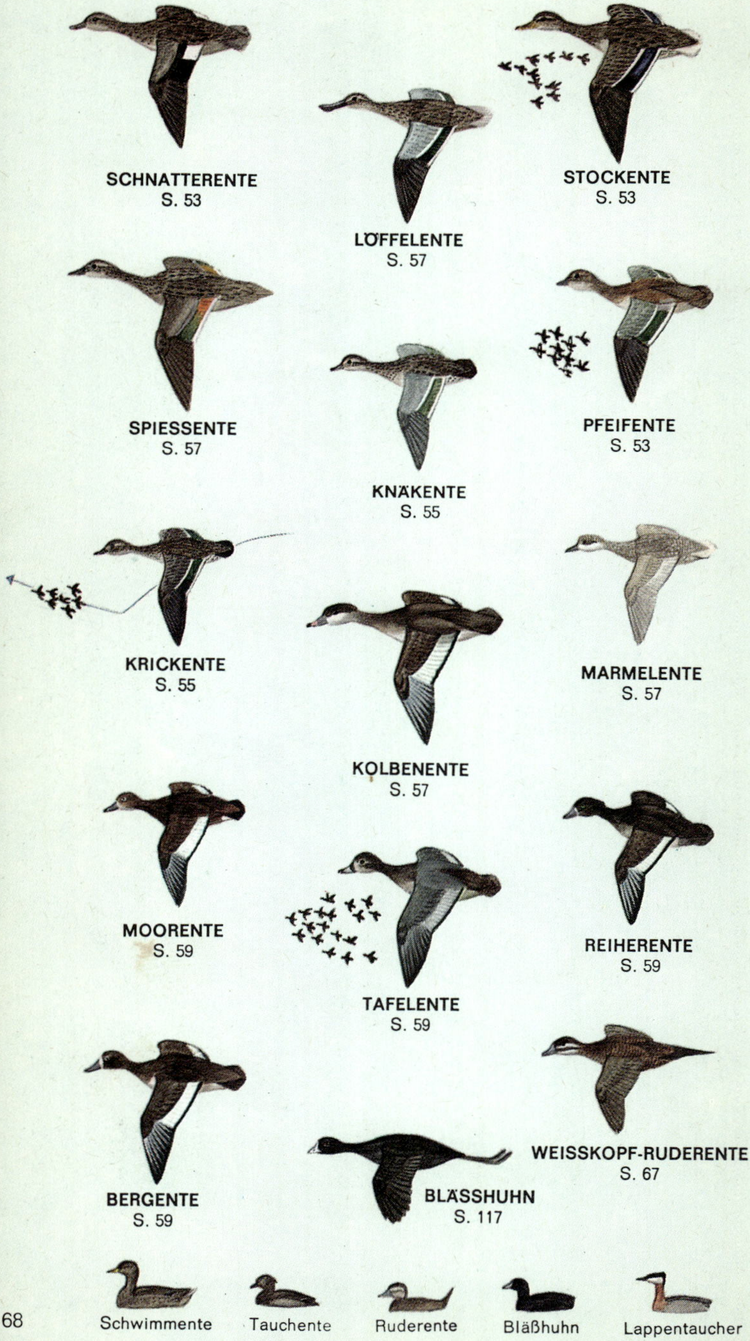
SCHNATTERENTE
S. 53
LÖFFELENTE
S. 57
STOCKENTE
S. 53
SPIESSENTE
S. 57
KNÄKENTE
S. 55
PFEIFENTE
S. 53
KRICKENTE
S. 55
KOLBENENTE
S. 57
MARMELENTE
S. 57
MOORENTE
S. 59
TAFELENTE
S. 59
REIHERENTE
S. 59
BERGENTE
S. 59
BLÄSSHUHN
S. 117
WEISSKOPF-RUDERENTE
S. 67
Schwimmente
Tauchente
Ruderente
Bläßhuhn
Lappentaucher

Entenweibchen sind im Fluge oft leichter zu bestimmen als auf dem Wasser, da dann der Spiegel (s. S. 50) als kennzeichnende Flügelbinde erscheint.

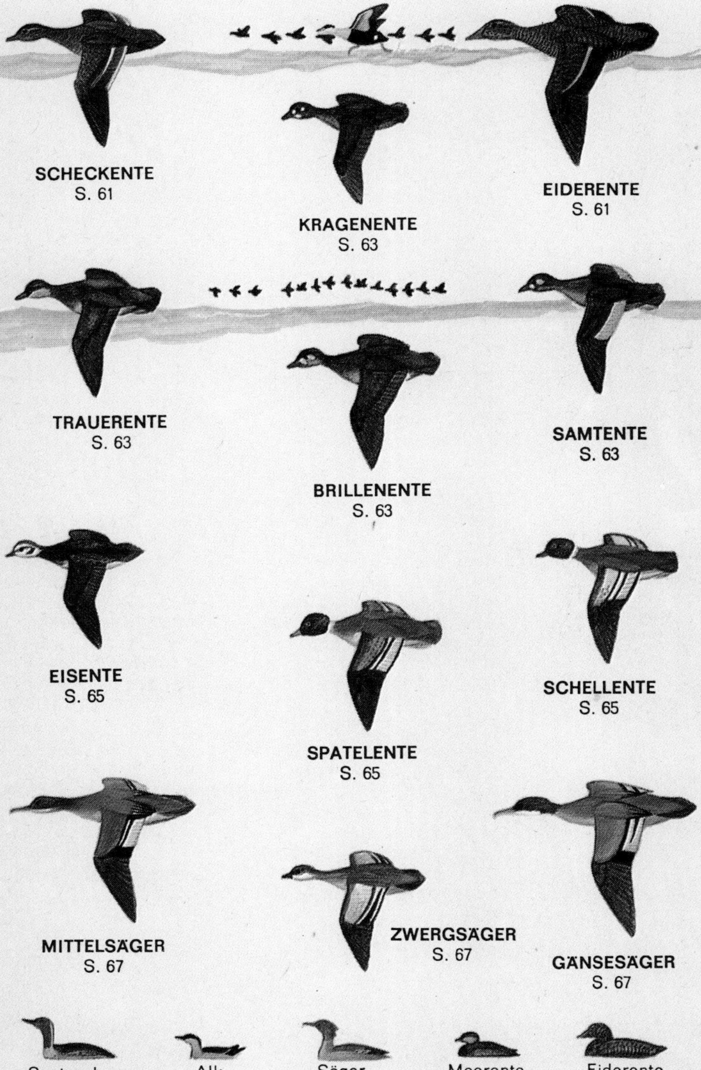

GREIFE: *Accipitridae.* Die Tagraubvögel oder Greifvögel gliedern sich in 2 Familien, deren eine die Habichtartigen oder Greife (Accipitridae), die andern die Falken (Falconidae, S. 91) sind. Die Habichtartigen umfassen eine vielgestaltige Gruppe von mittel- bis langflügeligen, fleischfressenden Vögeln, die durch ihren Hakenschnabel und die scharfen Krallen ausgezeichnet sind. Die Nasenlöcher sind in eine am Schnabelgrund gelegene Wachshaut eingebettet. ♀ gewöhnlich größer als ♂. Immat. können sehr schwierig zu bestimmen sein. Sehr flugtüchtig, viele Arten segeln vorzüglich. Nest auf Bäumen, an Felsen oder am Boden. In unserem Gebiet sind folgende Gruppen vertreten: Fischadler *(Pandion)*, Milane *(Milvus)*, Gleitaar *(Elanus)*, Wespenbussarde *(Pernis)*, Habichte *(Accipiter)*, Bussarde *(Buteo)*, Adler u. a. *(Hieraaetus, Aquila; Haliaeetus; Circaetus)*, Geier *(Neophron, Gypaetus, Aegypius, Gyps)* und Weihen *(Circus)*.

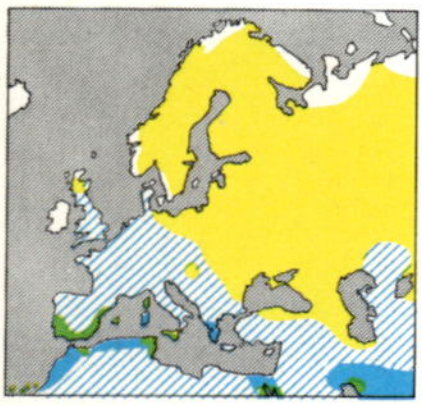
1

FISCHADLER *Pandion haliaetus.* Die bedeutende Größe, die langen gewinkelten Schwingen, der weiße Kopf und die weiße Unterseite sowie der Fischfang durch Stoßtauchen charakterisieren diesen Greif in besonderer Weise. Der viel größere Seeadler und die kleinere Rohrweihe, beides hellköpfige, über dem Wasser zu beobachtende Arten, sind unterseits dunkel gefärbt. Pfeift kurz und durchdringend. Fliegt ziemlich langsam und erinnert beim Suchflug über Wasser an größere Möwen; segelt und rüttelt auch. Sitzt gern auf hohen abgestorbenen Bäumen oder Masten am Wasser, brütet an bewaldeten Seen oder Flüssen, auf dem Zuge auch an kleinen Gewässern, Fischteichen u. dgl., auch am Meer. 51–58 cm. ◑ (1)

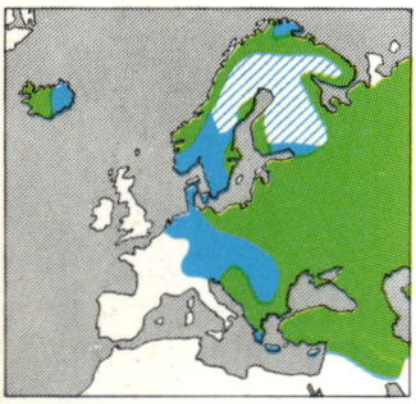
2

SEEADLER *Haliaeetus albicilla.* Die riesige Größe und die weit klafternden, sehr breiten Flügel kennzeichnen ihn gegenüber allen anderen braunen Vögeln Nordeuropas, ausgenommen vielleicht Steinadler (S. 79), von dem er aber durch den Keilschwanz – von nahem – durch die nur halb befiederten Beine zu unterscheiden ist. Ad. außerdem von Steinadler immat. am Fehlen einer schwarzen Endbinde am weißen Schwanz zu unterscheiden, immat. mit dunklem Schwanz ähnelt hingegen dem Steinadler ad. Kopf im Alter oft hell, manchmal fast weiß; Schnabel gelb. Geschlechter gleich, Schwanz bei immat. etwas länger. Hat verschiedene bellende Rufe, ♀ in tieferer Tonlage. Schwerfälliger, reiher- oder geierähnlicher Flug, auf der Jagd tief über dem Röhricht; segelt auch und kann stoßtauchen. An Felsküsten, großen bewaldeten Seen und Strömen. 69–91 cm. ◑ (2)

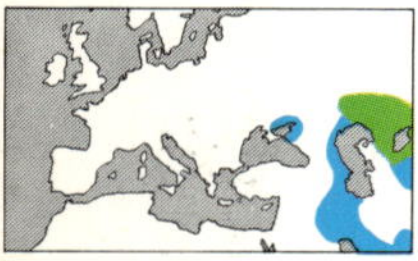
3

BINDENSEEADLER *Haliaeetus leucoryphus.* Kleiner als der Seeadler mit kleinerem, dunklem und nicht gelbem Schnabel; Kopf immer hell und bei ad. weißer Schwanz mit dunkler Endbinde wie Steinadler immat. Das Weiß am Schwanz sehr auffällig im Fluge. Immat. schwer zu bestimmen. Hat verschiedene bellende und möwenartige Rufe, ist aber im Winter ziemlich schweigsam. An Binnenseen, Sümpfen und Flüssen und auch an Binnenseen überwinternd. 76–84 cm. (3)

FISCHADLER, SEEADLER

Milane (Gattung *Milvus* u. a.). Große und mittelgroße Greifvögel mit langen, gewinkelten Flügeln, oft gegabeltem Schwanz und gleichgefärbten Geschlechtern. Nester auf Bäumen. *Milvus* ist teilweise Aasfresser und sucht in Südeuropa Straßen nach totgefahrenen Tieren ab.

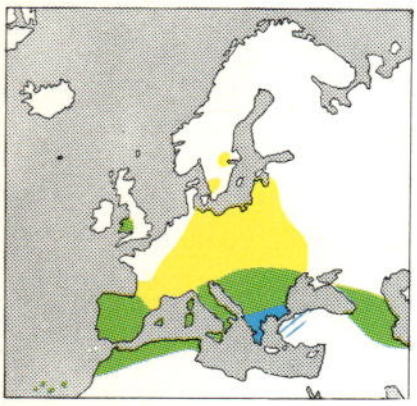
1

ROTMILAN *Milvus milvus.* Neben dem Schwarzmilan der einzige große Greif unseres Gebietes mit tief gegabeltem Schwanz. Ruft schrill bussardähnlich „hiäh", Segelt, oft mit angewinkeltem Flügel; normaler Ruderflug aber müheloser und mehr habichtartig als bei Schwarzmilan und Bussard. In Wäldern, vornehmlich alten Laubhölzern, nicht im Hochgebirge und nicht so an Wasser gebunden wie der Schwarzmilan. Überwintert in steigendem Maße, selbst in Schweden; Müllplatzbesucher. 61 cm. ◑ (1)

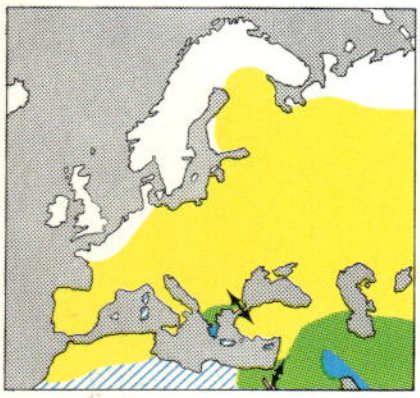
2

SCHWARZMILAN *Milvus migrans.* Schwanz nur seicht gegabelt und deshalb im Fluge nicht immer gut zu erkennen. Sonst wie ein dunkler Bussard, segelt aber weniger, hält die Flügel beim Rudern gekrümmt, kreist gern. Ruffreudig, ja lärmend zur Brutzeit, ruft hoch und wiehernd. Oft gesellig und für gewöhnlich am Wasser. Überall zu finden, nur nicht in dichten Wäldern, selten im Gebirge. Besonders gern in Wassernähe, oft in Dörfern und Städten. Wohl einer der zahlreichsten Greife seiner Größe auf der Erde. 56 cm. ◑ (2)

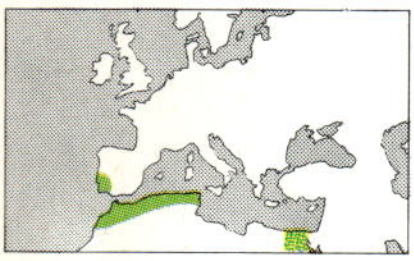
3

GLEITAAR *Elanus caeruleus.* Ein kleiner grau-weißer Greif, der an den schwarzen Schultern und dem häufigen Rütteln leicht zu erkennen ist; Schwanz gestutzt, Augen rot. Immat. brauner. Ziemlich schweigsam, pfeift miauend „pii-ä", ruft heiser „kriä kriä". Sitzt gern auf exponierten Warten, besonders dürren Zweigen, Telephonmasten und -drähten, fliegt auch in der Dämmerung. Bewohnt Savannen, Steppen und Halbwüsten, gern in Wassernähe, auch im Kulturland. 33 cm △ (3)

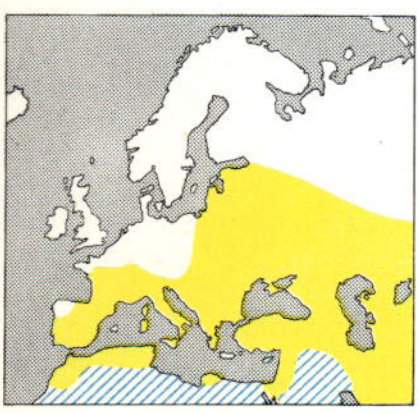
4

SCHLANGENADLER *Circaetus gallicus.* Ein ziemlich kleiner Adler, der aber größer als Bussard ist und sich von gleichgroßen anderen Greifen durch seine weiße Unterseite in Verbindung mit dem dunklen Kropf und Kopf und dunklen Flügelspitzen auszeichnet. Flügel und Schwanz mit einigen dunklen Binden. Kopf rund und dick, etwas an den einer Eule erinnernd. Auge gelb, ♂ ruft am Horst volltönend „jüh-ok", die erste Silbe ansteigend, die letzte kurz. Segelt und rüttelt oft. Reptilienreiche offene Wälder der Niederungen und Hügelländer, ernährt sich in Südeuropa vorwiegend von Schlangen. Nest auf der Spitze nicht zu hoher Bäume. In Deutschland sind fast alle Brutvorkommen schon zu Ausgang des 19. Jhdts. erloschen. 63–69 cm. (4)

Schlangenadler

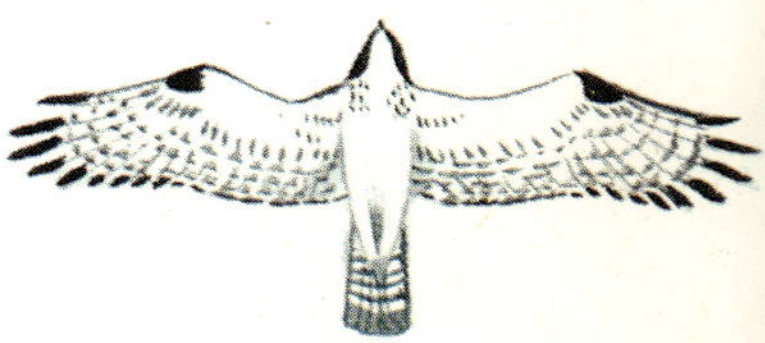
Fischadler

imm.
ad.
ROTMILAN
ad.
imm.
SCHWARZ-
MILAN
ad.
imm.
GLEITAAR
imm.
ad.
SCHLANGENADLER

Habichte (Gattung *Accipiter*). Die artenreichste Greifvogel-Gattung durch kurze breite Flügel und langen Schwanz gekennzeichnet. ♀ viel größer als ♂. Nest auf Bäumen. Spezialisiert auf den Fang kleiner bis mittelgroßer Vögel in Wäldern und baum- und gebüschreichem Gelände.

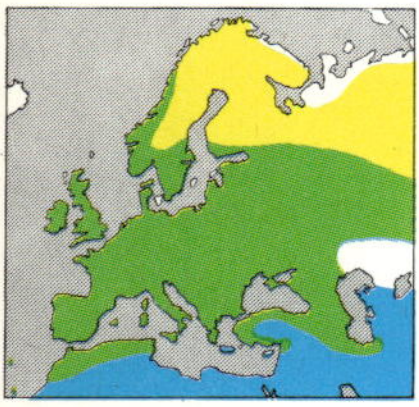
1

SPERBER *Accipiter nisus.* Unterscheidet sich von den kleineren Falken (S. 94) durch die kurzen runden Flügel und den langen Schwanz, obwohl das graue zierlichere ♂, nicht so sehr das viel größere braune ♀, dem Flugbild eines Turmfalken oder Merlin ähnelt, besonders wenn es mit ausgebreiteten Schwingen segelt. Die gesperberte Unterseite, beim ♂ mit rostfarbener Tönung, kennzeichnet die Art. Ruft, besonders am Horst, in rascher Folge „gigigig . . .", juv. fiepen durchdringend. Fliegt rasch, abwechselnd rudernd und gleitend. Im Überraschungsflug über Hecken und ins Gebüsch stoßend; über offenem Gelände segelnd, aber nicht rüttelnd. Auch in Dörfern und am Rande von Städten, wo man seine Rupfungen (Federn der verzehrten Vögel) findet. Hat in letzter Zeit erschreckend abgenommen. 28–38 cm. ● (1)

♂
Schikra

SCHIKRA *Accipiter badius.* Kleiner als Kurzfangsperber, mit hellen Wangen, hellem Schwanz und braun am Hals. Dunkler Kehlstreif wie bei Kurzfangsperber immat. ♀ ad. mehr dem ♂ ähnlich, Unterseite variabel. Nur im südkaspischen Gebiet. 31–36 cm.

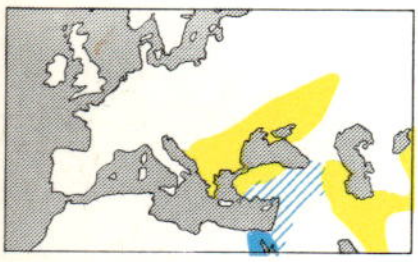
2

KURZFANGSPERBER *Accipiter brevipes.* ♂ größer als Sperber-♂, mit grauen, nicht rostfarbenen Wangen und etwas hellerer grauer Oberseite, die mehr von den schwarzen Flügelspitzen absticht. ♀ grauer als Sperber-♀. Unterflügel heben sich deutlich von der dunklen Flügelspitze ab, mittlere Steuerfedern ungebändert, Auge rotbraun und nicht gelb. Immat. erscheint unterseits besonders hell. Ruft bezeichnend und hoch „kiwick". Fliegt tief über offenes Gelände oder entlang von Waldrändern. In Wäldern und bewaldeten Tälern. 33–38 cm. (2)

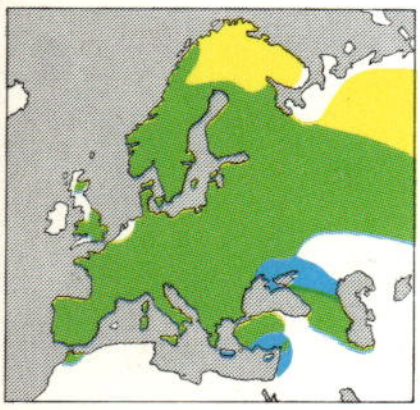
3

HABICHT *Accipiter gentilis.* Ein übergroßer Sperber, der sogleich von allen anderen bussardgroßen Greifen an den kürzeren Flügeln, vom Mäusebussard und den Adlern am längeren Schwanz, von den Weihen und Milanen an kürzeren Flügeln und kürzerem Schwanz und vom Wanderfalken (S. 93) an den breiteren, runderen Flügeln und dem längeren Schwanz zu unterscheiden ist. Überaugenstreif und Unterschwanzdecken weiß. Die Rassen in Nordeuropa sehr hell, fast weiß. Ruft schrill „gig-gig-gig-gig" und bussardähnlich „hiäh". Fliegt auf der Jagd schnell und niedrig und segelt, von häufigem Rudern unterbrochen. In Nadel- und Laubwäldern. 48 bis 61 cm. ● (3)

4

KLEINER SINGHABICHT *Melierax metabates.* Grau mit weißspitzigem dunklem Schwanz. Bürzel und Unterseite gebändert, Beine und Wurzelteil des Schnabels rot. Immat. hauptsächlich braun. Flügel breit und rund wie beim Habicht, sitzt aber öfters auf freier hoher Warte. Stimme eine Reihe flötender und pfeifender Töne, auch ein schrilles Pfeifen. Offenes buschiges Gelände. Nur Marokko. 38–48 cm. (4)

imm.
♀
♂
♀
♂
Kuckuck
S. 174
SPERBER
imm.
♀
♂
♀
KURZFANGSPERBER
imm.
ad.
Nordische Rasse, ad.
A. g. buteoides
HABICHT
ad.
imm.
ad.
Weihe
S. 87
ad.
KLEINER SINGHABICHT

Mäusebussard: Farbvarianten

Bussarde und **Wespenbussard** (Gattungen *Buteo* und *Pernis*). Bussarde sind große, breitflügelige, ziemlich kurzschwänzige Vögel, kleiner als die meisten in der Gestalt ähnlichen, aber langhalsigen Adler. Ausgesprochene Segelflieger, die schwerfällig rudern und gelegentlich auch rütteln. Ruf klagend miauend. – Wespenbussarde haben nur Namen und äußere Ähnlichkeit mit den Bussarden gemein. Sie unterscheiden sich von ihnen durch einen ausgesprochenen Scharrfuß, schlitzartige Nasenlöcher und schuppige Befiederung am Schnabelgrunde ohne Borsten.

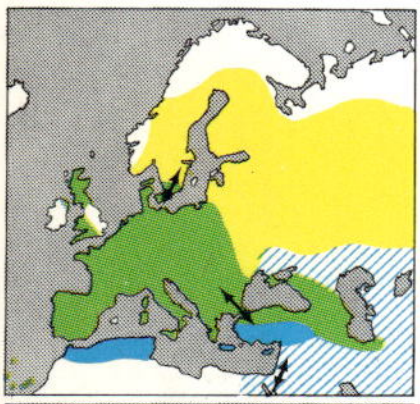

1

MÄUSEBUSSARD *Buteo buteo*. Gefieder variiert von dunkelbraun bis überwiegend weiß; Schwanz meist eng und nicht sehr deutlich gebändert. Unterflügel oft mit großem hellem Fleck. Die östliche schlankere Rasse *vulpinus* (Falkenbussard) ist roströtlicher gefärbt und hat oft einen ungebänderten Schwanz. Das miauende typische „hi-ääh" ist das ganze Jahr zu hören. In Wäldern aller Art, im Winter auch auf Feldern. 51–56 cm. ● (1)

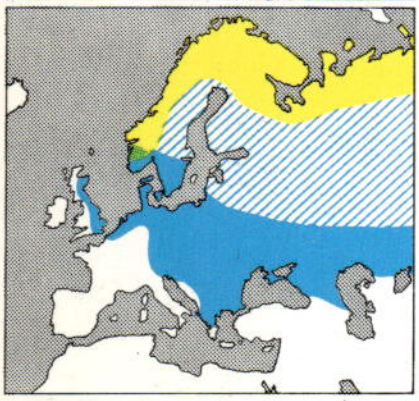

2

RAUHFUSSBUSSARD *Buteo lagopus*. Unterscheidet sich vom Mäusebussard durch ungebänderten, an der Wurzel weißen Schwanz mit dunkler Endbinde, durch sehr helle Unterflügel mit auffallendem schwarzem Fleck, gewöhnlich durch hellen Kopf und Hals und breites braunes Brustband. Die befiederten Läufe unterscheiden ihn von allen anderen gleichgroßen Greifen mit Ausnahme kleiner Adler. Ruft lauter und weniger durchdringend als Mäusebussard. Rüttelt mehr als andere Bussarde. Im offenen Gelände, in der Tundra und im Winter in M-Europa auf freiem Felde. 51–61 cm. ○ (2)

3

ADLERBUSSARD *Buteo rufinus*. Ähnlich, aber größer als Mäusebussard, mit hellem Bürzel und stets ungezeichnetem, hell zimtfarbenen Schwanz. Sehr ähnlich roten *B. b. vulpinus*, die aber kleiner sind und nicht so hellen Kopf haben. Immat. mit gebändertem Schwanz ununterscheidbar vom Mäusebussard. Ruft bussardähnlich. Steppen und andere waldlose Ebenen und Gebirge. 51–66 cm. △ (3)

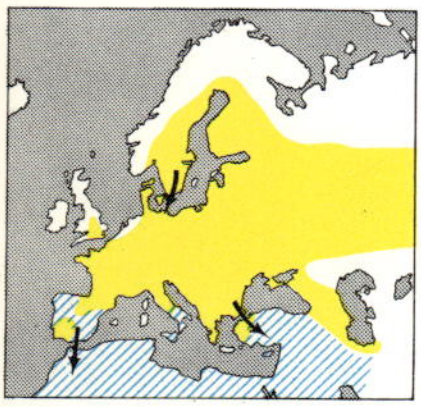

4

WESPENBUSSARD *Pernis apivorus*. Vom Mäusebussard durch eine doppelte dunkle Binde im Wurzelteil des Schwanzes unterschieden und durch schlankeres Flugbild: längere Flügel und längerer Schwanz sowie taubenartig nach vorn gestreckter Kopf. Ad. ziemlich schweigsam, die flüggen juv. dagegen ruffreudig, am häufigsten zu hören von ad. und juv. ein wohltönendes etwas wehmütiges „plilihe", das von nahem dreisilbig klingt. Segelt oft und rüttelt manchmal. Mehr als Mäusebussard auf dem Boden, wo er Wespennester ausscharrt. Laub- und Nadelwälder der Ebene und Mittelgebirge, mit Vorliebe an Waldrändern nistend. 51–58 cm. ● (4)

Wespenbussard: Farbvarianten

BUSSARDE, WESPENBUSSARD

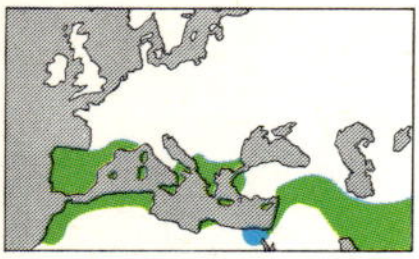
1

HABICHTSADLER *Hieraaetus fasciatus*. In der Größe zwischen Mäusebussard (S. 77) und Steinadler und am besten von allen gleichgroßen Greifen unseres Gebiets im Fluge an dem Kontrast von hell und dunkel in den schmalen langen Flügeln zu unterscheiden. Die nur schwach gefleckte Unterseite erscheint von ferne weiß. Lauf befiedert. Schwanz länger als beim Mäusebussard, aber mit ähnlich dunkler Endbinde. Immat. brauner mit hell kastanienbrauner Unterseite. Ruft „kli-kli-kli-kli". Bewaldete, oft felsige Gebirge, im Winter in offenerem Gelände. 66–74 cm. (1)

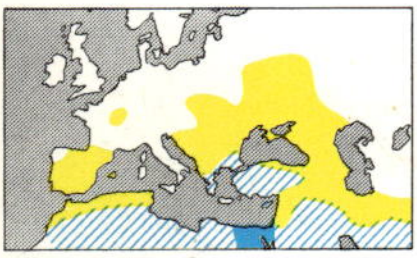
2

ZWERGADLER *Hieraaetus pennatus*. Bussardgroß, mit zwei Färbungsphasen, nämlich einer häufigeren hellen, in der die Oberseite rahmfarben, die Unterseite weiß ist und im Fluge sich von den dunklen Flügelspitzen und Flügelhinterrand auffallend abhebt, sowie einer einfarbig dunkelbraunen, bei der nur der Schwanz etwas heller ist. Schwanz ungebändert. Weiße Schulterflecken von oben, aber auch von vorn sehr auffällig. Immat. rötlicher als ad., besonders unten, heller als immat. Habichtsadler. Fliegt gewandter als Mäusebussard (S. 77). Ruft schrill pfeifend „ki-kiih". In Wäldern, vorwiegend des Hügellandes; im Winter mehr im offenen Gelände. 46–53 cm. △ (2)

Adler (Gattung *Aquila*). Sehr große Greifvögel, mit langen breiten Flügeln, breitem Schwanz, befiedertem Lauf und gewöhnlich dunkelbraunem Gefieder, ad. dunkler als juv. Vorwiegend segelnd. Nest an Felsen oder auf Bäumen, für gewöhnlich unersteigbar.

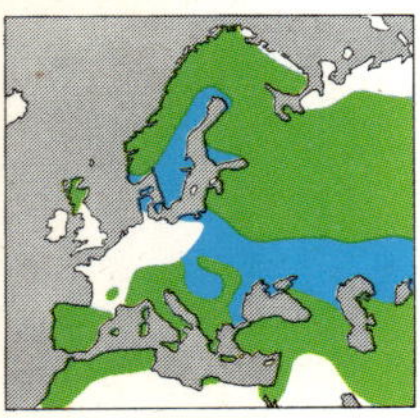
3

STEINADLER *Aquila chrysaetos*. Ad. dunkelbraun, manchmal mit hellem Kopf; immat. durch weiße Schwanzwurzel und weißes Feld im gespreizten Flügel unterschieden. Vom größeren Seeadler durch gestutzten, nicht keilförmigen Schwanz und voll befiederten Lauf unterschieden. Ad. hat dunklen Schwanz wie immat. Seeadler, aber juv. viel weniger Weiß im Schwanz als ad. Seeadler. Ziemlich schweigsam, ruft bussardähnlich, aber rauher „hiiä" und bellend „hjehjehje". Gleitet und segelt majestätisch mit breit gefingerten Schwingen, oft stundenlang hintereinander. Heute vor allem noch im Gebirge, gern an der oberen Waldgrenze. Wahrscheinlich der häufigste Adler seiner Größe auf Erden. 75–88 cm. ◑ (3)

4

KAISERADLER *Aquila heliaca*. Von anderen großen Adlern durch die weißen Schultern unterschieden, die besonders bei der spanischen Rasse *adalberti* auffallen, ferner durch die hellen Flecken an Nacken und Schwanz, die mit zunehmendem Alter heller werden. Immat. mit deutlich gestreifter Unterseite. Ziemlich schweigsam, ruft bellend „kjau krau". Seltener im Fluge zu beobachten als Steinadler. Wälder und auch baumarme Steppen, im Gegensatz zum Steinadler hauptsächlich in Niederungen. 78–83 cm. △ (4)

imm.
ad.
imm.
ad.
HABICHTSADLER
dunkle
Phase
imm.
dunkel
hell
ad.
helle Phase
ZWERGADLER
1. Jahr
2. Jahr
ad.
imm.
STEINADLER
imm.
Spanische Rasse
A. h. adalberti
Östl. Rasse, ad.
A. h. heliaca
KAISERADLER

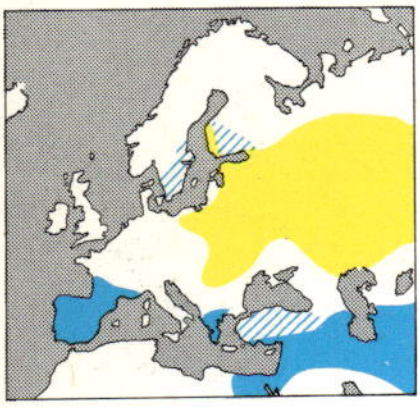
1

SCHELLADLER *Aquila clanga.* Ein mittelgroßer bis großer Adler, der leicht mit dem etwas kleineren Schreiadler und der dunklen Phase des gleichgroßen Raubadlers zu verwechseln ist. Ad. mit weniger auffallendem Weiß in der Schwanzwurzel als beim Schreiadler (beim Raubadler ohne jedes Weiß). Immat. beider Arten mit deutlichem weißlichem V an der Schwanzwurzel, aber Schelladler mit viel größeren und auffallenderen hellen Flecken auf der Oberseite als Schreiadler, der dafür einen deutlichen rahmfarbenen Fleck im Nacken hat. Beide Arten schlanker und breitflügeliger als Raub- und Steppenadler. Schwanzwurzel beim Schelladler breiter als beim Schreiadler. Stimme bellend „kjäk kjäk kjäk", wie das Kläffen eines kleinen Hundes, nicht ganz so schrill und klangvoller als der ähnliche Ruf des Schreiadlers. In Waldungen der Ebene, oft in Nähe von Seen, Strömen und Sümpfen; auf dem Zuge auch in ganz kahlem Gelände. 66–73 cm. ◑ (1)

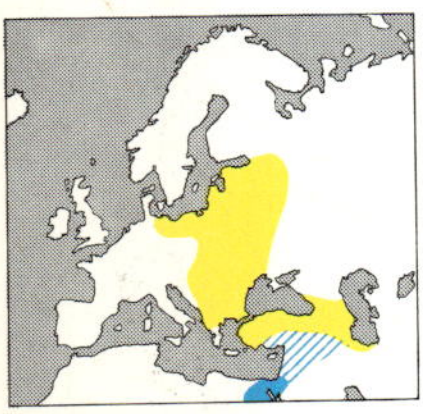
2

SCHREIADLER *Aquila pomarina.* Ein nur bussardgroßer Adler, insgesamt etwas heller als der größere Schelladler. Weitere Unterschiede gegenüber diesem siehe oben, gegenüber Raub- und Steppenadler siehe unten. Ebenfalls in großen Wäldern der Niederungen, aber auch des Hügellandes, vorzugsweise in urwüchsigen, nicht durchforsteten Beständen. 61–66 cm. ◑ (2)

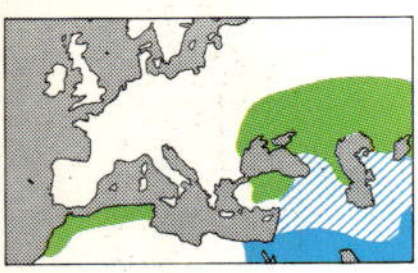
3

RAUB- UND STEPPENADLER *Aquila rapax.* Der afrikanisch-indische Raubadler *(A. rapax)* und der südosteuropäisch-mittelasiatische Steppenadler *(A. nipalensis)* werden hier als Rassen bzw. Rassengruppen einer Art betrachtet. Sie wurden früher für verschiedene Arten gehalten und sind es vielleicht auch. Sie sind mittelgroße Adler, deren Gefieder sehr variabel, von tief dunkelbraun bis fahl braun, nahezu weiß ist. Die nordafrikanische Rasse *belisarius* ist niemals rotbraun. Die dunklere osteuropäische Rasse *orientalis* ist als Steppenadler, der schon zweimal als Irrgast in Deutschland nachgewiesen wurde, bekannt. Die dunklen ad. sind vom Schell- und Schreiadler am besten an den breiteren runderen Flügeln zu unterscheiden und daran, daß sie kein Weiß auf dem gerundeten Schwanz und oft einen rahmfarbenen Nackenfleck haben. Aus der Nähe an den ovalen, nicht runden Nasenlöchern zu erkennen. Immat. gewöhnlich heller als ad. und besonders beim Steppenadler mit bedeutendem Kontrast der hellen Oberseite gegen die dunkelbraunen Flügelspitzen und Schwanz; zwei helle Flügelbinden im Fluge. Ruft bellend "kau-kau-kau". Ist öfters sitzend oder im tiefen Flug als segelnd zu sehen. Buschige Ebenen und baumlose Steppen. 66–78 cm. △ (3)

4

KAFFERNADLER *Aquila verreauxi.* Seltener Irrgast aus Schwarzafrika, vielleicht im Sinai brütend. Ad. leicht kenntlich am tiefschwarzen Gefieder mit weißem Bürzel und hellen Flügelfleck, der beim ruhenden Vogel als Schulterfleck zu sehen ist. Immat. heller, größer als Steppen- und Raubadler. Im allgemeinen schweigsam, hat verschiedene bellende Rufe. Flug anmutiger als bei den meisten großen Adlern. Felsiges Gelände. 79–95 cm. (4)

ad.
helle Rasse
ad.
ad.
imm.
imm.
SCHELLADLER
imm.
imm.
ad.
SCHREIADLER
ad.
Steppenadler
A. r. orientalis
ad.
imm.
imm.
ad.
Raubadler
A. r. belisarius
RAUBADLER
imm.
ad.
ad.
KAFFERNADLER

Geier. Große, mit Ausnahme des Bartgeiers kurzschwänzige Greifvögel mit langen breiten Flügeln, die eine Spannweite von 2,50 m erreichen und hervorragend zum Segeln geeignet sind. Gefieder mit Ausnahme alter Schmutzgeier braun in verschiedenen Abstufungen. Oft mit Halskrause, und Lauf unbefiedert (Ausnahme Bartgeier). Geschlechter in Färbung und Größe gleich. Im allgemeinen schweigsam und träge; sehr gesellig. Aasfresser der offenen Landschaft. Geier segeln in großer Höhe und spähen nicht nur nach Beute, sondern auch nach anderen Geiern, die ein Aas entdeckt haben und zu diesem hinfliegen. Haben sie einmal eine solche Nahrungsquelle unmittelbar oder mittelbar entdeckt, so gleiten sie rasant abwärts, und in kürzester Zeit versammeln sich auf diese Weise zahlreiche Geier zur Mahlzeit. Die Reihenfolge der Vögel beim Fressen hängt dann von ihrer Schnabelstärke ab. Nur die größeren Geier sind imstande, die zähe Haut aufzureißen, um an das weiche Innere zu kommen; die kleineren Geier, besonders der Schmutzgeier, müssen warten, bis sie an der Reihe sind.

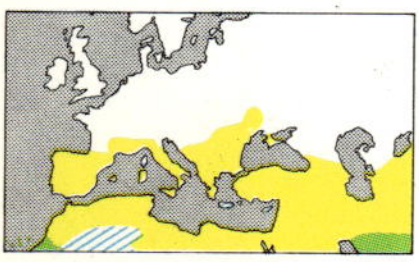
1

SCHMUTZGEIER *Neophron percnopterus.* Ein kleiner schwarz-weißer Geier mit weißem Keilschwanz, im Fluge unverkennbar. Nackte Haut an Kopf und Kehle gelb, Halskrause struppig, Schnabel viel schlanker als bei anderen Geiern. Immat. zunächst dunkelbraun und dann durch geringe Größe und Keilschwanz von anderen dunkelbraunen Geiern unterschieden; mit jeder Mauser nimmt das Weiß im Gefieder zu und mit 5 Jahren ist das weiße Alterskleid erreicht. Weniger gesellig als große Geier. Sowohl im Gebirge wie in der Niederung; besorgt in Vorderasien und Nordafrika auch die Abfallbeseitigung in Ortschaften. Nistet an Felsvorsprüngen. 56–66 cm. △ (1)

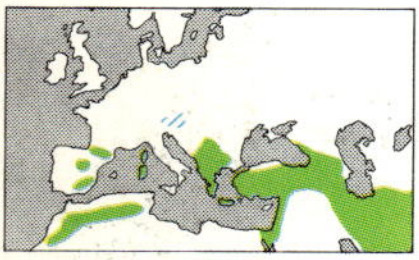
2

BARTGEIER *Gypaetus barbatus.* Sehr große und mit von den eigentlichen Geiern sehr abweichendem Flugbild: lange gewinkelte und spitze Flügel und sehr langer Keilschwanz. Wirkt im Fluge fast wie ein riesiger Gerfalke (S. 91). Hauptsächlich dunkel, Unterkörper rahmfarben und Kopf weiß mit schwarzem Augenstreif, der in den schwarzen „Bart" mündet. Immat. ganz dunkel mit hellerer Fleckung, die Unterseite wird in 5 Jahren allmählich heller, aber vor Erreichen des Alterskleides nicht rostfarben. Ruft nur bei der Flugbalz pfeifend „kwihr". Bei uns nicht gesellig, schließt sich am Aas nicht anderen Geiern an. Nistet in hohen und entlegenen Gebirgen an Felsen. Läßt Knochen oder auch Schildkröten aus großer Höhe auf felsigen Untergrund fallen, so daß sie splittern und den weichen Inhalt freigeben. 102–114 cm. △ (2)

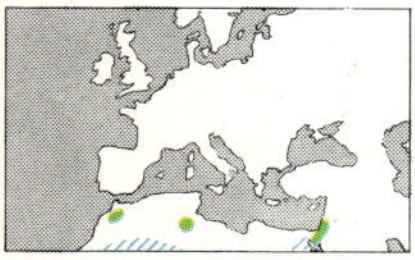
3

OHRENGEIER *Torgos tracheliotus.* Der seltenste und einer der größten Geier unseres Gebietes, braun und mit sehr breiten Flügeln, leicht zu erkennen aus der Nähe an dem massigen Schnabel und der nackten roten Haut von Kopf und Kehle. Im Flug helles Band am Vorderflügel und helle „Hosen"! Flügelspanne fast 3 m. Gibt verschiedene knurrende, grunzende und kläffende Laute von sich. Gewöhnlich bei uns nicht gesellig. In Halbwüsten und Savannen mit verstreuten Bäumen, auf denen er nistet. 100 cm. (3)

ad.
imm.
Gänsegeier
Rabe
Milan
ad.
ad.
imm.
ad.
ad.
SCHMUTZGEIER
imm.
ad.
imm.
ad.
BARTGEIER
OHRENGEIER

Mönchsgeier

Seeadler
imm.

Bartgeier
imm.

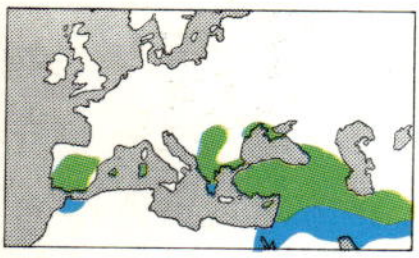

1

MÖNCHSGEIER *Aegypius monachus.* Der größte Altweltgeier, ganz dunkel, mit ähnlichem Flugbild wie Gänsegeier, aber mit längerem und mehr keilförmigem Schwanz, so daß er aus weiter Ferne mit dem Seeadler (S. 71) verwechselt werden kann. Von oben erscheinen die Handschwingen heller als der übrige Flügel. Die schwarzen Dunen am Kopf und die blaugraue Haut an Kopf und Hals sind gute Kennzeichen gegenüber Ohrengeier (S. 83). Halskrause schwarz-braun. Immat. unten heller. Läßt verschiedene krächzende, grunzende, zischende und miauende Laute hören. Weniger gesellig als die meisten Geier, kommt aber gemeinsam mit Gänsegeiern zum Aas. Sowohl im Tiefland wie im Gebirge, auf Bäumen nistend. Heute auf der Liste bedrohter europäischer Vogelarten. 99–107 cm. △ (1)

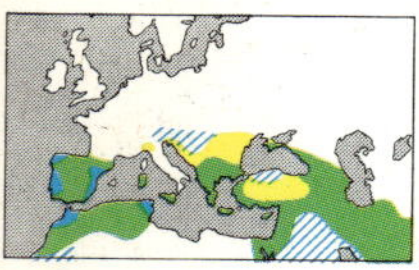

2

GÄNSEGEIER *Gyps fulvus.* Der einzige große hellgefärbte Geier, in deutlichem Kontrast dazu mit dunklen Flügeln und Schwanz. Kopf und Hals mit weißen Dunen bedeckt, mit weißer (ad.) oder rahmfarbener (juv.) Halskrause, die aber im Felde nicht leicht zu sehen ist. Immat. dunkler und mehr rostfarben. Kann zur Balzzeit verschiedene grunzende, zischende und pfeifende Laute hören lassen, die aber zur Bestimmung wenig taugen. Gewöhnlich in beachtlicher Höhe segelnd zu sehen. Flugbild „wie ein Teebrett am Himmel", breite runde Flügel mit weit gefingerten Handschwingen, von unten mit hellem, von den Achseln zum Bug verlaufendem Band. Schwanz sehr kurz und rechteckig abgeschnitten. Felsige Gebirge, auf Felsbändern brütend und im allgemeinen auf Felsen rastend. Dominiert über Schmutzgeier, räumt aber dem Mönchsgeier Vorrang ein. 97–104 cm. △ (2)

3

SPERBERGEIER *Gyps rueppellii.* Ein Wanderer aus Schwarzafrika bis Ägypten und Sinai, kurzflügeliger und dunkler als Gänsegeier, von dem er gleich an der weiß gesprenkelten Oberseite und drei deutlichen weißen unterbrochenen Binden im Unterflügel zu unterscheiden ist. Immat. braun mit weißem Band längs des Flügelbuges und mehr diffuser Fleckung am Unterflügel, mit immat. afrikanischem Weißrückengeier, *Gyps africanus,* zu verwechseln, der bisher jedoch noch nicht in unserem Gebiet festgestellt worden ist. Stimme laut und rauh. Grassteppen und Wüsten, auch Gebirge. Gesellig dort, wo er häufig ist. 95–107 cm. (3)

imm.
ad.
MÖNCHSGEIER
ad.
imm.
GÄNSEGEIER
imm.
ad.
imm.
SPERBERGEIER

Weihen (Gattung *Circus*). Schlanke, mittelgroße Greifvögel, mit langen schmalen Flügeln und Schwanz, langen Beinen, nicht sehr starkem Schnabel und spitzen Flügeln (ausgenommen Rohrweihe), mit einem Federschleier, der das Gesicht rund und eulenähnlich macht. ♂ hellgrau (mit Ausnahme von der Rohrweihe), gewöhnlich kleiner als braunes ♀; immat. braun oder tief rahmfarben. In charakteristischem Jagdflug schaukeln die Weihen mit hochgehaltenen Flügeln oft ohne Flügelschlag gleitend und gaukelnd in geringer Bodenhöhe dahin. Ruderflug mit langsamen weichen Flügelschlägen. Für gewöhnlich außerhalb der Brutzeit schweigsam.

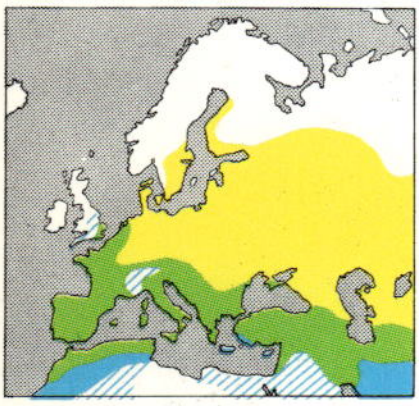
1

ROHRWEIHE *Circus aeruginosus*. Die größte und noch am meisten bussardähnliche Weihe unseres Gebietes, mit breiteren, runderen Flügeln und weniger grazilem Flug als die anderen Weihen. ♂ unterscheidet sich von diesen durch hauptsächlich braunes Gefieder, das nur an Flügeln und Schwanz grau ist; in der Größe dem ♀ ähnlicher als andere Weihen. ♀ und immat. gewöhnlich leicht am hellen Kopf von allen gleichgroßen Greifvögeln mit Ausnahme des Fischadlers (S. 71) zu unterscheiden, doch dieser hat eine weiße Unterseite. Gelegentlich vorkommende dunkle Individuen können vom Schwarzmilan (S. 73) am runden ungegabelten Schwanz und von Bussarden an der schlankeren Figur und dem ganz andersartigen Flug unterschieden werden. Zweisilbiger Balzruf „qui-ä", warnend „kikekike . . ." Sümpfe, Moore und ausgedehnte Röhrichtflächen, besonders an Seen, auch Reisfelder. 48–56 cm. ◑ (1)

2

KORNWEIHE *Circus cyaneus*. ♂ hellgrau mit schwarzen Flügelspitzen, von der kleineren Wiesenweihe durch den weißen Bürzel und das Fehlen der schwarzen Flügelbinde und rötlicher Streifung an Flanken und Unterflügel unterschieden. ♀ braun mit auffallend gebändertem Schwanz, kaum von dem etwas schlankeren Wiesenweihen-♀ zu unterscheiden, höchstens an dem auffälligeren weißen Bürzel. Immat. wie ♀, unten roströtlich mit dunklen Längsflecken. Balzruf abfallend „gägägäg . . .". Moore, Steppen, Wiesen, Heide, Marschen, Sanddünen, auch über Röhricht. 43–51 cm. ◑ (2)

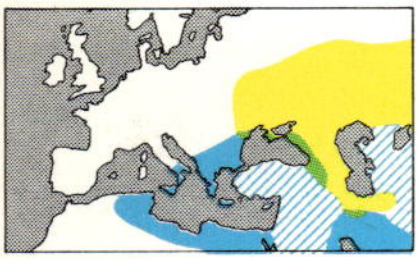
3

STEPPENWEIHE *Circus macrourus*. Sehr ähnlich Korn- und Wiesenweihe, das ♂ unterscheidet sich von beiden durch hellere Färbung, besonders an Kopf und Brust, weniger Schwarz an den Flügelspitzen und grauen statt weißen Bürzel, von der Wiesenweihe ferner durch das Fehlen einer schwarzen Flügelbinde. ♀ und immat. noch schwerer zu unterscheiden, aber ♀ ad. ist schlanker als Kornweihen-♀ und hat einen schmaleren weißen Bürzelfleck als dieses; von der Wiesenweihe unterscheidet es sich durch eine schwärzliche Halskrause. Immat. ähnlich immat. Wiesenweihe. Offene grasige Flächen und Steppen. 43–48 cm. 8 (3)

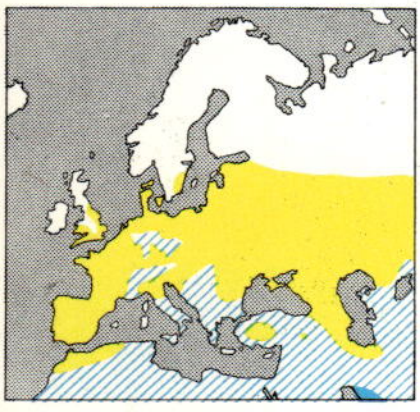
4

WIESENWEIHE *Circus pygargus*. ♂ deutlich kleiner als Kornweihen-♂. Unterschiede gegenüber dieser Art und der Steppenweihe siehe oben. Immat. mit warm rostfarbener Unterseite. Es kommt auch eine melanistische Form vor. Ruft wie Kornweihe, aber schriller. Feuchte Wiesen, Flußniederungen, Sümpfe, feuchtigkeitsliebender als die Kornweihe. 41–46 cm. ◑ (4)

♂
imm.
♀
♂
♀
ROHRWEIHE
♂
♂
♀
♀
KORNWEIHE
♂
♂
♀
♀
STEPPENWEIHE
♂
imm.
schwarze Phase
♂
♀
♀
WIESENWEIHE

imm. Spannweite 200–234 cm

SEEADLER S. 71

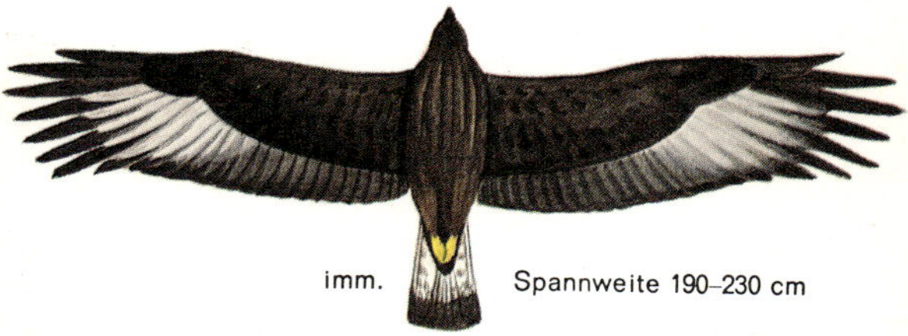

imm. Spannweite 190–230 cm

STEINADLER S. 79

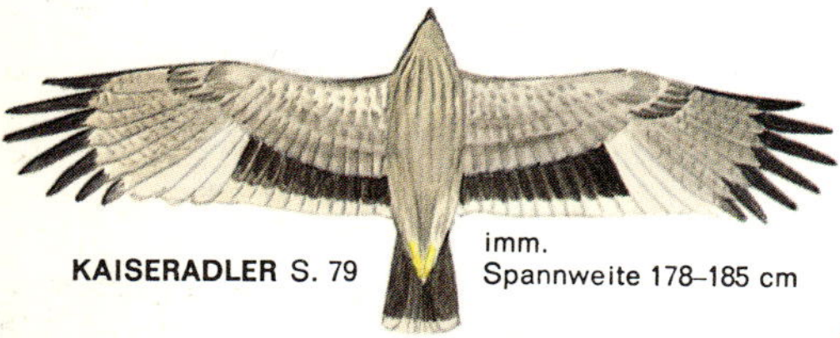

KAISERADLER S. 79

imm.
Spannweite 178–185 cm

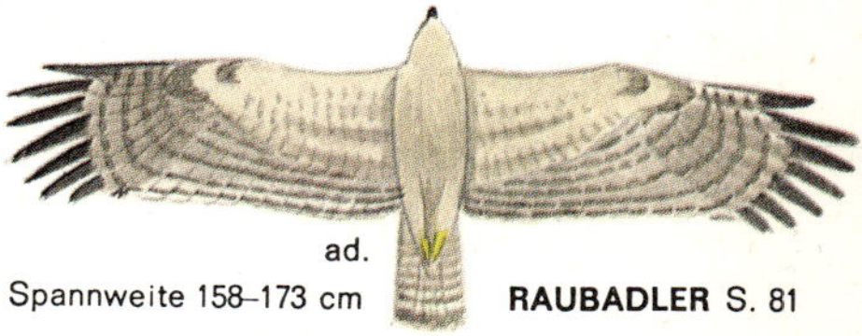

ad.
Spannweite 158–173 cm

RAUBADLER S. 81

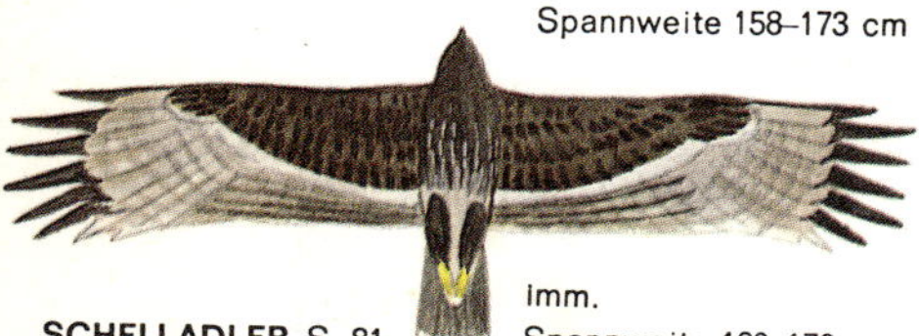

SCHELLADLER S. 81

imm.
Spannweite 160–170 cm

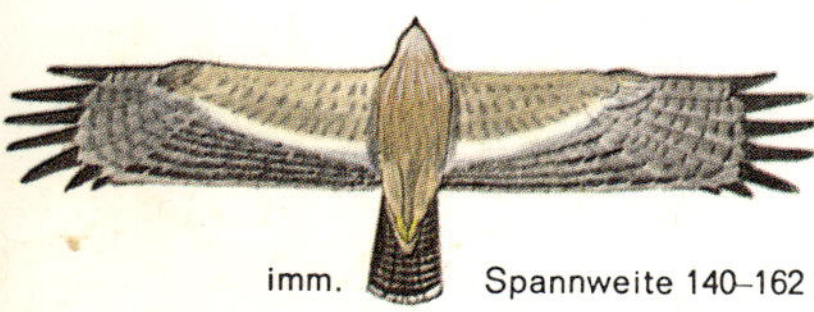

imm. Spannweite 140–162 cm

SCHREIADLER S. 81

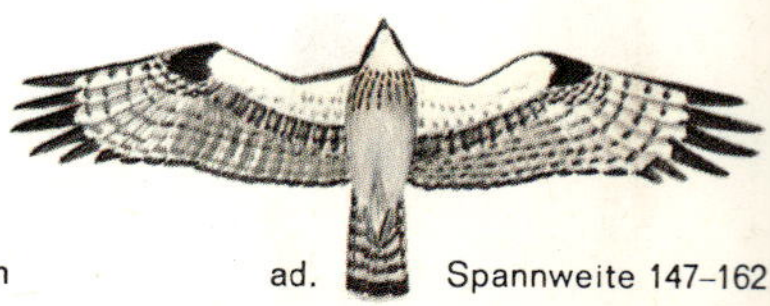

ad. Spannweite 147–162

FISCHADLER S. 71

GREIFVÖGEL IM FLUGE

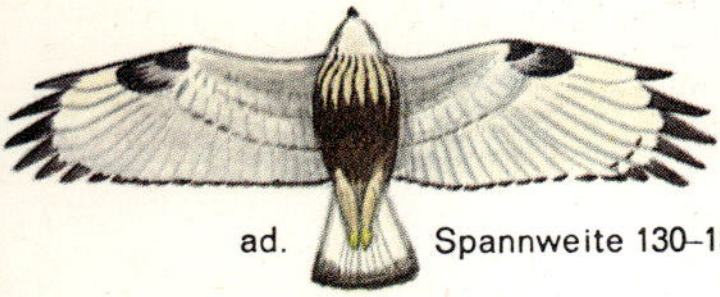

ad. Spannweite 130–152 cm

RAUHFUSSBUSSARD S. 77

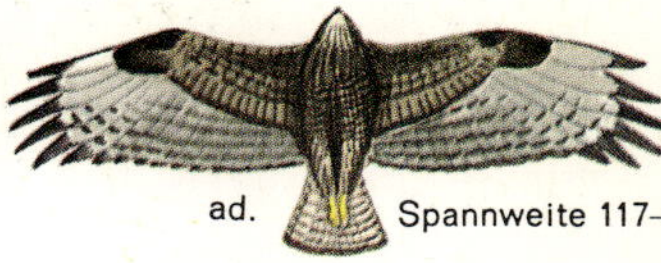

ad. Spannweite 117–137 cm

westl. Rasse

MÄUSEBUSSARD S. 77

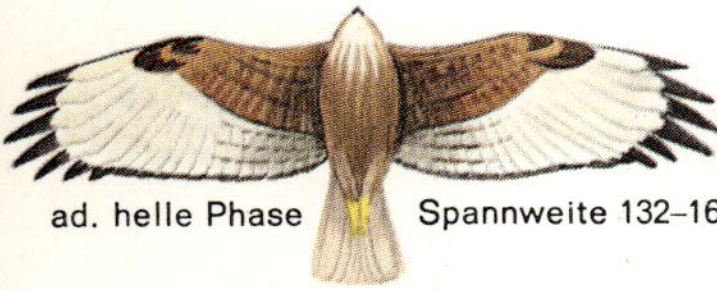

ad. helle Phase Spannweite 132–160 cm

ADLERBUSSARD S. 71

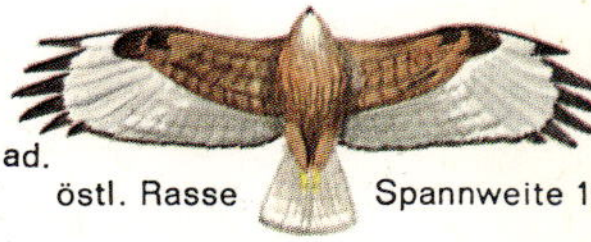

ad.
östl. Rasse Spannweite 109–117 cm

MÄUSEBUSSARD S. 77

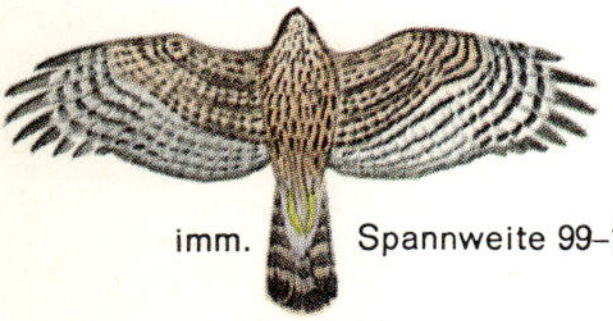

imm. Spannweite 99–119 cm

HABICHT S. 75

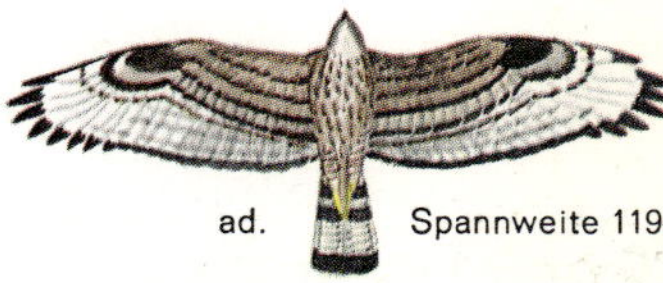

ad. Spannweite 119–127 cm

WESPENBUSSARD S. 77

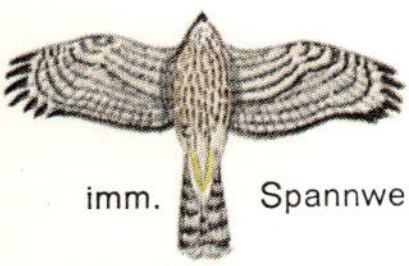

imm. Spannweite 61–79 cm

SPERBER S. 75

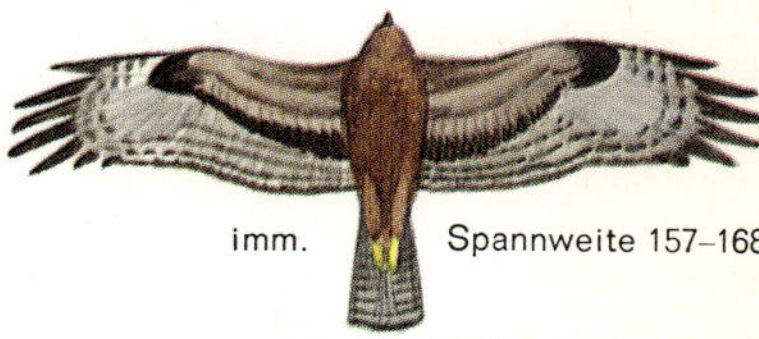

imm. Spannweite 157–168 cm

HABICHTSADLER S. 79

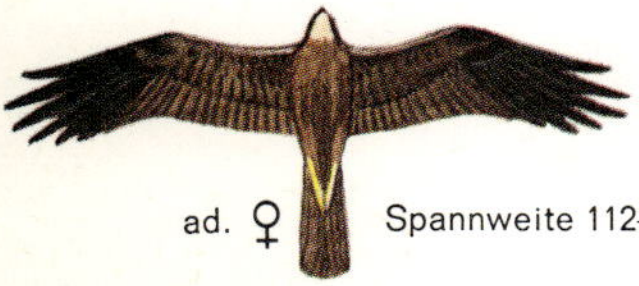

ad. ♀ Spannweite 112–124 cm

ROHRWEIHE S. 87

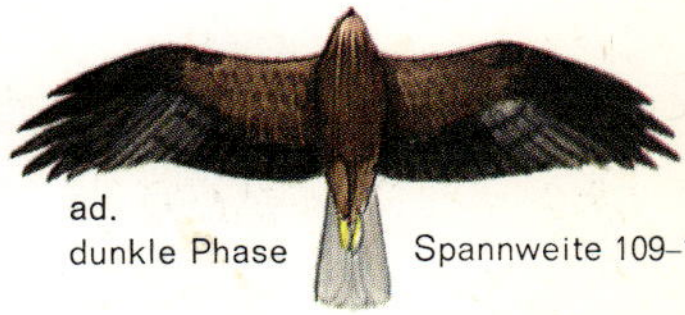

ad.
dunkle Phase Spannweite 109–117 cm

ZWERGADLER S. 79

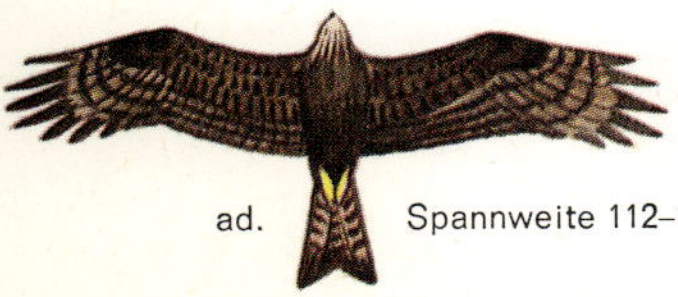

ad. Spannweite 112–117 cm

SCHWARZMILAN S. 73

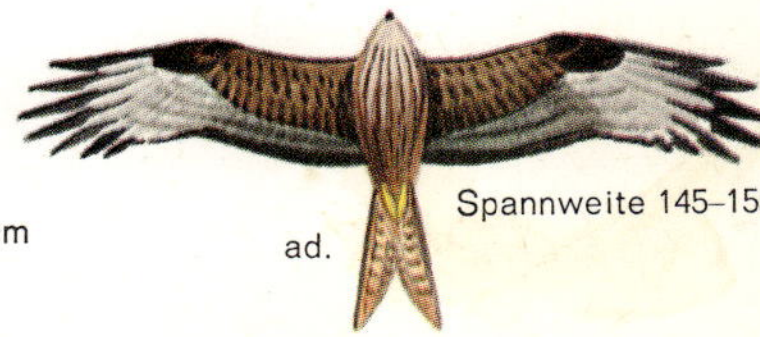

Spannweite 145–155 cm
ad.

ROTMILAN S. 73

FALKEN: *Falconidae.* Eine sehr einheitliche, gut gekennzeichnete Familie von Greifvögeln, die durch lange spitze sichelförmige Flügel charakterisiert ist; ♀ oft viel größer als ♂. Gewöhnlich schweigsam, aber bei Alarm und der Balz werden vor allem hohe laute helle „gigigigig . . ."-Reihen in schneller Folge gebracht. Mit den Eulen (S. 177) teilen die Falken eine Anzahl bemerkenswerter Verhaltensunterschiede gegenüber Angehörigen der Familie *Accipitridae* (S. 71): sie lassen ihren Kot vom erhöhten Sitzplatz aus senkrecht nach unten fallen anstatt ihn weit weg zu spritzen; sie bauen selbst kein Nest; sie töten ihre Beute durch einen Biß in den Nacken; sie halten ihre Nahrung mit einem Fuß; die Jungen zischen in Schreck- oder Drohhaltung, und sie können, wenn sie neugierig sind, mit dem Kopf nicken. Die größeren Falken sind unter allen Greifen die beliebtesten Beizvögel.

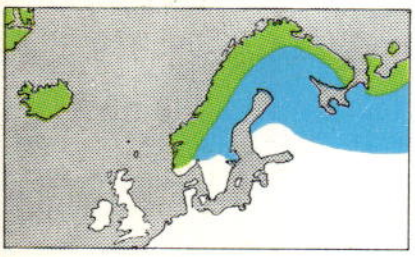
1

GERFALKE. *Falco rusticolus.* Der größte Falke unseres Gebietes, in der Gestalt wie ein großer, etwas kurzflügeliger Wanderfalke, aber viel heller und immer ohne Bartstreifen. Gefieder sehr variabel von fast ganz dunkelgrau bis weiß mit wenigen dunklen Flecken. Weiße Gerfalken sind häufig in Island und Grönland und herrschen in Nordgrönland vor. Grönland- und Islandfalken wurden deshalb früher als besondere Rassen betrachtet, die im Winter auch südostwärts wandern. Immat. hauptsächlich braun. Fliegt mit etwas langsameren Schlägen als der Wanderfalke und ruft lauter, rauher und in tieferer Tonlage. An felsigen Meeresküsten, im Gebirge und am Rande von Nadelwäldern. 51–56 cm. △ (1)

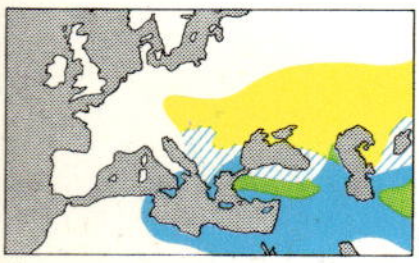
2

WÜRGFALKE *Falco cherrug.* Ähnelt einem Wanderfalken (S. 93) mit breiteren Flügeln und längerem Schwanz, bussardbrauner Oberseite und hellem Kopf. Bartstreif kaum zu sehen. Der Schwanz scheint mehr gefleckt als gebändert und hebt sich von den grob gefleckten Unterflügeln und hellen Flügelspitzen gut ab. Ziemlich variabel, kann fast so hell wie ein Gerfalke sein. Immat. mehr gestreift. Offenes, bewaldetes Gelände, Steppen, Halbwüsten, nistet auf Bäumen und an Felsen (Österreich). 46 cm. △ (2)

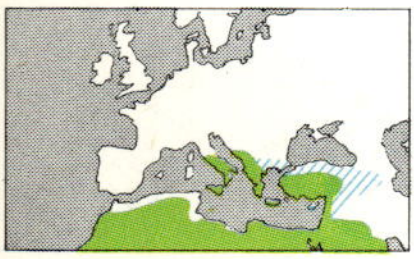
3

LANNER *Falco biarmicus.* Die europäische Rasse des Lanners, der Feldeggsfalke *F. b. feldeggi* unterscheidet sich vom Wanderfalken durch braunere Oberseite (wenn auch nicht so braun wie beim Würgfalken), rötliche Tönung der Unterseite, rostfarbenen Scheitel und Nacken und viel schmaleren Bartstreif; hat auch längeren Schwanz und stumpfere Flügel. Vögel von Nordafrika und dem Mittleren Osten, *erlangeri* und *tanypterus*, sind viel heller und insgesamt weniger deutlich gefleckt und gestreift. Der Würgfalke hat immer einen mehr weißlichen Scheitel und ist nicht so schnittig, aber sonst schwer vom Lanner zu unterscheiden. Offene Landschaft, auch die Wüste, nistet auf Bäumen, an Felsen und auf dem Boden (Sahara), manchmal in Ruinen. 43 cm. (3)

weiße Phase
ad.
graue Phase
ad.
imm.
Wanderfalke
GERFALKE
imm.
helle Phase
ad.
imm.
WÜRGFALKE
imm.
Ägypten – Irak
F. b. tanypterus
NW-Afrika
F. b. erlangeri
Europa
ad. F. b. feldeggi
LANNER

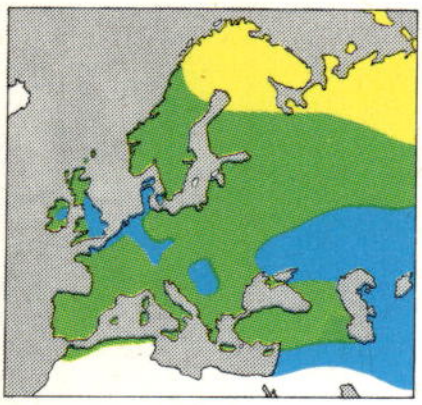
1

WANDERFALKE *Falco peregrinus.* Im Fluge sogleich an dem ankerartigen Profil (lange Flügel, kurzer Schwanz) und dem schnellen Flug mit flachen, taubenartigen Flügelschlägen zu erkennen. Ruderflug oft durch rasches Gleiten, gelegentlich durch Segeln unterbrochen. Stößt in rasantem Steil- und Flachsturz auf fliegende Beute, überholt dann leicht jeden Vogel und erreicht dabei Geschwindigkeiten von mehr als 200 kmh. Gefieder sehr variabel, aber schwarzer Bartstreif stets deutlich zu sehen. Die nördlichen Rassen sind am dunkelsten, die hellen südlichen haben im Nacken etwas Rotbraun (*brookei* im Mittelmeerraum). ♀ viel größer als ♂. Juv. oben dunkelbraun, unten gestreift statt gebändert, sowie Beine, Wachshaut und Augenring blaugrau statt gelb. Ruft gäckernd „kek-kek-kek . . .". Von der Tundra bis zur Halbwüste, im offenen Gelände, auch in Wäldern, im Norden mehr auf Bäumen, im Süden an Felsen brütend; gelegentlich sogar in Großstädten (Kirchtürme!). 38–48 cm. ◑ (1)

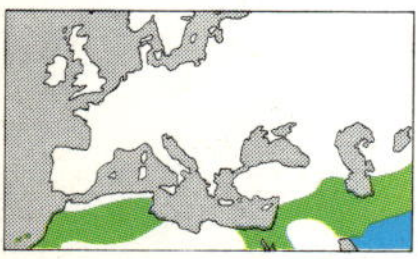
2

WÜSTENFALKE *Falco pelegrinoides.* Wie eine kleine helle Ausgabe des Wanderfalken, von dem er vielleicht nur als Rassengruppe zu trennen ist. Vor allem auf Scheitel und Nacken viel mehr rostbraun als Wanderfalke. 38–45 cm. (2)

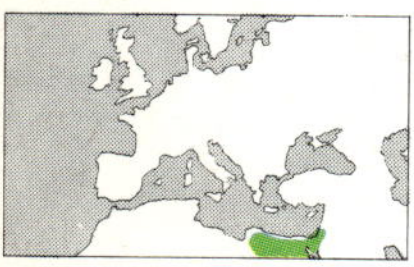
3

SCHIEFERFALKE *Falco concolor.* Kommt in zwei Farbphasen vor, deren eine ganz grau mit schwarzen Flügelspitzen, die andere einfarbig schwarz ist. Mit längeren Flügeln als Turmfalke (S. 95). Gegenüber Rotfußfalke (S. 95) Füße gelb und Wachshaut nicht rot. Kleiner als Eleonorenfalke und die graue Phase viel heller. Baumfalkenähnlicher Flug, manchmal sind die beiden mittleren über das Schwanzende hinaus verlängerten Steuerfedern zu erkennen. Stimme ähnlich Turmfalke. Brütet in der Wüste, überwintert in Savannen und offener bewaldeter Landschaft. 32–35 cm. (3)

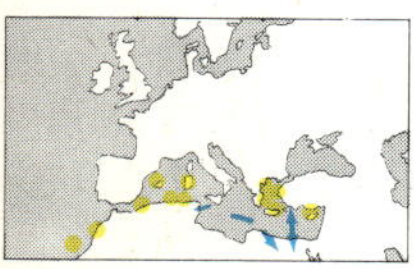
4

ELEONORENFALKE *Falco eleonorae.* In der Größe zwischen Wander- und Baumfalke (S. 93), schlanker als Wanderfalke und langschwänziger als beide, mit bis zum Schwanzende reichenden Flügeln. Färbung variiert zwischen hell und dunkel, aber Zwischenstadien sind selten und keine zwei Vögel gleichen sich völlig. Helle Phase wie Baumfalke, aber oben mehr graubraun und unten ausgedehnter rostbraun. Die dunkle Phase schwarzbraun wie ein großes Rotfußfalken-♂, aber statt rot sind Beine, Wachshaut und Augenring gelb oder blaugrau (Wachshaut), und die „Hosen" sind dunkelgrau statt rostbraun. Geschlechter nahezu gleichgroß. Immat. mit gebändertem Schwanz und Unterflügel (s. Flugbild). Geselliger als die meisten Falken und in Kolonien brütend. Flugbild ähnlich Baumfalke. Hauptruf dreisilbig. Bewohnt Felsinseln und brütet erst im Spätsommer, wenn er die Jungen mit durchziehenden Kleinvögeln atzen kann. Jagt dann gemeinschaftlich (bis zu 50 und mehr) über Inseln und der offenen See. Im Winter in Madagaskar. 38 cm. (4)

N.- u. Mitteleuropa
F. p. peregrinus
imm.
Altwelt-Tundra
F. p. calidus
WANDERFALKE
imm.
ad.
helle
Phase
dunkle Phase
SCHIEFERFALKE
ad.
imm.
ad.
WÜSTENFALKE
nm. hell
♀
dunkel
hell
♂
imm. dunkel
dunkel
♂
♀
hell
ELEONORENFALKE

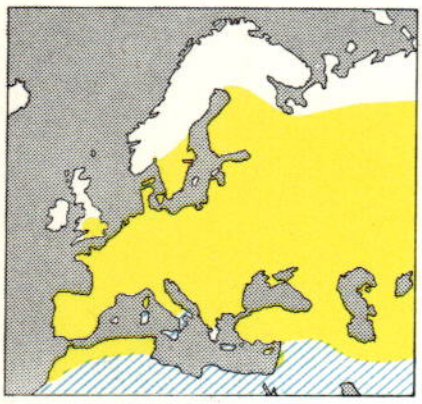

1

BAUMFALKE *Falco subbuteo.* Im Flug wie eine kleine Ausgabe des Wanderfalken (S. 93), mit langen sichelförmigen Flügeln und sogar noch kürzerem Schwanz, so daß er noch seglerartiger erscheint. Unterscheidet sich vom Wanderfalken durch gestreifte Unterseite, rostfarbene „Hosen" und Unterschwanzdecken. ♀ und immat. oben brauner, immat. nicht mit rostfarbenen Hosen. Folgt ziehenden Trupps von Schwalben und Seglern auf der Jagd nach Beute. Fängt gern Libellen. Offene bewaldete Landschaft. Zur Zugzeit überall, aber nicht in Städten. 30–36 cm. ● (1)

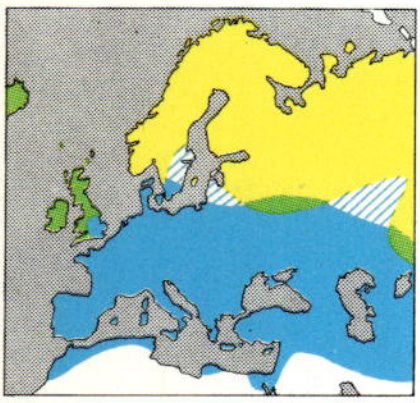

2

MERLIN *Falco columbarius.* Kleinster Falke Europas. ♂ vom Sperber-♂ (S. 75) durch gestreifte Unterseite, vom Baumfalken durch helle Hosen, schwarze Schwanzbinde und fehlenden Bartstreif unterschieden. Flugbild kompakter als Baumfalke, ähnlicher dem Turmfalken, aber bei Verfolgung kleiner Vögel („Lerchenfalk") rasanter zustoßend. Kann auch rütteln. Oft baumlose Moore und Hügel, im Winter auch über Dünen und Feldern. 27–33 cm. ○ (2)

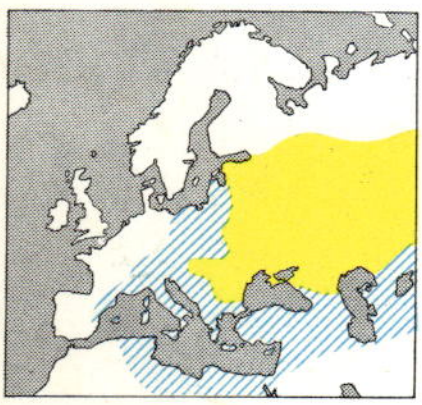

3

ROTFUSSFALKE *Falco vespertinus.* Der geselligste Falke. ♂ ganz dunkelgrau mit kastanienroten Hosen und Unterschwanzdecken, leuchtend rotem Schnabel, Wachshaut, Augenring und Beinen. Die östliche Rasse (*amurensis*) mit deutlichem weißem Feld im Unterflügel brütet in S-Irak. ♀ unterscheidet sich vom Baumfalken durch rahmfarbenen Scheitel und Nacken und rote Beine. Immat. wie immat. Baumfalke mit heller Stirn. Rüttelt und gleitet auch. Offene Landschaft mit einzelnen Bäumen und kleinen Wäldchen, brütet auf Bäumen. Als Gast bei uns mitunter invasionsartig im Spätsommer. 30 cm. ◐ (3)

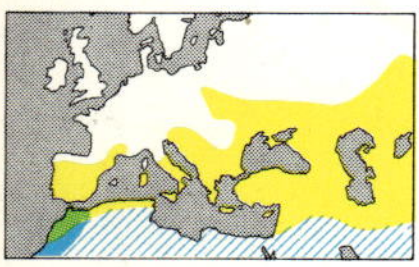

4

RÖTELFALKE *Falco naumanni.* Sehr gesellig, etwas kleiner als Turmfalke, aber von weitem nicht sicher von diesem zu unterscheiden, am ehesten noch das ♂ durch ungefleckten rostroten Mantel, der geringere Ausdehnung hat als beim Turmfalken-♂, und durch die z. T. grauen Schulterfedern. Im Fluge überragen die mittelsten Steuerfedern ein wenig das Schwanzende (bei Turmfalken nur ausnahmsweise). Ganz von nahem sind ♂, ♀ und immat. u. U. an den hellen Krallen, die beim Turmfalken schwarz sind, zu erkennen. Am besten vom Turmfalken an der Stimme zu unterscheiden, die viel gedämpfter ist und heiser schleifende, zischende und scheppernde Laute einschließt. Rüttelt auch. Insektenfresser. Koloniebrüter, oft an Ruinen, auch in Städten. 30 cm. △ (4)

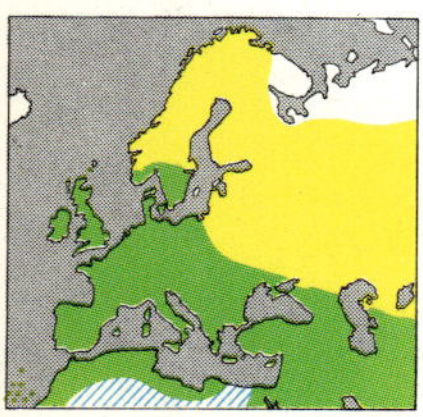

5

TURMFALKE *Falco tinnunculus.* Das häufige Rütteln („Rüttelfalk") ist das beste Kennzeichen. Wirkt im Fluge durch lange spitze Flügel und langen Schwanz schnittig. ♂ und ♀ gleich groß. ♂ unverkennbar, allerdings vom Rötelfalken-♂ kaum zu unterscheiden. Sperber (S. 75) mit kürzeren und runderen Flügeln als Turmfalken-♀ und ganz verschiedener Jagdweise. Ruft laut und hell „kikikikiki . . .", am Brutplatz erregt vibrierend „wrriiiiih". Offenes Gelände aller Art. Nistet in alten Krähennestern, an Felsen und Gebäuden, auch in Städten. Im Winter oft über Feldern rüttelnd zu sehen. 34 cm. ● (5)

juv.
BAUMFALKE
ad.
juv.
♂
♀
MERLIN
♀
juv.
Westl. Rasse
F. v. vespertinus
Östl. Rasse
F. v. amurensis
ROTFUSSFALKE
♂
rüttelnd
♂
♂
♀
♀
TURMFALKE
RÖTELFALKE

RAUHFUSSHÜHNER: *Tetraonidae.* Von Fasanen und Feldhühnern (S. 100) durch befiederte Läufe und Nasenlöcher unterschieden. An den Seiten der Zehen im Winter kammartige Hornplättchen („Balzstifte"). Keine Sporen. Wie alle Hühnervögel kurze runde Flügel und purrendes Fluggeräusch, besonders beim Auffliegen.

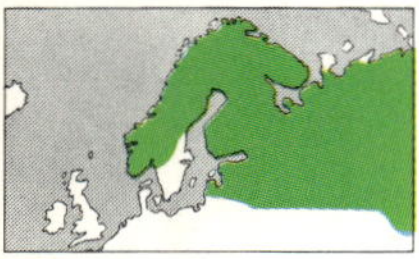
1

MOORSCHNEEHUHN *Lagopus lagopus.* Die Schneehühner sind die einzigen Vögel, die wie etliche Säugetiere des Nordens ein weißes Winterkleid anlegen. Sie mausern drei- bis viermal im Jahre und sind deshalb die längste Zeit fleckig. Beim Britischen Moorschneehuhn, dem Grouse, ist das weiße Winterkleid unterdrückt. Es ist trotz dieses auffallenden Unterschiedes nur eine Rasse des Moorschneehuhnes. Vom Alpenschneehuhn durch das Fehlen des schwarzen Zügelstreifens im weißen Winterkleid unterschieden. Im Sommer dunkelrotbraun mit weißen Flügeln. Nur Schwanz auch im Winter schwarz. Ruft laut „kok-kok-kok" und „gobakgobak". In tieferen Lagen als das Alpenschneehuhn; die nordische Tundra und Birkenzone, Moore, Heidegebiete und manchmal auch Felder. 38–41 cm. (1)

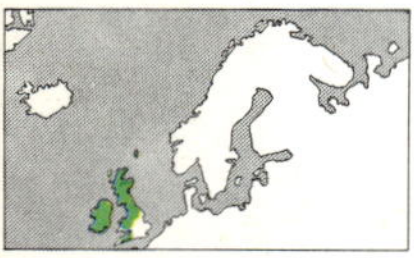
2

SCHOTTISCHES MOORSCHNEEHUHN (GROUSE) *Lagopus lagopus scoticus.* Dunkelbraun, auch Flügel nie weiß. Wirkt im Fluge sehr dunkel, im Gegensatz zum größeren Birkhuhn ohne weiße Flügelbinde. Auf die Britischen Inseln beschränkt und dort als Jagdwild sehr geschätzt, aber auch im Hohen Venn (Belgien) eingebürgert. 38–41 cm. (2)

ALPENSCHNEEHUHN *Lagopus mutus.* Wie Moorschneehuhn, aber ♂ im Winterkleid durch einen schwarzen Zügelstreif von diesem unterschieden. Im Sommer graulich rostbraune Oberseite, Flügel weiß. Bei der Balz fliegt ♂ mit lauten, hölzern klingenden „karr"-Rufen und lautem schnurrendem Fluggeräusch schräg in die Luft und kehrt in wendigem Flug schwebend und rudernd wieder zurück. Nordische Tundra und Hochgebirge über der Waldgrenze. 35–36 cm. ◑ (3)

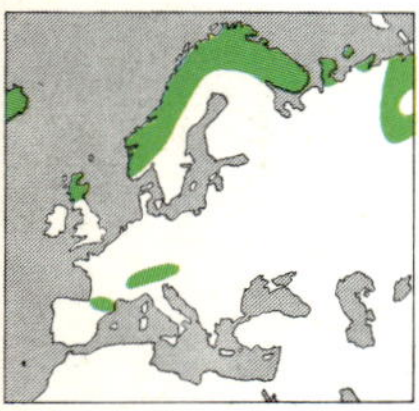
3

HASELHUHN *Tetrastes bonasia.* Ein kleines braunes Waldhuhn, das im Fluge gleich an der schwarzen Schwanzendbinde zu erkennen ist. Das graubraune Gefieder ist im südlichen Verbreitungsgebiet mehr rostbraun. ♂ mit schwarzer Kehle und mit Kopfholle, ♀ mit weißer Kehle. Bei der Balz (auch im Herbst) ruft ♂ meisenartig hoch und dünn „tzi-tsitseri-tsitsi-tswi" (das „Spissen"), sowohl am Boden als auch von Bäumen aus, mit hängenden Flügeln und gefächertem Schwanz; dazwischen burrendes Flügelschlagen. Unterholzreiche Wälder, in Westdeutschland Eichenniederwälder, in den Alpen Nadelwälder. Gern an sonnigen warmen Hängen und in der Nähe von Bächen. Im Bestand seit Jahrzehnten zurückgegangen. 35–36 cm. ◑ (4)

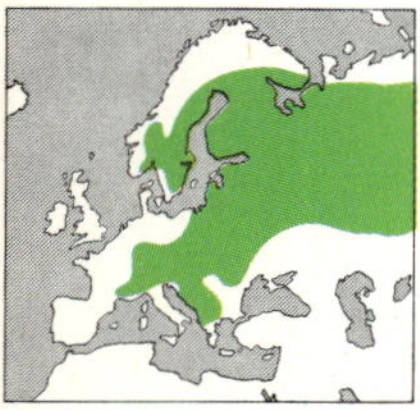
4

Alpenschneehuhn
mausernd
♂
♂
Winter
Moorschneehuhn
♂ mausernd
♂
Winter
♂
♂
Schott. Moorschneehuhn
MOORSCHNEEHUHN
♂ Sommer
♀
juv.
Winter
SCHOTTISCHES
MOOR-
SCHNEE-
HUHN
♂
♂
♀
Schott. Moorschneehuhn
dunkle Phase
Norweg. Küste
L. l. variegatus
♂ Sommer
♀
♂
HASELHUHN
♀
ALPENSCHNEEHUHN
♂
Herbst
♂
♂
Nördl.
Rasse
♀
Winter
T. b. bonasia

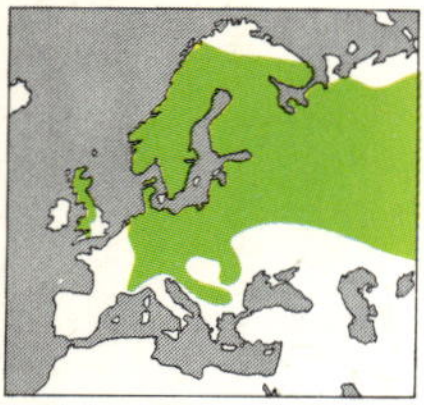

1

BIRKHUHN *Lyrurus tetrix.* Größe zwischen Auer- und Haselhuhn. Der Birkhahn ist der einzige große Landvogel, der fast ganz schwarz ist und eine weiße Flügelbinde und lyraförmigen Schwanz hat; auch Schulterfleck und Unterschwanzdecken weiß. ♀ ganz ähnlich einer viel kleineren Auerhenne mit Gabelschwanz, schmaler heller Flügelbinde und ohne rostfarbenen Fleck an der Brust oder Weiß an den Flanken. Unterscheidet sich vom fast gleichgroßen Schottischen Moorschneehuhn (S. 97) durch graueres Gefieder, dunklere Beine, Gabelschwanz und schmale Flügelbinde. Es kommen auch Bastarde mit Auerhuhn (Rackelhühner) und Fasan (S. 107) vor. Balzende Hähne bringen ein weit hörbares hohltönendes Kollern und dazwischen ein zischendes niesendes „tschu-schwih"; ♀ lockt „gagag". Balz auf bestimmten Plätzen in der frühen Morgendämmerung, ♂ (oft mehrere) blasen sich auf, sträuben Gefieder, springen hoch und kämpfen miteinander. Moore und Heiden im Tiefland, die obere Waldgrenze im Gebirge. ♂ 53 cm, ♀ 41 cm. ◑ (1)

2

KAUKASUSBIRKHUHN *Lyrurus mlokosiewiczi.* Wie ein etwas kleineres Birkhuhn, nur ohne weiße Flügelbinde und weiße Unterschwanzdecken. Schwanz des ♂ etwas länger und die Spitzen der Steuerfedern zeigen mehr ab- als auswärts. ♀ etwas einfarbiger als Birkhenne und mit weniger ausgeschnittenem Schwanz. Soll ähnlich balzen wie Birkhahn, doch dabei immer stumm bleiben. Alpine Wiesen an der oberen Waldgrenze im Kaukasus und Nordostkleinasien. 50 cm. (2)

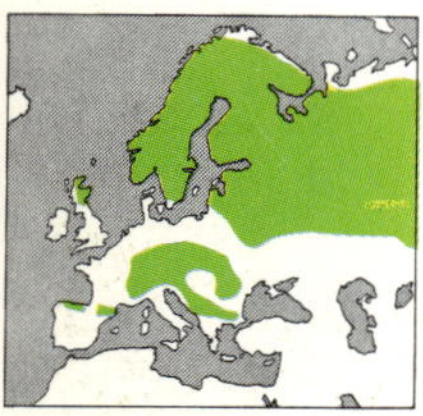

3

AUERHUHN *Tetrao urogallus.* Das größte Waldhuhn und in dieser Hinsicht höchstens mit einem entwichenen oder eingebürgerten Truthuhn zu verwechseln. ♂ dunkelgrau, schwarz und braun mit grün schillerndem Brustfleck und langem breitem abgerundetem Schwanz. ♀ wie große Birkhenne (siehe oben). Hahn und Henne sträuben bei Alarm Halsfedern, so daß sie Koteletten bilden. Bastarde mit Birkhuhn und Fasan (S. 107) kommen vor. Balz des ♂ in den frühesten Morgenstunden, beginnt mit einem rhythmischen hölzernen Knappen wie „telak telak", das immer rascher bis zu einem hölzernen Triller „tick-tick-tick-tick . . ." sich steigert und in einem „Hauptschlag" „titock" endet, dem gleich darauf die eigentliche Strophe folgt, die nicht sehr laut wie das kratzende Schleifen oder Wetzen einer Sense klingt. Balzt zuerst (meist noch bei Dunkelheit) auf starken horizontalen Ästen hoher Bäume, später weiter auf dem Boden. Bei der Balz wird der Schwanz aufrecht gefächert und der Hals senkrecht nach oben gestreckt, der Bart gesträubt, die Flügel werden nach unten gespreizt. Im Abfliegen polterndes Fluggeräusch. Vorzugsweise Nadelwaldungen der Mittel- und Hochgebirge mit reichem Unterwuchs an Beerensträuchern. ♂ 86 cm, ♀ 62 cm. ◑ (3)

Schotttisches Moorschneehuhn — Birkhuhn — Auerhuhn — Haselhuhn

♀
♀
♂
BIRKHUHN
Balz
♂
♀
KAUKASUS-
BIRKHUHN
♂
Nordöstl. Rasse
T. u. taczanowski
Balz
♀
AUERHUHN
♀

FASANEN: *Phasianidae.* Hühnervögel mit unbefiederten, oft mit Sporen versehenen Beinen, mit kräftigem purrendem Geradeausflug und kurzem dickem Schnabel mit etwas überstehender Oberschnabelspitze. Die größeren und gewöhnlich langschwänzigeren Arten kennzeichnen die Gruppe der Fasanen (S. 107), die mittelgroßen die Rebhühner oder Frankoline (S. 103) und die kleinen die Wachteln (S. 105). Rebhühner, Frankoline, Königshühner und Wachteln trifft man meist im Familienverband oder in Trupps von 12–15 an.

Wachtel S. 105   Steinhuhn S. 103   Königshuhn S. 101   Fasan S. 107

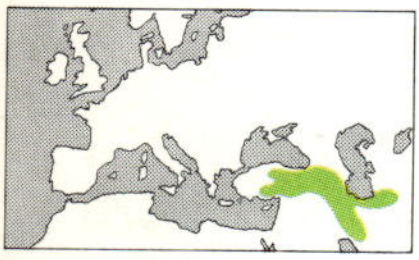

1

KASPISCHES KÖNIGSHUHN *Tetraogallus caspius.* Größer, dunkler und weniger rostbraun als das Kaukasische Königshuhn und durch auffallendes weißes Flügelband gekennzeichnet, das dem Vogel im Fluge das Aussehen eines großen hellen Vogels mit weißen Flügeln verleiht. Rennt bei Störungen entweder aufwärts oder fliegt schrill pfeifend abwärts. Stimme ein langer flötend aufwärts gezogener Pfiff, dem ein oder zwei kürzere und dann längere langsam ausklingende Pfiffe folgen. Alarmruf „tschok-tschok-tschok". Die alpine Zone der höchsten Gebirge, im Sommer auf subalpinen Wiesen kaum unter 3000 m; vom Taurus an ostwärts. 61 cm. (1)

2

KAUKASISCHES KÖNIGSHUHN *Tetraogallus caucasicus.* Sehr ähnlich dem Kaspischen Königshuhn, aber unter allen Königshühnern mit dem wenigsten Weiß im Gefieder. Geschlechter gleich. Verhalten, Stimme, Aufenthalt sehr ähnlich wie vorige Art. Ernährt sich wie dieses vor allem von Wurzeln und Knollen, die es mit den starken Füßen ausscharrt und mit dem überaus kräftigen Schnabel aus dem Boden holt. An felsigen Hängen und auf alpinen Matten im hohen Kaukasus, dicht an der Schneegrenze, daher englisch „Snowcock". 56 cm. (2)

3

HELMPERLHUHN *Numida meleagris.* Ein als Haustier wohlbekannter Vogel, der früher in Nordafrika weitverbreitet war, aber heute nur noch in einem begrenzten Gebiet Zentral-Marokkos zwischen den Trockenbetten des Bou Regreg und des oberen Oum-el-Rbia vorkommt. Verwildert auch in Südfrankreich und hier und da anderswo. Bezeichnend der nackte blaugraue Hals, weißer Kopf mit rotem Schnabel, Wangenlappen und Helm. Sehr gesellig, unruhig und lärmend wie die Hausperlhühner. Im offenen Gelände Afrikas südlich der Sahara sehr häufig. Lebt vorwiegend auf dem Boden und fliegt ungern auf, übernachtet aber auf Bäumen. 63 cm. (3)

KASPISCHES KÖNIGSHUHN
Steinhuhn S. 103
KAUKASISCHES KÖNIGSHUHN
imm.
ad.
HELMPERLHUHN

Feldhühner (Gattungen *Alectoris* und *Perdix*). Gedrungene mittelgroße braune Bodenvögel mit rotbraunem kurzem Schwanz, dessen Färbung vor allem beim Auffliegen deutlich ist. Die Steinhühner, *Alectoris*, sind ein wenig größer, haben aber ein ganz ähnliches Flugbild und sind dann von weitem und von hinten nur schwer vom Rebhuhn zu unterscheiden. Die Färbung an Kopf und Flanken ist aber so verschieden, daß Steinhühner im Sitzen in Südwest- und Südosteuropa, wo sie gemeinsam mit dem Rebhuhn vorkommen, mit diesem nicht zu verwechseln sind. Die verschiedenen Arten der Steinhühner, deren Geschlechter gleich sind, sind aber nur schwer zu unterscheiden; die Bestimmung wird durch ihr überwiegend getrenntes Vorkommen allerdings sehr erleichtert.

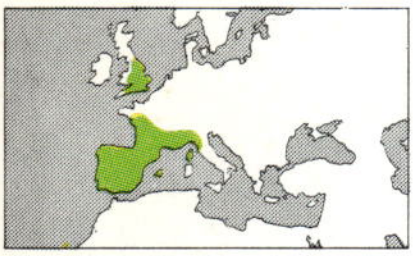

1

ROTHUHN *Alectoris rufa*. Am sichersten an der schwarzen Kropffleckung zu bestimmen. Ruft laut „tschuk tschuck-ör", auch rauh „schäk . . ." oder im Auffliegen „kak-kak". Aufenthalt wie Rebhuhn, zieht aber trockenere und steinigere Gefilde vor. In England eingebürgert. 34 cm. ♀ (1)

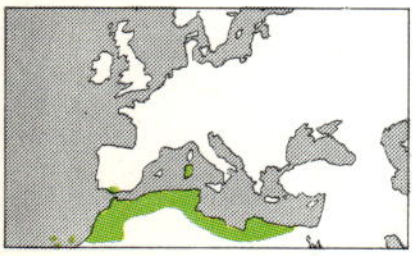

2

FELSENHUHN *Alectoris barbara*. Nordafrika, Sardinien und Gibraltar. Am sichersten an dem kastanienbraunen, weißlich gesprenkelten Halsband zu bestimmen. Ruft rasch „käkelik" und langsam „tschuk, tschuk, tschuk, tschukor". Felsige Gebirge mit Gestrüpp und Wüsten. 33 cm. (2)

3

CHUKARSTEINHUHN *Alectoris chukar*. Vom Steinhuhn im freien Felde nicht zu unterscheiden und wahrscheinlich nur dessen östliche Rassengruppe. Zwischen Schnabel und Auge nicht wie beim Steinhuhn schwarz und weniger Flankenstreifen als bei diesem. Ruft laut und hoch „tschuck tschuck tschu tschuck tschuckor", dem oft ein „kakaba, kakaba kakaba" folgt. Aufenthalt wie Steinhuhn. 33 cm. (3)

4

STEINHUHN *Alectoris graeca*. Vom Rot- und Felsenhuhn am besten unter Zuhilfenahme der Verbreitungskarten zu unterscheiden. Ruft nicht wie Chukarhuhn, sondern „tschertsiritttschi" (4silbig) und pfeift kleiberähnlich „witt-witt-witt". In der mediterranen Macchie, auf felsigen und grasigen Hügeln, in Weingärten. 33 cm. ◑ (4)

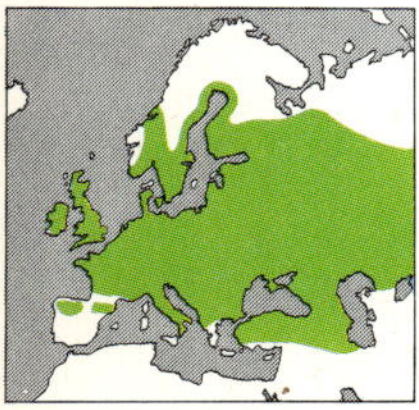

5

REBHUHN *Perdix perdix*. Nächst dem Fasan und der Stockente das verbreitetste Flugwild für europäische Jäger. Ganz anders als die Stein- und Rothühner gefärbt, ohne Weiß am Kopf und ohne die charakteristischen, senkrecht schwarz-weiß gebänderten Flankenfedern. ♂ mit kastanienbraunem hufeisenförmigem Brustschild, immat. nicht rostrot am Kopf und nicht grau am Hals. Füße bei ad. grau, bei juv. gelblich. Ruft schnerrend „kirrek", abends noch in der Dunkelheit. Im Auffliegen „repreprep . . ." Ausgesprochener Bodenvogel, der sich niemals auf erhöhte Warten setzt. Felder, Heide, Moore, Steppen und Halbwüste. Bei uns im Herbst vor allem in Kartoffel- und Rübenfeldern. 30 cm. ● (5)

ad.
juv.
ROTHUHN
FELSENHUHN
Syrien, Sinai
A. ch. sinaica
STEINHUHN
CHUKARSTEINHUHN
♂
♀
Wachtel, juv.
S. 105
juv.
REBHUHN

1

ARABISCHES WÜSTENHUHN *Ammoperdix heyi.* In der Größe zwischen Wachtel und Rebhuhn (S. 103), mit des letzteren rostfarbenem Schwanz. ♂ rötlich rahmfarben mit breit rotbraun und schwarz gebänderten Flanken, weißem Fleck hinter dem Auge und orangegelben Schnabel und Füßen. Die palästinensische Rasse auch mit Weiß vor dem Auge. ♀ marmoriert. Doppelruf klingt ähnlich, als ob zwei Steine aneinander gerieben würden. Schäfte der Schwingen erzeugen ein rasselndes Fluggeräusch. In der Steinwüste und Halbwüste mit spärlicher Vegetation, nicht in der reinen Sandwüste. Gewöhnlich paarweise. 24 cm. (1)

2

PERSISCHES WÜSTENHUHN *Ammoperdix griseogularis.* Unterscheidet sich vom Arabischen W. vor allem durch die Kopfzeichnung des ♂. Der Doppelruf ist ein feines Pfeifen, das wie „si-si" klingt; erzeugt ebenfalls ein pfeifendes Fluggeräusch. Aufenthalt wie Arabisches W. 24 cm. (2)

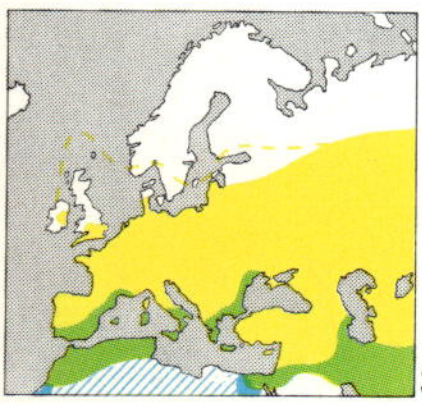
3

WACHTEL *Coturnix coturnix.* Das kleinste europäische Huhn und der einzige Zugvogel unter den Hühnern. Vom Rebhuhn (S. 103) durch rahmfarbene Streifen am Kopf und das Fehlen von Rostrot im Schwanz unterschieden, das ♂ außerdem an der typischen schwarzen, selten rotbraunen, Kehlzeichnung kenntlich. Vom sehr ähnlichen Laufhühnchen (S. 119) an der rahmfarbenen, nicht orangeroten Brust und den gestreiften, nicht gefleckten Flanken unterschieden. Der ähnliche Wachtelkönig (S. 115) fliegt mit hängenden Beinen und hat rotbraune Flügel. Vgl. Baumwachtel (S. 109). Schnabel grau, sporenlose Beine rotbräunlich. ♀ und juv. mit gefleckter Brust. Schneller, typischer Hühnerflug, drückt sich aber gern und ist viel häufiger zu hören als zu sehen, ruft nicht sehr laut „pickwerwick" (der unverkennbare Wachtelschlag). Felder, möglichst auf weniger intensiv bearbeiteten Böden, Wiesen, Steppen und Halbwüsten. 18 cm. ● (3)

HALSBANDFRANKOLIN *Francolinus francolinus.* Der Hahn trägt Sporen und ist so auffallend gefärbt und gezeichnet, daß er mit keinem anderen gleichgroßen Vogel verwechselt werden kann. Die Henne (ohne Sporen) erinnert an viele andere gesprenkelte braune Hühnervögel, ist aber durch einen kastanienbraunen Nackenfleck gekennzeichnet. Ebenso oft zu hören wie zu sehen: der charakteristische laute weitreichende kratzend hohe Ruf wird verschieden abgewandelt wie "tschi-tschiriih, tschick, tschiriih" und „tschick-tschiihk-tschihk-kireekek". Im dicht bewachsenen Gelände von Wiesen und Gestrüpp, besonders Tamarisken- und Sumpflandschaft. 34 cm. (4)

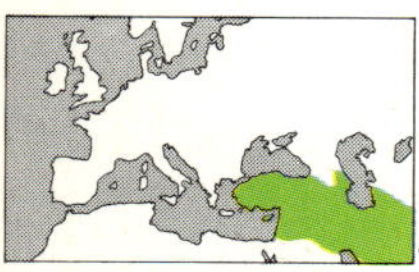
4

DOPPELSPORNFRANKOLIN *Francolinus bicalcaratus.* Gut rebhuhngroß, in unserem Gebiet nur in Marokko. Der Hahn hat zwei Sporen an jedem Lauf und ist unterseits grob streifig, die Henne ohne Sporen und matter gefärbt. Hauptruf ein tiefes wiederholtes „kwähr kwähr" oder „kohk kohk". Offenes Wald- und Buschgelände, Palmhaine, Rodungen. 32 cm. (5)

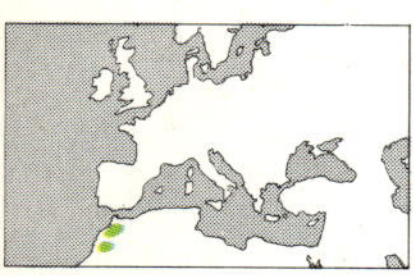
5

PERSISCHES WÜSTENHUHN
ARABISCHES WÜSTENHUHN
braunkehlig
Laufhühnchen
WACHTEL
HALSBANDFRANKOLIN
DOPPELSPORNFRANKOLIN

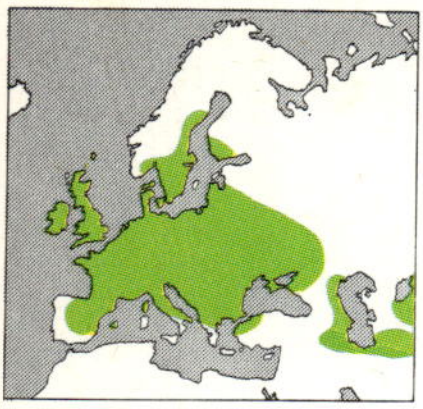

1

FASAN *Phasianus colchicus*. Der am weitesten verbreitete Hühnervogel der Erde, asiatischer Herkunft, aber eingebürgert in ganz Europa, Nordamerika, Teilen Südamerikas, Afrikas, Australiens, auf Hawaii und in Neuseeland. Ad. ♂ und ♀ unverkennbar, aber kleine juv. können mit Rebhühnern (S. 103) verwechselt werden, sind aber nicht so rundlich und haben keinen rostroten Schwanz (beim Auffliegen zu sehen). Gelegentlich Bastarde mit Auerhuhn (S. 99), Birkhuhn (S. 99) und anderen eingebürgerten Fasanarten. ♂ gockelt „gögög" und schreit bei der Balz laut krächzend „kö-kökrö", wobei er weithin hörbar mit den Flügeln schwirrt. Baumt abends auf, ♂ meist unter gockelndem Rufen. Nistet vorwiegend in Feldern, auch im Walde; im Sommer meist im Felde, im Winter im Wald, da Deckung notwendig. Liebt eine Verbindung von Wald, Wasser, Wiesen. Ausgesprochener Kulturfolger. Flüchtet gern zu Fuß und drückt sich hervorragend, fliegt aber auch spurtschnell und geräuschvoll auf und stürzt sich in pfeilschnellem Gleitflug zu Tale. ♂ 66–89 cm, ♀ 53–63 cm.

● (1)

Eingebürgerte Fasan-Formen. Der Fasan ist ursprünglich in etwa 40 z. T. deutlich unterschiedenen Rassen über Mittelasien verbreitet. Die kolchische Rasse *(colchicus)* aus dem Kaukasus-Gebiet wurde schon vor 2000 Jahren in Griechenland, seit 900 Jahren auch in Mitteleuropa eingebürgert. Ihr folgten seit 200 Jahren der chinesische Ringfasan *(torquatus)* und später der Prince-of-Wales-Fasan *(principalis)* und der Mongolfasan *(mongolicus)* sowie der blaubürzelige Formosafasan *(formosanus)* und der japanische Schillerfasan *(versicolor)*, der auch als eigene Art betrachtet wurde, sich aber überall mit anderen Fasanenrassen kreuzt. Der Jagdfasan ist ein Gemisch aus den erwähnten Rassen, das bald mehr dem *colchicus*-, bald dem *torquatus*-Typ ähnelt, aber meist ein „Ringfasan" ist. Außerdem tritt noch eine melanistische Mutante, der Tenebrosus-Fasan, auf, der dem japanischen Schillerfasan ähnelt, von diesem aber vor allem durch dunklen Bürzel und nicht blaue Flügeldecken unterschieden ist. Ferner ist auch eine flavistische Mutante nicht gerade selten.

Andere eingebürgerte Hühner-Arten (s. nächste Seiten). Neben dem Jagdfasan wurden Einbürgerungsversuche mit dem Königsfasan, *Syrmaticus reevesii*, (♂ mit besonders langem Schwanz), dem Goldfasan, *Chrysolophus pictus*, dem Diamantfasan, *Ch. amherstiae*, und dem Silberfasan, *Gennaeus nycthemerus*, gemacht. Sie brachten aber nur begrenzte Erfolge, am ehesten noch beim Königsfasan. Etwas besser glückte es mit dem nordamerikanischen Truthuhn, *Meleagris gallopavo*, das seit 100 Jahren an vielen Orten freigelassen wurde und heute z. B. an 2 Plätzen im Rheinland wild vorkommt. Zwei weitere Amerikaner, Schopf- und Baumwachtel, *Lophortyx californica* und *Colinus virginianus*, sind so häufig an vielen Orten Europas ausgesetzt worden, daß sie trotz Scheiterns der meisten Versuche doch hier und da beobachtet werden können. Über das Perlhuhn s. S. 101.

Rebhuhn
juv.
imm.
♂
♂
♀
FASAN
Ph. c. colchicus
Ph. c. mongolicus
Ph. c. torquatus
Ph. c. formosanus
Flaristische Mutante
Ph. c. principalis
Melanistische Mutante
♀
SCHILLERFASAN
Ph. c. versicolor
♂

DIAMANTFASAN
Heimat: Westchina.
An einigen Stellen in England eingebürgert.

GOLDFASAN
Heimat: Mittelchina.
Stellenweise halbwild auch in Europa einschl. d. Britischen Inseln.

SILBERFASAN
Heimat: Himalaja bis SO-China. Halbwild hier und da in Europa.

KÖNIGSFASAN
Heimat: Nord- und Mittel-China. An einigen Stellen in Schottland und Frankreich, vorübergehend auch in Deutschland, Österreich und Ungarn eingebürgert.

SCHOPFWACHTEL
Heimat: Westl. Nordamerika. Einbürgerungsversuche in vielen Teilen Europas, vor allem in Frankreich.

BAUMWACHTEL
Heimat: Nordamerika bis Guatemala. Einbürgerungsversuche ohne dauernden Erfolg auf den Britischen Inseln und vielerorts auf dem europäischen Kontinent; neuerdings auf den Azoren.

TRUTHUHN
Heimat: Nordamerika bis Mexiko. Vorübergehend an verschiedenen Stellen in Europa eingebürgert; z. Z. in Deutschland an zwei Stellen im Rheinland vorkommend.

KRANICHE: *Gruidae.* Groß mit langen Beinen und Flügeln und mit langem Hals, aber kurzem Schwanz. Land- und Sumpfvögel, deren kräftiger Schnabel gerade und kürzer als bei Reihern (S. 35) und Störchen (S. 43) ist. Gewöhnlich grau, schwarz und weiß zu verschiedenen Anteilen. Flug mit ausgestrecktem Hals, was sie von Reihern, nicht von Störchen unterscheidet. Laute, trompetende Stimme. Viele Arten zeigen bemerkenswerte Tänze.

1

KRANICH *Grus grus.* Grau mit auffälliger Kopffärbung, aber das Rot des Scheitels aus der Ferne nicht sichtbar. Schwarze Flügelspitzen. Große „Schwanzhaube“ (von den zerschlissenen Armschwingen gebildet). Der Saruskranich, *Grus antigone,* ein gelegentlicher Zooflüchtling, ist viel größer (156 cm), hat weithin sichtbare nackte rote Haut an Kopf und Hals, grauen Scheitel mit weißen Federspitzen und rötliche Beine. Stimme ein trompetendes, sehr weit hörbares „krurr“ und „krürr“. Fliegt in Keilform oder Linie. In ausgedehnten Sümpfen und sonstigem Feuchtland. Selten, aber auf dem Zuge in großen trompetenden Formationen selbst über Großstädten auffallend. 114 cm. ◑ (1)

NONNENKRANICH *Grus leucogeranus.* Weiß mit schwarzen Flügelspitzen, Beine, Schnabel und nackte Gesichtshaut rot. Hat kürzeren Schnabel als Weißstorch (S. 43) und im Sitzen keinerlei Schwarz. Immat. rahmfarben getönt, fast rotbraun am befiederten Kopf und Hals. Stimme sanfter und wohltönender als beim Kranich „krauk krauk“. Sehr lokal in Sümpfen des äußersten Ostens unseres Gebietes. 140 cm. (2)

2

JUNGFERNKRANICH *Anthropoides virgo.* Fast 20 cm kleiner als Kranich, von dem er sich durch die auffälligen weißen Ohrbüschel unterscheidet und weiter durch den langen schwarzen Halslatz, die lange, aber nicht buschige „Schwanzhaube“ und die höhere Stimme. Immat. grau an Kopf und Hals mit kleineren grauen Ohrbüscheln. Sümpfe und sumpfige Flußtäler; in Nordafrika auf den Hochplateaus. 96 cm. △ (3)

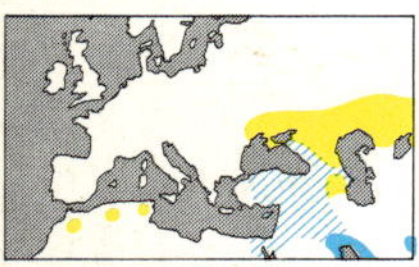
3

LAUFHÜHNCHEN (KAMPFWACHTELN): *Turnicidae*

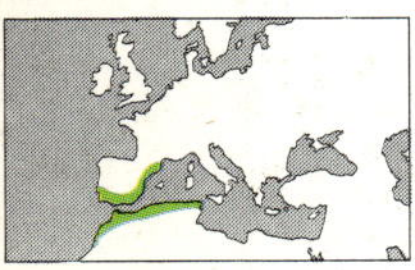
4

LAUFHÜHNCHEN *Turnix sylvatica.* Ein kleiner wachtelähnlicher Vogel mit rostfarbener Brust und schwarzen Flankenflecken. Sehr scheu und schwer aufzujagen, rennt oft im Zickzack und ist häufig nur mit dem Ohr zu entdecken, wenn er gedämpft wie das Muhen einer Kuh „krruu“ ruft. Fliegt tief dahin, fällt gleich wieder ein und ist dann schwerlich noch einmal aufzujagen. In sandigem gestrüppreichen Ödland, typisch für Zwergpalmengebüsch. 15 cm. (4)

Laufhühnchen

KRANICHE
KRANICH
ad.
juv.
NONNEN-
KRANICH
ad.
juv.
ad.
JUNGFERNKRANICH
ad.

TRAPPEN: *Otididae.* Mittelgroße bis sehr große, ziemlich langhalsige und langbeinige Laufvögel; Schnabel kräftig, etwas abgeplattet. Bodenvögel, die mit hocherhobenem Haupt gemessen laufen, aber bei Alarm sich gewöhnlich drücken oder schnell wegrennen. Im kräftigen, von breiten Schwingen gefördertem Flug wird der Hals wie bei Kranichen und Störchen lang ausgestreckt. Im offenen baumlosen Gelände.

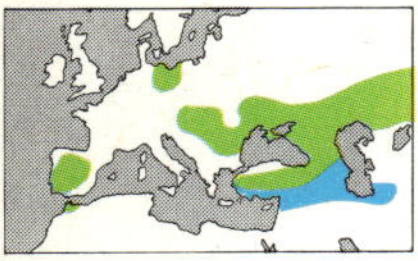
1

GROSSTRAPPE *Otis tarda.* Der schwerste, wenn auch nicht der längste Vogel unseres Gebietes, im Fluge mit viel Weiß an den schwarzspitzigen Flügeln. ♂ deutlich größer als ♀, mit langem Borstenbart und rostbraunem Brustband. Schweigsam, selten zu hören schnarchende „och-och". Gesellig, in kleinen Trupps. Ausgedehnte baumlose Ebenen, Steppen, Felder (Raps!) und Wiesen. ♂ 102 cm, ♀ 76 cm. ◑ (1)

ad. 1 Jahr 3–6 Jahre über 6 Jahre

Großtrappe

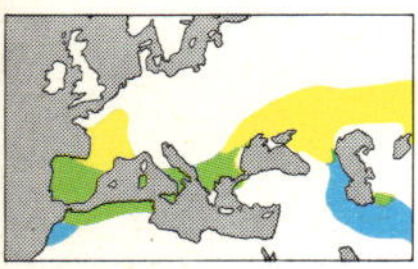
2

ZWERGTRAPPE *Tetrax tetrax.* Wirkt wie ein großer langbeiniger Hühnervogel, und obwohl im Sitzen hauptsächlich braun, entfaltet sie im Fluge ein kontrastreiches Gefieder mit ebensoviel Weiß wie es die Brandgans (S. 51) zeigt. ♂ im Brutkleid mit auffallender Zeichnung an Kopf und Hals. Flugruf kurz „dag", Balzruf ein weit tragendes schnaubendes „ptrrr". Flug ein Mittelding zwischen Enten- und Hühnerflug mit eigentümlichem pfeifendem Geräusch; ist weniger als andere Trappen darauf bedacht, sich zu drücken und zu Fuß zu flüchten. Steppenhafte und kultivierte Ebenen mit vereinzelten Bäumen und Büschen. 43 cm. ⧗ (2)

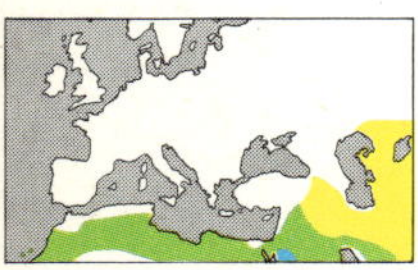
3

KRAGENTRAPPE *Chlamydotis undulata.* Leicht an dem auffallenden schwarz-weißen Halsfächer und der schwarz-weißen Haube zu erkennen, unauffälliger als Arabertrappe. Färbung der Oberseite so an die Bodenfarbe der Wüste angepaßt, daß der sich drückende Vogel kaum zu sehen ist. Hat im Flügel viel weniger Weiß als andere Trappen unseres Gebietes. Schweigsam. Flug, obwohl anscheinend mit langsamen Schlägen, sehr fördernd, läuft aber lieber als daß sie fliegt. Die weite Wermutsteppe, Halbwüste und Wüste. 64 cm. △ (3)

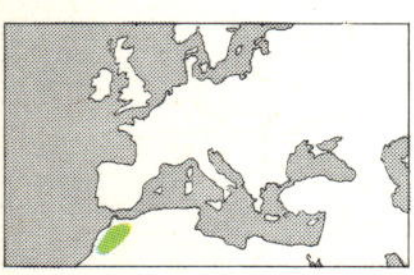
4

ARABERTRAPPE *Ardeotis arabs.* Eine große Trappe, die in Gestalt und Färbung viel mehr an die afrikanische Riesentrappe *A. kori* als an unsere Großtrappe erinnert. Im Fluge hat sie freilich ebenso Weiß im Flügel wie die Großtrappe, sonst aber ist sie recht einfarbig. Stimme ein raspelndes Krächzen und ein langgezogener Flötenpfiff. Trockene Steppen oder offener Busch und Halbwüsten. ♂ 90 cm, ♀ 74 cm. (4)

♀
♂
Balz
GROSSTRAPPE
♀
ZWERGTRAPPE
♂
♀
♂
Winter
KRAGENTRAPPE
ARABERTRAPPE

RALLEN: *Rallidae*. Kleine bis hühnergroße Bodenvögel, die meist versteckt in Sümpfen und Wiesen leben und nur ungern bei Tage fliegen. Flügel und Schwanz ziemlich kurz, aber Beine lang. Im Laufen Schwanzzucken, im Flug baumelnde Beine. Bläß- und Teichhühner leben auf dem Wasser, Wachtelkönig auf Wiesen, übrige Rallen in Sümpfen. Schmaler, biegsamer Körper erleichtert das Schlüpfen durch dichte Bodenvegetation, und lange Zehen verhindern bei allen sumpfbewohnenden Arten das Einsinken in den Schlamm.

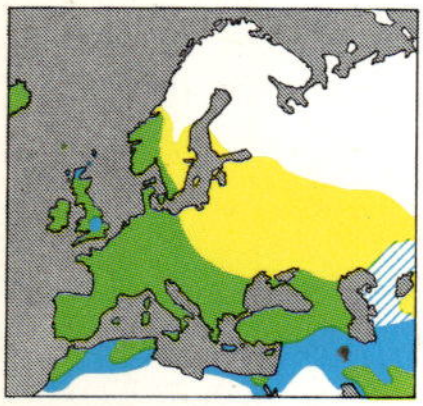
1

WASSERRALLE *Rallus aquaticus*. Wie ein kleines Teichhuhn (S. 117), aber mit langem rotem Schnabel, der sie auch von allen anderen Sumpfhühnern unterscheidet. Meist nur kurz von hinten zu sehen, wenn sie wieder in der Deckung untertaucht, dann an gebänderten Flanken und graueren Unterschwanzdecken vom Teichhuhn zu unterscheiden. Viel mehr zu hören als zu sehen. Stimme beharrlich „gip . . . gip . . . gip . . .“ und in abnehmender Folge „kruih, kruih, kruih“, das schweineartig quiekend klingen kann, und mancherlei andere stöhnende, grunzende und brummende Laute. Im dichten Röhricht. Im Freien fast nur im Winter an noch offenen Bächen, sumpfigen Quellen u. dgl. zu sehen. 28 cm. ● (1)

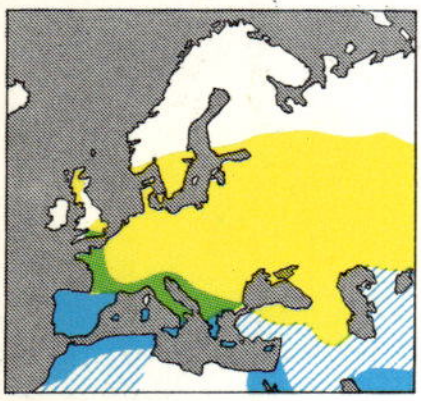
2

TÜPFELSUMPFHUHN *Porzana porzana*. Hält sich noch verborgener als Wasserralle. Weiß fleckige Oberseite und gelbliche Unterschwanzdecken. Im Fluge große helle Flecken auf den kurzen runden dunkelbraunen Flügeln. Meist nur in der Dämmerung bei der Nahrungssuche auf Schlamm am dichten Vegetationsrand zu sehen. Ruft rhythmisch bekassinenartig „tik-tok“ und laut „quitt . . . quitt . . .“, klingt wie ein ins Wasserbecken fallender Tropfen. 23 cm. ◑ (2)

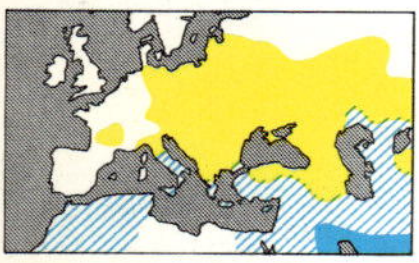
3

KLEINES SUMPFHUHN *Porzana parva*. Wie die Miniaturausgabe einer kurzschnäbeligen Wasserralle, mit ungefleckter Unterseite, gebänderten Unterschwanzdecken und grünem Schnabel. ♂ von beiden Geschlechtern des Zwergsumpfhuhnes durch olivbraune Oberseite, ungestreifte Flügeldecken, ungebänderte Flanken, rote Schnabelwurzel und grüne Beine unterschieden ♀ und juv. mit rahmfarbener Unterseite. Ruft wiederholt scharf einsilbig und in einem fast kläffenden Triller endend. 19 cm. ◑ (3)

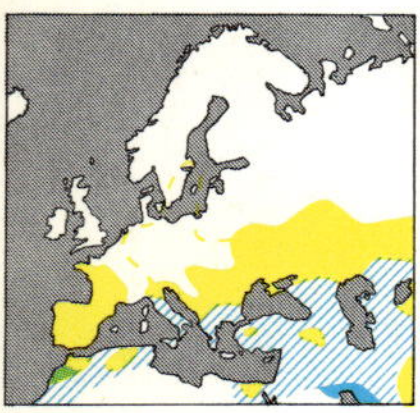
4

ZWERGSUMPFHUHN *Porzana pusilla*. In beiden Geschlechtern vom ♂ des Kleinen Sumpfhuhnes durch rotbraune Oberseite, weiße Streifen auf den Flügeldecken, gebänderte Flanken, Fehlen des Rot an der Schnabelwurzel und graulich fleischfarbene Beine unterschieden. 18 cm. ◑ (4)

GRAUKEHL-SUMPFHUHN *Porzana marginalis*. Das kleinste Sumpfhuhn, sehr selten in Nordafrika (lokal im übrigen Afrika), oben gestreift, aber vom Kleinen S. und Zwergsumpfhuhn durch hellere Flanken und rötliche Unterschwanzdecken unterschieden. 17 cm.

CAROLINASUMPFHUHN *Porzana carolina*. Ein dem Tüpfelsumpfhuhn ähnlicher Irrgast aus Amerika, aber mit weißen Unterschwanzdecken und bei ad. (nicht bei immat.) mit schwarzem Gesichtsfleck. 23 cm.

5

WACHTELKÖNIG *Crex crex*. Durch seine laute knarrende Stimme (daher der lautmalerische Name „*Crex crex*“) viel eher zu hören, als daß man diesen unscheinbaren Wiesenvogel je zu sehen bekommt. Aufgescheucht an den rotbraunen Flügeln und den baumelnden Beinen sogleich von der Wachtel (S. 105) und jungen Rebhühnern (S. 103) zu unterscheiden. 27 cm. ◑ (5)

ad.
imm.
WASSERRALLE
♀
♂
imm.
♀
TÜPFELSUMPFHUHN
♂
KLEINES SUMPFHUHN
♀
♂
ZWERGSUMPFHUHN
GRAUKEHLSUMPFHUHN
CAROLINA-
SUMPFHUHN
Wachtel
WACHTELKÖNIG

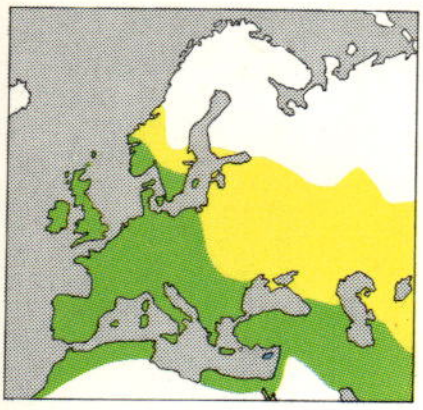

1

TEICHHUHN *Gallinula chloropus*. Der einzige Wasservogel mit roter Stirn, der zugleich ständig seine weißen Unterschwanzdecken, oft unter nervösem Schwanzzukken, präsentiert. Dies sowie die weiße Flankenstreifung und der Mangel eines weißen Flügelbandes unterscheiden es vom Bläßhuhn. Beine grün mit rotem „Strumpfband", Schnabel rot mit gelber Spitze. Die unscheinbaren juv. unterscheiden sich von jungen Bläßhühnern und alten Zwergtauchern (S. 23) im Winterkleid vor allem durch die weißen Unterschwanzdecken, die diese nicht haben. Stimme hauptsächlich durchdringend „kürrk" oder zweisilbig „kittick". Flugstart mühsam nach flügelschlagendem Wasserlaufen, fliegt gewöhnlich niedrig und mit baumelnden, später nach hinten gestreckten Beinen. Schwimmt unter Kopfnicken mit gestelztem Schwanz, taucht manchmal, klettert gern im Gebüsch. Auf verwachsenen, selbst den kleinsten Binnengewässern, vielerorts häufig in Stadtparks, nahe am Wasser auch auf Wiesen. 33 cm. ● (1)

2

AFRIKANISCHES SULTANSHUHN *Porphyrula alleni*. Irrgast vom südlichen Afrika. Rücken und Flügel grün, Beine rot, Stirn dunkel bläulich-grün, dunkler als auf der Abb. nebenan. Juv. mit rotbrauner Unterseite. Stimme krächzend und kreischend. 24 cm. △ (2)

AMERIKANISCHES SULTANSHUHN *Porphyrula martinica*. Seltener Irrgast. Purpurn und bronzegrün glänzendes Gefieder, Stirn hellblau und Beine gelb. Immat. wie hellbraune junge Teichhühner mit noch mehr weißen Unterschwanzdecken. 30–36 cm.

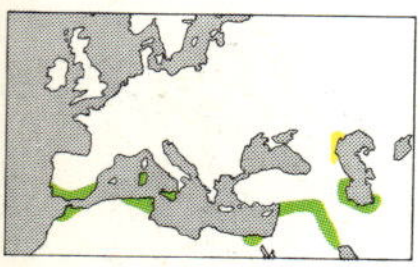

3

PURPURHUHN *Porphyrio porphyrio*. Ein übergroßes dunkel purpurblaues Teichhuhn ohne Weiß an den Flanken, mit längeren roten Beinen und sehr starkem, hohem ganz rotem Schnabel; juv. grauer. Die ägyptische Rasse *(aegyptiacus)* mit grünem Rücken und juv. mit weißlicher Unterseite. Ruft schrill und trompetend mit vielen gackernden, gluckenden und rauhen Lauten, zur Stimmfühlung sanfter „tschuck-tschuck-tschuck". Scheu, wo es verfolgt wird; kommt sonst auch ins Freie, fächert oft den Schwanz und klettert an Schilfstengeln empor. Flug wie Teichhuhn. In Sümpfen und Schilfdickichten an Binnengewässern mit dichter Vegetation. 48 cm. (3)

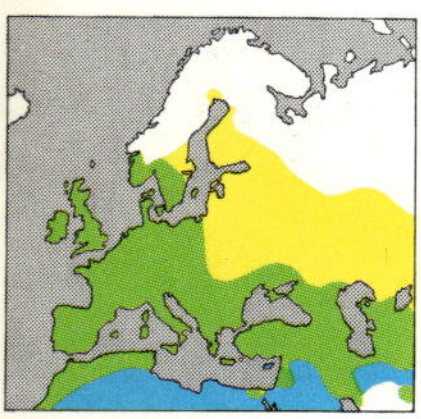

4

BLÄSSHUHN *Fulica atra*. Der einzige ganz schwarze Wasservogel mit weißer Stirn und weißem Schnabel, dicker als die meisten Enten. Beine grün. Flug wie Teichhuhn, aber weiße Kante der Armschwingen! Juv. unauffällig, oben dunkel, unten weißlich. Dunenjunge mit rostrotem Kopf und Hals (Teichhuhn ganz dunkel). Ruft laut und kurz „köw" und „kjuk". Gesellig, aber streitsüchtig und lärmend, taucht viel und läuft häufig flügelschlagend übers Wasser. An vegetationsreichen Binnengewässern, selbst in Stadtparks; im Winter zahlreich und mit Enten vergesellschaftet. 38 cm. ● (4)

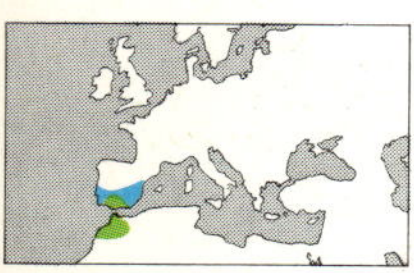

5

KAMMBLÄSSHUHN *Fulica cristata*. Wie Bläßhuhn, aber ohne Weiß im Flügel und mit roten Stirnhöckern, die freilich aus der Ferne nicht zu erkennen sind. Beim Bläßhuhn bildet die schwarze Befiederung zwischen Stirnblesse und Schnabel einen spitzen, beim Kammbläßhuhn einen stumpfen Winkel. Verschilfte Sümpfe mit offenen Wasserflächen. 41 cm. (5)

juv.
ad.
TEICHHUHN
juv.
ad.
ad.
AMERIKANISCHES SULTANSHUHN
AFRIKANISCHES SULTANSHUHN
P. p. aegyptiacus
Ägypten
ad.
PURPURHUHN
juv.
ad.
juv.
BLÄSSHUHN
ad.
juv.
KAMMBLÄSSHUHN

WATVÖGEL S. 119–143. Neun Familien dieser überwiegend langbeinigen, langhalsigen und (mit Ausnahme der Regenpfeifer S. 121) langschnäbeligen geselligen Strand- und Wasservögel nisten in der sumpfigen Tundra und Taiga, in Mooren und auf Wiesen; sie überwintern an Flußmündungen, schlammigem oder sandigem Meeresstrand und erscheinen an Süßwasserufern hauptsächlich auf dem Zuge. Flügelzeichnung und Stimme liefern wichtige Feldkennzeichen. Geschlechter gewöhnlich mehr oder weniger gleich. Gesang meist bei der Flugbalz. Im Herbst und Winter vollführen große Schwärme oft eng aufgeschlossen beachtliche Flugmanöver. Die beiden Hauptfamilien sind die Regenpfeifer (S. 121) und die Schnepfen mit Wasser- und Strandläufern (S. 127). Wir beginnen mit drei kleinen Familien großer schwarz-weißer Watvögel.

1

REIHERLÄUFER: *Dromadidae*

REIHERLÄUFER *Dromas ardeola*. Ein großer schwarzweißer Watvogel, immat. mit grauem Mantel und Flügelspitzen. Ruft rauh „kruuk". Im Fliegen ragen die langen Beine über das Schwanzende. Läuft schnell und oft ruckartig, macht Jagd auf Krabben und andere wirbellose Strandtiere. Vor allem in der Dämmerung und Nachts aktiv. Gräbt Nisthöhlen in den Sand. Gelegentlich am Sandstrand und in Küstenlagunen Ägyptens. 35 cm. (1)

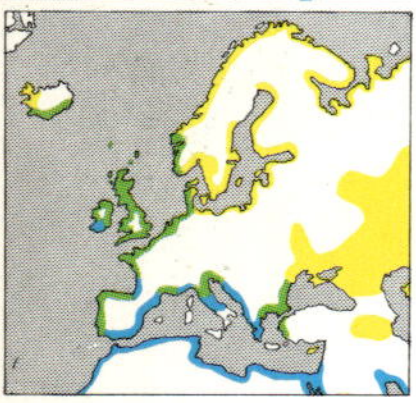

2

AUSTERNFISCHER: *Haematopodidae*

AUSTERNFISCHER *Haematopus ostralegus*. Unterscheidet sich von allen anderen großen gescheckten Strandvögeln durch orangefarbenen Schnabel und lange rote Beine. Kehle im Sommer schwarz, im Winter weiß. Weißes Flügelband im Fluge. Juv. mit dunkler Schnabelspitze. Ruft durchdringend schrill „kliep, kliep" oder auch kurz und laut „pik, pik, pik". Balzgesang ein langer pfeifender Roller. Fliegt rasch, fast entenartig. Oft in großen Scharen auf dem Watt, fast ausschließlich am Meeresstrand, nur lokal im Binnenland. 43 cm. ◑ (2)

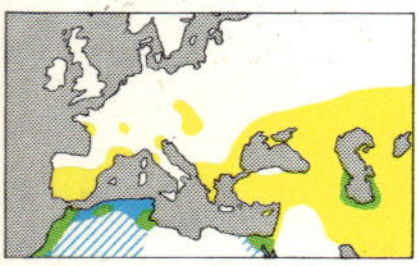

3

SCHWARZER AUSTERNFISCHER *Haematopus moquini*. Bis auf einen weißen Fleck im Flügel vollständig schwarz. Neuerdinngs wieder auf den Kanarischen Inseln festgestellt, wo er seit 1913 als ausgestorben galt. Ist sonst an den Küsten Südafrikas verbreitet. 41 cm.

STELZENLÄUFER: *Recurvirostridae*

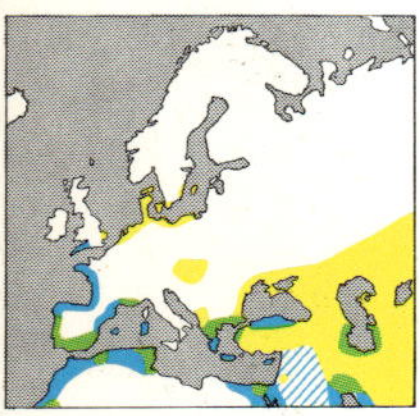

4

STELZENLÄUFER *Himantopus himantopus*. Mit phantastisch langen roten Beinen und dünnem schwarzem Schnabel. ♂ im Sommer mit schwarzem, im Winter mit weißem Scheitel und Nacken; ♀ wie ♂ im Winter, aber mit braunerem Mantel. Juv. wie ♀, aber grauer und mit grauem Kopf und Hals. Flügel unterseits schwarz. Ruft schrill und etwas bläßhuhnähnlich „kyip, kyip, kyip". Im Fluge überragen die langen Beine weit das Schwanzende. In Sümpfen, vor allem an brackigen Binnengewässern, Lagunen und an der Küste. 38 cm. (3)

SÄBELSCHNÄBLER *Recurvirostra avosetta*. Unverkennbar durch seinen langen aufwärts gekrümmten Schnabel, mit dem er bei der Nahrungssuche im Flachwasser watend hin und her säbelt. Juv. brauner. Schwimmt gern. Ruft flötend „kliep". An Salz- und Brackwässern, sowohl an der Küste als auch im Binnenland, selten am Süßwasser. 43 cm. ◑ (4)

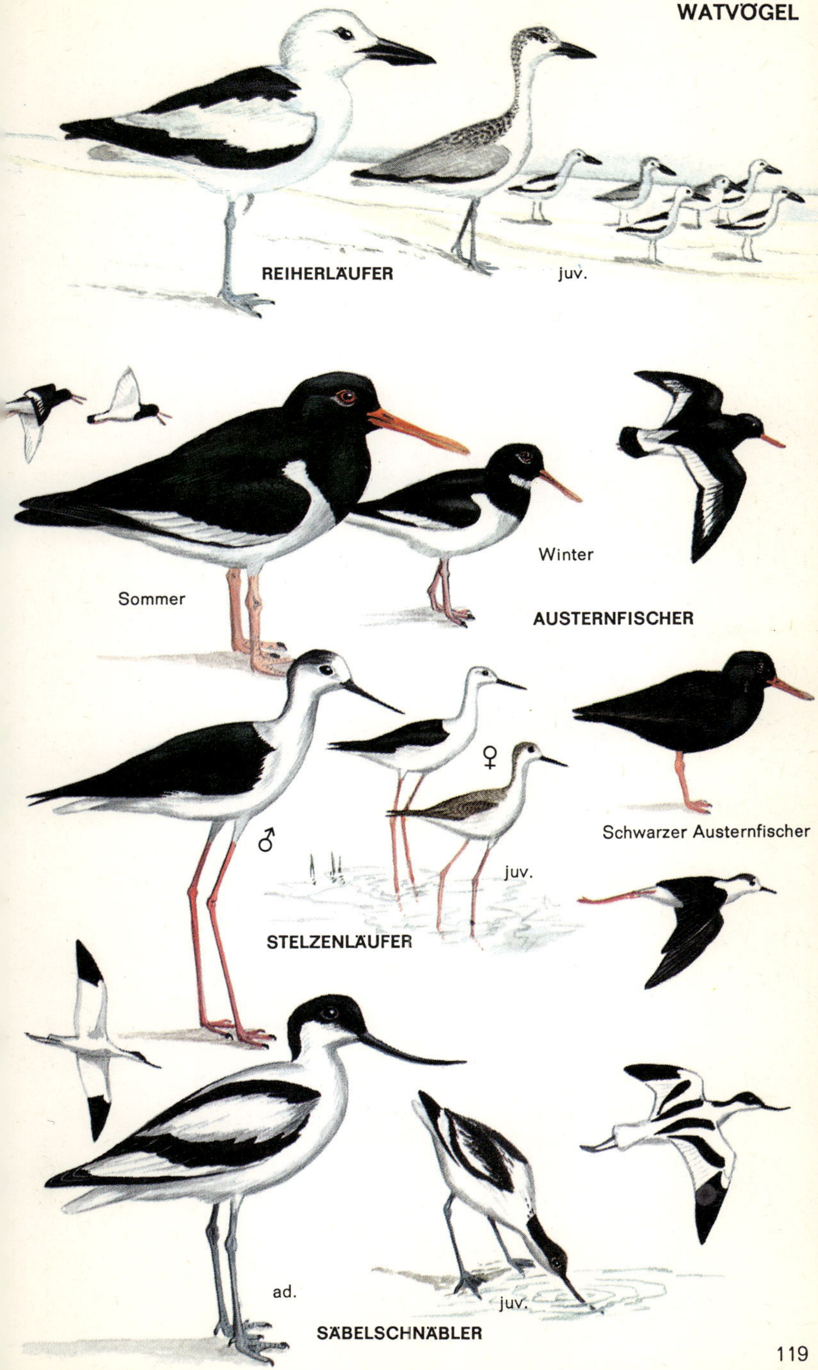
REIHERLÄUFER
juv.
Sommer
Winter
AUSTERNFISCHER
Schwarzer Austernfischer
♀
♂
juv.
STELZENLÄUFER
ad.
juv.
SÄBELSCHNÄBLER

REGENPFEIFER: *Charadriidae.* Kurzschnäbelige, kleine bis mittelgroße Strandvögel. Gang sehr charakteristisch, rasch rollend mit waagerecht gehaltenem Körper und plötzlich stoppend. Die Regenpfeifer der Gattung *Charadrius* sind klein bis knapp mittelgroß, gewöhnlich oben sandfarben, viele mit bezeichnendem Muster an Kopf und Hals.

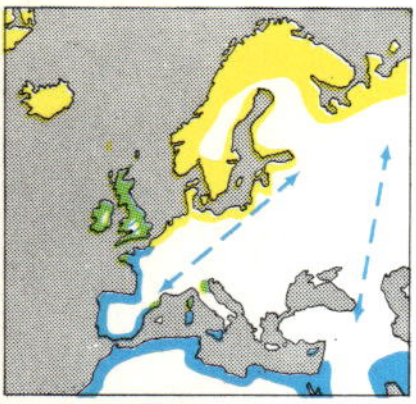
1

SANDREGENPFEIFER *Charadrius hiaticula.* Einer der verbreitetsten nördlichen Strandvögel, mit auffällig gescheckte m Kopf- und Brustmuster, hellen Flügelbinden und orangegelben Beinen. Immat. ohne Schwarz am Kopf und oft mit unvollständigem Brustband. Ruft melodisch „tüi" und „küip", Balzstrophe klangschön düdelnd, oft im fledermausartigem Fluge. Am sandigen Meeresstrand, selten an ähnlichem Brack- oder gar Süßwasserstrand. Auf dem Zuge auch auf Schlammflächen des Binnenlandes. 19 cm. ◑ (1)

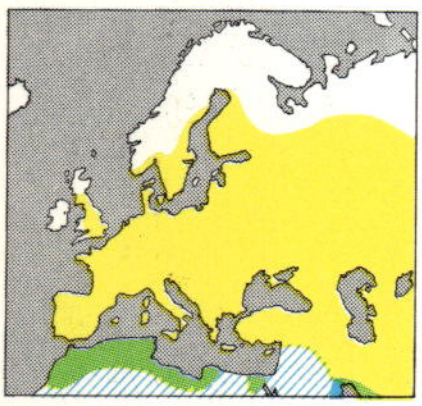
2

FLUSSREGENPFEIFER *Charadrius dubius.* Ohne Flügelbinde, deshalb vom Sandregenpfeifer am besten im Fluge zu unterscheiden; ferner mit weißer Linie über der schwarzen Stirn, Schnabel nur an der Wurzel des Unterschnabels gelb, Beine blaß graugelblich und gelber Augenring (nur aus der Nähe zu sehen). Ruft kennzeichnend „tiü" (erste Silbe betont!) und mit einem schnarrenden, an die Zwergseeschwalbe (S. 161) erinnernden Laut. Gesang ähnlich Sandregenpfeifer. Nicht sehr gesellig. Im Gegensatz zum Sandregenpfeifer an Süßwasser gebunden, auf Sand und Kies an Flüssen und Seen. 15 cm. ● (2)

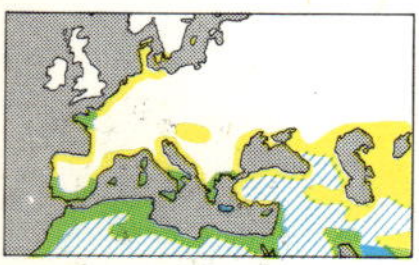
3

SEEREGENPFEIFER *Charadrius alexandrinus.* Kleiner, schlanker und heller als Sand- und Flußregenpfeifer, mit rostfarbenem Scheitel und weniger Schwarz an Kopf und Brust. Schnabel und Füße schwärzlich. Weiße Flügelbinde unterscheidet ihn im Fluge vom Flußregenpfeifer. Ruft anders als Sand- und Flußregenpfeifer, nämlich sanft „tjip-tjip-tjip" und flötend „püit"; trillernder Gesang. Sandstrand am Meere, am Brackwasser im Binnenland. 16 cm. ◑ (3)

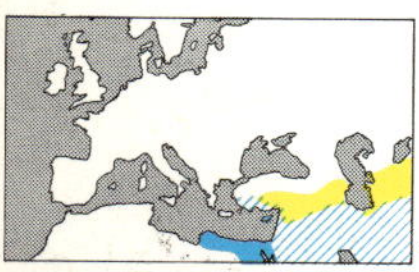
4

WÜSTENREGENPFEIFER *Charadrius leschenaultii.* Groß und starkschnäbelig. ♂ im Brutkleid mit rostfarbenem Brustband, das beim ♀ blasser und weniger scharf begrenzt ist. Flötet ein- oder zweisilbig. An den Ufern von Süß- und Brackwässern, auf dem Zuge auch am Meer. 25 cm. △ (4)

5

MONGOLENREGENPFEIFER *Charadrius mongolus.* Viel seltener als Wüstenregenpfeifer, von dem er im Ruhekleid außer an der Größe und dem zierlicheren Schnabel schwerlich zu unterscheiden ist. Im Brutkleid bei ♂ und ♀ die ganze Brust warm rostbraun getönt. Vergleiche auch Wermutregenpfeifer (S. 123). 20 cm. △ (5)

KEILSCHWANZREGENPFEIFER *Charadrius vociferus.* Irrgast aus Nordamerika. Durch doppeltes Brustband und den lauten Ruf „kill dih" (daher engl. Name Killdeer) gekennzeichnet. Viel mehr auf Wiesen und Feldern als an der Küste. 25 cm.

6

HIRTENREGENPFEIFER *Charadrius pecuarius.* Wie ein kleiner Seeregenpfeifer, aber Kopf und Brustseiten etwas anders gezeichnet und gefärbt. Ruft klagend „pipip". An Süßwasser und Küsten, auf Sand und Schlamm. 13 cm. (6)

Winter
Sommer
SANDREGENPFEIFER
Sommer
Winter
FLUSSREGENPFEIFER
ad.
♂
♀
SEEREGENPFEIFER
Sommer
Winter
WÜSTENREGENPFEIFER
Winter
Sommer
MONGOLENREGENPFEIFER
ad.
imm.
KEILSCHWANZ-
REGENPFEIFER
HIRTENREGENPFEIFER

1

WERMUTREGENPFEIFER *Charadrius asiaticus.* Irrgast aus Mittelasien, im Ruhekleid ganz ähnlich Mongolenregenpfeifer (S. 121), aber vorwiegend in Steppen und Halbwüsten. Im Brutkleid unnverkennnbar. Stimme ein tiefer zwei- oder dreisilbiger Pfiff. 19 cm. △ (1)

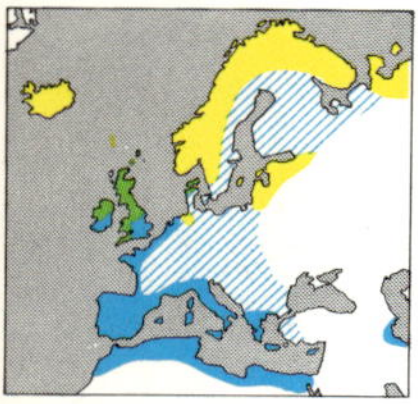

2

GOLDREGENPFEIFER *Pluvialis apricaria.* Groß, oben dunkel, goldgelb gefleckt, weiße Achseln und Unterflügel. Im Brutkleid unten schwarz, bei der nördlichen Rasse *(altifrons)* auch Wangen schwarz und das Schwarz vom Kopf bis zu den Flanken breit weiß gesäumt, bei der südlichen Rasse *(apricaria)* diese Schwarz-weiß-Zeichnung nicht scharf abgesetzt, Wangen nicht schwarz. Ruft flötend „tlüh" (oft im Fluge) und schwermütig „tlü-i". Gesellig und leicht vom Kiebitz in gemischten Schwärmen an den spitzen Flügeln zu unterscheiden; vollführt gern Flugmanöver. Auf Mooren und Sümpfen, in der Tundra und arktischen Heiden; im Winter auf Feldern, an schlammigen Küsten usw. 28 cm. ◑ (2)

KLEINER GOLDREGENPFEIFER *Pluvialis dominica.* Irrgast aus dem arktischen Asien und Amerika, kleiner als Goldregenpfeifer, mit längeren Beinen, graubräunlichen Unterflügeln und Achseln und mit mehr Schwarz, aber weniger Weiß an Gesicht und Unterseite. Stimme ein flötendes Pfeifen wie „piu" oder „klih-ihr" u. ä. 25 cm. △

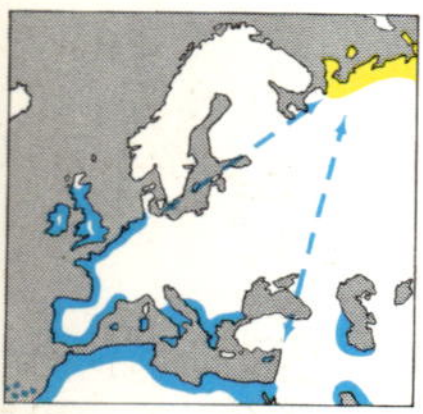

3

KIEBITZREGENPFEIFER *Pluvialis squatarola.* Plumper als Goldregenpfeifer und von diesem besonders durch die schwarzen Achseln zu unterscheiden, die im Fluge zu sehen sind, sowie durch den weißlichen Bürzel und die graue Oberseite. Kontrastreiches schwarz-weißes Brutkleid. Beim dreisilbigen Flötenpfiff „tli-e-ih" ist die zweite Silbe tiefer. Gewöhnlich nicht in so dichten Schwärmen und zu Flugmanövern neigend wie Goldregenpfeifer. Brütet in der Tundra, auf dem Zuge an den Meeresküsten, selten im Binnenland. 28 cm. ○ (3)

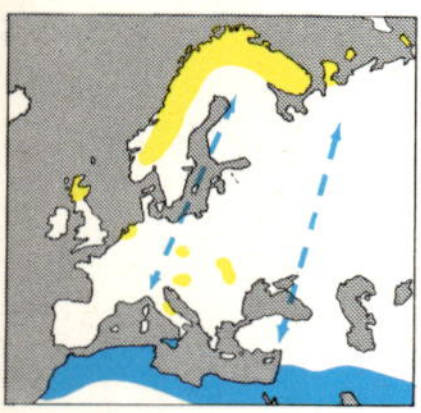

4

MORNELLREGENPFEIFER *Eudromias morinellus.* Im Brutkleid durch rostrote Unterseite mit schwarzem Bauch hinreichend gekennzeichnet. Im Ruhekleid ist die Färbung nur ganz abgeblaßt, die Zeichnung kaum mehr zu sehen, aber weißer Augenstreif und Brustband sind noch zu erkennen. Ruft sanft zwitschernd „titi-ri-titi-ri", auch zart „pip" oder scharf „ting". Kurzer Gesang vom Boden aus. Sehr zutraulich. Die nordische Tundra und auf Bergspitzen (z. B. Zirbitzkogel/Alpen), hat kürzlich sogar in Holland gebrütet. Auf dem Zuge im offenen Flachland, an der Küste, in Sümpfen, Heiden und auf Feldern. 22 cm. ●○ (4)

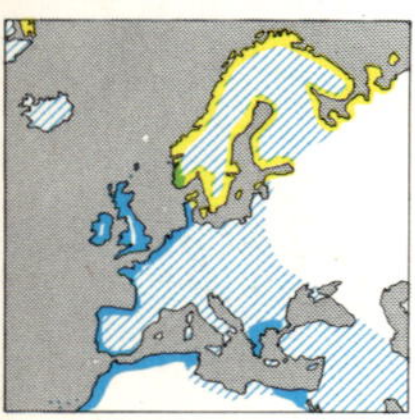

5

STEINWÄLZER *Arenaria interpres.* Der einzige kurzschnäbelige Strandvogel, der sowohl im Sitzen als auch im Fluge schwarz-weiß aussieht. Beine orangefarben. Im Brutkleid oben schildpattfarbig. Ruft stakkato „tük-e-tük". Dreht bei der Nahrungssuche mit seinem etwas aufgeworfenem Schnabel kleine Steine und Muscheln um. Brütet in der Tundra und an benachbarten Küsten, auf dem Zuge vornehmlich an Fels- und Kiesküsten, oft gemeinsam mit Meerstrandläufer (S. 129). Kein Regenpfeifer, sondern zu den Schnepfen gehörend. 23 cm. ●○ (5)

ad.
Juv.
WERMUTREGENPFEIFER
Nördl. Rasse
P. a. altifrons
Sommer
Südl. Rasse
P. a. apricaria
Sommer
Winter
GOLDREGENPFEIFER
Sommer
KLEINER GOLDREGENPFEIFER
Winter
Sommer
KIEBITZREGENPFEIFER
Sommer
Winter
MORNELLREGENPFEIFER
Sommer
Winter
STEINWÄLZER

Kiebitze: Mehrere Gattungen von Regenpfeifern, deren Flügelspitzen immer schwarz sind und gewöhnlich eine breite weiße Binde haben, und deren Schwanz an der Wurzel immer weiß und an der Spitze gewöhnlich schwarz ist. Recht ruflustig, besonders zur Brutzeit.

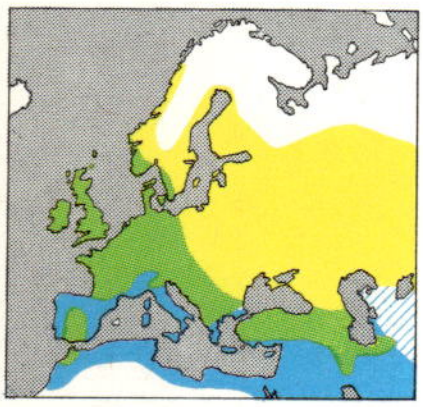
1

KIEBITZ *Vanellus vanellus*. Der charakteristischste und bekannteste Regenpfeifer unserer Region, der verbreitetste Binnenlandbrüter und zugleich die einzige Kiebitz-Art, die in Europa nistet. Unverkennbar, auch im Fluge durch seine auffallend breiten und runden Flügel. Kehle im Brutkleid schwarz, im Ruhekleid weiß. Ruft in vielen Variationen laut „kie-wit" (daher „Kiebitz"), auch im akrobatischen Balzflug, bei dem die ♂ ein wuchtelndes Fluggeräusch erzeugen. Sehr gesellig. Besonders auf kurzrasigen Wiesen, in den Marschen und Sümpfen, auch in Feldern nistend. Auf dem Zuge an der Küste wie an Binnengewässern und auf Feldern. 30 cm. ● (1)

ROTLAPPENKIEBITZ *Lobivanellus indicus*. Ein großer schwarz-weißer Kiebitz mit braunem Mantel und langen gelben Beinen sowie mit leuchtend roten Hautlappen vor den Augen. Ruft laut kreischend „did-ji-du-it" oder auch monoton einsilbig. Langsamer, „bedächtiger" Flug. Nicht sehr gesellig. Offenes Gelände in Wassernähe. 33 cm. (2)

2

WEISSSCHWANZSTEPPENKIEBITZ *Vanellochettusia leucura*. Braun und weiß mit langen leuchtend gelben Beinen. Im Sitzen unauffällig, aber im Flug fallen kontrastreiches schwarz-weißes Flügelmuster und der rein weiße Bürzel und Schwanz in die Augen. Lauter zweisilbiger Ruf wie Kiebitz, aber nicht so hoch. Sümpfe und Ufer der Binnengewässer, brütet in Süd-Irak, seltener Irrgast im Süden unserer Region. 28 cm.

3

SPORNKIEBITZ *Hoplopterus spinosus*. Vorwiegend schwarz-weiß mit für die Kiebitze typischen schwarz-weißem Muster von Flügeln und Schwanz. Mit Andeutung einer Haube und kleinem Sporn am Flügelbug. Stimme nicht unähnlich Rotlappenkiebitz, aber höher und wie „sit-siht-siht". Fliegt langsam und sitzt geduckt. Offenes Gelände in der Nähe von Flüssen oder auch Brackwässern. Wurde erst vor 20 Jahren als Brutvogel in Südosteuropa (Thrakien) entdeckt. 27 cm. (3)

4

STEPPENKIEBITZ *Chettusia gregaria*. Ein weiterer ziemlich großer graubrauner Kiebitz mit charakteristischer Kopfzeichnung und typischem schwarz-weißem Kiebitz-Flügel und -Schwanz. Im Brutkleid wirkt er aus jeder Entfernung wie ein heller Kiebitz mit dunklem Scheitel und Bauch. Im Ruhekleid im ganzen blasser. Stimme ein kurzer hoher Pfiff und ein rauh kratzendes „etch-etch-etch". Brütet in trockenen Steppen und überwintert im offenen trockenen Feld wie auch an den Ufern von Binnengewässern. 29 cm. △ (4)

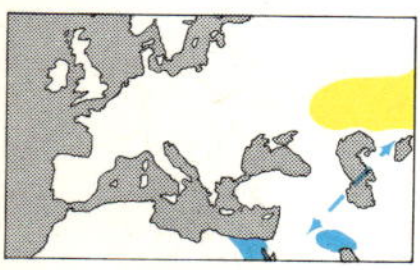
5

ad.
imm.
KIEBITZ
Winter
WEISSSCHWANZ-
STEPPENKIEBITZ
ROTLAPPEN-
KIEBITZ
SPORNKIEBITZ
Sommer
Winter
STEPPENKIEBITZ

● STRAND- UND WASSERLÄUFER, BRACHVÖGEL, UFERSCHNEPFEN UND SCHNEPFEN: *Scolopacidae*

Strandläufer (Gattungen *Calidris* und *Limicola*). Überwiegend kleine Watvögel, Schnabel und Beine nur mäßig lang, Flügel und Hals ziemlich kurz. Stimme gewöhnlich gedämpfte Pfiffe oder zwitschernde Laute, im Schwarm oft Stimmfühlungsrufe. Brüten in der Tundra und in Mooren, überwintern hauptsächlich an der Küste, manche Arten in riesigen Scharen. S. auch Kampfläufer (S. 132).

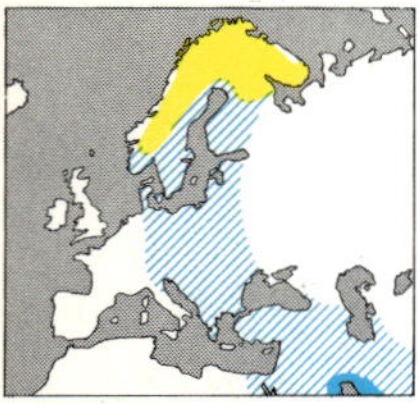
1

SUMPFLÄUFER *Limicola falcinellus.* Ähnelt einem ziemlich kleinen dunklen, langschnäbeligen und kurzbeinigen Alpenstrandläufer im Ruhekleid, mit bekassinenartigem Muster auf dem Rücken und zwei rahmweißen Längsstreifen auf jeder Seite. Auffallender weißer, hinten gegabelter Augenstreif; Kehle weiß. Schnabel an der Spitze deutlich abwärts gekrümmt. Flugruf tiefes trillerndes „tschrr-tik", auch ein zweisilbiger Ruf und zur Brutzeit trillernder Gesang. Einzelgänger. 16,5 cm. ○ (1)

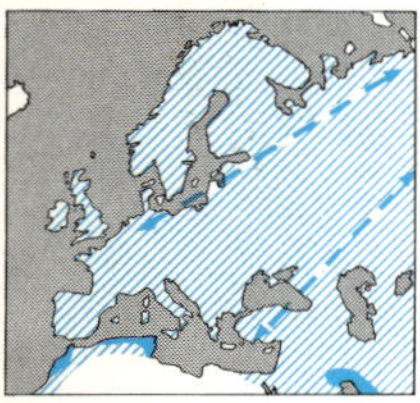
2

SICHELSTRANDLÄUFER *Calidris ferruginea.* Im Flug unterscheidet ihn der mehlschwalbenartig weiße Bürzel von allen kleinen Limikolen mit Ausnahme des Weißbürzelstrandläufers (S. 163), Grünschenkels und Bruchwasserläufers (S. 135), die aber alle einen geraden Schnabel haben. Der deutlich abwärts gebogene Schnabel ist zu allen Zeiten ein gutes Feldkennzeichen. Im rotbraunen Brutkleid von allen Limikolen mit Ausnahme des größeren Knutt und des weißbäuchigen Sanderlings (S. 129) unterschieden, die beide auch gerade Schnäbel haben. Immat. mit rahmfarbener Tönung. Ruhekleid wie Alpenstrandläufer, aber größer, schlanker, mit längeren Beinen und längerem, gebogenem Schnabel. Flugruf ein bezeichnendes „djirrip". 19 cm. ○ (2)

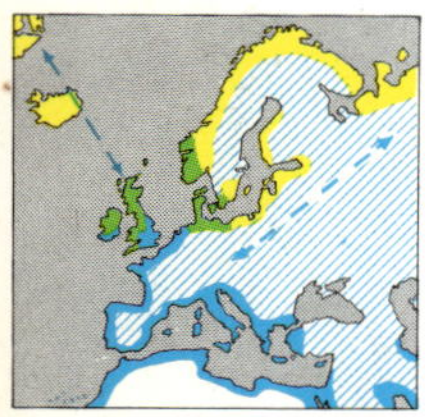
3

ALPENSTRANDLÄUFER *Calidris alpina.* Durchweg die häufigste kleine Limikole an unseren Küsten, von sehr unterschiedlicher Größe. Vögel aus dem nördlichen Verbreitungsgebiet sind größer als solche aus dem Süden. Im Sommer die einzige kleine Limikole mit schwarzem Bauchschild, im Winter vom Sanderling (S. 129), der insgesamt heller ist, durch Fehlen des schwarzen Schulterfleckes und vom größeren und graueren Knutt (S. 129) durch weiße Seiten von Bürzel und Schwanz unterschieden. Schnabel sanft gebogen, besonders bei nördlichen Vögeln. Juv. mit braunen Abzeichen an den Seiten der Hinterbrust. Flugruf ein nasales „trir"; trillernder Gesang. Nistet in Sümpfen und Mooren in Wassernähe. Auf dem Zuge in riesigen Schwärmen im Wattenmeer. 17–19 cm. ◑ (3)

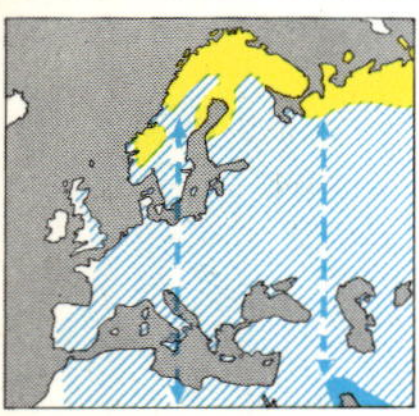
4

TEMMINCKSTRANDLÄUFER *Calidris temminckii.* Unterscheidet sich vom Zwergstrandläufer dadurch, daß er mehr wie ein kleiner Flußuferläufer (S. 133) aussieht und weiße Schwanzkante sowie grünlichgelbe Beine hat. Stimme schrill schwirrend „tirr". Auf dem Zuge vor allem an bewachsenen Ufern der Binnengewässer. 14 cm. ○ (4)

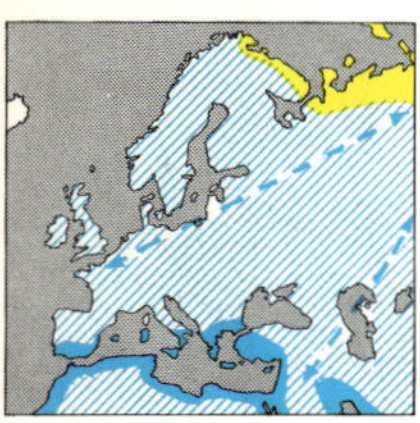
5

ZWERGSTRANDLÄUFER *Calidris minuta.* Die kleinste Limikole unserer Region, wie eine Miniaturausgabe des Alpenstrandläufers mit weißen Bürzelseiten, aber ohne Weiß im Schwanz, und mit kurzem geradem Schnabel. Im Sommer auch mit weißem Bauch und im Winter mit rein weißer Brust und schwarzen Beinen (vgl. Temminckst.). Immat. durch auffällige weiße V-Zeichnung auf dem Rücken gekennzeichnet. Flugruf „tit", manchmal zu einem kurzen Triller verlängert. 13 cm. ○ (5)

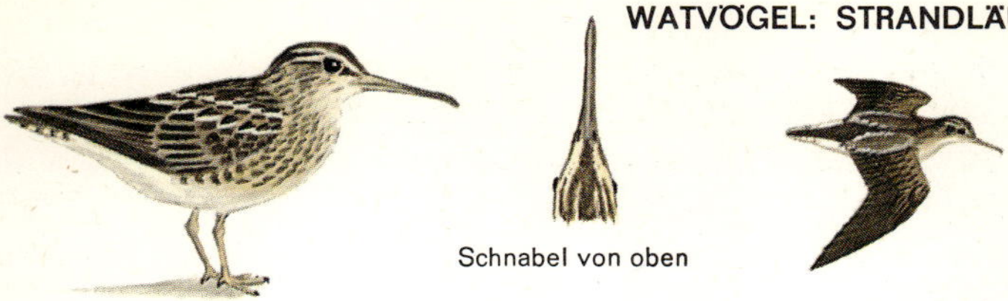

SUMPFLÄUFER

SICHELSTRANDLÄUFER

ALPENSTRANDLÄUFER

TEMMINCKSTRANDLÄUFER

ZWERGSTRANDLÄUFER

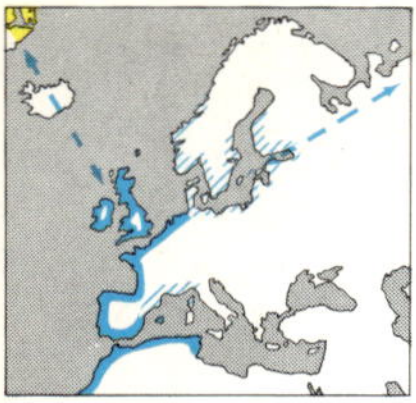

1

KNUTT *Calidris canutus.* Eine plumpe, im Winter graue, im Sommer rotbraune Limikole, in der Größe zwischen Rotschenkel (S. 131) und Alpenstrandläufer (S. 127). Im Winter von dem kleineren Alpenstrandläufer und Sanderling durch einfarbig grauen Schwanz unterschieden, vom größeren, weniger geselligen Kiebitzregenpfeifer (S. 123) durch längeren Schnabel und helle statt schwarze Achseln. Im Brutkleid höchstens mit dem Sichelstrandläufer (S. 127) zu verwechseln. Ruft tief „nut". Auf dem Zuge sehr gesellig, in dichten Schwärmen und Massenschwenkungen ausführend. 25 cm. ○ (1)

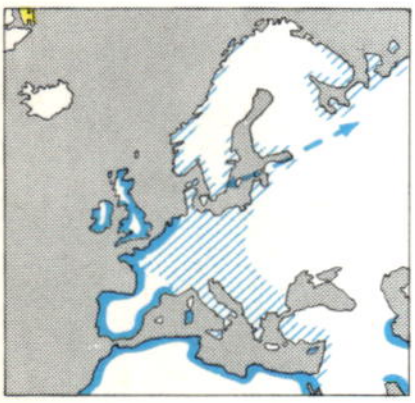

2

SANDERLING *Calidris alba.* Etwas größer als Alpenstrandläufer (S. 126) und im Ruhekleid leicht von allen anderen gleichgroßen Strandläufern durch das sehr helle Gefieder mit schwärzlichem Schulterfleck zu unterscheiden. Von Alpenstrandläufern zu allen Zeiten im Fluge durch die viel deutlichere Flügelbinde zu unterscheiden. Flugruf kurz „twick". Rennt lebhaft in rollendem Trippelschritt auf dem Sandstrand mit den Wellen um die Wette, weicht dem Menschen lieber laufend als fliegend aus. 20 cm. ○ (2)

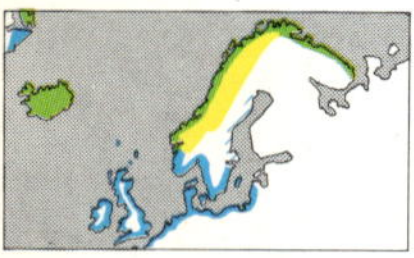

3

MEERSTRANDLÄUFER *Calidris maritima.* Etwas größer als Alpenstrandläufer (S. 127) und der einzige kleine dunkle Strandläufer mit gelben Beinen, dem man an der felsigen Küste begegnen kann. Weiße Flügelbinde, gedrungener Körper und häufige Vergesellschaftung mit Steinwälzern (S. 123) liefern weitere nützliche Hinweise. Ad. im Sommer und juv. sind heller gesprenkelt. Ruft tief „wiet wiet". Nicht sehr gesellig. Im Winter an felsigen, klippenreichen Abschnitten der Küste, auch an Molen und flachen Steinbauten. 21 cm. ○ (3)

● **Wassertreter** (Gattung *Phalaropus*). Zierliche und zutrauliche Limikolen, mit Ausnahme einiger ganz dunkler Sturmschwalben die kleinsten schwimmend zu sehenden Vögel. Im Ruhekleid grau und weiß, die beiden häufigeren Arten mit einer Flügelbinde und Schwimmlappen an den Zehen. ♂ kleiner und schlichter gefärbt als ♀. Ausdauernde, korkleicht auf dem Wasser kreiselnde Schwimmer. Außerhalb der Brutzeit auf dem Meere.

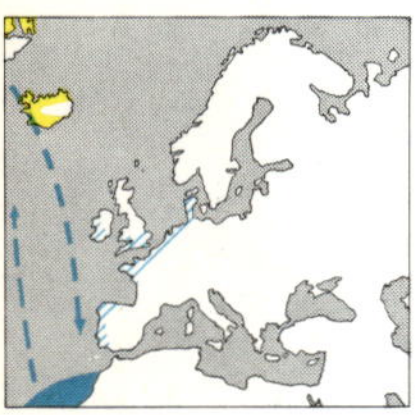

4

THORSHÜHNCHEN *Phalaropus fulicarius.* Im Brutkleid unverwechselbar auch mit Odinshühnchen, von dem es sich durch kürzeren und stärkeren Schnabel, der an der Spitze (♂) oder Wurzel (♀) gelb ist, und im Ruhekleid durch viel einfarbiger grauen Rücken unterscheidet. Ruft tief und schrill „wit". 20,5 cm. △ (4)

ODINSHÜHNCHEN *Phalaropus lobatus.* Rostfarbige Halsschärpe (beim ♂ blasser) und weiße Kehle. Schwarzer Schnabel nadeldünn. Ruft ähnlich Thorshühnchen tief „twit". Fliegt graziös und schwalbenähnlich, schneller als Thorshühnchen. 18 cm. ○ (5)

5

AMERIKANISCHES ODINSHÜHNCHEN *Phalaropus tricolor.* Irrgast aus Nordamerika, größer und langschnäbeliger, ohne Flügelbinde und mit weißem Bürzel. Geht mehr an Land als die beiden anderen Arten. 23 cm. △

Winter
Sommer
KNUTT
Winter
Sommer
SANDERLING
Sommer
Winter
MEERSTRANDLÄUFER
♂
♀
Winter
Sommer
THORSHÜHNCHEN
♂
♀
Winter
Sommer
ODINSHÜHNCHEN
♂
Sommer
Winter
♀
AMERIKANISCHES ODINSHÜHNCHEN

Wasserläufer (Gattung *Tringa*). Ziemlich langbeinige und langschnäbelige kleine bis mittelgroße Watvögel, weniger gesellig als *Calidris* (S. 126) und mit auffälligen weißen Abzeichen auf Flügeln und Bürzel und laut pfeifender Stimme. Im Winter an flachen Binnen- und Küstengewässern.

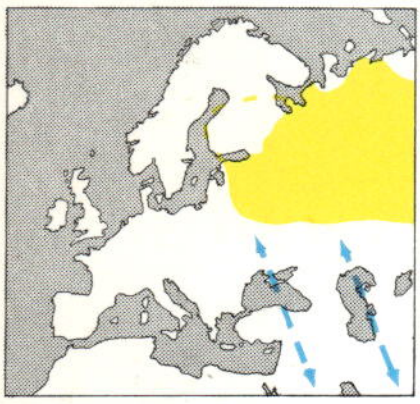
1

TEREKWASSERLÄUFER *Tringa terek.* Ähnlich einem kleinen Rotschenkel, besonders im Flug, aber mit langem aufwärts gebogenem Schnabel, weniger Weiß im entfalteten Flügel und am Bürzel und mit kürzeren gelben Beinen. Ruft flötend pfeifend „düdüdüdü". Balzgesang melodisch und abwechslungsreich, teils an Regenbrachvogel anklingend. Wippt auf dem Boden mit dem Kopf und erinnert in mancherlei Weise an Flußuferläufer (S. 133). Brütet an wald- und buschumsäumten Binnengewässern. Auf dem Zuge an schlammigen Flußufern usw. 23 cm. △ (1)

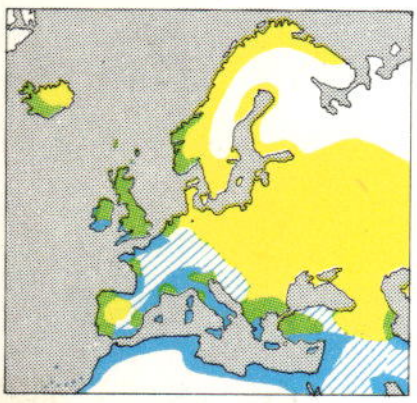
2

ROTSCHENKEL *Tringa totanus.* Der einzige Watvogel mit auffallend breitem, weißem Flügelhinterrand und weißem Bürzel, was ein kontrastreiches Flugmuster ergibt. Am Boden graubraun und dann an den orangeroten Beinen und Schnabel zu erkennen. Stimme wohltönend, abfallend und sanft verklingend „djü-dü-dü", bei Alarm pausenlos kläffend „tjik". Jodelnder Balzgesang mit melodischen Motiven, besonders wie „didlia". Ruckt beunruhigt mit dem Kopf, fliegt geradeaus und schnell. Vor allem auf feuchten Wiesen und Heiden, in den Marschen der Küsten, auf dem Zuge auch an Flüssen, vor allem auf Schlammflächen. 28 cm. ◑ (2)

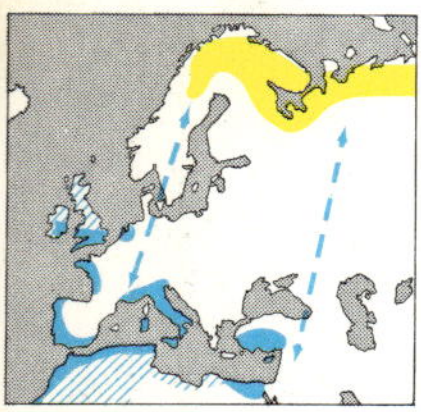
3

DUNKLER WASSERLÄUFER *Tringa erythropus.* Im Sommer der einzige ganz dunkle Watvogel mit keilförmig weißem Bürzel. Vom Rotschenkel immer durch Fehlen einer weißen Flügelbinde, vom Grünschenkel durch rote Beine unterschieden. Ruft laut und deutlich zweisilbig „tjuit", von Rot- und Grünschenkel klar zu unterscheiden. Auch schimpfend „tjick-tjick-tjick". Brütet an sumpfigen Plätzen in Wald, Heide und Tundra; auf dem Zug vor allem an Küsten und Brackwasserufern. 30 cm. ○ (3)

4

GRÜNSCHENKEL *Tringa nebularia.* Größer und heller als Rotschenkel, ohne Weiß im Flügel, aber mit großem weißem Keilfeld auf dem Rücken; mit grünen, den Schwanz im Flug deutlich überragenden Beinen. Schnabel schwärzlichgrau, sanft aufgeworfen. Flugruf, der fast stets beim Auffliegen zu hören ist, ein weittragendes grünspechtartiges „kjück-jück-jü". Ferner rotschenkelartig schimpfend „tjik". Balzstrophe flötend ein wiederholtes „tjui-i". Nicht gesellig. Sümpfe, Moore, feuchte Wiesen in Wäldern. Auf dem Zuge auf Schlick- und Schlammflächen der Küste und Binnengewässer. 30,5 cm. ○ (4)

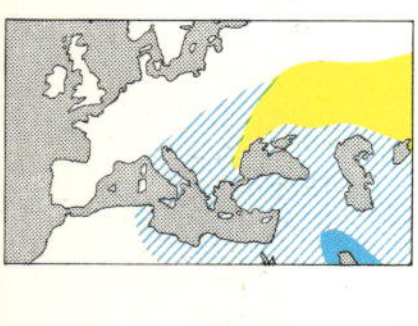
5

TEICHWASSERLÄUFER *Tringa stagnatilis.* Eine kleine Ausgabe des Grünschenkels, aber weit zierlicher, mit dünnerem, geradem Schnabel, weißem Gesicht und längeren Beinen, die noch weiter über das Schwanzende ragen. Erscheint im Sommer oben dunkler gefleckt. Das Weiß erstreckt sich auf dem Rücken weiter hinauf als bei Wald- und Bruchwasserläufer (S. 133). Ruft „ti-u", „tju" u. ä., nicht so laut wie die verwandten Arten. An sumpfigen Binnengewässern. 23 cm. △ (5)

TEREKWASSERLÄUFER
ROTSCHENKEL
Winter
Sommer
DUNKLER WASSERLÄUFER
GRÜNSCHENKEL
Sommer
Winter
TEICHWASSERLÄUFER

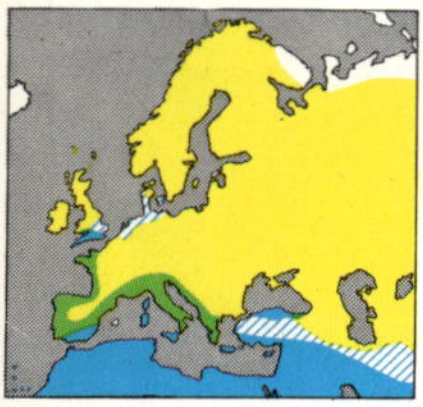
1

FLUSSUFERLÄUFER *Tringa hypoleucos.* Ein kleiner graubrauner Wasserläufer mit weißer Unterseite, weißen Seiten von Schwanz und Bürzel und mit weißer Flügelbinde, am besten von anderen kleinen Limikolen, z. B. dem Alpenstrandläufer (S. 127), durch den charakteristischen Flug und Ruf und sein Einzelgängertum zu unterscheiden. Fliegt ganz tief über dem Wasser mit schrillen „hididi"-Pfiffen, wechselt schnelle flache Flügelschläge mit kurzen Gleitstrecken bei abwärts gebogenen Schwingen. Gesang im kreisförmigen Balzflug aus gereihten „tidi-hidi". Fliegt flach auf und fußt auf niedrigen Steinen und Geröll, hurtig laufend und ständig mit Schwanz und Kopf wippend. An klarfließenden Flüssen und Bächen, auch an Seen; zieht steinige den schlammigen Ufern vor. 20 cm. ● (1)

2

BRUCHWASSERLÄUFER *Tringa glareola.* Vom Flußuferläufer durch weißen Bürzel und den Mangel einer weißen Flügelbinde unterschieden. Ähnlich Waldwasserläufer, aber Rücken heller und dadurch nicht so kontrastreich gegen den weißen Bürzel abgesetzt, Unterflügel graulich und nicht schwarz. Ruft im Auffliegen schrill „giffgiffgiff", auch melodischer „tlui". Die melodische Balzstrophe erinnert an Rotschenkel. „Himmelt" nicht beim Auffliegen. Brütet in sumpfigem Gelände in Wassernähe, auf dem Zuge an den Ufern von Binnengewässern. 20 cm. ◑ (2)

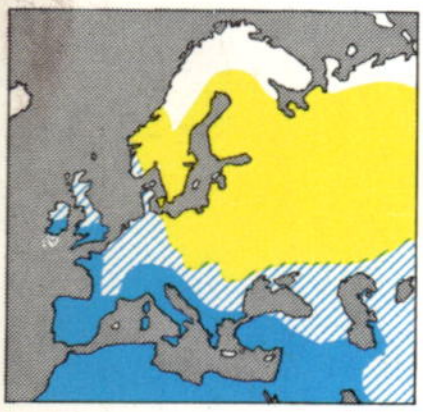
3

WALDWASSERLÄUFER *Tringa ochropus.* Etwas größer als Bruchwasserläufer und von diesem besonders durch die kontrastreichere Oberseite unterschieden, aber viel kleiner als Grünschenkel (S. 131), der oben heller ist. Vgl. auch Teichwasserläufer S. 131. Fliegt jäh und steil auf und flötet dabei schrill und viel lauter als Bruchwasserläufer „tlui-titit". Balzstrophe ein Gemisch aus flötenden Trillern. Brütet in sumpfigen Wäldern, Gelege meist in den alten Baumnestern anderer Vögel, auf dem Zuge am Rande von Binnengewässern. 23 cm. ◑ (3)

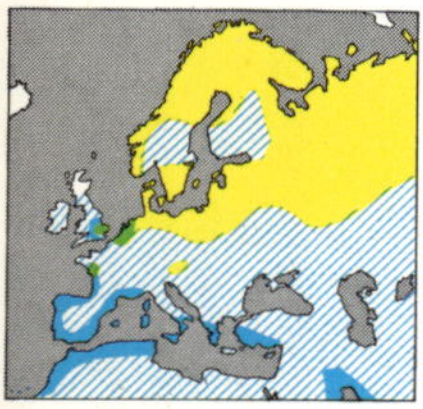
4

KAMPFLÄUFER *Philomachus pugnax.* ♂ im Brutkleid durch riesige Halskrause und Ohrbüschel in verschiedenen Farben und Mustern ganz unverkennbar. Auch Schnabel und Füße sind in ihrer Färbung variabel, Schnabel rot, gelb, braun oder schwärzlich, Füße grün, gelb, orange- oder fleischfarben. Im Ruhekleid sind ♂ und ♀ gleich, aber ♀ viel kleiner. Oberseite auffallend schuppig, vom ähnlichen Rotschenkel (S. 131) durch kürzeren Schnabel, dunkle Flügel, dunkle Schwanzmitte und oft durch Schnabel- und Beinfarbe unterschieden. Ziemlich schweigsam; Flugruf „tu-i", an den Balzplätzen ein gutturales Kollern. Nicht sehr gesellig, aber im Frühjahr bei Gemeinschaftsbalz auf kurzrasigen Kampfplätzen versammelt. Sümpfe und feuchte Wiesen, auf dem Zuge auch an der Küste und an flachen Stellen der Binnengewässer. Den Strandläufern (S. 126) verwandt. ♂ 29 cm, ♀ 23 cm. ◑ (4)

WATVÖGEL: WASSERLÄUFER, KAMPFLÄUFER

WALDWASSERLÄUFER
S. 133

BRUCHWASSERLÄUFER
S. 133

FLUSSUFERLÄUFER
S. 133

DUNKLER WASSERLÄUFER
S. 131

TEICHWASSERLÄUFER
S. 131

ROTSCHENKEL
S. 131

GRÜNSCHENKEL
S. 131

KIEBITZ-
REGENPFEIFER
S. 123

KAMPFLÄUFER
S. 133

GOLDREGENPFEIFER
S. 123

HIRTENREGENPFEIFER
S. 121

WATVÖGEL IM FLUGE

Alle im Ruhekleid

ALPENSTRANDLÄUFER
S. 127

TEMMINCKSTRANDLÄUFER
S. 127

ZWERGSTRANDLÄUFER
S. 127

SICHELSTRANDLÄUFER
S. 127

KNUTT S. 129

SANDERLING S. 129

STEINWÄLZER
S. 123

ODINSHÜHNCHEN
S. 129

MEERSTRANDLÄUFER
S. 129

FLUSSREGENPFEIFER
S. 121

SANDREGENPFEIFER
S. 121

SEEREGENPFEIFER
S. 121

WEISSBÜRZEL-STRANDLÄUFER
Calidris fuscicollis
Ähnlich Sichelstrandläufer, aber kurzschnäbliger. (N-Amerika).

SANDSTRANDLÄUFER
Calidris pusilla
Grauer als Wiesenstrandläufer, mit kräftigerem Schnabel. Dunkle Beine. (N-Amerika).

WIESENSTRANDLÄUFER
Calidris minutilla
Kleiner, dunkler und grauer als Zwergstrandläufer (S. 127), aber mit helleren Beinen. (N-Amerika).

GRAUBRUST-STRANDLÄUFER
Calidris melanotos
Scharfe Grenze zwischen gestreifter Brust und weißem Bauch. (N-Amerika, Sibirien).

SPITZSCHWANZ-STRANDLÄUFER
Calidris acuminata
Scheitel rötlicher als beim Graubruststrandläufer; Brustfärbung im Sommer nicht so scharf begrenzt. (O-Sibirien).

BAIRDSTRANDLÄUFER
Calidris bairdii
Kopf und Brust bräunlich. Im Sitzen überragen die Schwingen das Schwanzende. (N-Amerika).

AMERIKANISCHER UFERLÄUFER
Tringa macularia
Im Winter wie Flußuferläufer (S. 133), im Sommer unten auffallend gefleckt (N-Amerika).

GRASLÄUFER
Tryngites subruficollis
Der einzige kleine Watvogel mit ganz gelbbrauner Unterseite, kurzem Schnabel und gelben Beinen. Bewohnt trockenes Gelände. (N-Amerika).

BERGSTRANDLÄUFER
Calidris mauri
Ziemlich langer leicht gebogener Schnabel; im Sommer oben rostfarben, Beine schwarz. (N-Amerika).

EINSIEDELWASSERLÄUFER
Tringa solitaria
Wie ein kleiner Waldwasserläufer (S. 133), aber mit schwarzem Bürzel (N-Amerika).

BINDENSTRANDLÄUFER
Micropalama himantopus
Langer Schnabel, lange Beine, keine Flügelbinde, im Sommer gebänderte Unterseite. (N-Amerika).

GROSSER GELBSCHENKEL
Tringa melanoleuca
Wie ein großer, aber gelbbeiniger Grünschenkel (S. 131) mit weniger ausgedehntem Weiß am Bürzel. (N-Amerika.)

GELBSCHENKEL
Tringa flavipes
Wie ein schlanker Rotschenkel (S. 131) mit gelben Beinen, aber ohne Weiß im Flügel. Ruft weich „kju-kju" (N-Amerika).

PRÄRIELÄUFER
Bartramia longicauda
Auffallend langer rostroter Schwanz; gebänderte Unterseite. Flug ähnlich Flußuferläufer (S. 133). Im trockenen Gelände, sitzt gern auf Pfählen. (N-Amerika).

GROSSER SCHLAMMLÄUFER
Limnodromus scolopaceus
Wie eine große Bekassine, aber mit weißem Hinterrücken und Bürzel; Flanken gebändert. Ruft „kiehk", höher als Kleiner Schlammläufer. (N-Amerika, O-Sibirien).

KLEINER SCHLAMMLÄUFER
Limnodromus griseus
Schnabel gewöhnlich kürzer als beim Großen Schlammläufer, Flanken gefleckt. Ruft „tju-tju-tju", ähnlich Gelbschenkel. (N-Amerika).

Brachvögel (Gattung *Numenius*). Große, langbeinige, weißbürzelige Watvögel, die im Sitzen einfarbig braun wirken. Der lange Bogenschnabel und die im Flug das Schwanzende überragenden Beine unterscheiden sie auf den ersten Blick von den ähnlich gefärbten Jungmöwen.

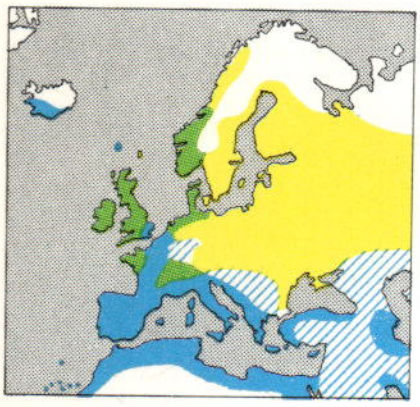
1

GROSSER BRACHVOGEL *Numenius arquata*. Der größte weißbürzelige braune Watvogel, der auch zu den am weitesten verbreiteten Arten gehört. Sein reiches Stimmrepertoire umfaßt klangschöne, voll flötende „tlaüh, traüih"- und „kwikwikwik . . ."-Reihen, die zum eigentlichen Balzroller übergehen können, der weich mit „wüi wüi" einsetzt und dann immer rascher ins „Rollen" kommt. Auf weiten Wiesen, verheideten Mooren und Sanddünen. Auf dem Zuge auch im Wattenmeer. 53–58 cm. ◑ (1)

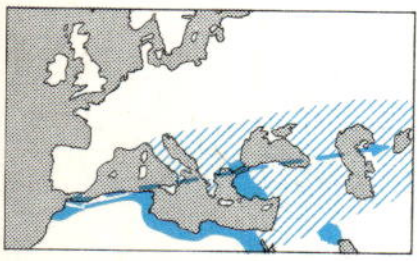
2

DÜNNSCHNABEL-BRACHVOGEL *Numenius tenuirostris*. Mit großen dunklen Flecken an den Flanken, Bürzel und Bauch reiner weiß als bei den beiden anderen Brachvogel-Arten. Kleiner und schlanker als Großer B., ohne die für den Regenbrachvogel typische Scheitelzeichnung. 41 cm. △ (2)

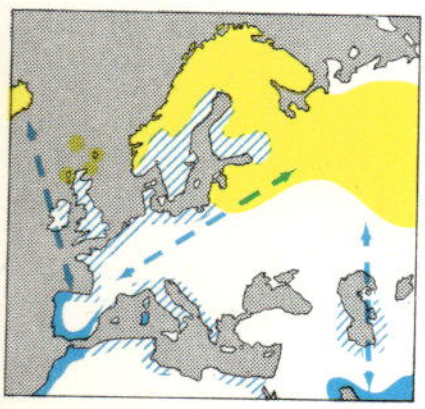
3

REGENBRACHVOGEL *Numenius phaeopus*. Bedeutend kleiner als der Große B., von dem er sich auch durch schnellere Flügelschläge, durch einen kichernden Triller und aus der Nähe durch einen hellen und 2 dunkle Scheitelstreifen unterscheidet. Der Bogenschnabel unterscheidet ihn auch von den Uferschnepfen, die überdies im Brutkleid rostrot sind. Die Balzstrophe erinnert an die des Großen B. Im hohen Norden, auf arktischen und subarktischen Mooren. 41 cm. ○ (3)

Uferschnepfen (Gattung *Limosa*). Ziemlich große Watvögel, die sich von den Brachvögeln durch ihren geraden Schnabel und im Sommer durch ihr rostrotes Gefieder unterscheiden.

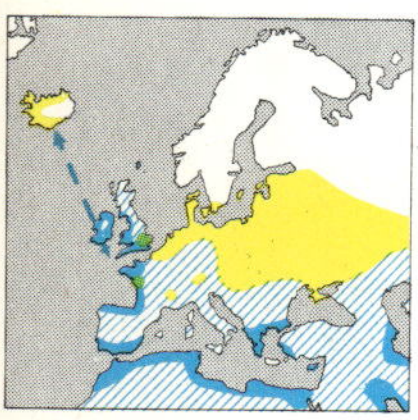
4

UFERSCHNEPFE *Limosa limosa*. Im Fluge von den Brachvögeln und der Pfuhlschnepfe leicht an der weißen Flügelbinde und auch am schwarz-weißen Schwanz zu unterscheiden. Flugruf „gritta, gritta, gritta" und am Brutplatz auch ein kiebitzähnliches „tiü-i-tiü" und grünschenkelähnliches „wik-ik-ik". Balzstrophe jodelnd und klangvoll „delödjoh, delödjoh . . ." Brütet auf feuchten Wiesen und Heiden. Auf dem Zuge an Binnengewässern und an der Küste. 41 cm. ◑ (4)

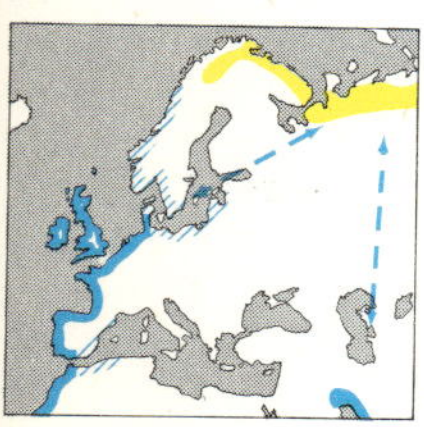
5

PFUHLSCHNEPFE *Limosa lapponica*. Im Ruhekleid wie ein geradschnäbeliger Regenbrachvogel. Etwas kleiner als Uferschnepfe, von der sie sich auch durch etwas aufgeworfenen Schnabel, das Fehlen einer weißen Flügelbinde, den gebänderten statt schwarz-weißen Schwanz und die kürzeren, im Fliegen das Schwanzende kaum überragenden Beine unterscheidet. Flugruf „kirrök, kirrök" oder rauh „gäg, ägägäg". Schneller Flug in oft großen Trupps, die wie Knutt (S. 129) und Alpenstrandläufer (S. 127) zu Flugmanövern neigen. Brütet in sumpfigen Teilen der Tundra. 38 cm. ○ (5)

WATVÖGEL: BRACHVÖGEL, UFERSCHNEPFEN

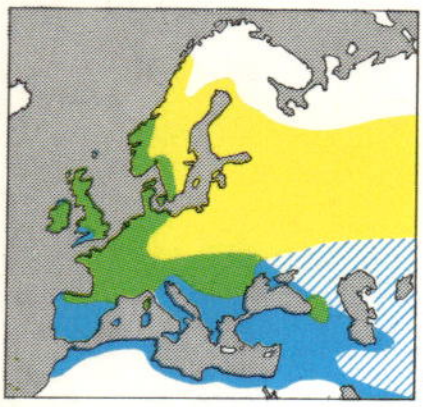

1

WALDSCHNEPFE *Scolopax rusticola.* Unter allen Watvögeln der einzige heimliche Waldvogel von schwach Rebhuhngröße, der wie das Fallaub gefärbt, dämmerungsaktiv und deshalb tagsüber kaum zu beobachten ist. Größer, plumper und langsamer im Fluge als Bekassine. Balzflug, der „Schnepfenstrich", beginnt von Mitte März an in der Abenddämmerung, gewöhnlich erst dann, wenn der erste Stern zu sehen ist. Geräuschlosen Fluges, aber „pssieb" (Puitzen) oder „kworr" (Murksen) rufend, streichen vorwiegend ♂ niedrig über Wald und Schneisen. Wirkt im Fluge dick und kurzschwänzig, am langen Schnabel, der abwärts gerichtet ist, zu erkennen. 34 cm. ● (1)

Bekassinen (Gattungen *Gallinago* und *Lymnocryptes*). Mittelgroße braune Watvögel mit langem Schnabel und kurzen Beinen, in Sümpfen, Mooren, feuchten Wiesen und Heiden brütend. Im Winter auch an bewachsenen Ufern der Binnengewässer.

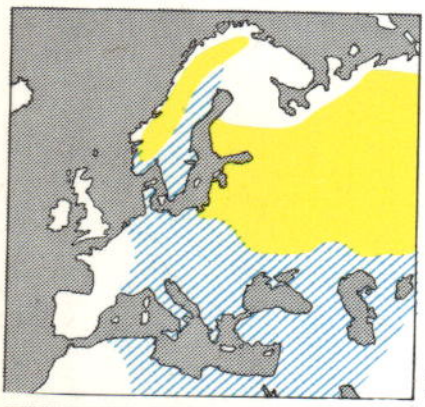

2

DOPPELSCHNEPFE *Gallinago media.* Kaum größer als Bekassine, von der sie nur schwer zu unterscheiden ist, vor allem an den mehr weißen Schwanzkanten, was aber nur im Fluge zu sehen ist. Fliegt langsamer und schwerfälliger und nicht im Zickzack auf, bleibt dabei meist stumm, wogegen die Bekassine „rätscht". Auf dem Zuge oft an trockeneren Plätzen als die Bekassine, z. B. auf Stoppelfeldern. 28 cm. 8 (2)

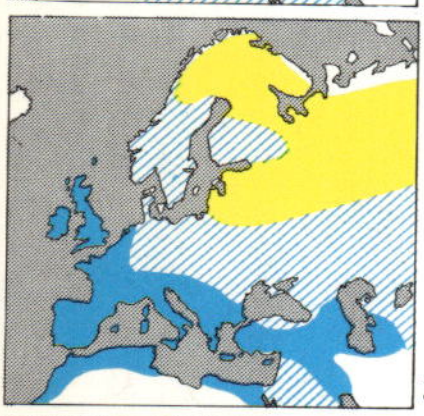

3

ZWERGSCHNEPFE *Lymnocryptes minimus.* Wie eine kleine Bekassine mit viel kürzerem Schnabel, zwei schmalen statt eines breiten hellen Scheitelstreifens und langsamerem, nicht zickzackweisendem Flug, der bald wieder in Deckung führt. Ohne Weiß im Schwanz. Fliegt oft stumm auf oder höchstens mit einem leisen Ruf. Trommelt bei der Balz so, daß es wie das entfernte Galoppieren eines Pferdes klingt. Nistet in Sümpfen. Im Winter an offenen Gewässern. 19 cm. 8 (3)

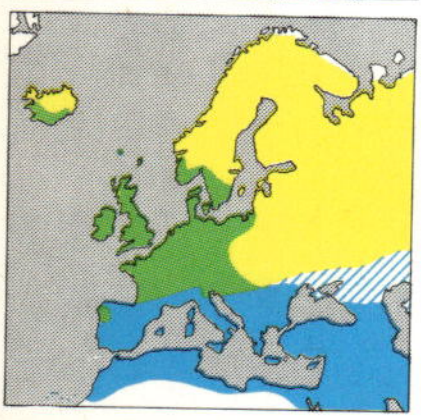

4

BEKASSINE *Gallinago gallinago.* Der relativ lange Schnabel, das Zickzackfliegen und das „Rätschen" beim Auffliegen sowie das „Meckern" beim Balzflug (ein durch Vibrieren der gespreizten Schwanzfedern beim Absturz erzeugtes Brummen) sind typisch für die Bekassine. Fußt gern auf niedrigen Warten (Zäune, Bäume) und ruft auch monoton „tüke, tüke, tüke ..." In Sümpfen und Mooren, auf dem Zuge gern auf feuchten Wiesen; auch an Binnengewässern. 27 cm. ◐ (4)

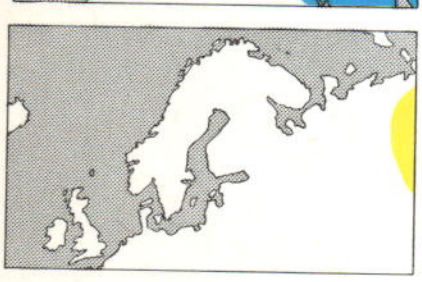

5

SPIESSBEKASSINE *Gallinago stenura.* Ganz ähnlich der Bekassine, aber eine Spur dunkler, Achseln und Unterflügeldecken etwas kräftiger und dunkler gebändert. Schnabel kürzer. Öfters auf trockenem Boden. 27 cm. (5)

GOLDSCHNEPFEN: *Rostratulidae*

6

GOLDSCHNEPFE *Rostratula benghalensis.* Auffallend gemustert, langbeiniger als Bekassine, mit kürzerem, an der Spitze abwärts gebogenem Schnabel. ♀ prächtiger gefärbt als ♂, vor allem schön rostbraun an Hals und Vorderbrust, wo ♂ graubraun ist. ♀ ruft bei der Balz wiederholte „uhk" und krächzt tief. Fliegt mit baumelnden Beinen; an den Schwingenspitzen der runden Flügel große runde rahmfarbene Flecken. In Sümpfen und an dicht bewachsenen Ufern der Binnengewässer. 25 cm. (6)

WATVÖGEL: SCHNEPFEN, GOLDSCHNEPFEN

TRIELE: *Burhinidae.* Ziemlich große bodenfarbige Vögel der offenen Landschaft, mit großem Kopf, großen gelben Augen und auffällig geschwollenen Fersengelenken („Dickfuß"), von nächtlicher Lebensweise.

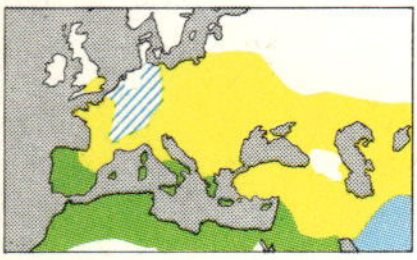
1

TRIEL *Burhinus oedicnemus.* Leicht vom Großen Brachvogel (S. 139) durch den kurzen, an der Wurzel gelben geraden Schnabel zu unterscheiden. Großer runder Kopf, gelbe Beine und weißliche Flügelbinde auch im Sitzen sichtbar; im Fluge zwei weißliche Binden. Ruft klagend, dem Brachvogel ähnlich „ku-ri", oft nachts zu hören. Rennt geduckt, drückt sich gern. Auf trockenem steinigem Gelände, in der Heide, Steppe u. Halbwüste. 41 cm. ◑ (1)

2

SENEGALTRIEL *Burhinus senegalensis.* Eine kleinere Ausgabe unseres Triel, die in Ägypten vorkommt und von jenem dadurch unterschieden ist, daß er im Flug nur e i n e weiße Flügelbinde zeigt, die im Sitzen nicht zu sehen ist. Ruft mehr nasal oder metallisch. In sandigen Flußbetten, Weingärten u. dgl. 38 cm. (2)

● **BRACHSCHWALBEN** und **RENNVÖGEL:** *Glareolidae.* Kleinere regenpfeiferartige Vögel mit ziemlich langen Beinen und spitzen Schnäbeln. Geschlechter gleich. Die Rennvögel oder Wüstenläufer recken sich gern mit ausgestrecktem Hals auf die Zehenspitzen hoch, um die Umgebung zu mustern. Die Brachschwalben *(Glareola)* wirken auf dem Boden wie Regenpfeifer, aber wie Schwalben in der Luft mit ihren langen spitzen Flügeln und dem schwarz-weißen Gabelschwanz. Beine kurz, Schnabel kurz, schwarz mit roter Wurzel.

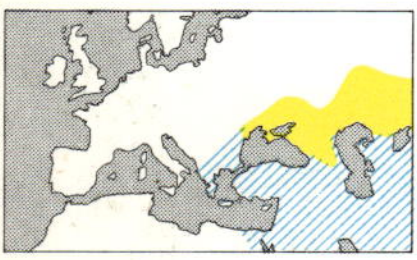
3

SCHWARZFLÜGELBRACHSCHWALBE *Glareola nordmanni.* Eine osteuropäische Art, die in Europa und Nordafrika nur als Irrgast erscheint. Am besten von der Brachschwalbe zu unterscheiden, wenn sie die Flügel in Ruhestellung lüftet und die schwarzen Unterflügel zu sehen sind; auch fehlt den Armschwingen die weiße Kante. 25 cm. △ (3)

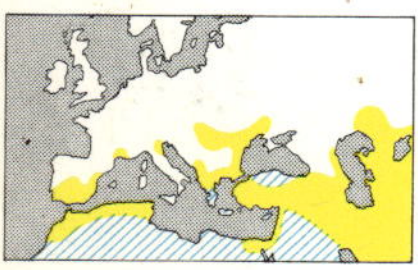
4

BRACHSCHWALBE *Glareola pratincola.* Typische Kehlzeichnung und kastanienbrauner Unterflügel, der freilich im Fluge recht schwarz wirkt und nur gut zu sehen ist, wenn der Vogel landet oder abfliegt. Im Fluge auch weißer Bürzel und schwarzer Gabelschwanz charakteristisch. Immat. mit schwärzlicher Streifung an der Kehle und breiterem, aber unvollständigem schwarzem Halsband. Gesellig, in Trupps oft gewandt auf Fluginsekten jagend. Mit seeschwalbenähnlichem Schnattern lärmend, vor allem im Schwarm. Auch dämmerungsaktiv. In offenen Steppen und Savannen, über trockenen Schlammflächen und kahlen Ufern von Binnengewässern. 25 cm. △ (4)

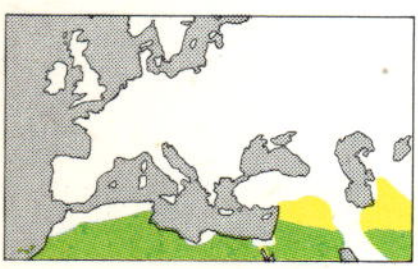
5

RENNVOGEL *Cursorius cursor.* Sandfarben, so daß er auf Wüstenboden kaum zu sehen ist, aber mit typischer Kopfzeichnung und auffallenden schwarzen Handschwingen und schwarzen Unterflügeln, die aber nur im schnellen Flug zu sehen sind. Zieht es meist vor, sich am Boden zu drücken, rennt flink und ruckweise. Ziemlich schweigsam, Flugruf rauh „häk". In Wüsten und Halbwüsten. 23 cm. △ (5)

6

KROKODILWÄCHTER *Pluvianus aegyptius.* Unverkennbar gezeichnet. Trippelt sehr rasch am Ufer der Flüsse, verharrt ruckartig. Ruft sanft „tsi-tsi-tsi" oder „tihp-tihp-tihp". In Ägypten, heute selten. 20 cm. (6)

WATVÖGEL: TRIELE, BRACHSCHWALBEN, RENNVÖGEL

RAUBMÖWEN: *Stercorariidae.* Dunkle möwenähnliche Seevögel, bekannt als Nahrungsschmarotzer, die andere Vögel, vornehmlich Möwen und Seeschwalben, verfolgen und sie so zum Erbrechen ihrer Beute zwingen, die sie oft noch im Fallen auffangen. Die Zielstrebigkeit, mit der sie ihren Opfern folgen, ist deutlich verschieden von gelegentlichen flüchtigen Räubereien junger Möwen. Von diesen auch durch weißes Flügelfeld unterschieden (doch kommen helle Flügelflecke auch gelegentlich bei Jungmöwen vor), ferner durch mehr gewinkelte Flügel. Ad. treten mit Ausnahme der Skua in zwei Farbphasen (hell und dunkel) auf und haben verlängerte mittlere Steuerfedern, was bei immat. kaum zu sehen ist. Hakenschnabel! Sie brüten in öden Mooren und der Tundra, wandern auf dem Zuge an Küsten entlang und im Winter weit auf See, so daß sie selten im Binnenland erscheinen. Nest am Boden. Ad. greifen Störenfriede heftig und oft tätlich an.

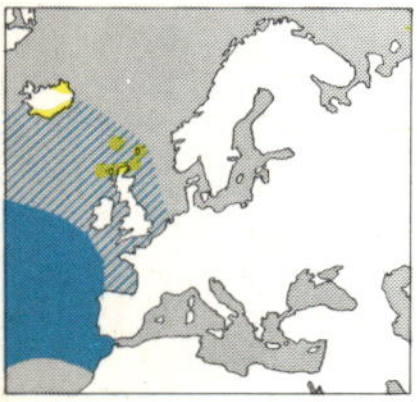
1

SKUA *Stercorarius skua.* Oberflächlich wie eine unausgefärbte Silbermöwe (S. 151), aber mit kürzerem Flügel und Schwanz. Größer und kräftiger als andere Raubmöwen und mit deutlicherem weißen Flügelfeld. Ruft tief und guttural „tak-tak", auch rauh „skirr" und bellend „ok-ok-ok". Jagt beharrlich und gewandt anderen Vögeln, selbst Tölpeln, Beute ab. Balzflug weihenartig mit hoch ausschlagenden Flügeln. 58 cm. △ (1)

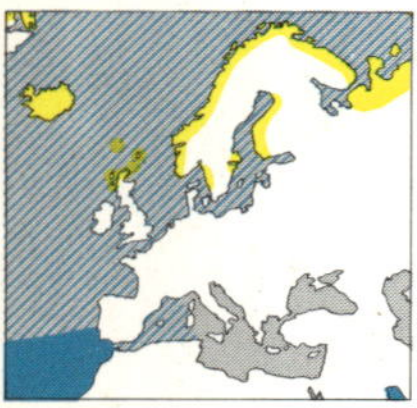
2

SCHMAROTZERRAUBMÖWE *Stercorarius parasiticus.* Ungefähr so groß wie Sturmmöwe (S. 153); Gefieder sehr variabel, da alle Übergänge zwischen beiden Farbphasen vorkommen. Am häufigsten sind braune Vögel mit dunkler Kappe und helleren Wangen oder braune mit gelbem Halsring. Wirkt im allgemeinen viel dunkler als immat. Möwen, von denen sie sich sofort durch die um etwa 10 cm verlängerten spitzen mittleren Steuerfedern unterscheidet; bei immat. überragen sie kaum das Schwanzende. Ruft am Brutplatz klagend „ka-ou" und tiefer „tak-tak". Flug kraftvoll und anmutig, greifvogelartig. 46 cm. ○ (2)

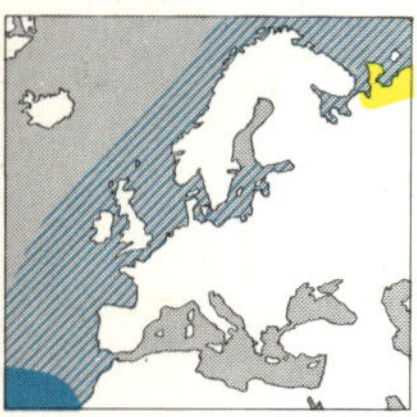
3

SPATELRAUBMÖWE *Stercorarius pomarinus.* Größer als Schmarotzerraubmöwe, von der die Altvögel am besten durch die stumpfen und gedrehten mittleren Steuerfedern, aber immat. nur durch die Größe zu unterscheiden sind. Helle Phase viel häufiger als die dunkle. Ruft scharf „witsch-ju" und ähnlich, möwenähnlicher. Fliegt stetiger als Schmarotzerraubmöwe. 51 cm. ○ (3)

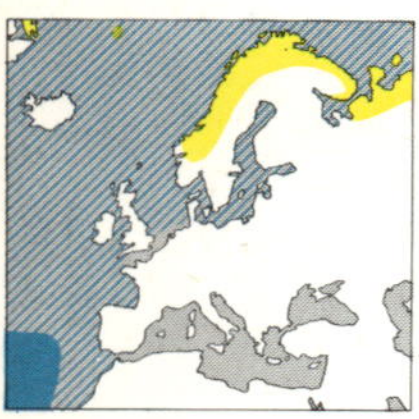
4

FALKENRAUBMÖWE *Stercorarius longicaudus.* Ad. ist die am besten kenntliche und kleinste Raubmöwe, deren mittlere Steuerfedern bis zu 25 cm länger sind als die äußeren. Füße grau, Schnabel schwarz. Dunkle Phase heute extrem selten. Der hellen Phase fehlt gewöhnlich das bei anderen Raubmöwen auftretende Brustband. Immat. durch geringere Größe, zierlicheren Schnabel und viel weniger Weiß im Flügel von denen anderer Raubmöwen zu unterscheiden. Ruft am Brutplatz hoch und schrill „krih", ist aber sonst schweigsam. 51–56 cm. ○ (4)

RAUBMÖWEN
SKUA
helle Phase
dunkle Phase
imm.
SCHMAROTZERRAUBMÖWE
helle Phase
dunkle Phase
imm.
SPATELRAUBMÖWE
imm.
ad.
FALKENRAUBMÖWE

MÖWEN: *Laridae.* Langflügelige Seevögel, einige aber auch im Binnenland. Gute Segelflieger. Meist weiß und oben „mövengrau“ oder schwarzrückig. Gedrungener, breitflügeliger und langbeiniger als Seeschwalben. 2 Kleider: im Ruhekleid verschwinden auffällige Abzeichen (z. B. dunkle Kopfmaske). Immat. meist schlicht bräunlich gestreift und gefleckt. Geschlechter fast gleich. Nester auf dem Boden oder an Felsen.

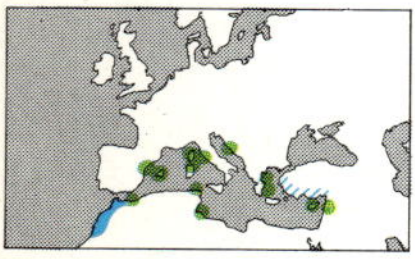
1

KORALLENMÖWE *Larus audouinii.* Die seltenste in unserer Region brütende Möwe, mit nur kleinem Verbreitungsgebiet auf Inseln des Mittelmeeres. In der Größe zwischen Sturm- (S. 153) und Silbermöwe (S. 151), aber von beiden durch schmalere Flügel, schwärzlichgrüne Beine und korallenroten Schnabel mit schwarzem Ringe nahe der gelben Spitze (von ferne wirkt der Schnabel schwarz) unterschieden. Immat. hellbraun mit grauem Scheitel und Hals. Ruft rauh „hau hau“, bei Alarm hausgansähnlich „gagagagag gagagagag . . .“, stimmfühlend leise „gog gog“. Fliegt kraftvoll wie Tölpel (S. 31). 50 cm. (1)

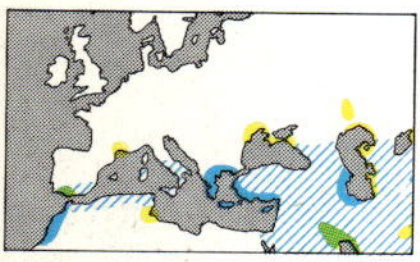
2

DÜNNSCHNABELMÖWE *Larus genei.* Wie eine große Lachmöwe (S. 149) im Ruhekleid mit ähnlicher Flügelzeichnung, aber mit längerem Hals und kräftigerem, dunkler rotem (im Winter gelbem) Schnabel. Im Brutkleid unterseits mit zart-rosa Tönung. Immat. s. S. 157; Beine gelb. Stimme ähnlich Lachseeschwalbe (S. 159), auch andere mehr lachende und möwenähnliche „kau-kau“-Rufe. Brütet an Süß- und Brackwasser, im Winter hauptsächlich an der Küste. 43 cm. (2)

3

HEMPRICHMÖWE *Larus hemprichii.* Eine dunkelbraune Möwe mit weißem Nacken, Bauch und Schwanz; Schnabel grünlichgelb mit schwarzem Ring und roter Spitze. Füße olivgrün, Augen dunkel. Immat. mit braunem Schwanz und weißer Kehle und überwiegend schieferblauem Schnabel. Sitzt gern auf Felsen oder Bojen; schmarotzt ähnlich wie Raubmöwen (S. 145). 42 cm. (3)

4

WEISSAUGENMÖWE *Larus leucophthalmus.* Unterscheidet sich von der ein wenig größeren Hemprichmöwe, mit der sie im gleichen Areal vorkommt, durch das Schwarz an Kopf und Kehle, den weißen Augenring, die hellere Brust, den längeren und schlankeren roten, schwarzspitzigen Schnabel und die gelben Beine. Immat. von immat. Hemprichmöwe durch schwärzlichroten, rotspitzigen Schnabel unterschieden. 41 cm. (4)

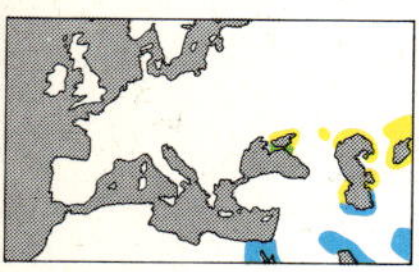
5

FISCHMÖWE *Larus ichthyaetus.* Im Sommer die einzige Großmöwe mit schwarzem Kopf. Weißer Augenring und leuchtend rotes Augenlid. Ähnelt im Ruhekleid einer großen Silbermöwe (S. 151) mit „Schmutzflecken“ am Kopf, weißen Achseln und Oberschwanzdecken. Zu allen Zeiten deutlich dreifarbiger Schnabel und grünliche Beine. Immat. von anderen immat. Großmöwen an der Gestalt des Schnabels zu unterscheiden, der an der Spitze herabzuhängen scheint. Ruft am Brutplatz lachend „kieju-kiejuh-kieju“, sonst auch rauh krächzend „kraapa“. Flug anmutig, oft lange segelfliegend. Unduldsam gegenüber kleineren Möwen. Brütet am Salz- oder Brackwasser und überwintert an der Küste; an Binnengewässern nur auf dem Zuge. 66 cm[1]. (5)

[1] Die **DELAWARENMÖWE,** *Larus delawarensis,* ein Irrgast aus Nordamerika, wurde 1968 zum ersten Male in Europa (bei Braunschweig) nachgewiesen: Ähnlich Sturmmöwe, mit gelbem Schnabel, vor dessen Spitze eine schwarze ringförmige Binde.

juv.
ad.
KORALLENMÖWE
ad. Sommer
DÜNNSCHNABELMÖWE
Sommer
Sommer
HEMPRICHMÖWE
WEISSAUGENMÖWE
ad. Winter
Sommer
FISCHMÖWE

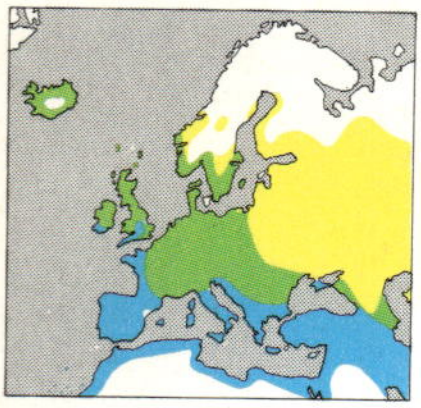

1

LACHMÖWE *Larus ridibundus.* Die kleinste häufig bei uns brütende Möwe; wie Zwerg- und Schwarzkopfmöwe mit roten Beinen und Schnabel. Im Brutkleid mit schokoladenbrauner Kapuze, die sich nicht bis in den Nakken erstreckt und im Ruhekleid durch Weiß mit einigen dunklen Abzeichen ersetzt wird. Im Fluge an dem rein weißen Vorderrand der schwarzspitzigen Flügel zu erkennen. Ruft meist rauh „kwerr" und ähnlich. Flug kraftvoll über längere Strecken, bei manchen Gelegenheiten auch wellig oder etwas seeschwalbenähnlich. Brütet in Sümpfen, auf verschilften Inseln und feuchten Wiesen. Im Winter weit verstreut über Felder und Gewässer, auch an der Küste und im nordwestlichen Europa vielfach typischer Großstadtvogel. 35–38 cm. ● (1)

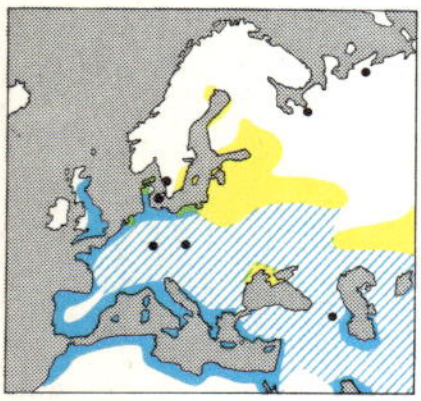

2

ZWERGMÖWE *Larus minutus.* Die kleinste und den Seeschwalben ähnlichste Möwe unserer Region. Von der Lachmöwe im Brutkleid durch schwarze Kapuze, die sich bis zum Nacken erstreckt, unterschieden, im Ruhekleid durch schwärzlichen Schnabel und zu allen Zeiten durch rauchschwarzen Unterflügel und das Fehlen von Schwarz an der Flügelspitze. Unterscheidet sich von Seeschwalben der Gattung *Chlidonias* im Ruhekleid durch weißen, gestutzten, nicht gegabelten Schwanz, rauchschwarzen Unterflügel und das Fehlen eines scharf begrenzten weißen Schulterfleckes. Immat. (S. 156) mit dunklem Zickzackband auf der Oberseite, von immat. Dreizehenmöwe (S. 156) durch Fehlen des dunklen Nackenbandes und gerundeten statt schwach gegabelten Schwanz unterschieden. Ruft ziemlich rauh „kek-kek-kek". Flug graziös und wellig ähnlich *Chlidonias.* Brütet an Binnenseen und Sümpfen. Auf dem Zuge auch an der Küste und über See. 28 cm. ◑ (2)

3

SCHWARZKOPFMÖWE *Larus melanocephalus.* Im Brutkleid wie die Lachmöwe mit dunkler Kapuze, die aber tief schwarz ist und viel weiter am Hals hinabreicht. Untersetzter als die Sturmmöwe (S. 153), mit weißen Flügelspitzen, kräftigem rotem Schnabel und längeren roten Beinen; im Ruhekleid und immat. gewöhnlich mit „schmutzigen" Flecken durchs Auge. Vögel im 2. Jahr mit schwarzen Flügelspitzen, aber ohne weiße Flecken. Ruft höher als Sturmmöwe, aber tiefer als Lachmöwe „kih-er" oder „kek-kek-ke". Flug ziemlich ruckweise, mit flacheren Flügelschlägen als Sturmmöwe. Nistet auf Inseln in Seen und Lagunen; sonst auch in Küstengewässern. 39 cm. (3)

Schwalbenmöwe

BONAPARTE-MÖWE *Larus philadelphia.* Irrgast aus Nordamerika, der sich von der Lachmöwe durch dünneren schwarzen Schnabel und im Brutkleid durch schiefergraue Kapuze unterscheidet. Beine bei ad. orangefarben, Unterseite der Handschwingen weiß. Flug leicht und seeschwalbenartig. 30–35 cm.

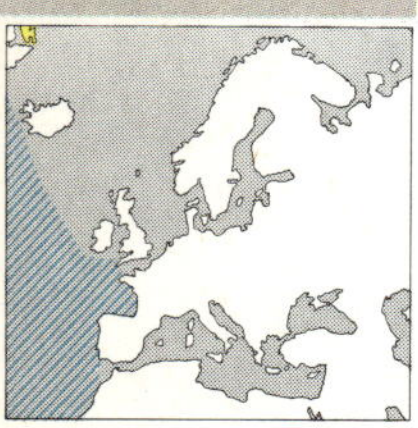

4

SCHWALBENMÖWE *Larus sabini.* Eine kleine, vor allem durch ihren Gabelschwanz seeschwalbenartig wirkende Möwe, von deren auffallend schwarzen Vorderflügeln sich scharf eine weiße Kante abhebt. Den Ad. im Brutkleid die einzige Möwe mit grauer Kapuze. Immat. mit grauem Nacken und schwarzspitzigem Schwanz fehlt das Zickzackband der Oberseite von Dreizehen- und Zwergmöwe. Kreischt seeschwalbenähnlich, aber kürzer. Fliegt leicht und nimmt Nahrung von der Wasserfläche auf. Nistet in der sumpfigen Tundra in der Nähe von Binnen- oder Küstengewässern. Im Winter über dem Meere. 33 cm. △ (4)

ad.
Sommer
ad.
Winter
LACHMÖWE
ad.
Sommer
ad.
Winter
ZWERGMÖWE
ad.
Sommer
ad. Winter
SCHWARZKOPFMÖWE
ad.
Sommer
ad.
Winter
BONAPARTE-MÖWE
ad.
Sommer
ad. Winter
SCHWALBENMÖWE

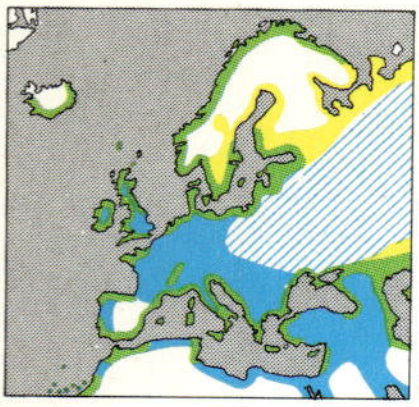
1

SILBERMÖWE *Larus argentatus.* Die gemeinste und verbreitetste Großmöwe, ♂ größer als ♀. Variiert geographisch in Größe und Färbung des Mantels von silbergrau bis schiefergrau. Die westeuropäischen Rassen *argentatus* und *argenteus* sind die hellsten, andere, besonders *heuglini* (Nordwest-Rußland) und *atlantis* (Atlantische Inseln), sind fast so dunkel wie Heringsmöwen. Die Westeuropäer und Skandinavier haben fleischfarbene, alle anderen Rassen gelbe Beine, weshalb Verwechslungen mit Heringsmöwe leicht möglich sind, obwohl die Silbermöwe im allgemeinen größer ist und einen kräftigeren Schnabel hat. Hat viele miauende, klagende, lachende und bellende Rufe, aber am häufigsten ist ein jaulendes „kjau" und ein lautes trockenes „ga-ga-ga". Flug kraftvoll, segelt und gleitet oft. Brütet auf Dünen, Klippen und kleinen Inseln meist an der See, seltener im Binnenland. Im Winter an allen Küsten und auch im Binnenland; besucht auch Müllplätze. 56–66 cm. ◑ (1)

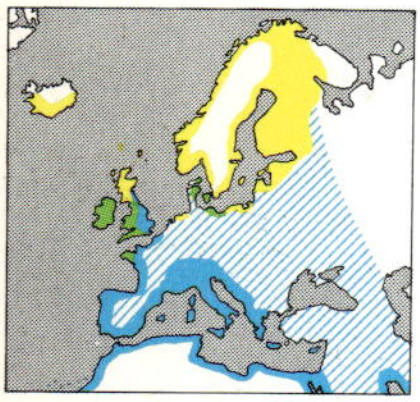
2

HERINGSMÖWE *Larus fuscus.* Herings- und Mantelmöwe sind die beiden einzigen Möwen, die ganz weiß sind mit Ausnahme des dunkelgrauen bis schwarzen Rückens und der ebenso dunklen Flügel. Heringsmöwe ist stets deutlich kleiner als Mantelmöwe, mit schmächtigerem Schnabel und gelben Beinen (aber subad. und Wintervögel können auch fleischfarbene Beine haben). Die westeuropäische Rasse *graellsii* hat einen viel helleren Mantel als Mantelmöwen mit scharf sich abhebenden schwarzen Flügelspitzen, aber bei der skandinavischen Rasse *fuscus* ist der Mantel oft so dunkel wie bei der Mantelmöwe. Vergleiche auch die gelbbeinigen Rassen der Silbermöwe. Ruf ähnlich Silbermöwe; Zugvogel im Norden des Verbreitungsgebietes. 52–56 cm. ⚲ (2)

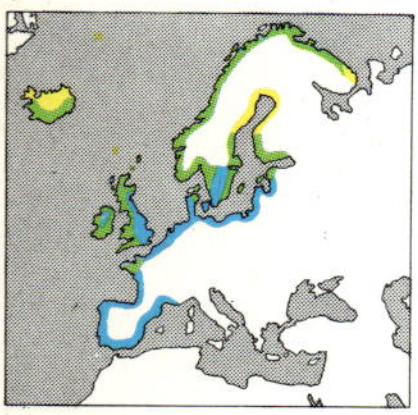
3

MANTELMÖWE *Larus marinus.* Eine größere Ausgabe der Heringsmöwe; Oberseite fast schwarz, Beine zu allen Zeiten fleischfarben. Fliegt schwerfälliger als Heringsmöwe. Stimme gewöhnlich rauh und tief „ouk", am Brutplatz auch ein Kichern. Brütet hauptsächlich auf Meeresinseln und an Felsgestaden, selten am flachen Ufer und im Binnenland. Im Winter mehr auf die Küste beschränkt als Silber- und Heringsmöwe. 64–79 cm. ○ (3)

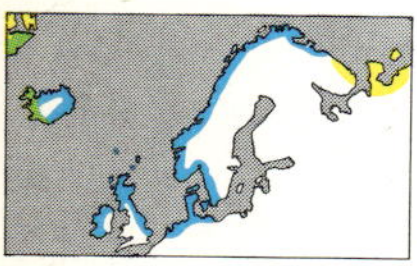
4

EISMÖWE *Larus hyperboreus.* Eis- und Polarmöwen haben beide einen hellgrauen Rücken und rein weiße Handschwingen ohne jedes Schwarz an der Flügelspitze. Die Eismöwe hat aber vor allem einen kräftigeren Schnabel als die Polarmöwe, der ungefähr die Größe des Schnabels der Mantelmöwe erreicht. Die Eismöwe ist sehr variabel in der Größe, sie schwankt zwischen Silber- und Mantelmöwengröße. Von nahem kann man die Farbe des Augenringes erkennen: gelb bei der Eismöwe, rot bei der Polarmöwe. Rudert mit schwerfälligen Flügelschlägen ganz im Gegensatz zu dem schnellen, fast dreizehenmöwenartigen Flug der Polarmöwe. Brütet an Felsküsten und besucht flache Küsten und Häfen im Winter, aber selten im Binnenland. Bastarde mit der Silbermöwe sind in Island häufig. 64 bis 81 cm. ○ (4)

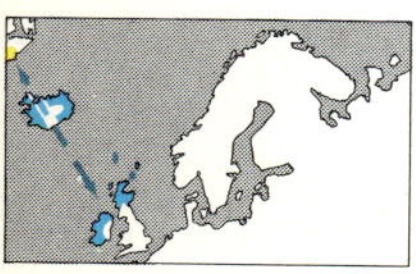
5

POLARMÖWE *Larus glaucoides.* Eine kleine Ausgabe der Eismöwe, mit kleinerem Kopf und schlankerem Schnabel, etwa wie bei der Sturmmöwe (S. 153), und mit leichterem Flug, aber Stimme, Verhalten und Aufenthalt ganz ähnlich Eismöwe. 56–66 cm. △ (5)

ad.
ad.
SILBERMÖWE
ad.
ad.
HERINGSMÖWE
ad.
ad.
MANTELMÖWE
ad.
ad.
EISMÖWE
ad.
ad.
POLARMÖWE

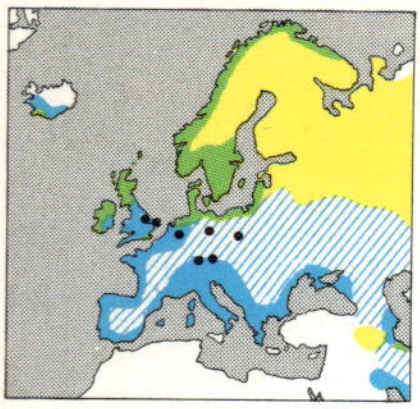
1

STURMMÖWE *Larus canus*. Wie eine kleine Silbermöwe (S. 151), aber ad. leicht zu erkennen an gelblichgrünen Beinen und Schnabel; Schnabel zierlicher und ohne roten Fleck im Spitzenteil. Von Lachmöwen im Ruhekleid (S. 154) durch Schnabel- und Beinfarbe, durch weiße Flecke in der stumpferen schwarzen Flügelspitze und Fehlen des weißen Vorderflügels unterschieden. Vergleiche auch Dreizehen- und Schwarzkopfmöwe (S. 149). Ad. im Ruhekleid ähnlich Silbermöwe am Kopf aschbraun gestreift. Ruft meist ziemlich schwach, aber hoch, ähnlich Silbermöwe „kjau", auch ein kollerndes „kak-kak-kak", das man oft von Durchzüglern im Frühjahr hört. Fliegt anmutiger als Silbermöwe, aber schwerfälliger als Lachmöwe. Schmarotzt bei kleineren Möwen und Seeschwalben. Brütet an felsigen, sandigen und kiesigen Küsten und auf Meeresinseln, auch an Binnengewässern. Im Winter weit verstreut über Küsten, Flußmündungen und Felder, mancherorts zunehmend in Städten. 41 cm. ◑ (1)

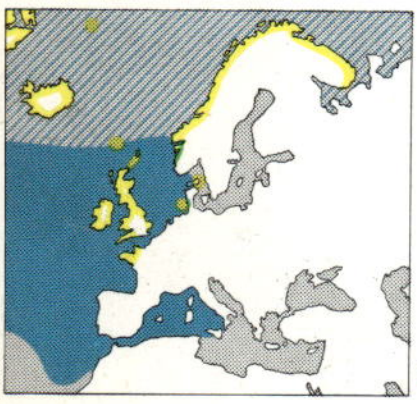
2

DREIZEHENMÖWE *Rissa tridactyla*. Ad. wie eine zierliche Sturmmöwe, aber ohne weiße Flecken an den schwarzen Flügelspitzen, mit schwarzen Beinen und im Winter mit einfarbig grauem Kopf und Nacken. Immat. (S. 156) mit schwarzem Nackenband und im Fluge durch auffallendes schwarzes Zickzackband und schwarz gesäumtes, schwach gegabeltes Schwanzende gekennzeichnet. Vergleiche aber auch Schwanz und Zickzackband von immat. Zwergmöwe (S. 156). In den Brutkolonien ist die Luft von ohrenbetäubendem Geschrei erfüllt, das wie „kiti-week" klingt (daher der engl. Name „Kittiwake"). Flug anmutig und kraftvoll; folgt gewöhnlich Schiffen. Brütet auf Simsen und in Nischen an senkrechten Felsen, ausnahmsweise auch auf Häusern oder Dünen an der See. Im Winter hauptsächlich auf See, gelegentlich an der Küste oder gar im Binnenland. 41 cm. ◑ (2)

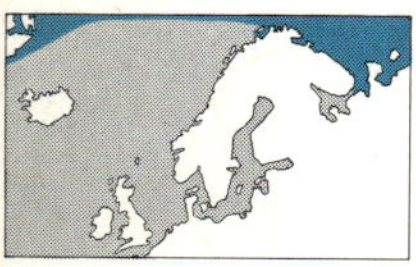
3

ELFENBEINMÖWE *Pagophila eburnea*. Ad. ist die einzige rein weiße mittelgroße Seemöwe unserer Region, die im Winter keine dunkle Streifen oder „Schmutzflecken" am Kopf hat. Brust ganz schwach rötlich angehaucht, Schnabel gelb mit roter Spitze, kurze Füße schwarz-roter Ring ums schwarze Auge. Immat. (S. 156) mit einzigartiger Zeichnung: graue „Schmutzflecke" an Gesicht und Kehle, grauer Schnabel, und Oberseite dunkel gesprenkelt. Ruft rauh „ki-er", „kri-kri" u. ä. Flug leicht, seeschwalbenartig. Nicht oft auf dem Wasser zu sehen. Nistet an Felsen in Seenähe und bleibt auch im Winter gewöhnlich am Rande des Packeises. 44 cm. (3)

ROSENMÖWE *Rhodostethia rosea*. Irrgast aus Nordostsibirien. Kleiner als Lachmöwe, ad. im Brutkleid unverkennbar durch schwarzen Halsring. Unterseite rosenrot überlaufen. Füße rot, Schnabel schwarz. Schwanz keilförmig. Im Ruhekleid (S. 154) ohne schwarzen Halsring und mit nur blaß-rosa Anflug. Immat. ähnlich immat. Schwalbenmöwe, aber am keilförmigem Schwanz kenntlich. Stimme höher als die anderer Möwen, vielseitig, am häufigsten „a-uo, a-uo" und „klau". Fliegt seeschwalbenartig mit langen spitzen angewinkelten Flügeln. Brütet in der sumpfigen und der bewaldeten Tundra. Im Winter an den arktischen Küsten und auf See. 32 cm. △

STURMMÖWE

DREIZEHENMÖWE

ELFENBEINMÖWE

ROSENMÖWE

MÖWEN IM RUHEKLEID: ad.

SCHWARZKOPFMÖWE
S. 149

LACHMÖWE
S. 149

BONAPARTE-MÖWE
S. 149

DÜNNSCHNABELMÖWE
S. 147

ZWERGMÖWE
S. 149

SCHWALBENMÖWE
S. 149

ROSENMÖWE
S. 153

EISMÖWE
S. 151

MÖWEN IM WINTER

Alle im Brutkleid dunkelköpfigen Möwen verlieren im Winter die dunkle Kapuze und sind dann am besten von anderen, gleich großen Möwen durch einzelne dunkle Schattenflecke an den Kopfseiten statt schwacher Nackenstreifung zu

MÖWEN IM RUHEKLEID:
2. Winter und ad.

unterscheiden; die Fischmöwe besitzt beides. Schwarzkopf- und Zwergmöwe ohne schwarze Flügelspitze; Lach- und Bonaparte-Möwe mit weißem Feld im Vorderflügel; Schwalbenmöwe mit viel Schwarz im Flügel. Von den Möwen mit Nackenstreifung haben Eis- und Polarmöwe kein Schwarz im Flügel.

UNAUSGEFÄRBTE MÖWEN

Anfangs braun, gewöhnlich mit dunkler Schwanzendbinde. Mit jeder Mauser dem Alterskleid ähnlicher. Die Bestimmung junger Möwen ist schwierig. Die kleineren Arten sind nach 2, die größeren erst nach 4 Jahren ausgefärbt. Silber- und Heringsmöwe sind im 1. Winter praktisch ununterscheidbar; vom 2. Winter (S. 155) an beginnt die unterschiedliche Mantelfärbung zu erscheinen.

Die junge Mantelmöwe ist durch Größe, kräftigen Schnabel und im allgemeinen dunklere Färbung von Kopf und Unterseite gekennzeichnet. Die junge Sturmmöwe ist heller als junge Silbermöwen, besonders am Schwanz. Junge Eis- und Polarmöwen können heller erscheinen als alle anderen Möwen, ausgenommen alte Elfenbeinmöwen (S. 153). Junge Dreizehen-, Zwerg- und Rosenmöwen mit dunklem Diagonalband über den Flügel.

SEESCHWALBEN: *Sternidae.* Die meisten Seeschwalben ähneln graziösen kleinen Möwen mit längeren, schmäleren Flügeln, tief gegabeltem Schwanz und dünnerem, spitzerem Schnabel, der fast senkrecht abwärts weist, wenn sie im anmutigen Flug rütteln und nach Fischen stoßtauchen. Die meisten Seeschwalben, ausgenommen die Gattung *Chlidonias,* sind ganz grau und weiß mit weißen Flügelspitzen und schwarzer Kopfkappe; im Ruhekleid mit weißer Stirn. Juv. oben braun gesprenkelt. Sommervögel, Koloniebrüter, sehr laut in den Brutkolonien, Nester immer auf dem flachen Boden, gewöhnlich auf Sand- oder Kiesstrand.

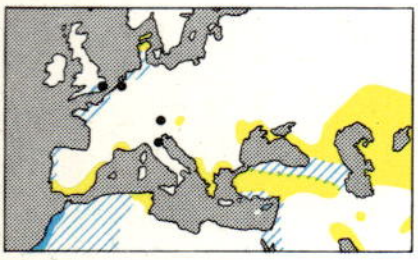
1

LACHSEESCHWALBE *Gelochelidon nilotica.* Sehr ähnlich Brandseeschwalbe, aber mit viel kürzerem, dickerem und ganz schwarzem Schnabel, mit grauem Bürzel und Schwanz, mit breiteren Flügeln und kräftigerem Körperbau. Am Boden an längeren Beinen kenntlich. Ad. im Ruhekleid mit mehr Weiß am Kopf als die meisten Seeschwalben. Immat. mit hellen Abzeichen auf der Oberseite, mit weißer Stirn und rötlichen Beinen. Ruft lachend „hähghäghäg" oder „keewek". Fliegt möwenartiger als die anderen Seeschwalben. 38 cm. (1)

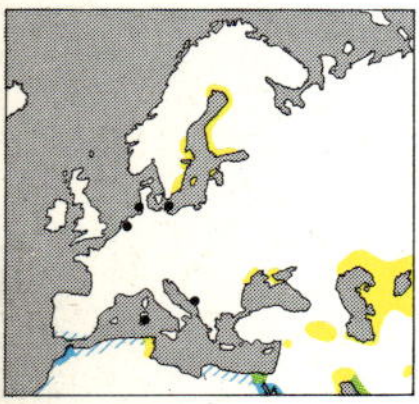
2

RAUBSEESCHWALBE *Hydroprogne caspia.* Die größte Seeschwalbe unserer Region, mit sehr derbem rotem Schnabel und gegabeltem Schwanz. Im Ruhekleid unterscheiden sie weißgestreifte Stirn und dunkle Unterseite der Handschwingen von der Königsseeschwalbe. Immat. wie ad. im Ruhekleid mit dunklen Abzeichen auf der Oberseite und schwarzspitzigem Schwanz. Ruft tief „käh". Flug mehr möwenartig. Hauptsächlich im Küstenbereich. 53 cm. (2)

KÖNIGSSEESCHWALBE *Sterna maxima.* Fast so groß und kräftig wie Raubseeschwalbe, aber im Brutkleid mit orangegelbem Schnabel und deutlicherer Haube, im Ruhekleid (aber nicht während der Mauser) mit ungestreifter weißer Stirn und zu allen Zeiten mit tiefer gegabeltem Schwanz, hellerer Unterseite der Handschwingen und höherer Stimme, einem trillernden „kirr". Brütet an der Küste Nord-Mauretaniens; im Winter nordwärts bis Tanger und als Irrgast in Europa. 50 cm.

3

EILSEESCHWALBE *Sterna bergii.* Merklich größer als Brandseeschwalbe, ad. von der Rüppellseeschwalbe nur durch die Größe, den gelberen Schnabel und das dunkler graue Gefieder zu unterscheiden, aber immat. offenbar ohne schwarze Flügelbinde. 48 cm. (3)

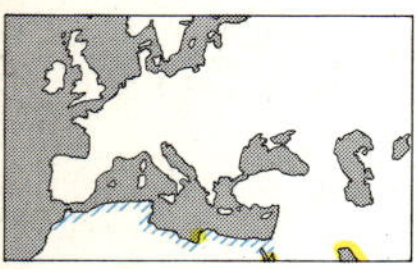
4

RÜPPELLSEESCHWALBE *Sterna bengalensis.* Am besten von Brand- und Lachseeschwalbe durch geringere Größe, orangegelben Schnabel und schmales weißes Band an der Stirn auch im Brutkleid zu unterscheiden, von der Lachseeschwalbe auch durch längeren Schnabel und gelbe Fußsohlen. Immat. von immat. Brandseeschwalbe durch schwärzliches Band über der Schulter und schwarze äußere Schwanzfedern unterschieden. Vgl. auch Eilseeschwalbe. 36 cm. (4)

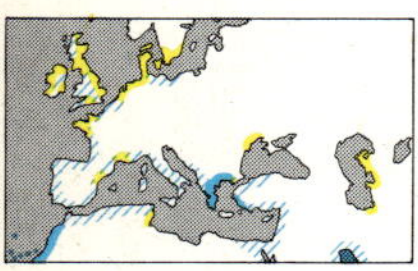
5

BRANDSEESCHWALBE *Sterna sandvicensis.* Größer als jede der auf S. 161 abgebildeten Seeschwalben, von der Flußseeschwalbe durch die weiße Oberseite, den gelbspitzigen schwarzen Schnabel, die gelben Sohlen der schwarzen Füße, den weniger tief gegabelten Schwanz, die im Wind gesträubten Hinterhauptsfedern, den schwerfälligeren Flug und die Stimme, ein kratzendes „kirrik", unterschieden. Immat. an Kopf und Nacken braun, Schwanz mit schwärzlicher Spitze. Fast ausschließlich an den Küsten. 41 cm. ◐ (5)

juv.
Winter
LACHSEESCHWALBE
Sommer
Winter
RAUBSEESCHWALBE
Sommer
Winter
KÖNIGS-
SEESCHWALBE
Sommer
Winter
EILSEESCHWALBE
Sommer
Winter
RÜPPELL-
SEESCHWALBE
Sommer
Winter
BRANDSEESCHWALBE
Sommer

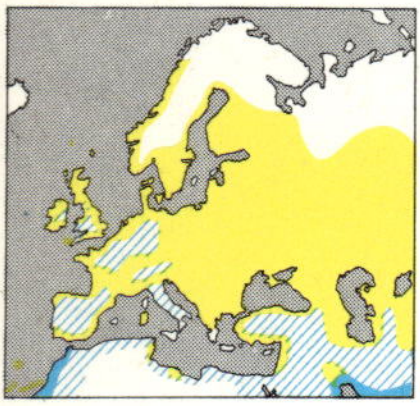

1

FLUSSSEESCHWALBE *Sterna hirundo.* Im allgemeinen die häufigste und am weitesten verbreitete Seeschwalbe unserer Region, äußerst ähnlich der Küstenseeschwalbe. Sicherste Feldkennzeichen Schnabelfarbe (orangerot mit schwarzer Spitze bei der Fluß-, blutrot bei der Küstenseeschwalbe) und Beinlänge (viel kürzer bei der Küstenseeschwalbe).Im Winter haben beide Arten schwärzliche Schnäbel, im Frühjahr kann auch die Küstenseeschwalbe schwarze Schnabelspitze haben, die erst im vollen Brutkleid verschwindet. Im Fluge erscheinen bei der Küstenseeschwalbe von unten alle Handschwingen durchsichtig, bei der Flußseeschwalbe nur die innersten 4. Die meisten Flußseeschwalben haben viel hellere, auffallend mit dem grauen Rücken konstrastierende Brust und Unterseite als die meisten Küstenseeschwalben. Juv. von juv. Küstenseeschwalben durch die helle, fleischfarbene (nicht schwarze) Basalhälfte des Schnabels, die bräunliche Tönung von Kopf und Rücken (bei der Küstenseeschwalbe fehlend), die viel auffallenderen schwarzen Schultern (bei ruhenden Vögeln) und das schwarze Band am Vorderflügel (im Fluge) und eine breite düstere (nicht schmale schwarze) Binde an der Hinterkante des Flügels (von unten gesehen) zu unterscheiden. Stimme kreischend und abfallend „krihärrr", „kirri-kirri" und keckernd „kikikikik". Brütet an Binnengewässern und an der Küste. Im Winter an südlichen Gestaden. 35 cm. ◑ (1)

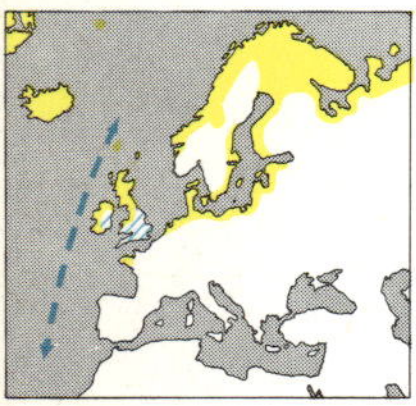

2

KÜSTENSEESCHWALBE *Sterna paradisaea.* Sehr ähnlich der Flußseeschwalbe (s. o.). Manche Küstenseeschwalben sind im Gesicht so grau, daß ein weißer Streif das Gesicht von der schwarzen Kopfkappe zu trennen scheint; vgl. Weißwangen-Seeschwalbe. Brütet oft in denselben Kolonien wie Flußseeschwalbe, ist aber im allgemeinen nördlicher verbreitet und nistet niemals im Binnenland, außer in der Tundra. 35 cm. ◑ (2)

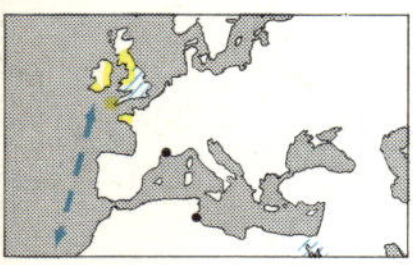

3

ROSENSEESCHWALBE *Sterna dougalli.* Die langen Schwanzspieße reichen bei ruhenden Vögeln weit über die Flügelspitzen. Sonst von Fluß- und Küstenseeschwalbe durch ganz schwarzen Schnabel (ausgenommen von Mitsommer bis Frühherbst, wenn die Wurzel rot ist) und rauh kreischenden „aaach"-Ruf unterschieden. Im Frühling mit rosa Anflug an der Brust. Juv. von juv. Flußseeschwalben durch den ganz schwarzen Schnabel, die schwarzen Beine, den ganz dunklen Kopf, das Fehlen des dunklen Schulterfleckes und die weiße Hinterkante der Flügelunterseite unterschieden. Meist auf Meeresinseln. 38 cm. △ (3)

4

WEISSWANGENSEESCHWALBE *Sterna repressa.* Viel dunkler grau als Flußseeschwalbe, sowohl oben als unten, so daß die weißen Wangen besonders hervorstechen; im Winter auch durch den schwärzlichroten Schnabel und mehr einfarbig grauen Schwanz unterschieden. Der tiefer gegabelte Schwanz und der längere, dünnere Schnabel unterscheiden sie von der Weißbartseeschwalbe (S. 163) im Sommer. 33 cm. (4)

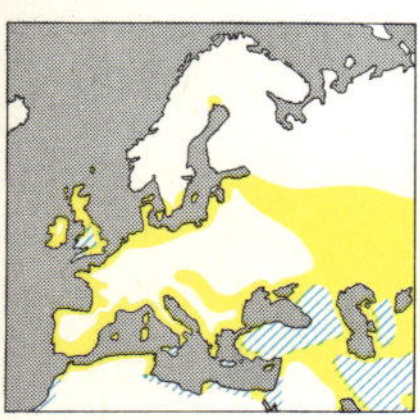

5

ZWERGSEESCHWALBE *Sterna albifrons.* Die kleinste Seeschwalbe und sofort an der stets weißen Stirn, dem schwarzspitzigen gelben Schnabel, den orangegelben Beinen und dem schnellen ruckartigen Flug zu erkennen. Ruft hoch und kratzend „krih-ik", scharf gereiht „kitt" und schnatternd „kirri-kirri-kirri". 24 cm. ◑ (5)

SEESCHWALBEN
Winter
Sommer
FLUSS-SEESCHWALBE
Sommer
Winter
KÜSTENSEESCHWALBE
Winter
Sommer
ROSENSEESCHWALBE
Winter
WEISSWANGEN-
SEESCHWALBE
Sommer
juv.
Winter
Sommer
ZWERGSEESCHWALBE

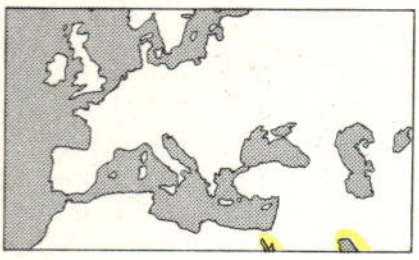

1

ZÜGELSEESCHWALBE *Sterna anaethetus.* Mit bis auf weißes Hansband dunkler Oberseite, nur mit Rußseeschwalbe zu verwechseln. Stirn weiß mit weißen Augenbrauen, die sich bis hinter die Augen erstrecken, Schnabel schwarz, weißspitziger Schwanz tief gegabelt. Im Winter Kopf weiß gefleckt, Augenstreif undeutlich und Oberseite mit sparsamen weißen Abzeichen. Immat. ähnlich, aber die ganze Oberseite rahmfarben gefleckt. Flug graziös, ziemlich langsam, wobei sich der Körper mit jedem Flügelschlag auf und ab zu bewegen scheint. Kann auch bis zu einiger Höhe segeln. Ruft „kik". An Küsten und auf See. 35 cm. (1)

RUSS-SEESCHWALBE *Sterna fuscata.* Seltener Irrgast vom westlichen Atlantik, der sich bis in die ostatlantischen Gewässer verfliegt. Eine größere Ausgabe der Zügelseeschwalbe, mit dunklerer Oberseite, ohne weißes Halsband; weißer Stirnfleck nicht bis hinter die Augen ausgedehnt. Immat. ganz rußschwarz mit weißer Sprenkelung auf der Oberseite. Außerhalb der Brutzeit auf hoher See. 40 cm. △

Wasserschwalben (Gattung *Chlidonias*). Kleiner als die eigentlichen Seeschwalben, abgesehen von der Zwergseeschwalbe. Im Ruhekleid im allgemeinen oben grau und unten weiß, Stirn weiß, aber Schwanz weniger gegabelt als bei den *Sterna*-Arten und Schnabel ziemlich schlank. Vgl. auch Zwergmöwe (S. 149). Bezeichnend für diese Gruppe ist der graziöse Stoßflug zur Wasseroberfläche, um dort Insekten aufzupicken, nicht um zu tauchen (höchstens ausnahmsweise). Brüten ausschließlich an Binnengewässern; auf dem Zuge auch an der Küste.

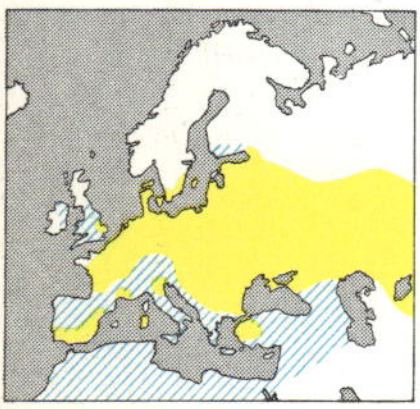

2

TRAUERSEESCHWALBE *Chlidonias niger.* Im allgemeinen die häufigste *Chlidonias*-Art und die einzige Seeschwalbe mit ganz schwärzlichgrauem Brutkleid, die weißen Unterschwanzdecken ausgenommen. Schnabel schwarz, Füße rotbraun. Unterflügel heller. Im Ruhekleid vor allem durch einen auffallenden dunkelgrauen Fleck an jeder Brustseite vor dem Flügel gekennzeichnet. Immat. wie ad., aber mit dunklerem Rücken. Ruft etwas kreischend nicht sehr laut „krihk" oder noch leiser „kirr" oder „gick". Nest auf schwimmenden Wasserpflanzen im Flachwasser. 24 cm. ◑ (2)

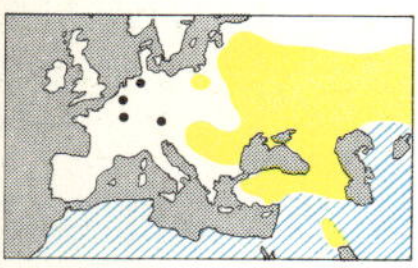

3

WEISSFLÜGELSEESCHWALBE *Chlidonias leucopterus.* Im Brutkleid sogleich von der Trauerseeschwalbe durch den weißen Vorderflügel, Bürzel und Schwanz zu unterscheiden. Schnabel und Füße rot, aber im Winter schwärzlich. Im Ruhekleid ganz ähnlich Trauerseeschwalbe, aber ohne dunklen Brustfleck. Von der Weißbartseeschwalbe im Ruhekleid durch vollständiges weißes Halsband, helleren Bürzel und weniger gegabelten Schwanz unterschieden. Immat. mit deutlich voneinander abgesetzten dunklem Rücken und grauen Flügeln. Ruft heiser, auf dem Zuge manchmal guttural „kerr". Aufenthalt wie Trauerseeschwalbe. 24 cm. (3)

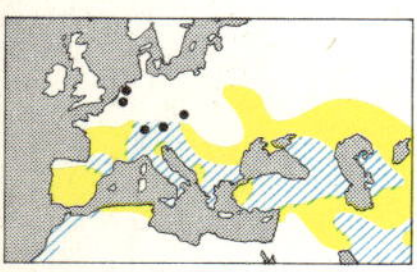

4

WEISSBARTSEESCHWALBE *Chlidonias hybrida.* Im Sommer ähnlich wie eine *Sterna*-Art mit schwarzer Kappe, grauer Unterseite, weißen Wangen und rotem Schnabel; im Fluge fallen weiße Unterflügel und Unterschwanzdecken auf. Im Ruhekleid oben hell und sehr ähnlich Flußseeschwalbe (S. 161). Immat. unterscheidet sich von immat. beider anderen *Chlidonias*-Arten durch gefleckten Mantel und hat außerdem dunkleren Bürzel als Weißflügelseeschwalbe. Sehr laut in der Brutkolonie, Stimme rauh „ky-ik" und andere zweisilbige Rufe. 25 cm. (4)

imm.
ad.
ZÜGELSEESCHWALBE
imm.
ad.
RUSS-SEESCHWALBE
mausernd
Sommer
juv.
Winter
Sommer
TRAUERSEESCHWALBE
Sommer
Winter
Scmmer
WEISSFLÜGELSEESCHWALBE
juv.
Winter
Sommer
WEISSBARTSEESCHWALBE
Sommer

ALKEN: *Alcidae.* Kurzhalsige, untersetzte schwarz-weiße tauchende Seevögel, Geschlechter gleich. Flügel kurz und schmal. Beine setzen weit hinten an und verleihen den Alkenvögeln im Sitzen eine aufrechte Haltung. Stimme rauh quarrend „arrr“ oder ähnlich. Flug schnell und geradeaus schwirrend dicht über dem Wasser, mit nach hinten gestreckten Beinen. Sie schwimmen und tauchen gut, aber an Land watscheln sie nur ungeschickt. Im Winter auf See.

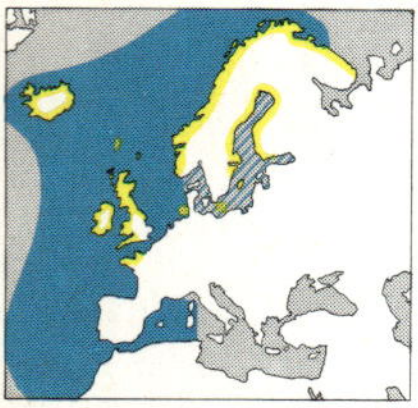

1

TORDALK *Alca torda.* Von allen anderen Seevögeln leicht durch den seitlich komprimierten Schnabel mit weißer Querlinie zu unterscheiden. Im Fluge weißes Flügelband. Ad. im Ruhekleid und immat. haben weiße Wangen und Kehle, Schnabel bei immat. viel schwächer. Brütet in lockeren Kolonien, gewöhnlich höher an Felsen als Lummen, legt nur ein Ei (oval und nicht kreiselförmig) öfters in eine Nische als frei. 41 cm. 8 (1)

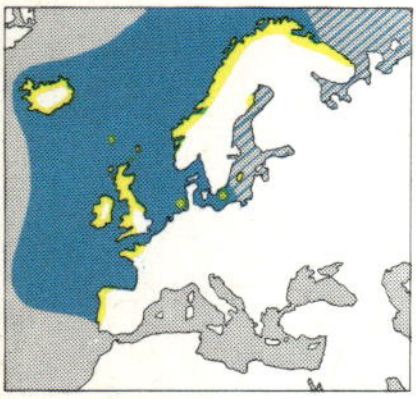

2

TROTTELLUMME *Uria aalge.* Der häufigste Alkenvogel, mit langem geradem, ungezeichnetem Schnabel. Die südliche Rasse *(U. a. albionis)* ist oben dunkel schokoladenbraun im Sommer und graubraun im Winter; bei der nördlichen Rasse *(U. a. aalge)* ist die Oberseite schwarz wie beim Tordalken, nur der Kopf ist immer brauner. Die sogenannte „Ringellumme“, eine im Norden häufigere Variante als im Süden (keine eigene Art) hat einen schmalen weißen Augenring und eine nach hinten verlaufende weiße Linie. Brütet in dichten Kolonien an unzugänglichen Felswänden über See auf Felssimsen; das einzige Ei ist auffallend kreiselförmig. 42 cm ◑ (2)

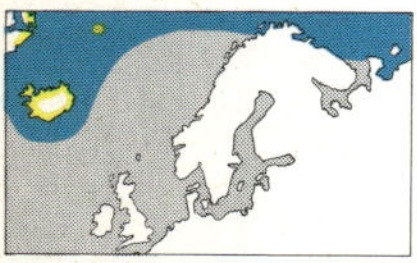

3

DICKSCHNABELLUMME *Uria lomvia.* So gut wie ununterscheidbar von Trottellummen der nördlichen Rasse, hat freilich dunkleren Kopf und kürzeren und dickeren Schnabel mit einer hellen Linie an den Seiten, die aber nur von nahem zu erkennen ist. Im Ruhekleid erstreckt sich die dunkle Kopfkappe bis weit unters Auge. 42 cm. △ (3)

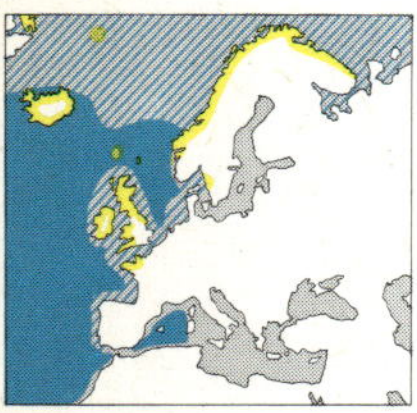

4

PAPAGEITAUCHER *Fratercula arctica.* Der kleinste südlich der Arktis brütende Alkenvogel unseres Gebietes, im Sommer durch seinen ornamentalen Schnabel ganz unverkennbar. Juv. mit viel kleinerem schwärzlichem Schnabel, aber typischer Gesichtszeichnung. Im Fluge dickköpfig, steht aufrecht auf den Zehen. Brütet in Kolonien in meist selbstgegrabenen Höhlen auf Inseln. 30 cm. 8 (4)

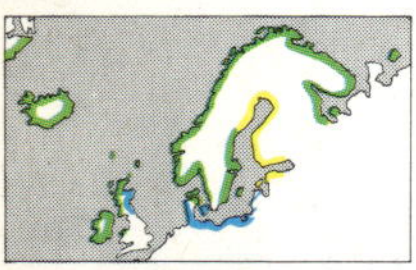

5

GRYLLTEISTE *Cepphus grylle.* Im Sommer der einzige ganz schwarze Seevogel mit einem großen weißen Flügelfeld und im Winter der einzige mit gebänderter schwarz-weißer Oberseite. Beine rot. Immat. wie ad. im Winter, aber brauner. Pfeift leise, gelegentlich zwitschernder Triller. Der am wenigsten soziale Alkenvogel brütet in sehr lockeren Kolonien in Felshöhlen und Nischen. An flacheren Küsten und weiter landeinwärts als andere Alken. 34 cm. ○ (5)

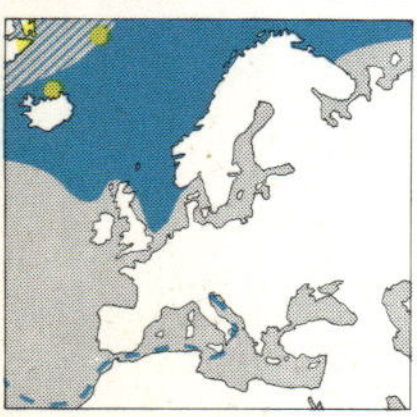

6

KRABBENTAUCHER *Plautus alle.* Bei weitem der kleinste und kurzschnäbligste Alkenvogel, auch der kleinste tauchende Seevogel. Zu beachten sind kleinschnäblige juv. anderer Alken, obwohl nur die junge Gryllteiste, die graue Wangen und keine Flügelbinde hat, so zierlich ist. 20 cm. ○ (6)

Sommer
imm.
TORDALK
Winter
„Ringellumme"
Sommer
Winter
TROTTELLUMME
Sommer
Winter
DICKSCHNABELLUMME
imm.
Sommer
PAPAGEITAUCHER
Winter
GRYLLTEISTE
Winter
Sommer
KRABBENTAUCHER
Sommer
Winter

● **FLUGHÜHNER:** *Pteroclidae.* Vorwiegend sandfarbene Bodenvögel, die in ihrer wüstenhaften Umgebung nur schwer zu entdecken sind. Sie ähneln langschwänzigen Rebhühnern, im rasanten Flug noch mehr Papageien oder Tauben oder Goldregenpfeifern. Hals und Beine sehr kurz, Beine vorn, beim Steppenhuhn ringsum und an den Zehen, befiedert. Tägliche Flüge in mehr oder minder großen Trupps zum Wasser entweder in der Morgen- oder in der Abenddämmerung, oft über weite Strecken (bis zu 60 km); dabei meist Stimmfühlungsrufe. Gang taubenartig trippelnd. Gesellig, oft auch mit anderen Arten vergesellschaftet. Bodenbrüter in Wüsten und Halbwüsten. Sehr ruffreudig, Stimme als Feldkennzeichen wichtig.

1

TROPFENFLUGHUHN *Pterocles senegallus.* Ziemlich klein und hell, ♂ und ♀ mit verlängerten Schwanzspießen und mit viel weniger Schwarz am Bauch als beim Sandflughuhn (S. 169), das kurzschwänzig ist. Vgl. auch Braunbauchflughuhn (S. 169). Die bezeichnenden melodischen Rufe werden wie „kjuito kjuito", „witu witu" und „wäkju wäkju" wiedergegeben. In kleineren Trupps als die meisten anderen Flughühner, bewohnt Trockenländer von der Wüste bis zum ziemlich dichten Busch, fliegt zum Wasser spät am Morgen (nach 8 Uhr) und bei heißem Wetter manchmal noch einmal am Abend. 33 cm. (1)

2

KRONENFLUGHUHN *Pterocles coronatus.* Ein kleines Flughuhn der kürzerschwänzigen Gruppe, beide Geschlechter ohne dunkle Brustlinie, die alle anderen Flughühner mindestens in einem Geschlecht mit Ausnahme des langschwänzigen Tropfenflughuhnes haben. ♂ durch Kopfzeichnung auch gegenüber Wellenflughuhn eindeutig gekennzeichnet, ♀ schwerer zu identifizieren, aber vom ähnlichen Wellenflughuhn-♀ durch die gelbe Kehle zu unterscheiden. Ruft höher als andere Flughühner und kennzeichnend etwa „klä-klä-klä" oder ansteigend „tscha-tschagarra". In der Steinwüste und an Berghalden, viel weiter verbreitet als Wellenflughuhn. Fliegt sehr schnell zum Wasser, hauptsächlich am frühen Morgen. Trinkt auch Brackwasser. 28 cm. (2)

3

WELLENFLUGHUHN *Pterocles lichtensteinii.* Das kleinste Flughuhn unserer Region, das durch die enge Bänderung sehr dunkel wirkt und zur kurzschwänzigen Gruppe gehört. Kopf- und Brustzeichnung beim ♂ kennzeichnend, das ♀ ist das einzige völlig marmorierte Flughuhn, dem charakteristische Abzeichen fehlen (vgl. auch Kronenflughuhn). Ruft pfeifentenartig zweisilbig „huitu", fliegt aber oft stumm und entgeht so der Beobachtung auf den Flügen zum Wasser, die gewöhnlich erst bei Einbruch der Dunkelheit, manchmal wohl auch vor der Morgendämmerung erfolgen. Weniger gesellig als andere Flughühner, vor allem in der Felswüste. 25 cm. (3)

♀
♂
TROPFENFLUGHUHN
♂
Palästina
Sinai
P. c. vastitas
♀
♂
KRONENFLUGHUHN
♀
♂
WELLENFLUGHUHN

1

SPIESSFLUGHUHN *Pterocles alchata.* Das einzige in unserer Region brütende Flughuhn mit weißem Bauch und am charakteristischsten gezeichnet von allen 4 „Schwanzspieß"-Flughühnern. Rotbraune Brust des ♂ und weiße Kehle des ♀ sind weitere gute Kennzeichen, und das ♂ ist das einzige Flughuhn, bei dem sowohl Kinn als auch Kehle schwarz sind. Im Flug mit deutlichem weißen Flügelband und weißem Unterflügel mit schwarzer Spitze. Ruft nasal und laut „ganggang gang ganggang . . .", vor allem im Flug und ist dann bei überstrahltem Himmel oft nur zu hören und nicht zu sehen. Meidet die offene Wüste; nistet manchmal in lockeren Kolonien. 37 cm. (1)

2

BRAUNBAUCHFLUGHUHN *Pterocles exustus.* Ein in unserem Gebiet nur in Ägypten brütendes Flughuhn, sonst von Westafrika bis Indien, das kleinste der Flughühner mit langen Schwanzspießen; das ♂ ist auch das einzige unter diesen, bei dem der ganze Bauch dunkel (tatsächlich dunkel kastanienbraun) erscheint, und des ♀ dunkler Bauch ist – ebenfalls einzigartig – hell gebändert. Im Fluge mit dunklen Achseln (beim Tropenflughuhn sind sie weiß). Die melodische tiefe Stimme klingt wie „gutta, gutta". Sehr gesellig, versammelt sich morgens zwischen 7 und 9 Uhr und bei heißem Wetter wieder am Abend in riesigen Scharen am Wasser. Ein Bewohner der offenen Wüste. 32 cm. (2)

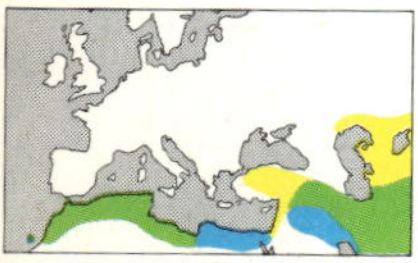
3

SANDFLUGHUHN *Pterocles orientalis.* Das größte in unserer Region brütende Flughuhn und das einzige mit ganz schwarzem Bauch, obwohl der dunkel kastanienbraune Bauch des Braunbauchflughuhnes oft ganz schwarz wirkt. Tatsächlich gibt es sonst kein Flughuhn mit schwarzem Bauch, das kurzschwänzig ist. Im Sitzen heben sich die gelben Flügel und im Fluge die weißen Unterflügel kontrastreich vom schwarzen Bauch ab und geben so gute Kennzeichen. Das ♂ ist das einzige Flughuhn mit schwarzer Kehle, aber nicht schwarzem Kinn. Ruft ziemlich harsch tief „djürr-rürr-rürr" oder „tschaurau". Meidet die offene Wüste. 34 cm. Kommt in Ergänzung zur Karte wie Spießflughuhn auch auf der Iberischen Halbinsel vor. △ (3)

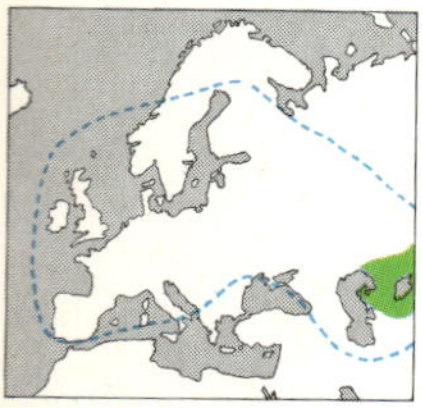
4

STEPPENHUHN *Syrrhaptes paradoxus.* Das einzige Flughuhn, das gelegentlich in Mitteleuropa auftaucht, wenn sich dieser in den Steppen Innerasiens heimische Vogel, vielleicht durch Übervölkerung und Nahrungsmangel veranlaßt, zur Wanderung nach Westen anschickt. Er überflutet dann u. U. in riesiger Zahl ganz Europa, ohne daß es hier zu einer dauerhaften Ansiedlung kommt. Die bedeutendsten Invasionen fanden 1859, 1863 und 1888 und die letzte 1908 statt. Seitdem sind in Deutschland keine Steppenhühner mehr nachgewiesen worden. Unterscheidet sich von den *Pterocles*-Arten vor allem durch den dicken Fuß („Fausthuhn") mit den befiederten breiten Zehen, dem die Hinterzehe fehlt. Hat die längsten Schwanzspieße und ist auch durch Färbung und Zeichnung eindeutig gekennzeichnet. Ruft meist „köcki köcki" oder „quick quick" oder auch „köckerick". 35–41 cm. △ (4)

♂
♀
SPIESSFLUGHUHN
♂
♀
BRAUNBAUCH-
FLUGHUHN
♀
♂
SANDFLUGHUHN
♂
♀
STEPPENHUHN

TAUBEN: *Columbidae.* Schnelle Flieger mit kleinem Kopf und großem Kropf und charakteristischer gurrender Stimme. Körnerfresser, die beim Trinken den Schnabel bis an die Nasenlöcher ins Wasser stecken und dann saugen.

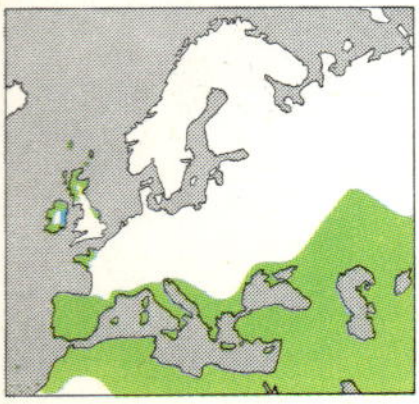

1

FELSENTAUBE UND VERWILDERTE HAUSTAUBE *Columbia livia.* Die Felsentaube ist die Stammutter unserer Haustaube mit allen ihren so verschiedenen Rassen. Sie hat große Ähnlichkeit mit der Hohltaube, von der sie sich immer durch die grauen Flügelspitzen und in Europa auch durch den weißen Bürzel unterscheidet. Verwilderte Haustauben der Städte variieren sehr stark in der Gefiederfärbung (schwarz, weiß, rotbraun usw.), aber der blaugraue Feldflüchtertyp ist fast identisch mit der wilden Felsentaube. Balzflug wie bei der Hohltaube. Stimme „u-ru-ku" wie bei Haustauben. Lebt an Felsen und in Höhlen, gern an den Küsten. Haustauben nisten überall in den Häusern (in Löchern usw.) der Großstädte. 33 cm. ● (1)

HOHLTAUBE *Columba oenas.* Kleiner und kurzschwänziger als Ringeltaube, ohne weißes Flügelfeld, aber mit schwarzen Flügelspitzen und zwei kurzen schwarzen Flügelbinden (die auf der Abb. des fliegenden Vogels leider nicht zu sehen sind). Kein weißer Bürzel wie Felsentaube. Ruft monoton und nicht laut „hu-ru" (Betonung auf der 2. Silbe). Fliegt bei der Balz im Kreise und gleitet manchmal mit ausgebreiteten Schwingen. In Wäldern und offener baumbestandener Landschaft, manchmal auch in Städten. Nistet in Höhlen, in Deutschland gern in Schwarzspechthöhlen. 33 cm. ◐ (2)

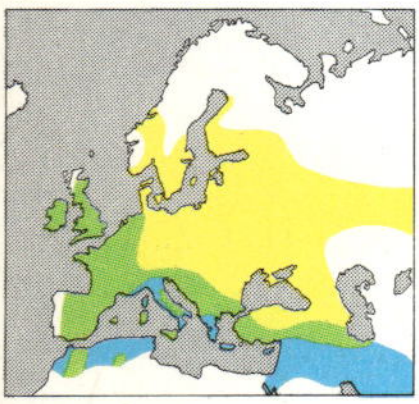

2

RINGELTAUBE *Columba palumbus.* Die größte Taube unserer Region, sofort an den weißen Hals- und Flügelflecken zu erkennen. Auch ist die dunkle Schwanzbinde im Flug zu sehen, und der längere Schwanz ist dann aus der Ferne das beste Unterscheidungsmerkmal gegenüber Haus- und Hohltauben. Auge gelb. Juv. dunkler und ohne weiße Halsflecken. Stimme ziemlich laut und dumpf gurrend, meist 5 mal wiederholte „ku-ku-ru-ku-ku" mit Betonung auf der zweiten Silbe. Fliegt laut flügelklatschend ab und hat charakteristischen Balzflug, der das ♂ steil aufwärts führt, das im Kulminationspunkt schallend mit den Flügeln klatscht und dann abwärts gleitet. Nistet auf Bäumen in Laub- und Nadelwäldern, auch in Parks und Gärten der Städte, im Winter auf Feldern, bei Schnee besonders an Rosenkohl. 41 cm. ● (3)

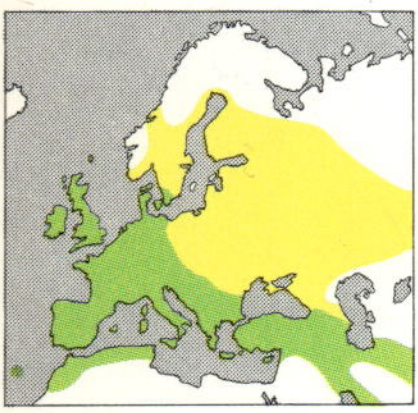

3

4

SILBERHALSTAUBE *Columba trocaz.* Wie Ringeltaube, aber ohne Weiß auf den Flügeln. Auf Madeira *(trocaz)* mit silberfarbenem Fleck am Hals, aber nicht auf den Kanaren *(bollii)*, wo sie durch die dunkle Schwanzendbinde von der auf Palma und Gomera vorkommenden Lorbeertaube unterschieden werden kann. In Wäldern. 38–40 cm. (4)

5

LORBEERTAUBE *Columba junoniae.* Wie eine schlanke Ringeltaube, aber dunkler und ohne weiße Abzeichen und mit hellem Schwanzende. In Lorbeerwäldern von Palma und Gomera (Kanaren), aber heute sehr selten. 38 cm. (5)

Verwilderte
Haustauben
Vorderasien
C. l. gaddi
FELSENTAUBE
HOHLTAUBE
RINGELTAUBE
SILBERHALSTAUBE
LORBEERTAUBE

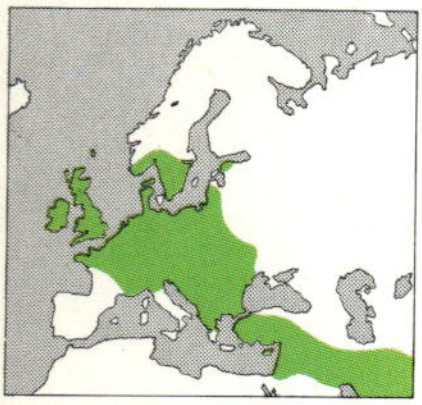
1

TÜRKENTAUBE *Streptopelia decaocto.* Die größte und hellste der wilden *Streptopelia*-Arten, von Hohltaubengröße, von der Turteltaube durch schmales schwarzes Nackenband, staubbraune statt rostbraune Oberseite und längeren Schwanz unterschieden. Auge rot. Juv. ohne schwarzen Nackenring. Ruft meist monoton dreisilbig „du-du-du" mit starker Betonung der 2. Silbe. Flugruf ein nasales „chwiiih". Hat auch klingelndes Fluggeräusch. Nistet auf Bäumen in Parks und Gärten und hat sich ganz an den Menschen angeschlossen. Seit Anfang der dreißiger Jahre von Jugoslawien aus nach Westen in stürmischer Ausbreitung begriffen, 1943 in Wien, 1950 an vielen Orten Mitteleuropas und heute bis Frankreich, England, Südskandinavien verbreitet und stellenweise überaus häufig, hat in Deutschland heute sogar Schußzeit. 32 cm. ● (1)

LACHTAUBE Zuchtform von *Streptopelia roseogrisea.* Beliebter Käfigvogel, der oft aus Gefangenschaft entweicht und dann auch in Freiheit brütet. Viel kleiner und cremefarbener als Türkentaube, ohne dunkle Flügelspitzen und ohne Graublau im Schwanz. Ruft „ku-krr-uh". 25 cm. ●

TURTELTAUBE *Streptopelia turtur.* Im allgemeinen dunkler als Türkentaube, mit röstlichbrauner Oberseite und schwarz-weißem Fleck an jeder Halsseite. Das beste Kennzeichen im Fluge ist der relativ kurze Schwanz, der überwiegend schwarz mit schmaler weißer Endbinde ist. Juv. brauner als juv. Türkentauben und ohne Halsflecken. Ruft schnurrend „turr-turr-turr . . ." Weit verbreitet in offener baumbestandener Landschaft, auch in Wäldern, Gärten und Parks, oft zur Nahrungssuche auf Feldern. 27 cm. ● (2)

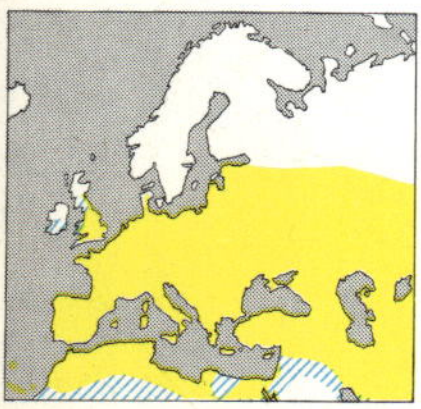
2

MEENATAUBE *Streptopelia orientalis.* Ein seltener Irrgast aus Mittelasien, größer und dunkler als Turteltaube mit gröberer Fleckung und dunklerer Unterseite; Halsflecken blaugrau anstatt weiß wie bei der Turteltaube. Gurrt einschläfernd „kuh-kuh-kakuhr". 33 cm. (3)

3

PALMTAUBE *Streptopelia senegalensis.* Kleiner als Turteltaube mit ähnlichem Schwanzmuster wie diese, aber sofort von ihr zu unterscheiden durch die schwarz und kupferrot gemusterte Kropfpartie und im Fluge durch den auffallend blaugrauen Vorderflügel. Sehr bezeichnendes auf- und absinkendes Gurren, etwa „oh-kuhk-kuhk-uh-uh". Gemein in Städten, Dörfern und Oasen. 26 cm. (4)

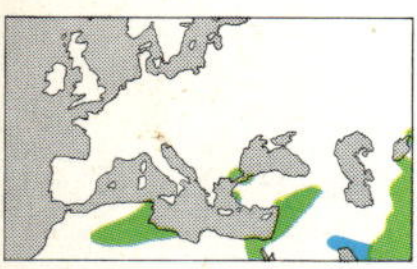
4

KAPTÄUBCHEN *Oena capensis.* Die kleinste und einzige langschwänzige Taube unserer Region, die freilich nur in Marokko und dort sehr selten vorkommt (sonst bis Südafrika). Die Färbung und Zeichnung, besonders die schwarze Kehle des ♂, sind unverkennbar. Flug reißend und wendig. Geht vormittags zum Wasser. Gurrt sanft „kuh-kuh". Im offenen Buschgelände, Oasen. 28 cm.

TÜRKENTAUBE
LACHTAUBE
gypten
. t. isabellina
ad.
imm.
TÜRTELTAUBE
Haustaube
MEENATAUBE
♂
♀
KAPTÄUBCHEN
PALMTAUBE

KUCKUCKE: *Cuculidae.*

Mittelgroße bis große, ziemlich schlanke Baumvögel mit langem, stufigem Schwanz und leicht gebogenem Schnabel. Mit Ausnahme des Spornkuckucks sind alle Arten unseres Gebietes Brutparasiten.

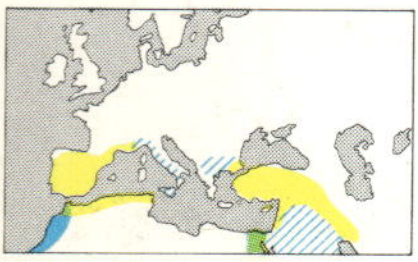
1

HÄHERKUCKUCK *Clamator glandarius.* Groß, weiß gefleckt, mit heller Kopfhaube und langem, weiß gesäumtem Schwanz. Juv. mit kurzer, schwärzlicher Haube, bräunlicherer Unterseite und rotbraunen Handschwingen. Rufe mißtönend, oft zu hören, u. a. rauh „kriokriokriokrio", krähenartig „kark" und ein seeschwalbenartiges Keckern. Flug kräftig und geradlinig. Bewohnt lichte Wälder, Olivenhaine, offenes Gelände mit einzelnen Bäumen. 39 cm. △ (1)

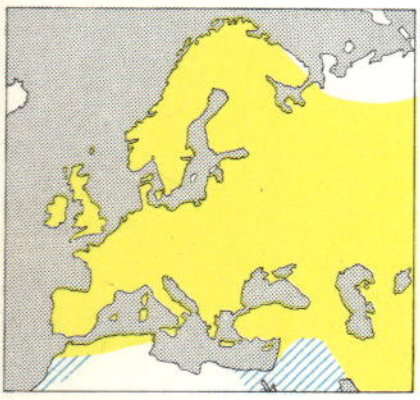
2

KUCKUCK *Cuculus canorus.* Graue Altvögel an kleine Greifvögel erinnernd, aber leicht zu unterscheiden durch gestuften Schwanz mit weißen Flecken und Federspitzen und durch ganz andere Schnabelform, vom Sperber-♂ auch durch die spitzen Flügel. Eine seltene Färbungsphase des ♀ ist rostbraun. Jungvögel grau oder rostbraun mit auffälligem weißem Nackenfleck. Ruf des ♂ allbekannt, „kuckuck", zuweilen auch dreisilbig „kukkuckuck"; ♀ läßt wohlklingendes, gluckerndes Kichern hören, „quiquiquiqui . . .". In der Erregung bei beiden Geschlechtern fauchende Rufe („Gauch"). Flugbild charakteristisch: die Flügel werden kaum über die Horizontale gehoben und tief nach unten geschlagen. Bewohnt gleicherweise die Tundra, Moore, Heiden und Wälder wie Kulturland von der Küste bis ins Hochgebirge, Dünen und Marschland. Auch im Gebirge. 33 cm. ● (2)

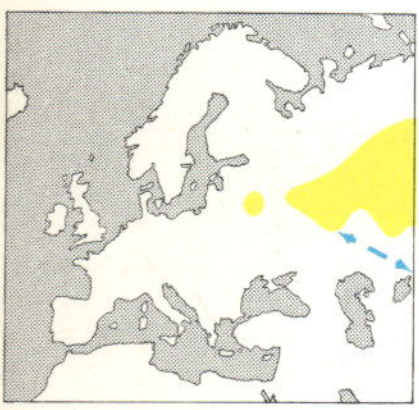
3

HOPFKUCKUCK *Cuculus saturatus.* Etwas kleiner als Kuckuck, aber im Feld kaum zu unterscheiden, allenfalls durch die blaß röstliche Flügelunterseite, sicher nur durch den Ruf, ein gedämpftes, wiedehopfartiges „du du, du du", das 6–8 mal wiederholt wird und dem ein schnelleres „dudududu" vorangeht. In der Brutzeit scheuer Bewohner der Wipfelregion ausgedehnter Nadelwälder. 31 cm. (3)

GELBSCHNABELKUCKUCK *Coccyzus americanus.* Irrgast aus Nordamerika. Schlanker als Kuckuck, mit auffallendem Rotbraun im geöffneten Flügel und großen weißen Flecken an den Schwanzfederspitzen; Unterschnabel gelb. Ruft einsilbig „ku". 28–32 cm.

SCHWARZSCHNABELKUCKUCK *Coccyzus erythrophthalmus.* Wie die vorige Art Irrgast aus Nordamerika. Ohne deutliches Rotbraun im Flügel, mit weniger ausgedehnten weißen Schwanzfederspitzen und schwarzem Schnabel. 28–32 cm. △

4

SPORNKUCKUCK *Centropus senegalensis.* Leicht kenntlich; mit auffallender rotbrauner Flügelfärbung. Merkwürdige Rufstrophe, wie gluckernd aus einer Flasche fließendes Wasser, zuerst tonleiterabwärts, dann aufwärts. Scheu und zurückgezogen, in dichtem Buschwerk in Sümpfen oder am Ufer von Gewässern. Flug langsam. 41 cm. (4)

Wirtsvogel: Elster
imm.
HÄHERKUCKUCK
Juv. mit Zaunkönig
als Wirtsvogel
KUCKUCK
braune Phase
HOPF-
KUCKUCK
braune Phase
SCHWARZSCHNABEL-
KUCKUCK
GELBSCHNABEL-
KUCKUCK
SPORNKUCKUCK

EULEN: *Strigidae*. Nachtgreifvögel, einige auch tagsüber jagend. Lange, gerundete Flügel, kurzer Schwanz, befiederte Füße. Kopf groß, mit großen, vorwärts gerichteten Augen; Gesicht von einem Federkranz („Schleier") umgeben, in dem der kurze, hakige Schnabel gewöhnlich teilweise verborgen ist. Federbüschel am Kopf einiger Arten machen den Eindruck von Ohren. Grundfarbe des Gefieders meist bräunlich, zuweilen weiß, mit dunkler Zeichnung; Geschlechter gleich gefärbt, außer bei der Schnee-Eule. Flug der größeren Eulenarten langsam, der der kleineren Arten schneller und deutlich wellenförmig. Haltung aufrecht. Brüten in Höhlen, in verlassenen Nestern anderer Vögel oder auf dem Erdboden.

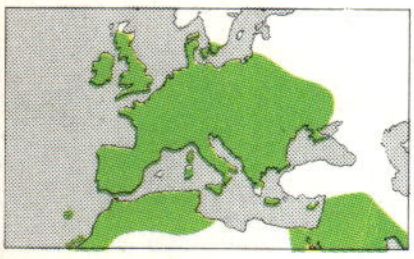
1

SCHLEIEREULE *Tyto alba*. Die Rassen *Tyto alba alba* (W- und S-Europa, N-Afrika), *T. a. ernesti* (Korsika, Sardinien) und *T. a. erlangeri* (Sinai u. Syrien bis Iran) als einzige Eulen des Gebietes oben goldbraun, unten weiß. Die oberseits grauere, unterseits gelbbräunliche Rasse *T. a. guttata* (Mittel- und O-Europa) kann im Flug von dem dann ähnlich erscheinenden Waldkauz durch längere Flügel unterschieden werden. Der sitzende Vogel ist durch längere Läufe und die Form des Gesichtsschleiers gekennzeichnet. Stimme ein langgezogenes Kreischen; auch schnarchende, zischende und kläffende Laute. Offenes Kulturland und anderes offenes Gelände mit einzelnen Bäumen; macht hauptsächlich Jagd auf Kleinsäuger. Brütet häufig in Scheunen, Kirchtürmen und anderen alten Gebäuden. 34 cm. ● (1)

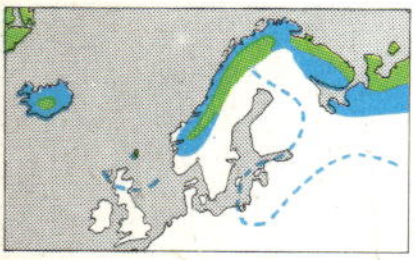
2

SCHNEE-EULE *Nyctea scandiaca*. Durch bedeutende Größe und vorwiegend weißes Gefieder unverkennbar; ♀ größer als ♂ und mit viel reichlicherer dunkler Zeichnung. Meist schweigsam; am Brutplatz läßt ♂ ein lautes, rauhes Krächzen und ein tiefes „hu", ♀ ein helleres Krächzen hören. Flug bussardartig, mit Gleitstrecken. Sitzt häufig auf dem Erdboden. Bewohnt die Tundra und hochgelegene nordische Moorlandschaften. Jagt hauptsächlich Lemminge und Vögel von Schneehuhngröße. Invasionen in das nördliche Mitteleuropa stehen in Zusammenhang mit Bestandsschwankungen des Lemmings. 55–66 cm. △ (2)

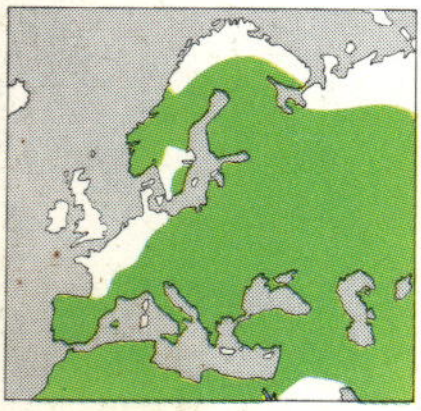
3

UHU *Bubo bubo*. Fast adlergroß, durch die auffallenden Ohrbüschel jedoch von Adlern und allen Taggreifvögeln unterschieden. Augen groß, orange. Vgl. auch Bartkauz. Ruft tief „uhu", auch rauh „kweck kweck". Bewohnt dichte Laub- und Nadelwälder, felsige Hänge und Wüsten; vielerorts selten geworden, in der Bundesrepublik Deutschland nur noch ca. 40 Brutpaare (1970). Jagt in der Dämmerung Säugetiere bis Hasen-, ausnahmsweise bis Rehgröße, Vögel bis zu Auerhahngröße, Reptilien, Frösche und Insekten. 66–71 cm. ◐ (3)

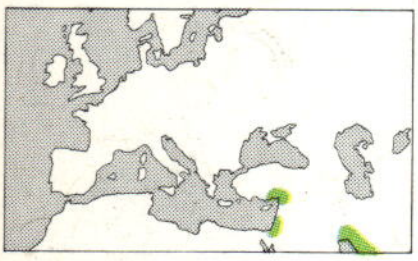
4

FISCHUHU *Ketupa zeylonensis*. Vom Uhu verschieden durch kürzere Ohrbüschel, unbefiederte Läufe und Zehen und hellere Unterseite mit feinerer dunkler Zeichnung. Ruf wie stöhnend, „hu-u-hu", auch einsilbig „hu" u. a. Bewohnt Wälder an Gewässern; Nahrung haupts. Fische. Viel auf dem Erdboden, wo er selbst Pfade austritt; mehr Nachtvogel als Uhu. 56 cm. (4)

helle Rassen
dunkle Rassen
SCHLEIEREULE
♂
♀
SCHNEE-EULE
N-Afrika
B. b. ascalaphus
UHU
FISCHUHU

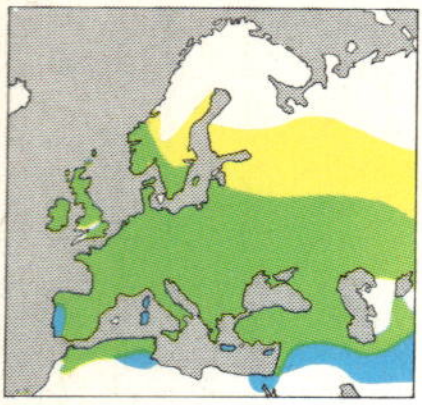
1

WALDOHREULE *Asio otus.* Eine mittelgroße, bräunliche Eule mit langen Ohrbüscheln; schlanker und schmalgesichtiger als Sumpfohreule und Waldkauz, von letzterem durch längere Flügel und orangegelbe Augen, von ersterer durch feine dunkle Querzeichnung auf der grob dunkel längsgestreiften Unterseite unterschieden. Ruft stöhnend „u-u-u", was aus der Ferne einsilbig klingt. Bettellaute der Jungen kreischend bis fiepend „chiё", ähnlich einem Rehkitz. Bewohnt Wälder, besonders Nadelholz, auch offenes Gelände mit einzelnen Bäumen oder kleinen Gehölzen, Heide, Sümpfe, Dünen, selbst große Gärten; jagt hauptsächlich in offenem Gelände. Benutzt zur Brut gewöhnlich verlassene Nester anderer Vögel. 36 cm. ● (1)

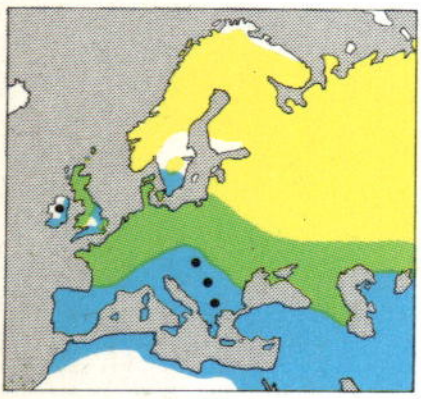
2

SUMPFOHREULE *Asio flammeus.* Unter allen mittelgroßen Eulen von bräunlicher Färbung am ehesten am Tage zu sehen. Ohrbüschel kurz, im Feld kaum sichtbar. Flügel schmal und lang. Neben dem normalen langsamen und weichen Flug der meisten Eulen Schaukel- und Gleitflug und von Flügelklatschen begleiteter Sturzflug. Unterseite nur längsgestreift, ohne Querzeichnung; Vgl. Waldohreule und Waldkauz. Ruft im Fluge bellend „ki-äw", beim Balzflug tief „bu-bu-bu . . .". Bewohnt offenes Gelände: Moore, Sümpfe, Heiden, nasse Wiesen, offene Hänge, Dünen. 38 cm. ◑ (2)

3

KAPOHREULE *Asio capensis.* Kleiner als Sumpfohreule, mit längeren Ohrbüscheln, ziemlich einfarbig erscheinender brauner Oberseite, dunklerer Augenumgebung und braunen Augen. Stimme ein froschartig quakender oder krächzender Ruf. Jagt gewöhnlich in Gesellschaft von Artgenossen, zuweilen bei Tage, meist in der Dämmerung, weihenartig über den Boden hin fliegend und oft nahe an den Beobachter herankommend. Bewohnt Sümpfe und feuchtes Grasland; Nahrung hauptsächlich große Insekten. 30 cm. (3)

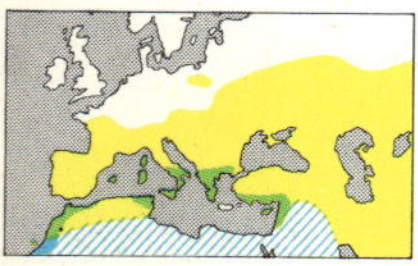
4

ZWERGOHREULE *Otus scops.* In Europa die einzige sehr kleine Eule mit Federohren, die aber nicht immer sehr auffallen; Zehen unbefiedert. Bei angelegten Federn sehr schlank erscheinend. Am leichtesten zu entdecken durch den in kurzen Abständen wiederholten Ruf „dju", der mit dem ähnlichen Ruf der Geburtshelferkröte verwechselt werden kann (wie sogar auf Kosmos-Vogelstimmen-Platte geschehen). Flug nicht so stark wellenförmig wie beim Steinkauz (S. 181). Bewohnt offenes, mit einigen Bäumen bestandenes Gelände, Obstpflanzungen, Palmenhaine, Parkanlagen, Gehölze, Ruinen, Dörfer und kleine Städte; Nahrung hauptsächlich größere Insekten. In der Hauptsache nachts rege. 19 cm. (4)

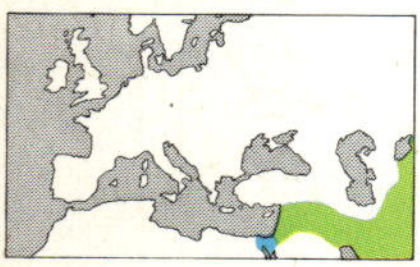
5

STREIFENOHREULE *Otus brucei.* Wie eine blasse Zwergohreule, in zwei Färbungsphasen, die eine mehr gelblichbraun, die andere grauer (mit verschiedenen Zwischenstufen) auftretend. Stimme von der der Zwergohreule verschieden, wie „ukh ukh", hohltaubenartig; weitere Rufe zwergohreulenähnlich. Im gleichen Biotop wie die vorige Art, oft auch in Halbwüsten. 21 cm. (5)

Baumbrüter
WALDOHREULE
Erdbrüter
SUMPFOHREULE
KAPOHREULE
graue Phase
braune Phase
ZWERGOHREULE
STREIFENOHREULE
26·VII·1970

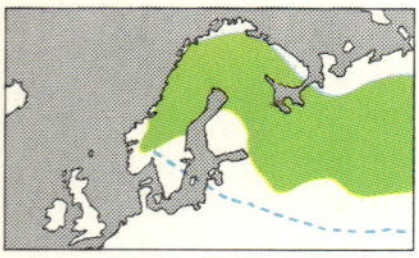

1

SPERBEREULE *Surnia ulula.* Langschwänziger als alle anderen Eulen des Gebietes, die greifvogelähnlichste Art; Unterseite quergebändert. Gesicht weißlich mit schwarzer Einfassung. Flügel kurz, aber spitz, zusammen mit dem langen Schwanz greifvogelartiges Flugbild ergebend; auch Stimme, „ki-ki-ki", eher falken- als eulenartig. Jagt vor allem am Tage. Sitzt oft auffällig auf Baumspitzen oder Leitungsmasten in greifvogelartig vorgeneigter Haltung. Fliegt niedrig über dem Erdboden, um sich dann zum Sitz auf Baumspitze usw. aufzuschwingen. Rüttelt zuweilen. Bewohnt die Taiga und Nadelwälder der Gebirge, auch Dickichte und Gehölze in der Tundra. 36–40 cm. △ (1)

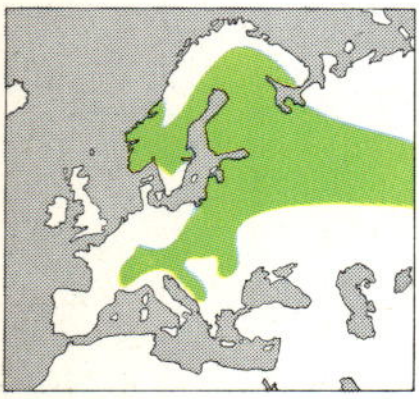

2

SPERLINGSKAUZ *Glaucidium passerinum.* Kleinste Eule des Gebietes. Verhältnismäßig kleiner Kopf, wenig deutlicher Schleier und Schwanzwippen sind die besten Feldkennzeichen. Ruft gimpelartig pfeifend „djühb djühb . . ." und „kuwitt". Jagt bei Tage wie in der Nacht, hauptsächlich Kleinvögel und Kleinsäuger; versteckt gern Beutereste an dunklen Stellen. In der Taiga und in Gebirgswaldungen, in erster Linie Nadelwaldbewohner. Brütet in alten Spechthöhlen. 16,5 cm. ◑ (2)

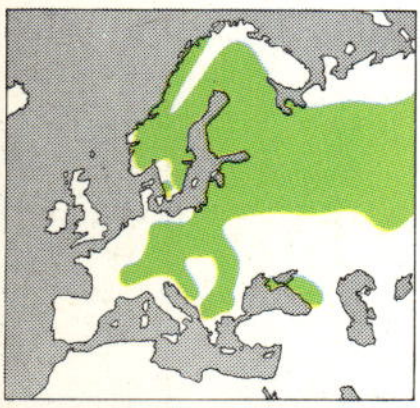

3

RAUHFUSSKAUZ *Aegolius funereus.* Größte der fünf kleinen Eulen unseres Gebietes, außer in der Arktis ausschließlich nachts rege. Nur mit dem Steinkauz zu verwechseln, aber brauner, Zehen viel dichter befiedert, Haltung mehr aufrecht, Schleier deutlicher, mit schwärzlicher Abgrenzung, anders geformt (zwischen den Augen nicht abgeflacht), wodurch der Gesichtsausdruck anders erscheint. Jungvögel fast einfarbig kaffeebraun, jedoch Augenbrauengegend weißlich. Ruf eine erst aufsteigende, dann absinkende Reihe melodischer, wiedehopfartiger „pu pu pu", zuweilen zu einem Triller beschleunigt. Fliegt gradlinig, nicht in Wellen wie der Steinkauz. Verbringt den Tag gewöhnlich in einem dichten Baum. Bewohnt die Taiga und Nadelwälder der Gebirge, seltener Laub- und Mischwälder. 25 cm. ◑ (3)

Brahmakauz

BRAHMAKAUZ *Athene brama.* Sehr ähnlich Steinkauz, aber Unterseite quergebändert, nicht gefleckt; weiße Flecken am Oberkopf kleiner. In unserem Gebiet nur S-Irak. 22 cm.

4

STEINKAUZ *Athene noctua.* Da oft auch am Tage rege, die bekannteste der sechs kleinen Eulenarten des Gebietes. Schwanz kurz, Flug wellenförmig. Vgl. Rauhfußkauz. Ruft laut „kwiu", häufig am Tage; Balzruf weich und aufsteigend „ghuk", an die einleitenden Töne im Balzgesang des Großen Brachvogels erinnernd. Jungvögel lassen anhaltendes durchdringendes „srie" hören. Blasse Rassen (Abb.) in Trockengebieten. Sitzt oft auf Pfählen u. dgl., knickst, wiegt den Kopf, der um 180° gedreht werden kann. Jagt Insekten, auch Mäuse usw., in der Dämmerung, auch nachts. In Kulturland und offenem Gelände mit einzelnen Bäumen, Obstpflanzungen, Palmenhainen, lichten Wäldern, Dünen, Halbwüsten und in felsigem Gelände. 22 cm. ● (4)

SPERBEREULE
juv.
SPERLINGSKAUZ
juv.
RAUHFUSS-
KAUZ
Sinai, Palästina
A. n. lilith
STEINKAUZ
31·VII·70.

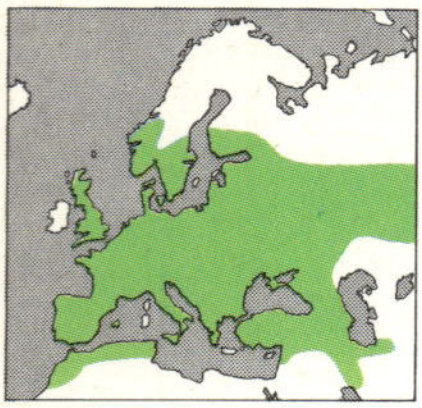
1

WALDKAUZ *Strix aluco.* Die häufigste unter den mittelgroßen braunen Eulen; hauptsächlich nachtaktiv, tags meist nur zu entdecken, wenn Kleinvögel auf den geduckt auf einem Baum ruhenden Kauz hassen. Dunkler als Schleiereule und von Wald- und Sumpfohreule (s. S. 179) durch dunkle Augen und Fehlen von Ohrbüscheln zu unterscheiden. Erscheint kurzflügeliger als die drei genannten Arten, größer und gedrungener als Waldohreule und Schleiereule. Grundfarbe des Gefieders individuell sehr verschieden, von kastanienbraun bis weißlichgrau schwankend; Jungvögel quergebändert. Bekanntester Ruf ein schaurig klingendes langgezogenes tremulierendes „hu-hu, hu-u-u-u-u-u"; ebenso häufig aber, besonders von Jungvögeln im Spätsommer und Herbst, ein scharfes „kewick" zu hören. Nestjunge oder eben erst ausgeflogene Waldkäuze lassen einen Ruf hören, der sich wie das Quietschen einer Tür in einer nicht geölten Angel anhört. Bewohnt lichte Wälder, besonders Laubholz. Parklandschaften, große Gärten und anderes offenes Gelände mit einzelnen Bäumen, nicht selten in Dörfern und selbst inmitten von Städten. Brütet meist in Baumhöhlen, auch auf Dachböden und in Nistkästen. Nahrung vor allem Nager und kleine Vögel. 38 cm. ● (1)

2

FAHLKAUZ *Strix butleri.* Eine der am wenigsten bekannten Eulenarten. Fahl gelbbraun, unterseits weißlich mit undeutlicher Streifung, Flügel graubraun, aber Waldkäuze können auch so fahl sein, daß nur die schwach und nur oberseits befiederten Zehen den Fahlkauz wirklich sicher kennzeichnen; vielleicht erscheint der Scheitel durch die schwarzen Federspitzen im Felde dunkler. Flug geradlinig, aber schwerfällig erscheinend. Balzruf ein klares, langgezogenes „huu", auch ein tremulierender Ruf. Lebt zwischen Felsen und in Palmenhainen in felsigem Gelände, in unserem Gebiet nur von vier oder fünf Stellen bekannt. 38 cm. (2)

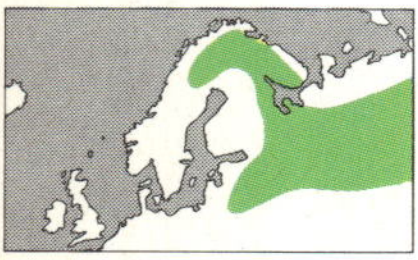
3

BARTKAUZ *Strix nebulosa.* Eine der größten Eulen unseres Gebietes, fast so groß wie ein Uhu (S. 177), jedoch mit längerem Schwanz, rundlicherem Kopf und ohne Ohrbüschel, mit kleineren und gelben Augen und mit merkwürdiger Gesichtszeichnung aus konzentrischen dunklen Streifen und schwärzlichem Kinnfleck. Vgl. Habichtskauz. Stimme der des Waldkauzes ähnlich, aber tiefer „hu-hu-hu". Bewohnt Nadelwaldungen, jagt, oft am Tage, kleine Säugetiere bis zur Größe eines Eichhörnchens oder Lemmings. Brütet gewöhnlich in verlassenen Nestern anderer Vögel. 69 cm. △ (3)

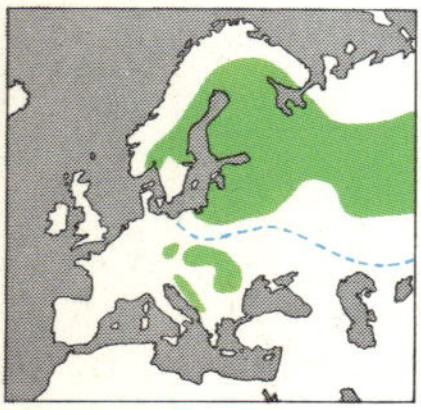
4

HABICHTSKAUZ *Strix uralensis.* Nur wenig kleiner als Bartkauz, von dem durch dunkle Augen, fehlende Streifenzeichnung im Gesicht und fehlenden dunklen Kinnfleck unterschieden. Von blasser gefärbten Formen des viel kleineren Waldkauzes durch den längeren, im Fluge herabhängenden Schwanz und verhältnismäßig kleinere Augen zu unterscheiden. Ruf gedämpfter als der des Waldkauzes; außerdem ein bellendes „hau, hau" und ein waldkauzartiges, aber rauheres „kewick". Bewohnt Laub-, Misch- und Nadelwaldungen, auch Dörfer und Städte, jagt Säuger bis zur Größe eines Eichhörnchens und Vögel bis zu Haselhuhngröße. 61 cm. ◑ (4)

graue Phase
braune Phase
WALDKAUZ
FAHLKAUZ
BARTKAUZ
HABICHTSKAUZ

ZIEGENMELKER: *Caprimulgidae.* Ausschließlich nächtlich lebende Vögel, durch lange Flügel, langen Schwanz, große Augen, weite Mundspalte, kleinen Schabel und kurze Füße an nächtliche Flugjagd auf Schmetterlinge, Käfer und andere fliegende Insekten angepaßt; am Tage nur zu sehen, wenn vom Erdboden oder von einem Ast, auf dem sie gewöhnlich längsweise ruhen, aufgescheucht; die ruhenden Vögel sind durch ihr rindenfarbiges Gefieder kaum zu entdecken. Geschlechter wenig verschieden. Flug leise und sehr wendig, gleitend und Schwenkungen ausführend mit plötzlichen Stößen nach vorbeifliegender Beute. Die südlichen Arten sitzen gern auf Landstraßen und Pisten und erscheinen dann plötzlich im Scheinwerferlicht der Wagen. Die Eier werden ohne Nestbau auf den Boden gelegt.

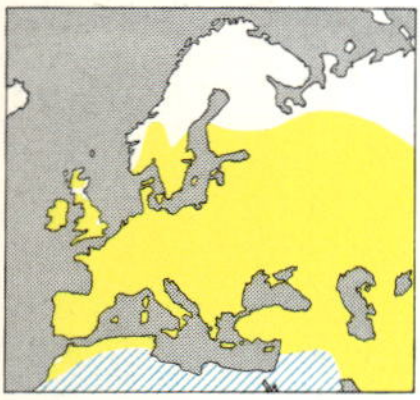
1

ZIEGENMELKER *Caprimulgus europaeus.* Die einzige weit verbreitete Ziegenmelkerart des Gebietes, aber meist nur durch den weit hörbaren, schnurrenden Gesang, der gelegentlich die Tonhöhe wechselt, zu entdecken; er ertönt meist erst 45–60 Minuten nach Sonnenuntergang. Im Fluge zeigt der Ziegenmelker eine langflügelige, langschwänzige, greifvogelartige Silhouette; von allen Greifvögeln ist er aber durch den sehr kurzen, geraden Schnabel, vom jungen Kuckuck (S. 175) durch die nicht so kontrastreich gebänderte Unterseite und das Fehlen eines weißen Genickflecks zu unterscheiden. Beim ♂ haben die äußeren Schwanzfedern weiße Spitzen und die drei äußeren Schwingen einen großen weißen Fleck auf der Innenfahne. Flugruf leise „gu-ek“; auch ein lautes Flügelklatschen. Bewohnt lichte Wälder, Waldränder, Kahlschläge, Heiden, offenes Gelände mit einzelnen Bäumen und Halbwüsten. 27 cm. ● (1)

2

ROTHALSZIEGENMELKER *Caprimulgus ruficollis.* Größer als die vorige Art, mit auffallendem rostfarbenem Halsband und großem, weißem Kehlfleck; weiße Flügel- und Schwanzzeichnung deutlicher, auch beim ♀ vorhanden, dort jedoch nicht rein weiß. Gesang eine Reihe lauter „kutuk, kutuk . . .“ in schneller Folge. Bewohnt Halbwüsten und anderes trockenes und offenes Gelände mit einzelnen Bäumen und Büschen. 31 cm.

3

BAJUDAZIEGENMELKER *Caprimulgus nubicus.* Ein kleiner, blaßgrauer Ziegenmelker mit rostfarbenem Halsband und sehr deutlichen weißen Spitzenflecken der äußeren Schwanzfedern; vier äußere Schwingen mit weißem Fleck. Bewohnt Tamariskenbestände, Dornbusch und den Rand der Wüste. 22 cm. (3)

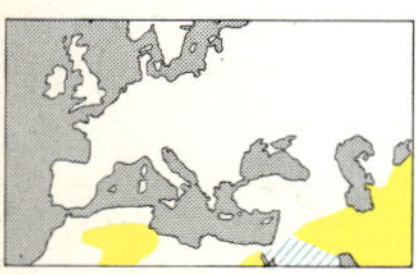
4

PHARAONENZIEGENMELKER *Caprimulgus aegyptius.* Ein blasser, sandfarbener Ziegenmelker ohne deutliche weiße Schwanz- und Flügelflecke. Gesang sehr verschieden beschrieben, soll wie „tukl, tukl“, „kre-krekre“ oder schnurrend klingen. Bewohnt Wüsten und Halbwüsten; oft bei Beduinen-Zelten. 25 cm. △ (4)

NACHTFALKE *Chordeiles minor.* Seltener Irrgast aus Nordamerika mit weißem Kehlfleck, fleckigen weißlichen Flügelbinden; schwach gegabelter Schwanz beim Männchen mit weißer Binde. 22–25 cm.

ZIEGENMELKER
♂
♀
ZIEGENMELKER
ROTHALSZIEGENMELKER
♂
♀
BAJUDAZIEGENMELKER
PHARAONENZIEGENMELKER
♂
NACHTFALKE
I·VIII·70

SEGLER: *Apodidae.* Schwalbenähnlich; ernähren sich wie Schwalben von fliegenden Insekten. Gefieder braun oder schwärzlich, oft mit weißen Abzeichen. Geschlechter gleich gefärbt. Flügel schmal, sichelförmig, Schwanz kurz, meist gegabelt. Flugbild ankerförmig, Sehr selten auf dem Erdboden; die kurzen Füße sind nur zum Anklammern an senkrechte Wände geeignet. Die bei uns vorkommenden Arten nisten in Höhlen oder Spalten; Nistmaterial wird mit Speichel verklebt.

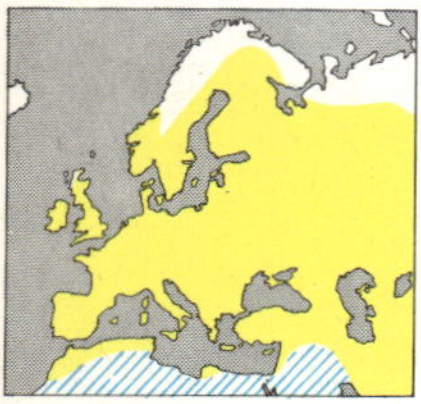
1

MAUERSEGLER *Apus apus.* Von Schwalben durch lange, gebogene Flügel, kurzen Schwanz und bis auf den weißen Kehlfleck dunkles Gefieder zu unterscheiden. Jungvögel vor allem an Stirn und Unterseite weißlich geschuppt. Vgl. Fahlsegler. Flug reißend; mit schrillem „srih" jagen vor allem gegen Abend Gesellschaften über die Dächer und um hohe Gebäude in Dörfern und Städten. Im Luftraum über Städten meist viel zahlreicher als Schwalben. Nistet in Höhlen und Spalten an Gebäuden, gelegentlich in Felsspalten und Baumhöhlen. 16,5 cm. ● (1)

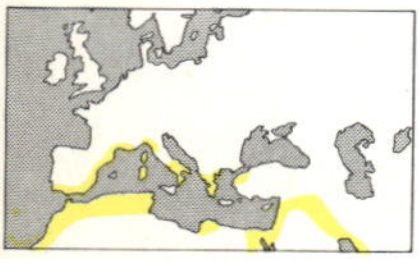
2

FAHLSEGLER *Apus pallidus.* Sehr schwer vom Mauersegler zu unterscheiden, mit dem oft zusammen zu sehen; blasser und bräunlicher als Mauersegler, mit deutlicherem weißem Kehlfleck, etwas hellerer Stirn und sich vom übrigen Flügel durch etwas hellere Färbung ein wenig abhebende Armschwingen; auch der etwas breitere Kopf und der ein wenig langsamere Flügelschlag können höchstens bei der Möglichkeit direkten Vergleichs zu sicherer Unterscheidung helfen Hält sich länger am Brutplatz auf als Mauersegler. 16,5 cm. (2)

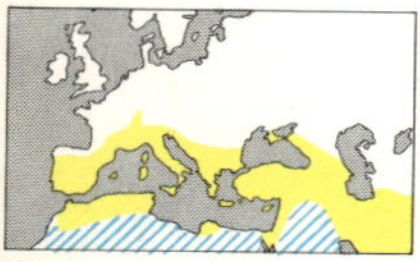
3

ALPENSEGLER *Apus melba.* Der größte Segler unseres Gebietes mit über 50 cm Spannweite der Flügel, leicht zu erkennen an dem bräunlichen Gefieder mit weißer Unterseite, über die ein braunes Brustband zieht; die Abb. ist zu schwärzlich im Farbton. Flugruf ein lautes, auf- und absteigendes Trillern. 22 cm. ◑ (3)

4

KAFFERNSEGLER *Apus caffer.* Größer und schlanker als der ähnliche Haussegler, mit weniger ausgedehntem weißem Bürzelfleck und mit deutlich gegabeltem Schwanz. Ziemlich schweigsam; in Nestnähe ein rauhes Gezwitscher. Benutzt zur Brut alte Nester von Rötelschwalben u. a. Schwalbenarten. 14 cm. (4)

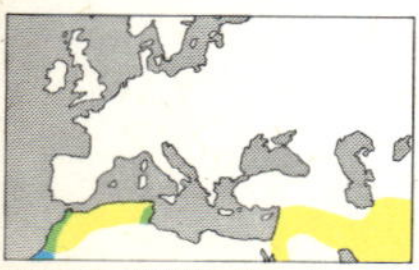
5

HAUSSEGLER (Weißbürzelsegler) *Apus affinis.* Kleinster Segler unseres Gebietes, von anderen Arten durch den kurzen, bei der in unserem Gebiet vorkommenden Rasse gerade abgeschnittenen Schwanz und den wie beim Kaffernsegler weißen Bürzel zu unterscheiden. Kehle weißlich. Vgl. Mehlschwalbe. Ruf ein schriller Triller. Nistet an hohen Gebäuden, in Felshöhlen usw., oft kolonieweise. 12 cm. (5)

EINFARBSEGLER *Apus apus unicolor.* Eine stark abweichende Rasse des Mauerseglers, kleiner und dunkler, mit dunkler Kehle. Hat Seglerschrei und schnellen Triller. Auf Madeira und den Kanaren. 15 cm. (6)

Stachelschwanzsegler

STACHELSCHWANZSEGLER *Hirundapus caudacutus.* Seltener Irrgast aus Ostasien mit sehr kurzem, ungegabeltem Schwanz, weißer Kehle und weißen Unterschwanzdecken. Groß 19 cm.

MAUERSEGLER
FAHLSEGLER
ALPEN-
SEGLER
KAFFERNSEGLER
HAUS-
SEGLER
EINFARBSEGLER

BIENENFRESSER: *Meropidae*.

Lebhaft gefärbte, langflügelige und langschwänzige Vögel mit ziemlich langem, leicht gebogenem Schnabel; Geschlechter in der Färbung kaum verschieden. Gesellig, sitzen auf Drähten oder Buschspitzen und halten Ausschau nach Bienen, Wespen und anderen fliegenden Insekten; fangen diese in schnellem Stoß im Fluge, kehren mit der Beute auf ihre Warte zurück und schlagen sie tot, bevor sie sie verschlingen. Flugbild schwalbenartig, mit dreieckigen Flügeln; im Fluge wechseln einige Flügelschläge mit längerem Gleiten ab. Bewohnen offenes Gelände mit einzelnen Bäumen oder Büschen, oft in der Nähe von Flüssen; brüten meist kolonieweise in selbstgegrabenen Röhren an steilen Ufern und in Sandgruben u. dgl.

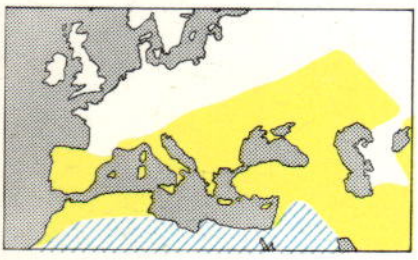
1

BIENENFRESSER *Merops apiaster*. Die in unserem Gebiet am weitesten verbreitete Bienenfresserart. Auffallend bunt gefiedert mit etwas verlängerten mittleren Schwanzfedern; im Fluge neben der gelben Kehle und der kastanienbraunen Oberseite die blaß rotbraune hinten schwarz gesäumte Flügelunterseite auffallend. Ständig zu hörender Flugruf ein flüssiges „prürr"; auch ein rauhes „krup krup". Hin und wieder auch in Deutschland brütend. 28 cm. (1)

2

BLAUWANGENSPINT *Merops superciliosus*. Erscheint viel grüner als Bienenfresser, hat längere mittlere Schwanzfedern, blauen Wangenstreif, kastanienbraune Kehle ohne schwarzes Kropfband. Stimme ähnlich der des Bienenfressers, etwas heller und weniger laut. 31 cm. (2)

3

SMARAGDSPINT *Merops orientalis*. Unterscheidet sich vom Blauwangenspint, mit dem er in Ägypten und im Mittleren Osten zusammen vorkommt, durch geringere Größe, schwarzes Kropfband und durch grüne (ägyptische Rasse *M. o. cleopatra*) oder bläulichgrüne (iranische Rasse *M. o. beludschicus*) Kehle. Ruft „tit, tit" oder „tri-tri-tri". Grün auf der Abb. etwas zu dunkel. 25 cm. (3)

RACKEN: *Coraciidae*

Lebhaft gefärbte Vögel von etwas krähenähnlicher Gestalt. Geschlechter nicht merklich verschieden gefärbt. Schnabel kräftig mit leicht hakiger Spitze. Sitzen auf Pfählen, Drähten oder Buschspitzen, von wo sie zum Boden herabfliegen, um dort Käfer, Eidechsen oder andere Kleintiere aufzunehmen. Höhlenbrüter.

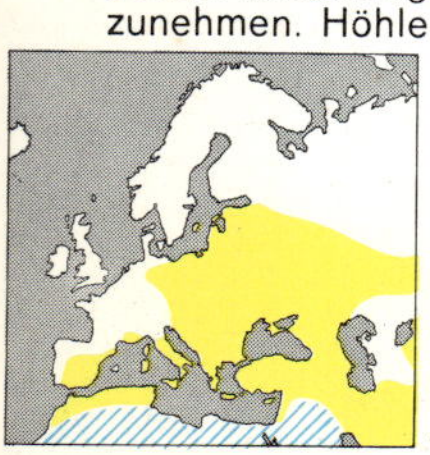
4

BLAURACKE *Coracias garrulus*. Neben dem Eichelhäher (S. 305) der einzige etwa krähengroße Vogel mit viel Blau im Flügel; im Fluge erscheint der gesamte Flügel blau mit schwärzlichen Schwingen. Der sitzende Vogel sieht aus wie eine kleine grünlichblaue Krähe mit rotbraunem Rücken. Flug geradlinig, ringeltaubenähnlich; ♂ führt gaukelnde Balzflüge aus. Ruft laut und krähenartig „krack, krack, krakak". Lebt in lichten Wäldern, in offenem baumbestandenem Gelände, an von Bäumen gesäumten Straßen usw. Früher auch in Westdeutschland Brutvogel. 31 cm. ◑ (4)

5

HINDURACKE *Coracias benghalensis*. Von der Blauracke durch bräunliche Brustfärbung unterschieden. Stimme krächzend und schnatternd, auch ein abgehacktes „kjo, kjo . . .". Bei uns nur im Süd-Irak und Süd-Iran. 33 cm. (5)

ad.
ad.
juv.
BIENEN-
FRESSER
ad.
ad.
ad.
SMARAGD-
SPINT
BLAUWANGENSPINT
ad.
juv.
ad.
BLAURACKE
HINDURACKE

1

PAPAGEIEN: *Psittacidae*

HALSBANDSITTICH *Psittacula krameri.* Einziger Papagei des Gebietes, eingebürgert; langschwänzig, grün, ♂ mit schwarzer Kehle und rosa Nackenband. Fliegt mit schnellem Flügelschlag. Stimme kreischend. Lebt gesellig in baumbestandenem Gelände. Höhlenbrüter. 41 cm (davon 25 cm auf Schwanz entfallend). (1)

● **EISVÖGEL:** *Alcedinidae.* In unserem Gebiet mittelgroße Vögel mit kurzen Läufen, lebhaft gefärbtem Gefieder und aufrechter Haltung. Geschlechter gleich gefärbt. Höhlenbrüter.

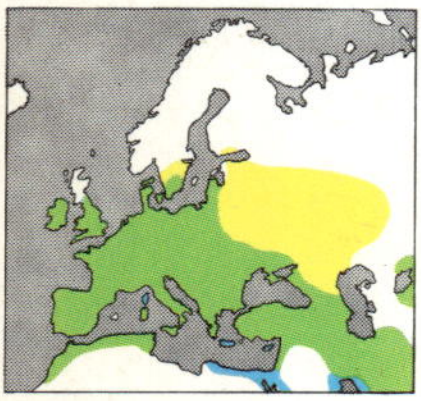
2

EISVOGEL *Alcedo atthis.* Einer der am lebhaftesten gefärbten Vögel unseres Gebietes, oben blaugrün, unten rostrot; Schnabel schwarz, Füße rot; kurzer Schwanz. Ruft durchdringend „tiht". An Binnengewässern aller Art, im Winter auch an der See. Von einer Warte über dem Wasser aus stößt er nach kleinen Fischen und Insekten, rüttelt auch gelegentlich. Flug pfeilschnell. 16,5 cm. ● (2)

3

BRAUNLIEST *Halcyon smyrnensis.* Unverkennbar durch das kontrastreich kastanienbraun, blau und weiß gefärbte Gefieder mit roten Füßen und kräftigem, rotem Schnabel. Im Flug ist ein weißes Band über die Flügelunterseite auffallend. Sehr stimmfreudig; hat einen schrill krächzenden Ruf. Bewohnt Kulturland, Gärten, offenes Gelände und Wälder, Ufer von Binnengewässern und die Meeresküste. Jagt Eidechsen, Krabben, Insekten usw. 27 cm. (3)

4

GRAUFISCHER *Ceryle rudis.* Unverkennbar wie die vorige Art durch schwarz-weißes Gefieder; Scheitel mit Federschopf. ♂ mit zwei schwarzen Brustbinden, ♀ mit einer. Stimme durchdringend „kihk, kihk", auch ein Pfiff; oft mehrere beisammen und lärmend. Rüttelt über Gewässern, um stoßtauchend Nahrung aus dem Wasser zu holen. Lebt an Gewässern, außer im Walde oder in großen Höhen der Gebirge. 25 cm. (4)

GÜRTELFISCHER *Ceryle alcyon.* Seltener Irrgast aus Nordamerika; ♂ mit einem grauen, ♀ dazu mit einem zweiten, rotbraunen Brustband und rotbrauner Zeichnung an den Körperseiten; Scheitel mit Schopf. 28–35 cm.

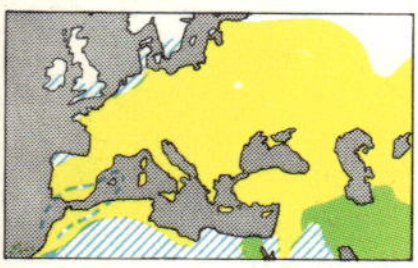
5

WIEDEHOPFE: *Upupidae*

WIEDEHOPF *Upupa epops.* Nicht zu verwechseln: langer, gebogener, dunkel gefärbter Schnabel, große, aufrichtbare Kopfhaube, orangebräunliches Gefieder mit auffallend schwarz-weiß gebänderten Flügeln, die den Vogel im Fluge wie einen riesigen schwarzweißen Schmetterling erscheinen lassen. Ruf weit hörbar, „pu-pu-pu". Bewohnt offenes, grasreiches Gelände mit genügend alten Bäumen, lichte Wälder, Obstpflanzungen, Kopfweidenreihen, im Süden auch Weinberge und Gärten. Höhlenbrüter. 28 cm. ◑ (5)

EISVOGEL
♀
♂
HALSBAND-
SITTICH
GRAUFISCHER
♂
♀
BRAUNLIEST
WIEDEHOPF
♂
GÜRTELFISCHER

SPECHTE: *Picidae.* Baumkletternde Vögel, die ihre Insektennahrung (viele verzehren auch Sämereien) meist in erster Linie unter der Baumrinde oder im morschen Holz finden; einige sind auf Ameisen und deren Puppen spezialisiert, die sie aus den Erdbauten dieser Insekten holen. Schwanz steif (außer bei den tropischen Zwergspechten, Picumninae), dient als Stütze beim Klettern an senkrechten Stämmen und Ästen. An den Füßen 2 Zehen nach vorn, 2, die 1. und 4., nach hinten gerichtet; einige Arten sind durch völlige Rückbildung der 1. Zehe dreizehig. Zunge sehr lang. Flug der meisten Arten wellenförmig. Fortbewegung auf dem Erdboden hüpfend. Der sehr harte Schnabel, mit dem die Bruthöhle ausgemeißelt wird, dient bei vielen Arten auch zum „Trommeln": die Vögel hämmern in rasender Schlagfolge auf einen dürren Ast od. dgl., wodurch ein wie ein Trommelwirbel klingender Laut entsteht. In die Bruthöhle wird kein Nistmaterial eingetragen.

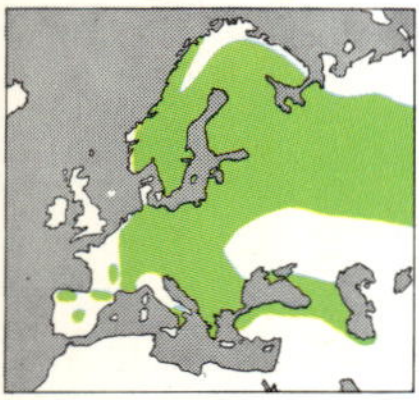

1

SCHWARZSPECHT *Dryocopus martius.* Die bei weitem größte Spechtart unseres Gebietes und der einzige größere schwarze Vogel mit rotem Scheitel (♂) oder Genickfleck (♀); Schnabel hell. Hält beim Klettern den Hals merkwürdig gewinkelt. Flug nicht wellenförmig, wie für andere Spechte kennzeichnend, sondern schwerfällig und geradlinig, eichelhäherartig. Ruft laut „kliöh", an die letzten Töne eines Hahnenschreis erinnernd, ferner grünspechtartig „gückgückgück" und im Fluge ein weit hörbares „krikrikrikri". Trommelt. Bewohnt größere Nadelwälder, auch Buchenwälder und Mischwälder mit reichlich Nadelholz. 46 cm. ● (1)

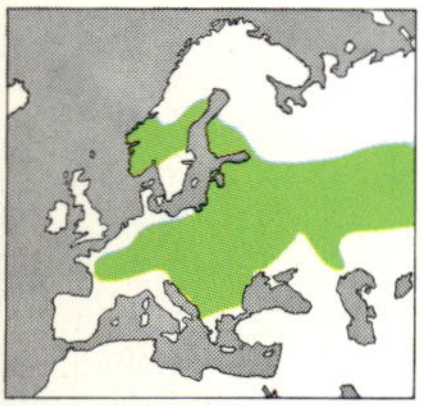

2

GRAUSPECHT *Picus canus.* Ähnelt einem kleinen Grünspecht, aber Kopf und Unterseite vorwiegend grau und ♂ nur mit rotem Vorderscheitel, ♀ ohne alles Rot am Kopf; Bartstreif viel schmäler als beim Grünspecht, schwarz. Juv. bräunlicher, mit dunkler Bänderung der Körperseiten. Balzruf dem des Grünspechts ähnlich, aber mit langsamerer Tonfolge und deutlicher absinkend. 25 cm. ● (2)

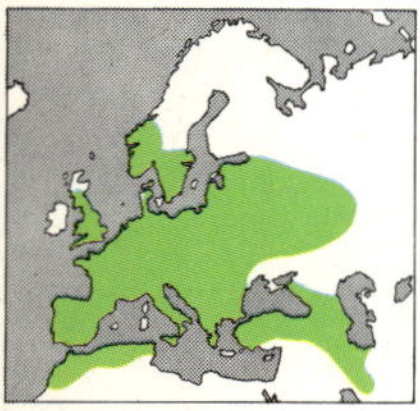

3

GRÜNSPECHT *Picus viridis.* Leicht kenntlich durch olivgrünes Gefieder mit roter Kopfzeichnung und im Fluge auffallendem Grünlichgelb des Bürzels; nur mit dem Grauspecht zu verwechseln. ♂ und ♀ haben rote Scheitel; der Bartstreif ist beim ♂ rot mit schwarzer Umsäumung, beim ♀ rein schwarz. Juv. matter gefärbt und vor allem unterseits dunkel gefleckt. Die spanisch-portugiesische Rasse *P. v. sharpei* ähnelt durch grauere Kopfseiten und schmäleren Bartstreif, der beim ♂ rot ohne schwarze Säumung, beim ♀ schwarz ist, dem Grauspecht, der glücklicherweise südlich der Loire nicht vorkommt; noch verschiedener ist die nordafrinische Rasse *P. viridis vaillantii,* die vielfach als eigene Art betrachtet wird und bei der das ♂ einen schwarzen statt roten Bartstreif und das ♀ nur im Genick einen roten Fleck, aber nicht einen ganz roten Scheitel besitzt. Balzruf ein lautes, schallendes, etwas absinkendes „Lachen" oder Wiehern: „glückglückglückglückglück . . .". Trommelt im Gegensatz zum Grauspecht nur ausnahmsweise. Spezialisiert auf Ameisennahrung; daher viel am Erdboden. Bewohnt Laubwälder, Parks, größere Gärten, Alleen u. dgl. 32 cm. ● (3)

SPECHTE

Krähe
♀
SCHWARZSPECHT
♀
♂
GRAUSPECHT
♀
juv.
♂
♂
P. v. sharpei
P. viridis vaillantii
♂
♂
♀
GRÜNSPECHT

Buntspechte (Gattungen *Dendrocopos* und *Picoides*, neuerdings auch unter dem Namen *Picoides* vereinigt.) Kennzeichen der Arten:

Roter Scheitel: Blutspecht juv., Buntspecht juv., Weißrückenspecht ♂ und (schwach ausgebildet) juv., Mittelspecht ad. u. juv., Kleinspecht ♂ u. juv.
Rotes Genick: Buntspecht ♂, Blutspecht ♂.
Rot an der Brust: nordafrikanische Rasse des Buntspechts.
Rote Unterschwanzdecken: Buntspecht ad. u. juv., Blutspecht ad. u. juv., Weißrückenspecht ad. u. juv. (hell), Mittelspecht ad. u. juv. (blaß).
Gelber Scheitel: Dreizehenspecht ♂.
Großer weißer Flügelfleck: Buntspecht ad. u. juv., Blutspecht ad. u. juv., Mittelspecht ad. u. juv.
Flügeldecken weiß gebändert: Weißrückenspecht ad. u. juv., Kleinspecht ad. u. juv.
Flügeldecken im wesentlichen schwarz: Dreizehenspecht.

1

BLUTSPECHT *Dendrocopos syriacus.* Sehr ähnlich Buntspecht, von dem hauptsächlich durch Fehlen des schwarzen Verbindungsstreifs zwischen Bartstreif und Genick unterschieden, von Mittel- und Weißrückenspecht durch schwarzen Scheitel, von letzterem auch durch den großen weißen Flügelfleck. Juv. von jungem Mittelspecht durch bis zum Schnabel reichenden schwarzen Bartstreif unterschieden. Stimme ähnlich Buntspecht. Lebt meist nicht in ausgedehnten Waldungen, sondern in baumreicher offener Landschaft und im Kulturland. 23 cm. (1)

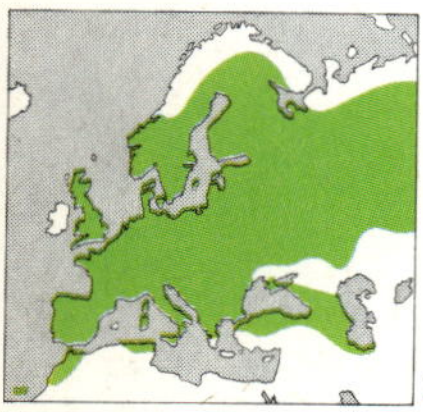

2

BUNTSPECHT *Dendrocopos major.* Im allgemeinen die häufigste *Dendrocopos*-Art; mit auffallendem weißem Flügelfleck und lebhaft roten Unterschwanzdecken; ad. mit schwarzem Scheitel und beim ♂ rotem Genickfleck, juv. mit rotem Scheitel. Das ♂ der algerisch-tunesischen Rasse *D. m. numidus* mit rot geflecktem Brustband. Flug wellenförmig. Ruft laut und hart „kick"; in der Erregung misteldrosselartiges Schnärren. Trommelt im Frühjahr häufig; 8–10 Schnabelhiebe machen den 1 Sekunde dauernden Wirbel aus. Bewohnt Laub-, Misch- und Nadelwälder, Parkanlagen, Obstpflanzungen, große Gärten u. dgl. 23 cm. ● (2)

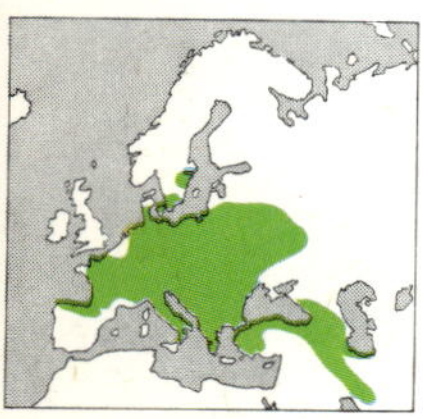

3

MITTELSPECHT *Dendrocopos medius.* Wie die beiden vorigen Arten mit großem weißem Flügelfleck und dadurch von den folgenden unterschieden; im Gegensatz zu Blut- und Buntspecht auch ad. mit rotem Scheitel; Rot der Unterschwanzdecken blaß; von den rotscheiteligen juv. von Blut- und Buntspecht dadurch unterschieden, daß der schwarze Bartstreif nicht bis zum Schnabel reicht; roter Scheitel nicht schwarz gesäumt. Ruft buntspechtähnlich „kick", häufiger „kick-tjek-tjek-tjek", im Frühjahr vor allem kläglich quäkend „ääk". Trommelt seltener als Buntspecht. Laubwaldbewohner, besonders in Eichenwäldern. 22 cm. ● (3)

SPECHTE
♀
♂
ad.
Blutspecht ♂
BLUTSPECHT
Buntspecht ♂
♀
Mittelspecht ♂
juv.
♂
♂
BUNTSPECHT
D. l. lilfordi
D. l. leucotos
Weißrückenspecht ♂ S. 197
D. m. numidus
MITTELSPECHT
Kleinspecht ♂ S. 197
Alpen
N-Europa
P. t. alpinus
P. t. tridactylus
Dreizehenspecht ♂ S. 197

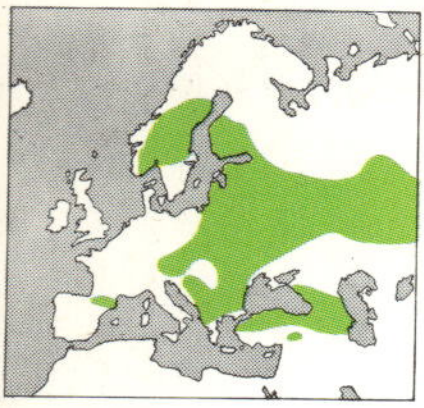
1

WEISSRÜCKENSPECHT *Dendrocopos leucotos.* Die größte Buntspechtart unseres Gebietes, von allen anderen außer dem Dreizehenspecht durch den (bei der nordeuropäischen Rasse *D. l. leucotos)* weißen oder (bei der in den Pyrenäen, Südosteuropa und Kleinasien lebenden Rasse *D. leucotos lilfordi)* schwarz-weiß gebänderten Bürzel unterschieden, von Blut-, Bunt- und Mittelspecht durch das Fehlen des großen weißen Flügelflecks und durch die gebänderten Flügeldecken abweichend. Scheitel beim ♂ rot, seitlich schwarz gesäumt, beim ♀ schwarz; ♂ juv. nur mit mattroten Spitzen der sonst wie beim ♀ schwarzen Scheitelfedern. Ruft „kjück" oder „kjüjück". Trommelt mit allmählich schneller werdenden Schnabelhieben. Bewohnt Laub- und Mischwälder. 25 cm. ◑ (1)

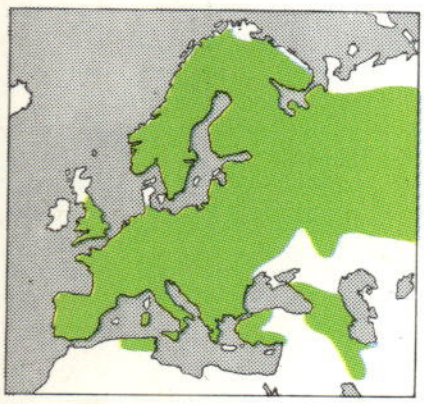
2

KLEINSPECHT *Dendrocopos minor.* Der kleinste Specht unseres Gebietes, nur sperlingsgroß. Gekennzeichnet durch schwarz-weiß quergestreifte Oberseite, von allen anderen Buntspechten des Gebietes mit Ausnahme des Dreizehenspechtes durch Fehlen jeglichen Rots an den Unterschwanzdecken zu unterscheiden; ♂ mit rotem Scheitel; ♀ ohne alles Rot, abgesehen vom ♀ des Dreizehenspechtes einziger rein schwarz-weißer Specht des Gebietes; Dreizehenspecht hat andere Kopf- und Flügelzeichnung. ♂ juv. mit rotem Scheitel, ♀ juv. ohne solchen. Ruft turmfalkenartig „ki-ki-ki . . .", auch an Wendehals erinnernd, aber schneller und weniger schallend. Trommelt weniger laut als Buntspecht, die einzelnen Wirbel aber länger, etwa 2 Sekunden. Bewohnt Laub- und Mischwälder, Parks, Obstpflanzungen, größere Gärten u. dgl. Schwer zu sehen. 14,5 cm. ● (2)

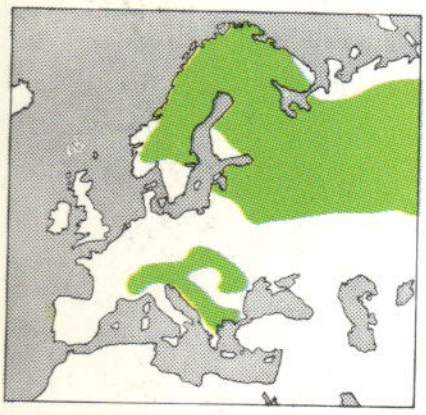
3

DREIZEHENSPECHT *Picoides tridactylus.* Der einzige dreizehige Specht unseres Gebietes. Einziger unserer Buntspechte, der überwiegend schwarze Flügel hat, einziger, abgesehen vom Weißrückenspecht, mit weißem Bürzel. Ohne alles Rot, ♂ als einziger unserer Spechte mit gelbem Scheitel; Kopfseitenzeichnung abweichend. Stimme buntspechtähnlich, aber weniger hart. Trommelt langsam. Bewohnt Nadelwälder, im hohen Norden auch Weiden- und Birkenbestände. 22 cm. ◑ (3)

WENDEHÄLSE: *Jyngidae*

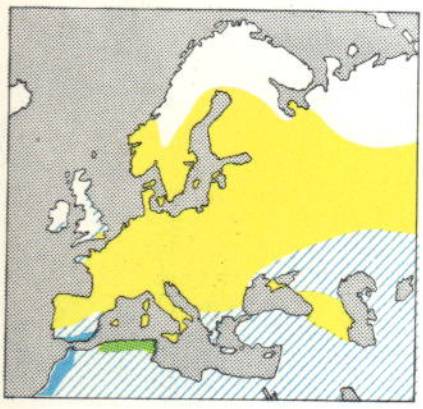
4

WENDEHALS *Jynx torquilla.* Den Spechten nahe verwandt, mit gleicher Fußbildung und langer, vorstreckbarer Zunge, aber durch Gestalt, vor allem den längeren Schwanz, der nie als Stütze dient, und Färbung eher an einen kleinen braunen Würger erinnernd. Von den Baumläufern (S. 273) durch viel bedeutendere Größe, längeren Schwanz, geraden Schnabel und bräunliche Unterseite leicht zu unterscheiden. Hüpft auf dem Boden, wo oft Nahrung (in erster Linie Ameisen und deren Puppen) suchend, gern mit erhobenem Schwanz. Der laute Ruf „gäh-gäh-gäh-gäh . . ." erinnert an Kleiber (S. 271), Kleinspecht und Turmfalken (S. 95). Bewohnt lichte Laub- und Mischwälder, Parks, Obstanlagen, größere Gärten u. dgl. Höhlenbrüter. 16,5 cm. ● (4)

SPECHTE
♀
♂
WEISSRÜCKEN-SPECHT
♂
♀
KLEINSPECHT
DREIZEHENSPECHT
♀
♂
WENDEHALS
Blutspecht ♀
S. 195
Buntspecht ♀
S. 195
Mittelspecht ♀
S. 195
Weißrückenspecht ♀
Kleinspecht ♀
Dreizehenspecht ♀

LERCHEN: *Alaudidae.* Die erste Familie der Sing- oder Sperlingsvögel (s. S. 11). Kleine bis mittelgroße, bodenbewohnende Vögel, die meisten mit schlicht, nach den Geschlechtern nicht verschieden gefärbtem Gefieder und mit bei der Mehrzahl der Arten ziemlich schlankem Schnabel, der an eine aus Insekten und Sämereien gemischte Nahrung angepaßt ist. Der Gesang wird meist im Fluge vorgetragen. Lerchen bewegen sich auf dem Erdboden laufend, nicht hüpfend fort.

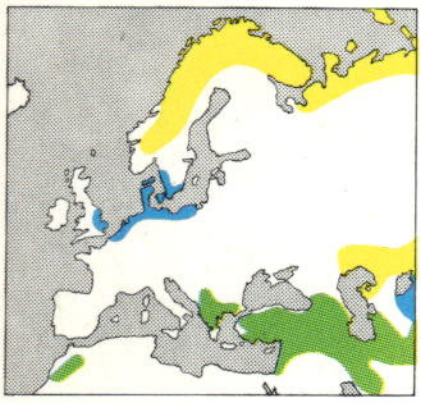

1

OHRENLERCHE *Eremophila alpestris.* Aus der Ferne wie jede andere Lerche aussehend, wenn auch etwas weniger gestreift als etwa eine Feldlerche (S. 205), aus der Nähe betrachtet aber gut gekennzeichnet durch die schwarz-gelbe, bei einigen Rassen schwarz-weiße Kopfzeichnung und die schwarzen Feder„ohren" des ♂, die beim ♀ nur angedeutet sind. Schwanz mit etwas Weiß, doch erscheint der Vogel im Fluge, besonders von unten gesehen, mehr oder weniger schwarz. Vgl. Sahara-Ohrenlerche. Gesang feldlerchenähnlich, aber kürzer, vom Erdboden oder einem Stein aus vorgetragen, auch im Fluge, aber dann oft nur bruchstückhaft. Ruft ganz abweichend von anderen Lerchenarten ähnlich wie Wasserpieper (S. 210) oder Schafstelze (S. 212) „tsip" oder „tsih", auch ein dünnes, abfallendes „tsi-di-wi". Flug wellenförmiger als der der Feldlerche. Läuft sehr schnell. Brütet in der Tundra und in der alpinen Zone mancher Gebirge, überwintert regelmäßig an den Küsten von Nord- und Ostsee; dann zuweilen in Gesellschaft von Schnee- oder Spornammern (S. 281). 16,5 cm. ○ (1)

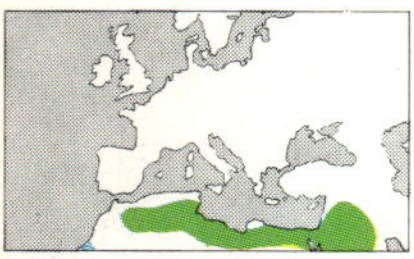

2

SAHARA-OHRENLERCHE *Eremophila bilopha.* Kleiner, blasser und sandfarbener als Ohrenlerche, mit stets weißer, nicht gelber Kopfzeichnung. Ruf deutlich zweisilbig, Gesang schwächer, vom Erdboden aus oder im Fluge vorgetragen. Bewohnt Stein- oder Sandwüsten, oft völlig vegetationslose Gebiete. 14 cm. (2)

3

WEISS-STIRNLERCHE *Eremopterix nigriceps.* Ein kleiner, mehr finken- als lerchenartig erscheinender Vogel mit Kegelschnabel, ♂ durch weiße Stirn, schwarzen Scheitel und schwarze Unterseite sehr kenntlich, ♀ aber schwer von vielen anderen sandfarbenen Kleinvögeln der Wüste zu unterscheiden, am ehesten im Fluge durch die schwarze Unterseite der Flügel. Das zwitschernde Lied wird im Singflug vorgetragen, aus dem der Vogel schmetterlingsartig flatternd herabsteigt, um dann in kurzem Sturzflug wieder zu landen. Aufgescheucht fliegt die Weißstirnlerche weite Kreise. Auf dem Erdboden hüpft sie nicht wie Finken, sondern läuft wie andere Lerchen, verharrt aber anders als diese in kauernder Haltung. Bewohnt trockene Flächen mit spärlicher Vegetation. 11 cm. (3)

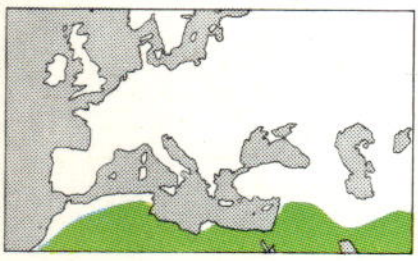

4

WÜSTENLÄUFERLERCHE *Alaemon alaudipes.* Eine der größten Lerchen, größer als Feldlerche (S. 205), mit langem, leicht gebogenem Schnabel und auffallender schwarz-weißer Flügelzeichnung. Der lange wohlklingende Gesang wird vom Boden aus oder im Singflug vorgetragen, aus dem der Vogel sich mit ausgebreiteten Flügeln zum Erdboden herabläßt, die letzte Strecke aber im Sturzflug zurücklegend. Verharrt aufrecht stehend. Ungesellig. Kann mit Rennvogel verwechselt werden. Wüstenbewohner. 19 cm. (4)

juv.
Winter
ad.
N-Europa
E. a. flava
Kleinasien
E. a. penicillata
N-Afrika
E. a. atlas
OHRENLERCHE
juv.
ad.
SAHARA-
OHRENLERCHE
♀
♂
WEISS-STIRN-
LERCHE
ad.
juv.
WÜSTENLÄUFER-
LERCHE

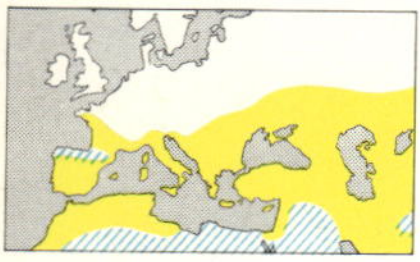

1

KURZZEHENLERCHE *Calandrella brachydactyla.* Kleiner und besonders unterseits blasser gefärbt als Feldlerche (S. 205), ohne Kopfhaube, mit kürzerem Schnabel, ungestreifter Unterseite und einem nicht immer deutlich zu erkennenden schwärzlichen Fleck an jeder Seite der Vorderbrust. Vgl. Stummellerche. Gesang, gewöhnlich in sich auf- und abwärts bewegendem Fluge vorgetragen, eine Reihe in kurzen Abständen wiederholter Pfeiftöne, oft mit einigen an Fitisgesang (S. 237) erinnernden Schlußnoten. Ruft sperlingsartig „tschitschirrp“, aufgescheucht einen kurzen, schnärrenden Ton und ängstlich erregt „tiu“. Haltung auf dem Erdboden pieperartig. Oft in großen Flügen. Bewohnt trokkenes, sandiges Gelände, vor allem Halbwüsten, Dünen, Steppengebiete, aber auch Kulturland. 14 cm. △ (1)

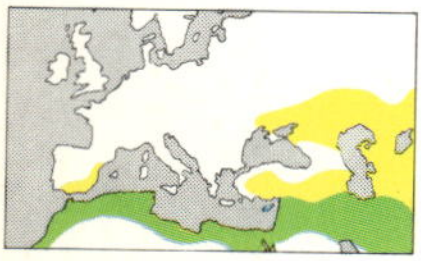

2

STUMMELLERCHE *Calandrella rufescens.* Der Kurzzehenlerche sehr ähnlich; ihr fehlt die mehr oder weniger deutliche rotbräunliche Kopfplatte der Kurzzehenlerche, von der sie sicher nur durch die fein, aber deutlich gestreifte Vorderbrust ohne schwärzlichen Seitenfleck zu unterscheiden ist. Gesang ebenfalls ähnlich, gewöhnlich aber durch „prrrit“ eingeleitet und oft Nachahmungen anderer Stimmen enthaltend. Bewohnt im allgemeinen steinigeres und weniger grasreiches Gelände, oft aber auch die trockeneren Randgebiete von Sümpfen. 14 cm. △ (2)

3

STEINLERCHE *Ammomanes deserti.* Sandfarben und in enger Übereinstimmung mit der Färbung des Erdbodens in ihrem Verbreitungsgebiet stark variierend und sehr zahlreiche Rassen bildend; Schwanz ohne Weiß, jedoch mit schwacher dunklerer Zeichnung. Vgl. Bindenlerche und Dupontlerche. Kurzzehen- und Stummellerche haben Weiß im Schwanz und sind mindestens oberseits streifig. Ruft klagend „twiht“. Gewöhnlich nicht in Trupps. Bewohnt steiniges oder felsiges Gelände in Wüsten, Halbwüsten und Wadis. 15 cm. (3)

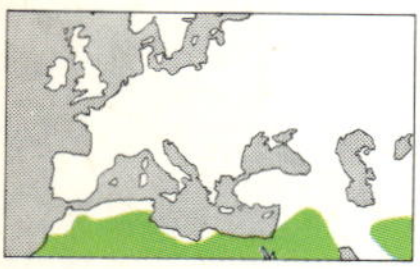

4

SANDLERCHE *Ammomanes cinctura.* Kleiner und weniger variabel als Steinlerche, von dieser durch die dunkle Endbinde des Schwanzes leicht zu unterscheiden. Gesang unbedeutend, mit flötenden und an Kindertrompeten erinnernden Tönen. Fliegt schnell, oft ruckweise. Läuft behende, mit häufigem plötzlichen Verharren. Ausgesprochener Sandwüstenbewohner; meidet gewöhnlich Büsche und selbst Felsen oder steiniges Gelände; häufig in kleinen Flügen. 13 cm. (4)

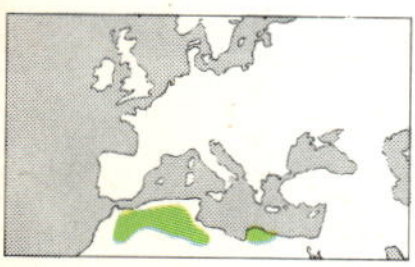

5

DUPONTLERCHE *Chersophilus duponti.* In der Größe zwischen Feldlerche (S. 205) und Kurzzehenlerche, von beiden durch den langen, leicht gebogenen Schnabel, von der Feldlerche durch das Fehlen von deren schwacher Federhaube, von der Kurzzehenlerche durch die stark gestreifte Brust unterschieden. Grundfärbung des Gefieders je nach den Rassen braun *(Ch. d. duponti)* bis zimtrötlich *(Ch. d. margaritae).* Ruft aufwärts pfeifend „hu-ih“ und grünlingsartig „dwihdsch“. Fliegt selten, außer beim Vortrag des nasal klingenden Gesanges. Scheu. Bewohnt Busch- und Grasland. 16 cm. (5)

juv.
KURZZEHENLERCHE
STUMMELLERCHE
STEINLERCHE
SANDLERCHE
Marokko
bis Tunesien
Ch. d. duponti
S-Algerien bis
Ägypten
Ch. d. margaritae
DUPONTLERCHE

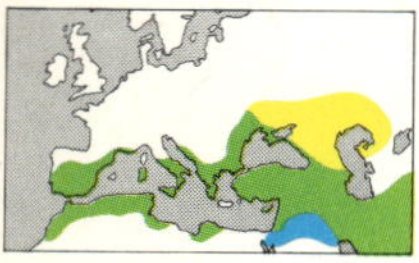

1

KALANDERLERCHE *Melanocorypha calandra.* Eine große, stämmige Lerche, mit breiten, dreieckigen Flügeln und großem, schwarzem Fleck beiderseits in der Kropfgegend. Im Flug ist der weiße Flügelhinterrand auffällig, der sie von der Bergkalanderlerche unterscheidet. Keine Haube; äußere Schwanzfedern größtenteils weiß. Vgl. ♀ der Mohrenlerche. Gesang feldlerchenartig, mit Nachahmungen anderer Stimmen und häufig eingeflochtenem eigenem Ruf „klitra“, in hohem Kreisflug oder in niedrigerem Fluge mit eigenartig langsamem Flügelschlag oder auch vom Erdboden aus vorgetragen. Bewohnt Grassteppen mit niedrigen Büschen, Kulturland, aber auch trockenes, steiniges Gelände. 19 cm. △ (1)

2

BERGKALANDERLERCHE *Melanocorypha bimaculata.* Kleiner als die vorige Art, mit viel kleineren schwarzen Kropfseitenflecken. Am besten durch die deutlichen weißen Überaugenstreifen und das Fehlen des weißen Flügelsaumes unterschieden sowie dadurch, daß zwar die Spitzen der Schwanzfedern, nicht aber die ganzen äußeren Steuerfedern weiß sind. Lebensweise ähnlich, brütet aber in größeren Höhen des Berglandes und ist im Winter häufiger in halbwüstenartigem Gelände zu finden. 16,5 cm. (2)

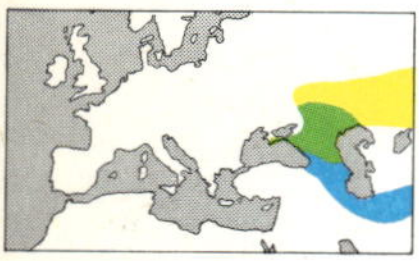

3

WEISSFLÜGELLERCHE *Melanocorypha leucoptera.* Von der Kalanderlerche am besten zu unterscheiden durch viel breitere Längsbinde im Flügel, bräunlicheres Gefieder mit beim ♂ zimtrotem Oberkopf, schmälere Flügel und Fehlen der schwarzen Kropfseitenflecke. Gesang ähnlich dem der Feldlerche (S. 205), kürzer, hoch in der Luft oder in niedrigerem Fluge oder auch von einem Stein oder einer kleinen Erhöhung des Erdbodens aus vorgetragen. Bewohnt trockene Grassteppen, steiniges und halbwüstenhaftes Gelände. 18 cm. △ (3)

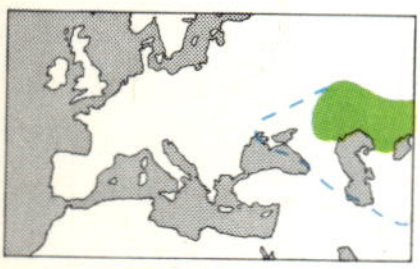

4

MOHRENLERCHE *Melanocorypha yeltoniensis.* ♂ von allen anderen Lerchen leicht durch das schwarze, im Winter durch hellere Federsäume etwas bräunlicher erscheinende Gefieder zu unterscheiden. ♀ und juv. weniger kenntlich, von Kalander- und Weißflügellerche durch völliges Fehlen von Weiß im Flügel unterschieden sowie durch dunklere, bräunlichschwarze Unterflügeldecken. Gesang feldlerchenähnlich (s. S. 205), aber kürzer, häufiger vom Erdboden aus als in niedrigem, eulenartigem Kreisflug vorgetragen. Flugruf ähnlich dem der Feldlerche, dazu ein mehr pfeifender Ruf. Gras- und Buschsteppen, meist nicht weit vom Wasser, im Winter auch im Kulturland. 19 cm. △ (4)

5

KNACKERLERCHE *Ramphocoris clotbey.* Die bei weitem dickschnäbeligste Lerche, mit auffälliger dunkler Brustfleckung und weißer Zeichnung an den Kopfseiten und im Flügel, wo sie besonders im Fluge auffällt. Im Flug dunkle Unterflügel ein sicheres Kennzeichen. Hält sich sehr aufrecht, mit hochgerecktem oder sogar etwas hintenüber gebogenem Kopf und Hals; läuft sehr schnell, duckt sich nicht, sondern verharrt in aufrechter Haltung. Ruf ein weicher, wohlklingender Pfiff, „dju“ oder „djui“, auch eine Reihe kürzerer Töne; Gesang, im Singflug vorgetragen, aus abgehackten, ziemlich rauhen Tönen bestehend. Wüstenbewohner; in der steinigen Hammada, aber auch in Wadis. 17 cm. (5)

KALANDER-
LERCHE
BERGKALANDER-
LERCHE
♂
♀
MOHRENLERCHE
WEISSFLÜGELLERCHE
KNACKER-
LERCHE

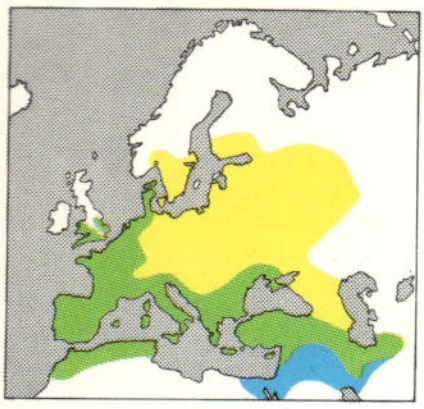

1

HEIDELERCHE *Lullula arborea.* Der kurze Schwanz, der besonders im Fluge auffällt, unterscheidet sie von der Feldlerche; auch junge Feldlerchen sind nicht so kurzschwänzig wie die Heidelerche, deren Flugbild im Umriß an Fledermäuse erinnert. Leichte Federhaube, im Feld nicht immer zu erkennen. Helle Überaugenstreifen, die sich im Genick treffen; schwarzweiße Zeichnung am Flügelrand; Schwanz mit weißen Federspitzen, aber außen ohne Weiß. Gesang von dem der Feldlerche sehr verschieden, nicht so anhaltend und weniger kräftig, aber sehr wohltönend, aus weichen, z. T. abfallenden Trillern bestehend, die wie „lülülülül . . ." oder „lürelürelüre . . ." klingen können; wird in hin und her schwebendem Singflug, von Bäumen („Baumlerche") oder vom Erdboden aus vorgetragen, nicht selten auch in der Nacht. Ruft melodisch „didloi". Bewohnt die Heide, Waldlichtungen und -ränder, Ödland mit einzelnen Bäumen, auch baumbestandenes sandiges Kulturland und Bergwiesen. 15 cm. ● (1)

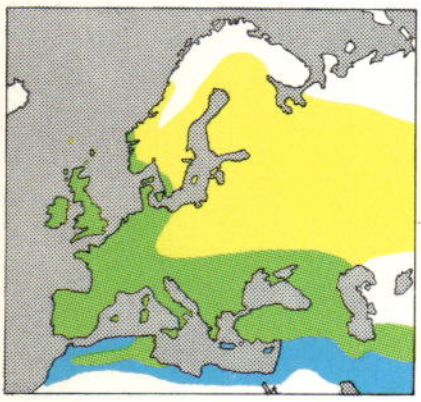

2

FELDLERCHE *Alauda arvensis.* Ziemlich große, bräunliche Lerche mit undeutlicher Kopfhaube; der ziemlich lange Schwanz mit weißem Außensaum. Juv. haubenlos und kurzschwänziger. Bestes Kennzeichen der laute, anhaltende, wirbelnde und trillernde Gesang, der meist im Singflug, sowohl beim Aufsteigen wie beim Rütteln hoch in der Luft und beim Herabsteigen, vorgetragen wird; kurz über dem Erdboden angelangt, schweigt die Lerche und stürzt sich fast senkrecht zu Boden. Ruft „trrlit". Duckt sich bei Gefahr, bevor sie flüchtet. Im Herbst und Winter in Flügen. Bewohnt als häufigster Vogel vor allem Getreidefelder, auch anderes offenes Kulturland, Weideflächen, Heiden, Moore und Bergwiesen. 18 cm. ● (2)

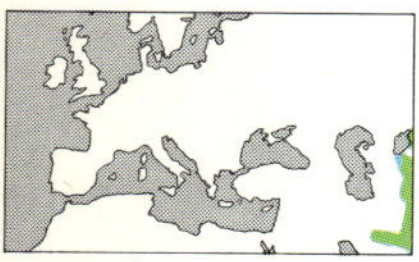

3

KLEINE FELDLERCHE *Alauda gulgula.* Wohl nur eine Rassengruppe der Feldlerche, deren Endglieder in Teilen Turkestans unvermischt neben eigentlichen Feldlerchen leben. Sehr ähnlich der Feldlerche, aber viel kleiner, mit längerem, schlankerem Schnabel und kürzerem Schwanz, der außen nicht weiß, sondern fahl gesäumt ist. Singt häufiger vom Erdboden aus. Seltener Gast in S-Irak. 15 cm. (3)

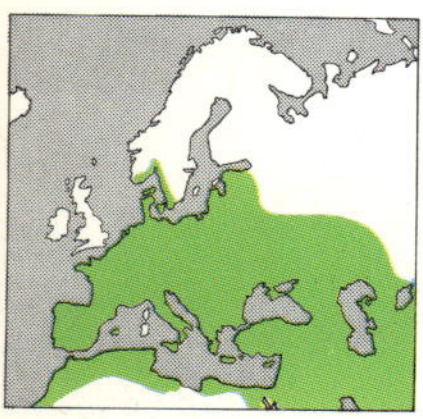

4

HAUBENLERCHE *Galerida cristata.* Von der Feldlerche vor allem unterschieden durch die viel längere, meist aufgerichtet getragene Haube und durch die fahl gelbbräunlichen statt weißen Außenfedern des kürzeren Schwanzes. Schnabel leicht gebogen. Vgl. Theklalerche. Gesang kürzer und abgehackter als der der Feldlerche, oft mit Nachahmungen anderer Stimmen, vom Boden oder niedriger Warte aus, seltener im hin und her gehenden Singfluge vorgetragen. Ruft sehr charakteristisch melodisch „dididrië" und „djui". Bewohnt trokkenes Ödland, Dünen, Wadis, Raine und Oasen; auch in und bei Dörfern und Städten, Bauplätzen, Bahndämmen usw. 17 cm. ● (4)

5

THEKLALERCHE *Galerida theklae.* Im Feld von der Haubenlerche nicht sicher zu unterscheiden, obschon Schnabel etwas kürzer und Fleckung der Brust kontrastreicher. Ruft weicher als Haubenlerche „dädüdië", das wie bei der Haubenlerche das „dididrië" auch in den Gesang eingeflochten wird und diesen kenntlich macht. In der Hand durch größere Länge der kurzen äußersten Handschwinge zu unterscheiden (s. Abb). Bewohnt offenes Gelände mit Bäumen und Büschen; meidet Dörfer und Städte. 17 cm. (5)

Singflug
juv.
ad.
HEIDELERCHE
juv.
ad.
FELDLERCHE
juv.
ad.
ad.
SO-Algerien bis
Libyen
G. c. arenicola
HAUBENLERCHE
juv.
ad.
ad.
Algerien
G. th. superflua
THEKLALERCHE

● **SCHWALBEN:** *Hirundinidae.* Kleine schlanke und kurzhalsige, ihre Nahrung (Insekten) im Fluge erbeutende Vögel mit langen Flügeln, meist mit gegabeltem Schwanz, kurzem, flachem Schnabel und weiter Mundspalte; verhältnismäßig weniger langflügelig als Segler (S. 187). Flug anmutig und schnell; oft über Gewässern Beute jagend. Gesellig.

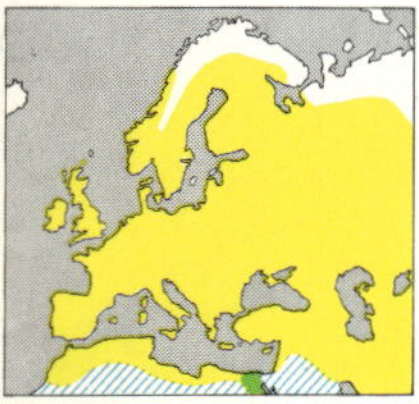
1

RAUCHSCHWALBE *Hirundo rustica.* Die häufigste Schwalbe des Gebietes, leicht kenntlich an rotbrauner Stirn und Kehle. Ad. mit langen seitlichen Schwanzfedern; juv. mit fahlbrauner Kehle und kürzeren Außenfedern des Schwanzes. Ruft „tswit"; Alarmruf „biwist". Gesang ein angenehm plauderndes Zwitschern und Schnurren. Oben offenes Lehmnest gewöhnlich im Inneren von Gebäuden (Kuhställen). 19 cm. ● (1)

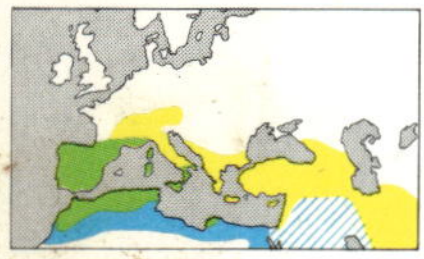
2

FELSENSCHWALBE *Ptyonoprogne rupestris.* Von der ähnlichen Uferschwalbe durch bräunliche Unterseite ohne Brustband, durch gefleckte Kehle und weiße Fleckenbinde im Schwanz (wie Rauchschwalbe) unterschieden. Vgl. auch Wüsten- und Braunkehlufer-Schwalbe. Gesang und Rufe unauffällig, schnurrend. Brütet in offenen Lehmnestern an Felsen. 14,5 cm. ◑ (2)

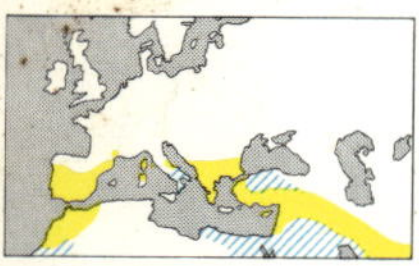
3

RÖTELSCHWALBE *Cecropis daurica.* Leicht kenntlich am rostfarbenen Bürzel und rotbraunen Nackenband; Schwanz ohne weiße Flecken, mit langen Außenfedern. Flugruf ein gezogenes „quitsch", Alarmruf „kier". Gesang weniger wohlklingend als der der Rauchschwalbe; Flug nicht so reißend wie bei dieser Art. Brütet in retortenförmigen Lehmnestern an Felsen, unter Brükken, auch in Gebäuden. 18 cm. △ (3)

4

WÜSTENSCHWALBE *Ptyonoprogne obsoleta.* Kleiner, blasser und grauer als Felsenschwalbe, durch weißliche Kehle und Brust zu unterscheiden. Kein Brustband. An Felsen und Ruinen in der Wüste. Wahrscheinlich nur eine Rassengruppe der afrikanischen Steinschwalbe, *Ptyonoprogne fuligula.* 12,5 cm. (4)

5

BRAUNKEHLUFERSCHWALBE *Riparia paludicola.* Unterscheidet sich von der Uferschwalbe durch braune Färbung von Kehle und Brust; ohne deutliches Brustband. Von Felsen- und Wüstenschwalbe durch Fehlen der weißen Fleckenreihe im Schwanz verschieden. Lebensweise wie Uferschwalbe. 12,5 cm. (5)

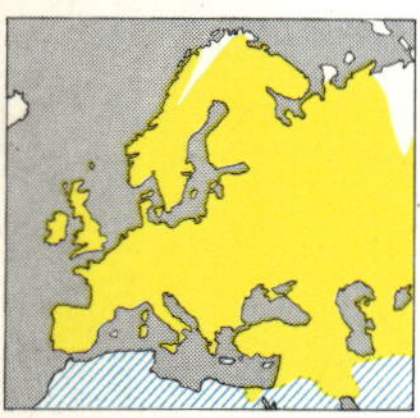
6

UFERSCHWALBE *Riparia riparia.* Im größten Teil unseres Gebietes die kleinste unter den Schwalben, mit braunem Brustband bei sonst weißer Unterseite, brauner Oberseite und ohne weiße Flecke im Schwanz. Ruft rauh „tschrrip"; der leise zwitschernde Gesang besteht aus einer Aneinanderreihung ähnlicher Laute. Lebt in offenem Gelände in Gewässernähe, nicht in Ortschaften und nicht hoch im Gebirge. Nistet kolonieweise in selbstgegrabenen Röhren an Flußufern, in Sand- und Kiesgruben. 12 cm. ● (6)

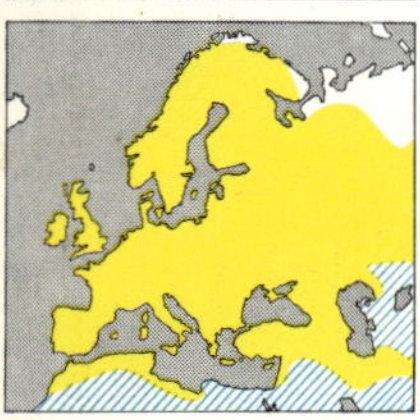
7

MEHLSCHWALBE *Delichon urbica.* Die Kombination von weißem Bürzel mit rein weißer Unterseite ist das beste Kennzeichen; vgl. aber die beiden weißbürzeligen Segler (S. 189) und die Rötelschwalbe. Juv. oberseits bräunlichschwarz. Ruft schnirpend „tsrr", bei Alarm schriller „sier"; Gesang unbedeutendes zwitscherndes Schwatzen, weniger laut und melodisch als Rauchschwalbengesang. Baut bis auf ein Flugloch geschlossenes Lehmnest außen an Gebäuden, unter Toreinfahrten und Brücken, auch an Felsen; nistet kolonieweise. 12,5 cm. ● (7)

SCHWALBEN

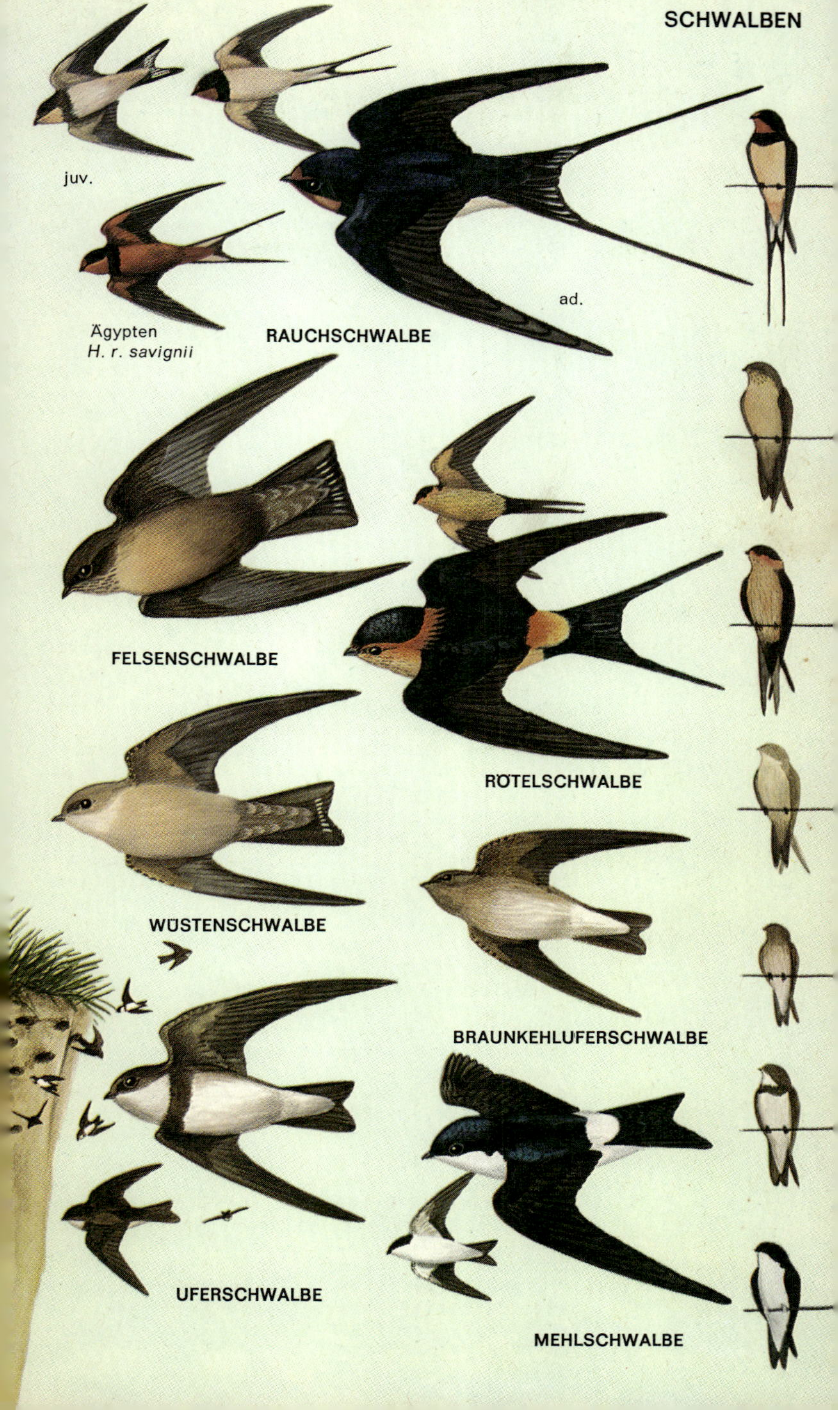
juv.
ad.
Ägypten
H. r. savignii
RAUCHSCHWALBE
FELSENSCHWALBE
RÖTELSCHWALBE
WÜSTENSCHWALBE
BRAUNKEHLUFERSCHWALBE
UFERSCHWALBE
MEHLSCHWALBE

● STELZEN: *Motacillidae*.

Kleine, recht schlanke, insektenfressende Vögel, in unserem Gebiet durch zwei Gattungen, Pieper *(Anthus)* und eigentliche Stelzen *(Motacilla)* vertreten.

Pieper sind bräunlich gefärbt, unterseits heller, mit dunkel gestreifter Brust; in Aussehen und Verhalten in vieler Hinsicht lerchenähnlich, so durch den Singflug, die laufende Bewegungsweise am Erdboden (viele andere Kleinvögel hüpfen) und die Abneigung der meisten Arten, sich auf Äste zu setzen. Die Bestimmung vieler Arten ist am leichtesten auf Grund ihrer Rufe oder Gesänge, da sich die meisten Arten sehr ähnlich sehen.

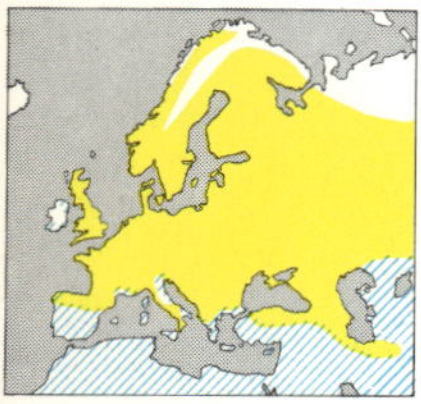

1

BAUMPIEPER *Anthus trivialis*. Sehr ähnlich dem Wiesenpieper (s. folgende Art). Gesang viel lauter, mit Schmetter- und Trillerstrophen und mit absinkendem „zia-zia-zia" endigend, im Singflug oder von einem Baum aus vorgetragen. Bewohnt lichten Wald, Waldblößen, Waldränder, offenes Gelände mit Büschen und Baumgruppen, Heide u. dgl. 15 cm. ● (1)

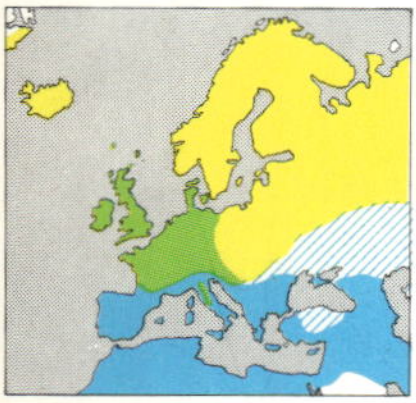

2

WIESENPIEPER *Anthus pratensis*. Vom Baumpieper am besten durch die Stimme zu unterscheiden: ruft „ist" oder häufiger „ist-ist-ist", ähnlich Wasserpieper (S. 211), sehr verschieden vom „psih" des Baumpiepers. Gesang nicht so laut wie der des Baumpiepers, weniger wohlklingend und ohne das laute „zia-zia-zia", im Singflug vorgetragen, zu dem sich der Wiesenpieper vom Erdboden, nicht wie der Baumpieper von einem Ast aus, erhebt. Gefieder der Oberseite etwas mehr olivenfarben, Grundfarbe der Brust weniger gelblich als beim Baumpieper. Hinterzehenkralle länger und gestreckter. Juv. gelbbräunlicher an der Unterseite als ad. Nur am Brutplatz gern erhöht sitzend, sonst fast stets am Erdboden. Bewohnt ausgedehntes Ödland, Moore, Heiden, weite Wiesenflächen, Bergwiesen und die Tundra; im Winter auf Feldern, an Gräben, auf feuchten Wiesen, an Gewässern und an der Meeresküste. 14,5 cm. ● (2)

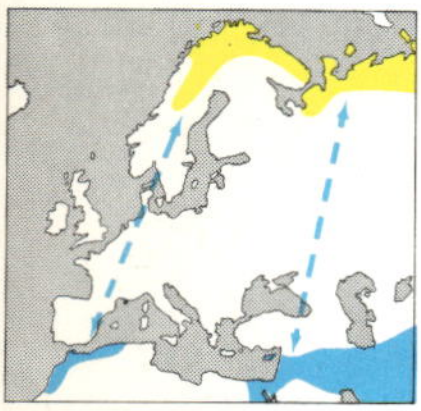

3

ROTKEHLPIEPER *Anthus cervina*. Oberseits kontrastreicher gestreift als Wiesenpieper, auch Bürzel deutlich streifig. Im Brutkleid mit in der Ausdehnung individuell sehr variabler und beim ♀ meist weniger entwickelter, zuweilen auch im Winter vorhandener wein- bis zimtrötlicher Färbung von Kehle und Brust. Gesang wiesenpieperähnlich. Ruft scharf „szieh", rohrammerähnlich, und „djie-e". Bewohnt die buschbestandene Tundra bis in die Waldtundra. 14,5 cm. ○ (3)

4

WALDPIEPER *Anthus hodgsoni*. Oberseits düster olivgrün mit hellem (vor dem Auge braungelblichem, hinter dem Auge weißlichem) Überaugenstreif und weißlicher, an der Brust kräftig gefleckter Unterseite. Singt in Baumkronen und im Singflug, lauter und eintöniger als Baumpieper. Ruf ähnlich dem des Rotkehlpiepers. Bewohnt lichten Nadel- und Mischwald. 14,5 cm. △ (4)

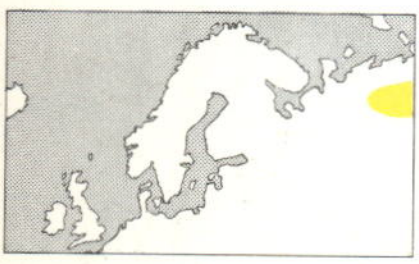

5

PETSCHORAPIEPER *Anthus gustavi*. Am besten am Ruf zu erkennen, einem lauten „pwit", das weicher und weniger hoch als der Ruf des Wiesenpiepers ist und meist 2 bis 3 mal wiederholt wird. Rücken mit zwei hellen Längsstreifen; Bürzel und Unterseite kräftig gestreift; Schwanz außen fahl gelbbräunlich gesäumt. Gesang laut und abwechslungsreich, mit waldlaubsängerartigem Triller, im Singflug vorgetragen. Bewohnt die Strauch- und die Waldtundra, auch Moore im Nordteil der Taiga. 14,5 cm. (5)

Singflug
BAUMPIEPER
Singflug
WIESENPIEPER
Sommer
Sommer
Winter
sehr variabel
Sommer
ROTKEHLPIEPER
WALDPIEPER
PETSCHORAPIEPER

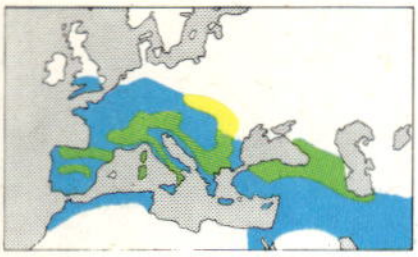
1

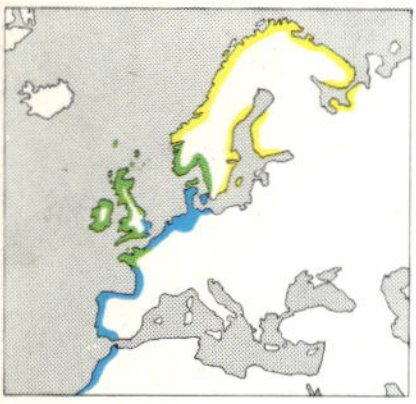
2

WASSERPIEPER *Anthus spinoletta.* Ein dunkelfüßiger Pieper, der deutlich ausgeprägte Rassen bildet, die teils in Gebirgen (eigentliche Wasserpieper, in unserem Gebiet *A. sp. spinoletta* u. *A. sp. coutellii),* teils an felsigen Küsten (Strandpieper, *A. sp. petrosus, A. sp. littoralis, A. sp. kleinschmidti)* brüten, alle größer und grauer als Baum- und Wiesenpieper (S. 209). Eigentl. Wasserpieper fahler und grauer als Strandpieper, mit weißen statt bräunlichgrauen Außensäumen der äußeren Schwanzfedern. Ruft „ist", seltener gereiht (wie gewöhnlich beim Wiesenpieper); Gesang ähnlich dem des Wiesenpiepers, im vom Erdboden oder einem Stein ausgehenden Singflug vorgetragen. Bewohnt Berggipfel, Bergwiesen und felsige Küsten; im Winter auch im Tiefland und an flachen Küsten. 16,5 cm. ◑ (1) u. (2)

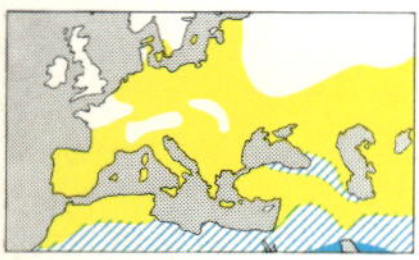
3

BRACHPIEPER *Anthus campestris.* Fast einfarbig sandbraun gefiedert, oberseits undeutlich, unterseits nicht gefleckt; Schwanz ziemlich lang, Haltung bachstelzenartig; heller Überaugenstreif. Blasser, weniger streifig und etwas größer als Spornpieper. Juv. mit gestreifter Brust, wie Spornpieper, der längere Kralle der Hinterzehe hat. Rufe wechselvoll, schafstelzenartig „zihp" usw., auch sperlingsartige Rufe wie Spornpieper. Gesang unbedeutend, wiederholtes „zirlui", im Singflug vorgetragen. Bewohnt Ödland, Heiden, Dünen, trockene Hänge, Weinberge, im Winter und zur Zugzeit auch Kulturland. 16,5 cm. ◑ (3)

4

LANGSCHNABELPIEPER *Anthus similis.* Wie ein großer, fahler Brachpieper, oben und unten undeutlich gestrichelt, aber fast einfarbig erscheinend; Schwanz außen isabellfarben, nicht (wie beim Brachpieper) fahlweißlich gesäumt. Gesang ein wiederholtes „zip", in niedrigem Balzflug vorgetragen. Bewohnt offenes, felsiges oder grasbestandenes Gelände, im Winter auch Kulturland. 19 cm. (4)

KANARENPIEPER *Anthus berthelotii.* Ähnlich Wiesenpieper (S. 209), aber grauer, im Benehmen baumpieperartig. Gesang wiederholtes „ziri", zuweilen im Fluge vorgetragen; ruft „zik", auch „tschiri". Auf den Kanaren überall im offenen Gelände, auf Madeira nur im Bergland. 14 cm.

SPORNPIEPER *Anthus novaeseelandiae.* Groß und langbeinig, mit deutlichem Überaugenstreif und kräftig gefleckter Unterseite. Schwanz lang wie beim Brachpieper, der aber viel weniger streifig ist; Brachpieper juv., ebenfalls gestreift, hat kürzere Hinterzehenkralle. Vom Wasserpieper durch helle Läufe unterschieden. Haltung aufrecht. Ruft rauh „r-rihp". Weit verbreitet in Afrika, Asien und Australien; bei uns als Durchzügler aus Sibirien, in Westeuropa jährlich in geringer Zahl durchziehend. 18 cm. △

Strand-
pieper
Skandinavien
A. s. littoralis
Winter
Brit. Inseln
NW-Frankreich
A. s. petrosus
WASSERPIEPER
juv.
ad.
BRACHPIEPER
LANGSCHNABEL-
PIEPER
KANAREN-
PIEPER
SPORNPIEPER

Eigentliche Stelzen (Gattung *Motacilla*). Langschwänziger als Pieper (S. 209), kontrastreicher schwarz, weiß, grau, gelb, olivgrün gefärbt; äußere Schwanzfedern weiß. Wiegen den Schwanz häufig auf und ab. Flug sehr wellenförmig; auf dem Erdboden bewegen sie sich schnell laufend. Nach der Brutzeit gesellig.

1

BACHSTELZE *Motacilla alba.* Einziger schwarz-weißer Vogel seiner Größe mit so langem Schwanz; Rücken grau bei der kontinental-europäischen Rasse (*M. a. alba*), schwarz bei der britischen *(M. a. yarrellii)* (S. 215), die im Winter ebenfalls grauen Rücken, aber stets schwarzen Bürzel hat. Ruft „zilipp", auch einsilbig „zipp"; Gesang unbedeutend, zwitschernd. Bewohnt alle Arten offenen Geländes, von der Tundra bis zur Halbwüste, gern an Gewässern und in Ortschaften. 18 cm. ● (1)

Die nahe verwandte **WITWENSTELZE** *(Motacilla aguimp)* (S. 215) vertritt die Bachstelze in Afrika südlich der Sahara und reicht bis Oberägypten.

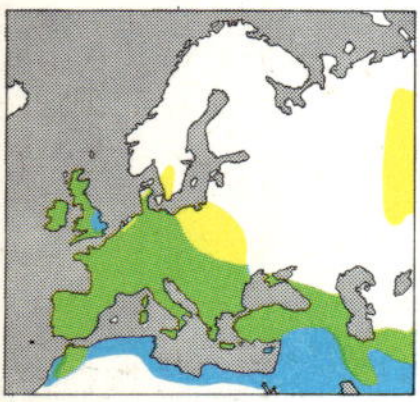
2

GEBIRGSTELZE *Motacilla cinerea.* In der Gestalt mehr der Bachstelze ähnelnd (aber noch langschwänziger), in der Färbung der Schafstelze; vgl. auch Zitronenstelze. Oberseits stets grau, nur am Bürzel grüngelb (im Fluge auffällig); Unterkörper hellgelb, ♂ im Brutkleid mit schwarzer Kehle. Juv. unten viel blasser, nur Unterschwanzdecken gelb (gelber als auf Abb.). Ruft ähnlich Bachstelze, aber härter; Gesang ebenfalls bachstelzenähnlich, wechselreicher, im Sitzen oder Fliegen vorgetragen. Brütet an schnellfließenden Gebirgsbächen, im Flachland an Wehren. Im Winter auch an anderen Gewässern. 18 cm. ● (2)

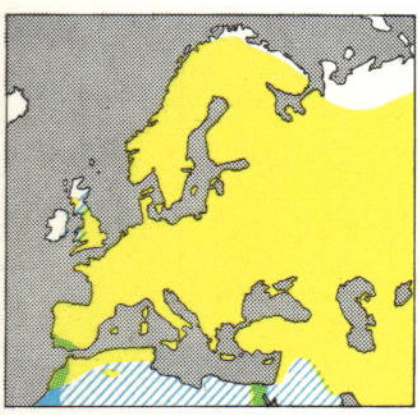
3

SCHAFSTELZE *Motacilla flava.* Kleiner und kurzschwänziger als Bach- und Gebirgstelze, nur mit letzterer und mit Zitronenstelze zu verwechseln. Hinterzehenkralle auf Abb. S. 213 u. 214 zu kurz. Viele Rassen (s. S. 215), hauptsächlich durch die Kopfzeichnung unterschieden; ♂ im Brutkleid sonst oberseits olivgrünlich, unterseits lebhaft gelb; ♂ im Ruhekleid und ♀ viel matter; juv. ähnlich, mit schwarzer Kropfbinde. ♀ der einzelnen Rassen sehr schwer, juv. überhaupt nicht zu unterscheiden. Ruft „psüjip" und „zier"; Gesang kurz und unbedeutend, selten zu hören. Bewohnt nicht zu trockene Wiesen, auch Salzsümpfe und die Tundra, mancherorts Felder, besonders Kleefelder; hält sich gern bei Weidevieh auf. 16,5 cm. ● (3)

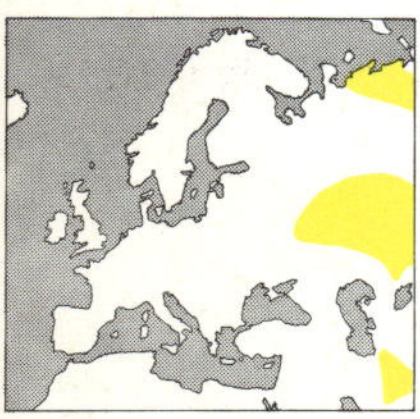
4

ZITRONENSTELZE *Motacilla citreola.* ♂ im Brutkleid durch gelben Kopf, gelbe Unterseite und graue Oberseite mit schwarzem Nacken leicht kenntlich; ♂ im Ruhekleid und ♀ oberseits grau mit gelbem Überaugenstreif; ähnlich, unten weißlich Vögel im 1. Sommer; juv. wie junge Schafstelze. Haltung und Bewegungen mehr wie bei der Gebirgstelze, so auch das kräftige Schwanzwippen und der harte Ruf „zittitt". Bewohnt Sümpfe, Moore, Tundren und die Ufer von Gewässern. 16,5 cm. △ (4)

juv.
Winter
ad. Sommer
BACHSTELZE
juv.
♂
♀
GEBIRGSTELZE
juv.
seltene
weiße Variante
Winter
♀
♂
SCHAFSTELZE
juv.
♀
♂
ZITRONENSTELZE

M. f. lutea
Untere Wolga
M. f. flavissima
Großbritannien
M. f. beema
SO-Rußland
M. f. flava
S-Skandinavien
Mitteleuropa
M. f. thunbergi
Nordeuropa
M. f. iberiae
Iber. Halbinsel
S-Frankreich
SCHAFSTELZE
M. flava
M. f. pygmaea
Ägypten
M. f. feldegg
SO-Europa
bis Vorderasien
M. f. cinereocapilla
Italien bis
N-Jugoslawien

STELZENRASSEN
♂ im Brutkleid

♂ verschiedener **Rassen von Schaf-, Gebirg-, Bach- und Witwenstelze.** Auf dem Zuge und im Winterquartier können Rassen der gleichen Art nebeneinander vorkommen.

SEIDENSCHWÄNZE: *Bombycillidae*

1

SEIDENWÜRGER *Hypocolius ampelinus.* Sieht aus wie ein langschwänziger grauer Würger mit schwarzen Kopfseiten und schwarzer Schwanzspitze; Schnabel nicht hakig. ♀ bräunlicher, ohne Schwarz an den Kopfseiten. Flug geradlinig, führt nicht, wie oft bei Würgern, zur Baumspitze, sondern in die mittleren Äste. Oft wenig scheu. Schweigsam; hat bienenfresserartige Rufe. Buschbestandenes Gelände, Halbwüsten, auch Gärten und Palmenhaine. 23 cm. (1)

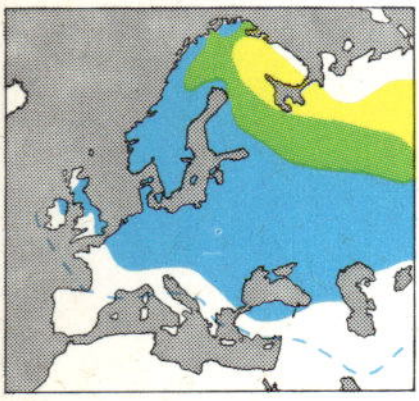
2

SEIDENSCHWANZ *Bombycilla garrulus.* Der einzige bräunliche Vogel mit Haube und gelber Schwanzendbinde. Flug starenähnlich (vgl. S. 303), aber die Art stets am grauen Bürzel zu erkennen. Ruf ein hohes klirrendes „sirrr“, seltener ein gimpelartiges „dü“ und andere leise schwatzende Laute. Brütet in lichten Nadel- und Birkenwäldern des Nordens. Während der periodischen winterlichen Invasionen nach West- und Mitteleuropa an Beerensträuchern in Parks und Gärten. 18 cm. ○ (2)

BÜLBÜLS: *Pycnonotidae.*

In unserem Gebiet mittelgroße, schlicht gefärbte, gesellige Vögel mit ziemlich schlankem Schnabel und ziemlich langem Schwanz. Fliegen nicht besonders gut. Artenreich in Afrika und Südasien.

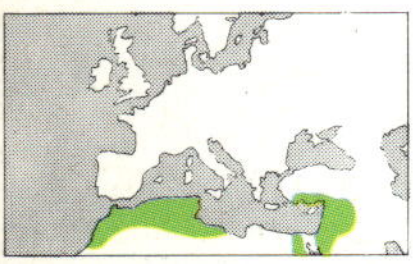
3

GRAUBÜLBÜL *Pycnonotus barbatus.* Vielleicht nur Rassengruppe in der Art *P. capensis.* Nordafrikanische Rassen, *P. b. barbatus* und *P. b. arsinoe*, sehr schlicht gefärbt, ähnlich Amsel-♀ mit dunklerem Kopf und Schwanz und dunklem Schnabel; die südwestasiatische Rasse *P. b. xanthopygos* hat gelbe Unterschwanzdecken und weißlichen Ring ums Auge. Gesang laut flötend, aber kurz und abgehackt. Bewohnt Gärten und Obstpflanzungen in Ortschaften, aber auch Palmenhaine und buschbestandene Wadis. 19 cm. (3)

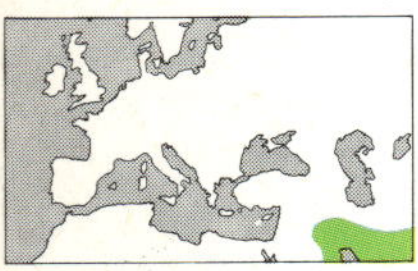
4

WEISSOHRBÜLBÜL *Pycnonotus leucogenys.* Gelbe Unterschwanzdecken wie *P. barbatus xanthopygos*, aber leicht durch weiße Kopfseiten zu unterscheiden. Oberkopf bei den für unser Gebiet in Frage kommenden westlichen Rassen (*P. l. mesopotamiae* und *P. leucogenys leucotis*) mit nur angedeuteter Haube. Immat. mit braunem Oberkopf. Lauter, kurzer Gesang. Bewohnt Gärten, Obstpflanzungen, Palmenhaine, auch buschbestandenes Gelände. 18 cm. (4)

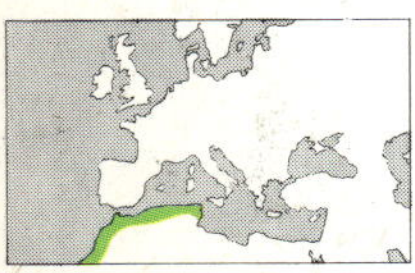
5

BUSCHWÜRGER: *Malaconotidae*

SENEGALTSCHAGRA *Tchagra senegala.* Versteckt im Gebüsch lebender Vogel mit rotbraunen Flügeln, weißgesäumtem, ziemlich langem Schwanz und schwarzem Oberkopf mit weißem Überaugenstreif. Hat ringeltaubenartigen, zuweilen mehr als 60 m hoch führenden Balzflug, aus dem der Vogel in Spiralen abwärts gleitet. Gesang kurze, laut flötende Strophe, auch im Fluge vorgetragen. Alarmruf knarrend. 22 cm. (5)

♀
juv.
♂
SEIDEN-
WÜRGER
SEIDENSCHWANZ
P. b. xanthopygos
Amsel-
N-Afrika
♀
GRAUBÜLBÜL
NO-Afrika
P. b. arsinoe
WEISSOHR-
BÜLBÜL
SENEGALTSCHAGRA

WÜRGER: *Laniidae.* Mittelgroße oder knapp mittelgroße Vögel mit ziemlich langem, gerundetem oder stufigem Schwanz und leicht hakigem Schnabel. Juv. der meisten Arten unterseits dunkel quergewellt. Würger machen von Busch- oder Baumspitzen oder anderen Warten aus Jagd auf größere Insekten und kleine Wirbeltiere, die sie nach dem Fang oft auf Dornen oder Stacheldraht aufspießen oder zwischen Äste u. dgl. einklemmen. Rütteln häufig. Rufe rauh; Gesang der meisten leise, aber wohltönend und mit Nachahmungen. An Waldrändern und in offenem Gelände mit Bäumen und Büschen.

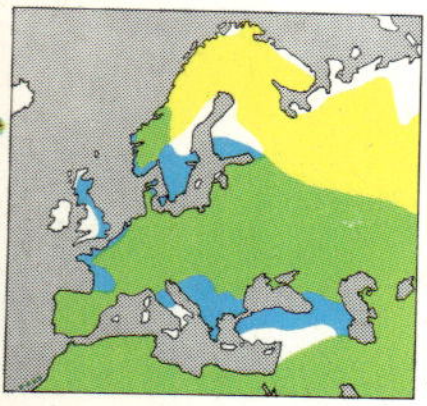

1

RAUBWÜRGER *Lanius excubitor.* Größter Würger unseres Gebietes, schwarz-weiß-grau, mit weißer Flügelzeichnung und grauer (nicht wie bei der folgenden Art schwarzer) Stirn. Südliche Rassen z. T. gut kenntlich (s. Abb.). ♀ zuweilen mit schwacher grauer Querwellung an Brust und Seiten. Juv. (in Mittel- und Ostsibirien und Nordamerika auch ad.) mit nach Rassen verschieden deutlicher Querwellung der Unterseite und bräunlicher. 24 cm. ◑ (1)

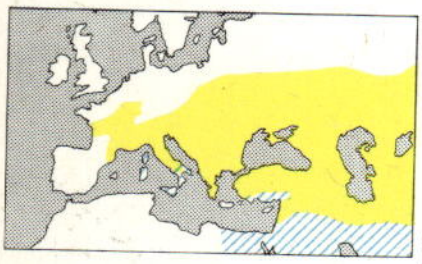

2

SCHWARZSTIRNWÜRGER *Lanius minor.* Vom Raubwürger durch breites, schwarzes Stirnband verhältnismäßig kürzeren Schwanz und längere Flügel zu unterscheiden; Unterseite rosenrötlich überflogen. Juv. bräunlicher als ad., ohne schwarze Stirn, Rücken hell quergewellt. Rüttelt häufiger als Raubwürger. 20 cm. ◑ (2)

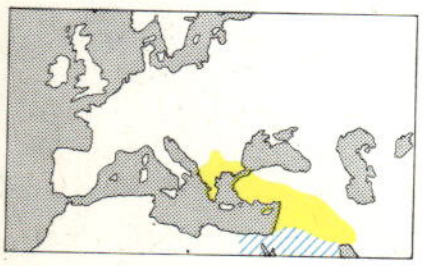

3

MASKENWÜRGER *Lanius nubicus.* Ähnlich Rotkopfwürger, jedoch ohne Rotbraun am Kopf; Stirn und Überaugenstreif auffallend weiß; Bürzel nicht heller als Rücken, Körperseiten rostfarben. ♀ oberseits heller, schwarzgrau. Seltener auf weithin sichtbaren Warten als andere Würger. Ruft rauh „kier, kier, kier"; Gesang leise und gedämpft, selten zu hören. 17 cm. (3)

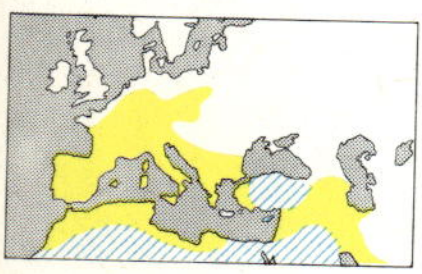

4

ROTKOPFWÜRGER *Lanius senator.* Einziger Würger des Gebietes mit satt rotbraunem Hinterkopf und Nakken; im Fluge auffallend weiße Schulterflecken und weißer Flügelspiegel, der aber bei den Rotkopfwürgern von Korsika, Sardinien und den Balearen *(L. s. badius)* ganz oder fast ganz fehlt. Juv. ähnlich Neuntöter juv., aber mit hellen Schulterstreifen. Gesang wohlklingendes Geschwätz mit eingestreuten rauhen Lauten und Nachahmungen. 17 cm. ◑ (4)

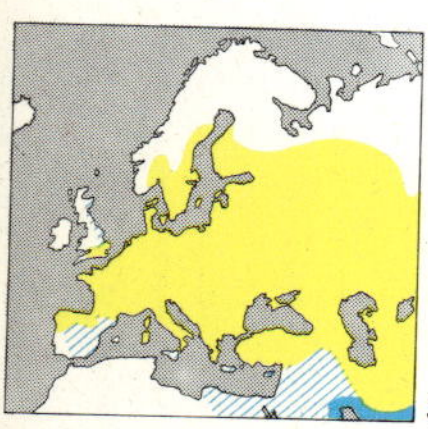

5

NEUNTÖTER *Lanius collurio.* ♂ eindeutig gekennzeichnet durch buntes Gefieder (s. Abb.), jedoch von Iran ostwärts Rassen mit fast einfarbig bräunlicher Oberseite und rotbraunem Schwanz (**ISABELLWÜRGER:** *L. c. phoenicuroides, L. c. isabellinus* u. a.), die in unserem Gebiet Durchzügler oder Irrgäste. ♀ unterseits, juv. oben und unten quergewellt. ♀ oberseits rotbraun oder bräunlich. Bewohnt Waldränder, Schonungen, offenes Gelände mit Büschen und Dornhecken, Feldgehölze u. dgl. 17 cm. ● (5)

1
2
3
RAUBWÜRGER
1 N-Marokko bis Libyen
L. e. algeriensis
2 S-Marokko bis Ägypten
L. e. elegans
3 S-Frankreich, Spanien
L. e. meridionalis
ad.
ad.
♂
♀
SCHWARZSTIRNWÜRGER
MASKENWÜRGER
juv.
ad.
ROTKOPF-
WÜRGER
♀
1
♂
Östl. Rassen:
1 L. c. phoenicuroides
2 L. c. isabellinus
♂
juv.
♂
2
NEUNTÖTER

BRAUNELLEN: *Prunellidae.* Kleine, sperlingsähnliche, vielleicht den Ammern und Finken näher als den Grasmücken und Drosselverwandten stehende Vögel, von Sperlingen durch den dünnen Insektenfresserschnabel unterschieden. Geschlechter gleich gefärbt. Körperseiten gestreift.

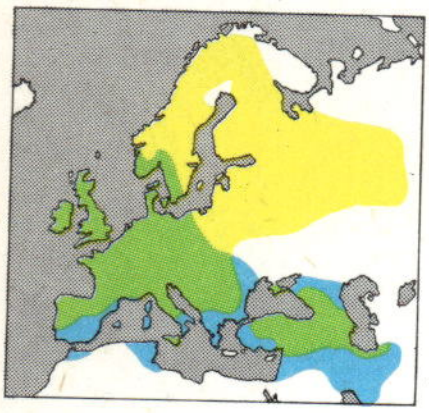
1

HECKENBRAUNELLE *Prunella modularis.* Bei flüchtigem Hinsehen ähnlich Haussperling-♀ (S. 299), aber leicht unterscheidbar durch bleigraue Färbung von Kopf und Brust, gestreifte Flanken und dünnen Schnabel. Unauffällig; verrät ihre Anwesenheit am ehesten durch dünnes „ziht" und kurzen, klirrenden, eifrig und schon früh im Jahr vorgetragenen Gesang. Bewohnt Wälder, Hekken und gebüschreiches Gelände aller Art, in vielen Teilen Europas (nicht im Osten) einer der häufigsten Vögel in den Gärten und Parks der Städte und Dörfer. 14,5 cm. ● (1)

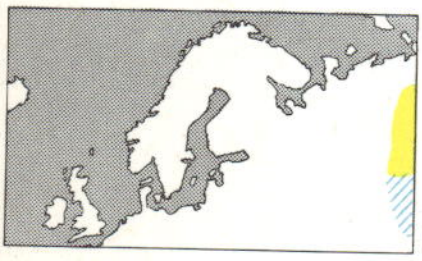
2

SCHWARZKEHLBRAUNELLE *Prunella atrogularis.* Ein heimlicher Bewohner des Unterholzes lichter Birken- und Nadelwälder, in unserem Gebiet nur in der subalpinen Zone des nördlichen Urals. Kenntlich durch schwarze Kehle und schwarze Kopfseiten mit ockerfarbenen Bart- und Überaugenstreifen. Nach der Brutzeit weniger intensiv schwarz. 14 cm. (2)

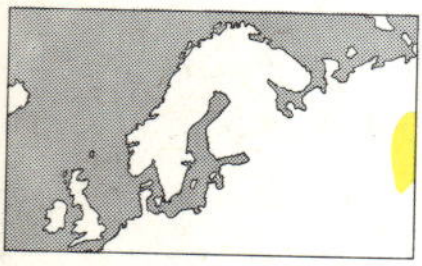
3

BERGBRAUNELLE *Prunella montanella.* Als Irrgast aus Sibirien ausnahmsweise in Europa, von der Schwarzkehlbraunelle durch helle Kehle und rötlicher braunen Rücken mit nur angedeuteter dunkler Streifung unterschieden; Bürzel braungrau. Lebensweise und Stimme ähnlich Heckenbraunelle. Bewohnt das Unterholz lichter Nadel- und Birkenwälder. 16 cm. (3)

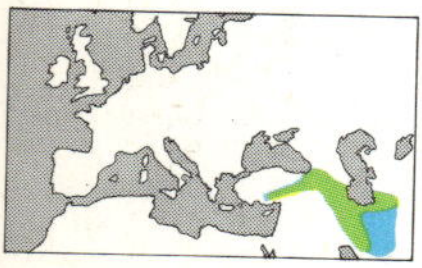
4

STEINBRAUNELLE *Prunella ocularis.* Wie Bergbraunelle mit schwarzbraunem Kopf, hellem Überaugenstreif und heller Kehle, aber Rücken fahler und grauer und kräftig dunkel gefleckt. Ruf drei- oder viersilbig. Unauffälliger Bewohner buschreicher, besonders wacholderbestandener Hänge im Hochgebirge. 15 cm. (4)

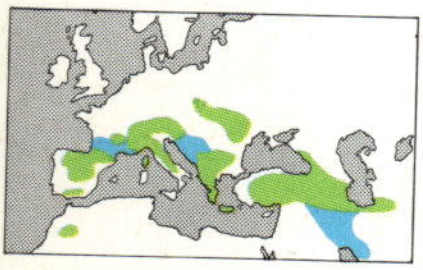
5

ALPENBRAUNELLE *Prunella collaris.* Größte Braunelle des Gebietes. Kenntlich an der weißen, dicht schwarz gefleckten Kehle und den breiten, rotbraunen Streifen an den Körperseiten, die dadurch von weitem rötlich erscheinen. Wippt schmätzerartig mit dem Schwanze, dessen Federn weißliche Spitzenflecke haben, die wie die beiden hellen Flügelbinden nur aus der Nähe zu erkennen sind. Ruf und Gesang lauter als bei der Heckenbraunelle, feldlerchenartig. Bewohnt kahle oder nur dünn bewachsene Felshänge in hohen Gebirgen („Alpenflühevogel"). 18 cm. ◑ (5)

ad.
Juv.
HECKENBRAUNELLE
♀
Haussperling S. 299
SCHWARZKEHL-
BRAUNELLE
BERG-
BRAUNELLE
ALPEN-
BRAUNELLE
STEINBRAUNELLE

GRASMÜCKEN: *Sylviidae.* Ziemlich bis sehr kleine Vögel, mit dünnem Insektenfresserschnabel. Im Felde Stimme oft das beste Artkennzeichen. Geschlechter gewöhnlich gleich gefärbt; juv. ähnlich ad., häufig gelblicher. Leben in Büschen, Bäumen oder in Schilf und hohen Gräsern. Nest meist in Büschen, Stauden oder am Erdboden. Vielleicht Unterfamilie der Sänger (s. S. 240).

Schwirle (Gattung *Locustella*). Versteckt lebende, bräunlich gefärbte Grasmücken mit undeutlichem hellem Überaugenstreif, gekennzeichnet durch stark gerundeten, fast keilförmigen Schwanz, der beim (selten) fliegenden Vogel wie unverhältnismäßig schwer wirkt, und durch heuschreckenartig schwirrenden Gesang der meisten Arten, der dadurch, daß der Vogel den Kopf hin und her wendet, bald lauter, bald leiser klingt. Schwirle halten sich in dichter Vegetation auf, oft in Sümpfen, und laufen gewandt wie eine Maus über den Erdboden.

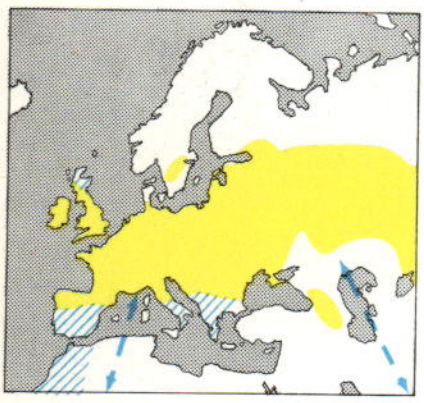
1

FELDSCHWIRL *Locustella naevia.* Die bei uns am weitesten verbreitete Schwirl-Art, oberseits dunkel gestreift. Gesang, aus dichtem Pflanzenwuchs vorgetragen, lang anhaltendes „sirrrrr . . .", das an das Schwirren der Grünen Laubheuschrecke oder das Aufspulen einer Angelrolle erinnert; Ruf kurz „tschick". Bewohnt offenes feuchtes oder trockenes Gelände mit dichter Bodenvegetation und einzelnen Büschen: feuchtes Weideland, Sümpfe, Waldlichtungen, Heide usw. 13 cm.

● (1)

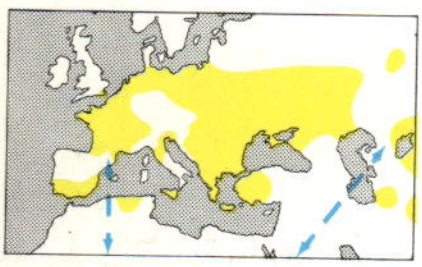
2

ROHRSCHWIRL *Locustella luscinioides.* Größer als Feldschwirl, ungefleckt; Gesang ähnlich dem des Feldschwirls, kürzer und tiefer schwirrend. Rufe: Ein leises „zick", ein füssiges „quitt" und ein rauhes Zetern. Bewohnt verlandende Sümpfe und größere Schilfbestände. 14 cm.

◑ (2)

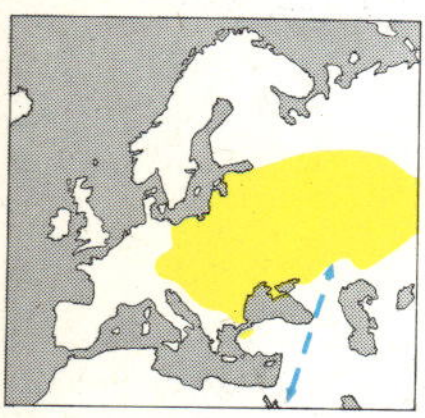
3

SCHLAGSCHWIRL *Locustella fluviatilis.* Wie beim Rohrschwirl Oberseite ungefleckt, aber Brust unscharf gestreift und Gesang kein einheitliches Schwirren, sondern wetzend „dzedzedze . . .", ein Ton um den anderen mit mehr Nachdruck. Ruf rauh. Bewohnt buschreiche Sümpfe und Ufer von Gewässern, Lichtungen im Auwald und dichten Pflanzenwuchs im Waldinneren, zuweilen auch in Parks und selbst in Steppen und Feldern. 13 cm.

◑ (3)

STREIFENSCHWIRL *Locustella certhiola.* Irrgast aus Sibirien. Oberseits gefleckt, rostbrauner Bürzel, Schwanz mit hellen Federspitzen, vor diesen dunkle Binde; ähnlich Schilfrohrsänger (S. 226), auch im Gesang; durch Schwanzzeichnung und weniger deutlichen Überaugenstreif zu unterscheiden, dunkler. Juv. unten gelblich. 13,5 cm.

△

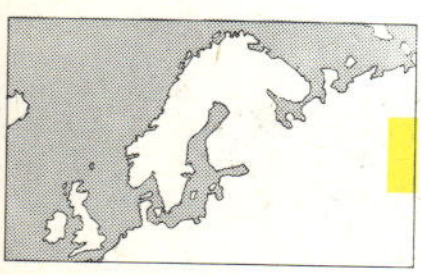
4

STRICHELSCHWIRL *Locustella lanceolata.* Kleinster Schwirl des Gebietes, ober- und unterseits gestreift. Gesang ähnlich Feldschwirl, aber mit einigen Pfeiftönen. Lebt im dichten Pflanzenwuchs feuchter Waldlichtungen und an Gewässern. 11,5 cm.

△ (4)

Variante
mit gelber Unterseite
ad.
FELDSCHWIRL
ad.
ROHRSCHWIRL
ad.
SCHLAGSCHWIRL
Variante mit gelber Unterseite
juv.
ad.
STREIFEN-
SCHWIRL
ad.
STRICHEL-
SCHWIRL

Rohrsänger (Gattung *Acrocephalus*). Viele Arten im Feld nur nach dem Gesang, nicht nach der Gefiederfärbung unterscheidbar. In der Hand Längenverhältnis der Schwingen bestes Kennzeichen (s. Abb.). Rohrsänger bewohnen meist feuchtes Gelände oder Schilfbestände.

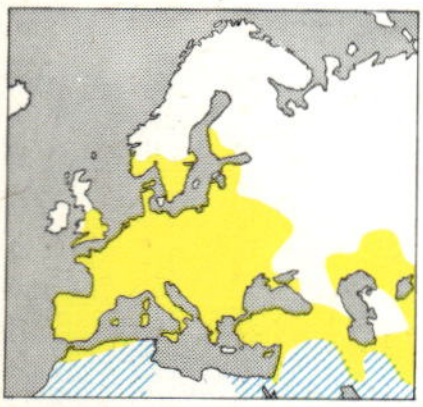

1

TEICHROHRSÄNGER *Acrocephalus scirpaceus.* Etwas röstlicher im Farbton als Sumpf- und Buschrohrsänger, besonders juv. Gesang ähnlich Drosselrohrsänger, weniger laut, monoton und taktmäßig „tiri tiri treck treck treck tiri dschäck dschäck ...". Bewohnt Schilfbestände und dichte Ufervegetation. 12,5 cm. ● (1)

2

SUMPFROHRSÄNGER *Acrocephalus palustris.* Gesang wohlklingender als der des Teichrohrsängers, ähnlich dem des Gelbspötters, aber weniger laut und schneidend, oft mit „dip dip dip" beginnend, in „zwirlende" Töne übergehend und fast stets mit Nachahmungen anderer Vogelstimmen. Singt auch nachts. Kennzeichen in der Hand: Einbuchtung an der Innenfahne der äußersten entwickelten Schwinge 10–12, beim Teichrohrsänger 12–15 mm von der Spitze entfernt. Bewohnt feuchtes Gebüsch, Unkrautwildnisse, gebüschreiche Grabenränder, vielerorts auch Getreidefelder. In Mitteleuropa häufigster Rohrsänger. 12,5 cm. ● (2)

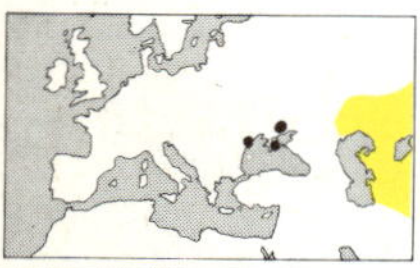

3

FELDROHRSÄNGER *Acrocephalus agricola.* Mit deutlicherem hellem Überaugenstreif als Teich- und Sumpfrohrsänger, im frisch vermauserten Gefieder (Herbst) auch viel röstlicher. Gesang sumpfrohrsängerähnlich. Lebt in lichten Schilfbeständen an Gewässern und in Sümpfen. 12,5 cm. △ (3)

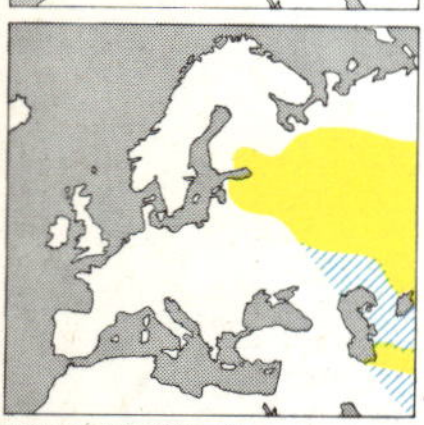

4

BUSCHROHRSÄNGER *Acrocephalus dumetorum.* Gesang ähnlich dem des Sumpfrohrsängers, mit vielen Nachahmungen, laut, am Tage weniger anhaltend als nachts. Kennzeichen in der Hand: Nicht nur (wie bei Teich- und Sumpfrohrsänger) äußerste entwickelte, sondern auch die nächstinnere (zuweilen wie beim Feldrohrsänger auch noch die folgende) Schwinge mit Einbuchtung der Innenfahne. Bewohnt dichtes Gebüsch an Waldrändern, auf Lichtungen und bei Ortschaften, gern in Himbeerdickichten. 12,5 cm. (4)

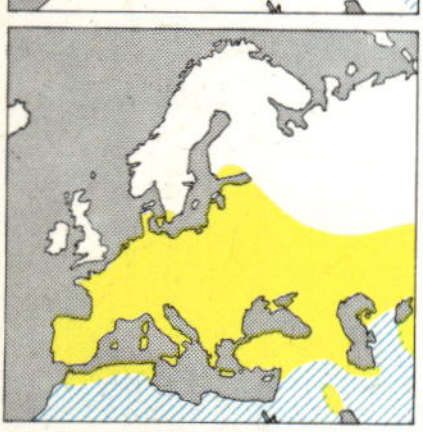

5

DROSSELROHRSÄNGER *Acrocephalus arundinaceus.* Größter Rohrsänger, fast so groß wie eine Singdrossel; Gefiederfärbung ähnlich Teichrohrsänger, mit deutlicherem Überaugenstreif. Gesang weithin hörbar, laut „karre, karre, krik, krik, krik, görk, görk ..." („Karrekiet"). Bewohnt größere Schilfbestände. 19 cm. ● (5)

6

STENTORROHRSÄNGER *Acrocephalus stentoreus.* Langschnäbeliger und etwas kleiner als Drosselrohrsänger, Flügel stumpfer; Stimme ähnlich. In Schilf- und Papyrusbeständen. 18 cm. (6)

TEICH-
ROHRSÄNGER
SUMPFROHRSÄNGER
FELDROHRSÄNGER
BUSCH-
ROHRSÄNGER
DROSSEL-
ROHRSÄNGER
STENTORROHRSÄNGER

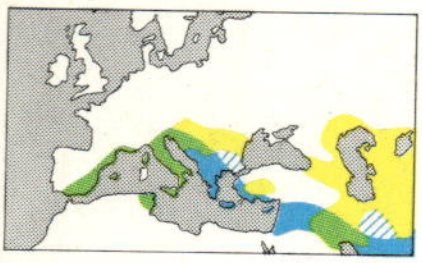

1

MARISKENSÄNGER *Acrocephalus melanopogon.* Ähnlich dem Schilfrohrsänger, aber Oberkopf und Kopfseiten dunkler, Rücken rötlicher braun; im Gegensatz zum Schilfrohrsänger wird Schwanz oft gestelzt und gefächert. Gesang: Nachtigallenartiges, aber schwächeres „düdüdü . . .“ und teichrohrsängerartige Strophen, durch stieglitzartiges Gezwitscher und kurze Triller verbunden. Ruft „trrt“ und „tschack“ wie andere Rohrsänger. Bewohnt Röhricht und Sümpfe. 13 cm. △ (1)

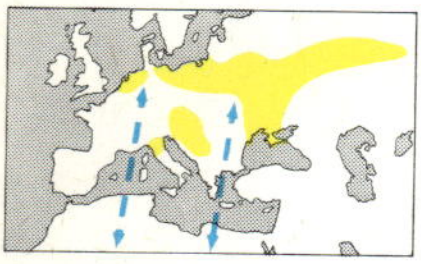

2

SEGGENROHRSÄNGER *Acrocephalus paludicola.* Kenntlich durch die Kopfzeichnung (s. Abb.) und den im Gegensatz zu Marisken- und Schilfrohrsänger wie der Rücken gestreiften Bürzel. Gesang eintöniger als der des Schilfrohrsängers, etwa „errr-didi, errr-didi . . .“. Bewohnt Bruch- und Sumpfgebiete mit größeren Seggenbeständen. 13 cm. ◑ (2)

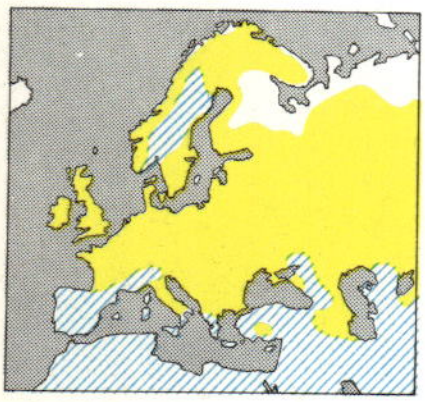

3

SCHILFROHRSÄNGER *Acrocephalus schoenobaenus.* Kenntlich durch den auffälligen hellen Überaugenstreif und die gestreifte Oberseite (Bürzel jedoch einfarbig). Vgl. Marisken- und Seggenrohrsänger. Gesang etwas an den des Teichrohrsängers erinnernd, aber wechselvoller und wohltönender, mit Trillern und Nachahmungen, besonders gekennzeichnet durch eine „woid-woid-woid“-Strophe; oft im Balzflug vorgetragen. Bewohnt dichten Pflanzenwuchs an Ufern von Gewässern und in Sümpfen, gern Weidicht, ausnahmsweise Büsche, Hekken u. dgl. fern vom Wasser. 13 cm. ● (3)

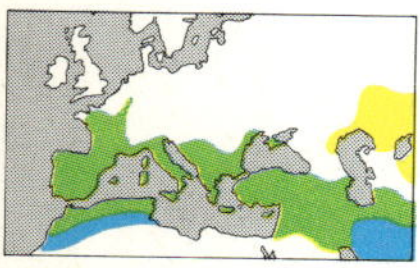

4

SEIDENSÄNGER *Cettia cetti.* Düster rötlichbraun, oft mit gestelztem Schwanz, aber versteckt lebend und besser am Gesang, einer unvermittelt einsetzenden, lauten Strophe wie „tschjuih, tschjuih, tschjuihtititi“ zu erkennen. Ruft „tschi“, „tuik“ und „hüt“; schnarrender Alarmruf. Bewohnt dichten Pflanzenwuchs in Wassernähe, an Gräben, in Sümpfen usw. In Ausbreitung begriffen. 14 cm. △ (4)

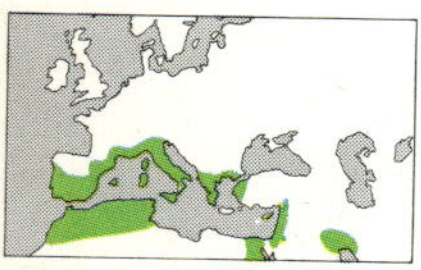

5

CISTENSÄNGER *Cisticola juncidis.* Winzig, mit kurzem, stufigem, am Ende schwarz-weiß gezeichnetem Schwanz. Meist durch den in etwa 15 m Höhe ruckweise auf und ab verlaufenden Singflug entdeckt, währenddessen der Vogel andauernd „dsip . . . dsip . . . dsip . . .“ ruft, sonst außerdem „tju“. Bewohnt feuchtes und trockenes Grasland, Sümpfe, Raine, auch Felder. 10 cm. (5)

6

STREIFENPRINIE *Prinia gracilis.* Sehr klein, mit langem, an den Federspitzen schwarzweißem Schwanz, der oft gestelzt, gefächert oder von Seite zu Seite bewegt wird; Oberseite streifig. Gesang ein wiederholtes klares „zer-wit“; verschiedene kurze Rufe. Bewohnt niedriges Buschwerk und Grasland in der Halbwüste und im Kulturland. 10 cm. (6)

7

WÜSTENPRINIE *Scotocerca inquieta.* Ähnlich der Streifenprinie, aber fahler, nur Oberkopf deutlich streifig, Schwanzfederenden bräunlichweiß. Bewohnt Halbwüsten und die spärliche Vegetation an der Küste, am Rand der Wüste und in Wadis. 10 cm. (7)

MARISKEN-
SÄNGER
SEGGEN-
ROHRSÄNGER
SCHILF-
ROHRSÄNGER
SEIDENSÄNGER
CISTENSÄNGER
STREIFEN-
PRINIE
WÜSTENPRINIE

Spötter (Gattung *Hippolais*). Den ungestreiften Rohrsängern (S. 224) sehr ähnlich und nahe verwandt, durch gerade abgeschnittenen oder nur schwach gerundeten Schwanz und breiteren Schnabel unterschieden. Die Arten sind am besten am Gesang zu erkennen. In der Erregung sträuben Spötter die Scheitelfedern.

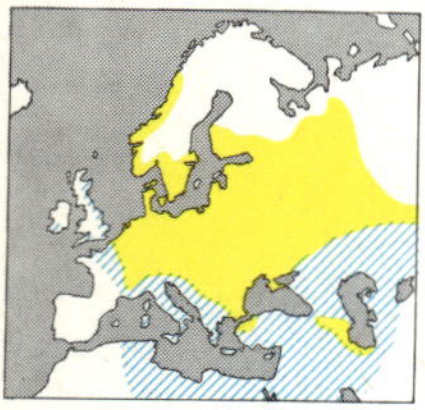
1

GELBSPÖTTER *Hippolais icterina.* Ähnelt durch gelbe Unterseite einem großen Laubsänger (S. 237); immat. grauer. Füße blaugrau. Außer durch fahlen Flügelfleck (Armschwingensäume) im Feld kaum vom Orpheusspötter zu unterscheiden, in der Hand durch spitzeren Flügel (s. Abb.). Vgl. auch Waldlaubsänger (S. 237). Gesang ähnlich dem des Sumpfrohrsängers (S. 225), aber lauter und schneidender, mit weniger Nachahmungen und vielen scharfen Tönen. Unter den Rufen ein kennzeichnendes flüssiges „dideroid", ein grasmückenartiges „tek" und ein zilpzalpähnliches „hüid". Bewohnt Obstpflanzungen, Parks, Waldränder und Gärten („Gartenspötter"). 13,5 cm. ● (1)

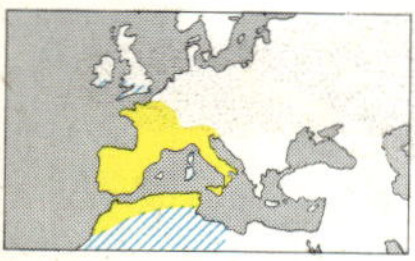
2

ORPHEUSSPÖTTER *Hippolais polyglotta.* Der südwestliche Vertreter des Gelbspötters, mit stumpferem Flügel, nur angedeutetem Flügelfleck (s. Gelbspötter) und nicht immer blaugrauen, zuweilen bräunlichen Füßen. Gesang ein wohlklingendes, flüssiges Geschwätz, in das Nachahmungen eingeflochten sind. Kennzeichnender Ruf „titt, titt", ferner „hüid" und sperlingsartiges Schilpen. 13 cm. △ (2)

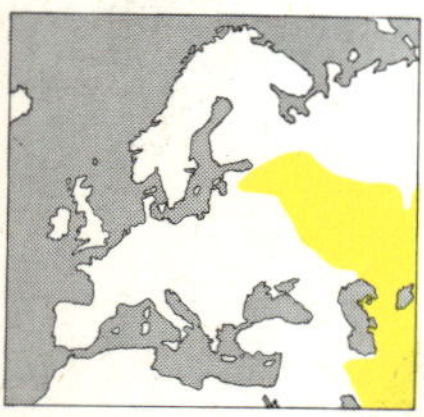
3

BUSCHSPÖTTER *Hippolais caligata.* Kleinster Spötter des Gebietes, vom Blaßspötter durch schwächeren Schnabel, etwas bräunlicheres Gefieder und etwas geringere Größe, im Feld jedoch sicher nur durch den Gesang zu unterscheiden, eine Wiederholung des Lockrufs „tschrek" in verschiedener Modulation. Bewohnt feuchte Dickichte, Waldränder, Jungholz, Staudenwildnisse und Felder. 11,5 cm. △ (3)

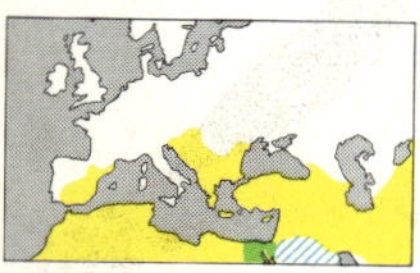
4

BLASSSPÖTTER *Hippolais pallida.* Durch eintönig braungraues Gefieder und weißlichen Augenring ähnlich Gartengrasmücke (S. 230), aber Schnabel länger, deutlicher Überaugenstreif, Stirn flacher. Vom noch ähnlicheren Buschspötter im Feld durch den an Schilfrohrsänger und Gelbspötter erinnernden hastigen Gesang unterschieden, dem aber die scharfen Töne des Gelbspötters fehlen. Ruf „tek". Bewohnt offenes Gelände mit Büschen, Gärten, Obstpflanzungen, Oasen, Wadis. 13,5 cm. △ (4)

5

DORNSPÖTTER *Hippolais languida.* Größer als Blaß-, kleiner als Olivenspötter. Gesang eigenartig auf- und absteigend „dla-i-hih-od-lü", mehrfach wiederholt, etwas gepreßt klingend. Bewohnt buschreiches Gelände bis in große Höhen und Gärten. 14 cm. (5)

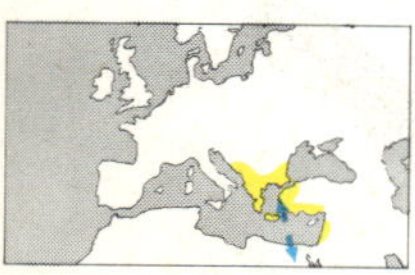
6

OLIVENSPÖTTER *Hippolais olivetorum.* Größter Spötter des Gebietes, mit langem Schnabel, deutlichem hellem Überaugenstreif und Flügelfleck. Vgl. Sperbergrasmücke juv. (S. 231). Gesang laut und kräftig, nicht besonders wohlklingend. Ruft „tirrik". Bewohnt lichte Eichenwälder und Olivenhaine, auch Obstpflanzungen u. dgl. 15 cm. (6)

GELBSPÖTTER
ORPHEUSSPÖTTER
BLASSSPÖTTER
BUSCHSPÖTTER
DORNSPÖTTER
OLIVENSPÖTTER

Eigentliche Grasmücken (Gattung *Sylvia*). Schwanz je nach den Arten schwach gerundet oder mehr oder weniger deutlich gestuft. Die meisten Arten rufen rauh „tscharr“ und hart „tze“.

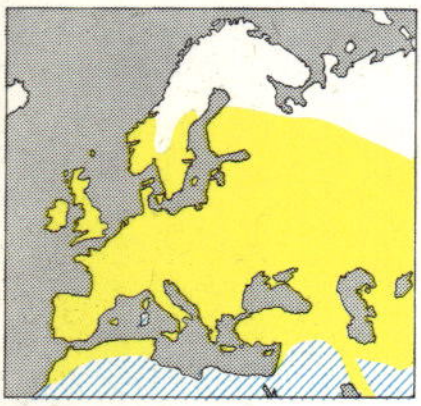
1

DORNGRASMÜCKE *Sylvia communis.* ♂ kenntlich durch Kombination von grauem Kopf, weißer Kehle und rostfarbenen Schwingensäumen, nur mit der nahe verwandten, aber kleineren und dunkleren Brillengrasmücke (S. 235) zu verwechseln. ♀ am Kopf bräunlicher, aber wie ♂ mit weißem Außensaum des Schwanzes. Juv. mit nicht so weißer Kehle. Kurzer rauher, aber melodischer Gesang, oft in kurzem, tänzelndem Singflug. Ruft u. a. „woid-woid-wit-wit-wit“ und gedämpft „rra“. Bewohnt Dickichte, Dornhecken, buschbestandene Feldraine, Waldränder, nur selten Gärten und Parks. 14 cm. ● (1)

2

BUSCHGRASMÜCKE *Sylvia minula.* Blasser als Klappergrasmücke, vielleicht nicht artlich zu trennen und im Felde nicht von ihr zu unterscheiden, Kopfseiten nicht dunkel. Bewohnt Büsche in Wüsten, Halbwüsten und Oasen. 13,5 cm. (2)

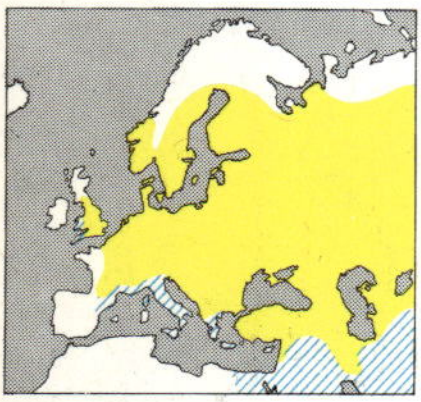
3

KLAPPERGRASMÜCKE *Sylvia curruca.* Grauer als Dorngrasmücke, ohne Rostfarbe im Flügel und mit dunklen Kopfseiten. Kein Singflug; Gesang leises Zwitschern und lautes, schnelles Klappern „millillill-ill ...“. Bewohnt Hecken, Gärten, kleine Gehölze, Waldränder, buschbestandene Steppen. 13,5 cm. ● (3)

4

EIBISCHGRASMÜCKE *Sylvia althaea.* Im Felde von der Klappergrasmücke, mit der vielleicht zur gleichen Art gehörend, nicht zu unterscheiden, dunkler, Kopf- und Rückenfärbung nicht scharf voneinander abgesetzt; Gesang soll abweichen. Bewohnt mit Stauden, Büschen oder Wacholder bestandene Hänge in Gebirgen. 13,5 cm. (4)

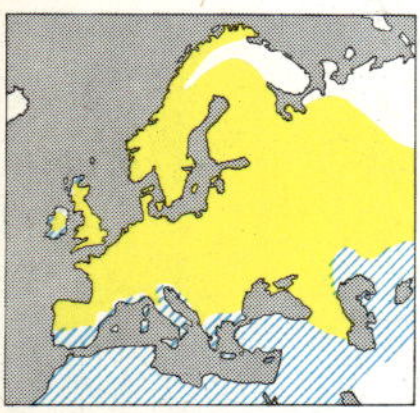
5

GARTENGRASMÜCKE *Sylvia borin.* Ohne besondere Gefiederkennzeichen, einfarbig braungrau mit rundlichem Kopf und verhältnismäßig kurzem Schnabel. Am besten zu erkennen am langen, volltönenden, „orgelnden“ Gesang, einer Reihe pausenlos ineinanderfließender wohlklingender Töne, oft aus dem Inneren von Baumkronen vorgetragen. Bewohnt Wälder und Gehölze mit viel Unterwuchs, auch Parks und größere, parkähnliche Gärten. 14 cm. ● (5)

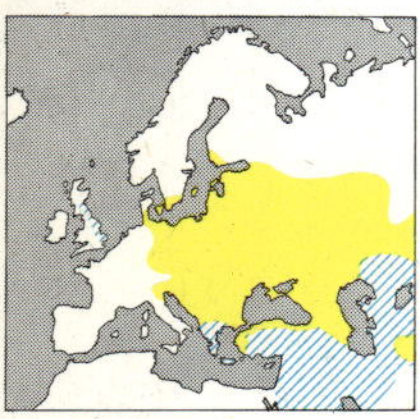
6

SPERBERGRASMÜCKE *Sylvia nisoria.* Eine der beiden größten Grasmücken. Ad. kenntlich an gesperberter Unterseite, zwei hellen Flügelbinden und gelbem Auge. ♀ bräunlicher; juv. ohne Sperberung, wie übergroße Gartengrasmücke mit hellen Schwingenspitzen; vgl. Olivenspötter (S. 229) und Orpheusgrasmücke (S. 233). Gesang ähnlich Gartengrasmücke, aber kürzer, oft mit dem schnarrenden Ruf „errr“ untermischt, gern im Singflug. Bewohnt Dorndickichte, Hecken, Waldränder usw. 15 cm. ● (6)

Singflug
♂
♀
DORNGRASMÜCKE
♂
BUSCHGRASMÜCKE
♂
KLAPPER-
GRASMÜCKE
♂
EIBISCH-
GRASMÜCKE
GARTEN-
GRASMÜCKE
ad.
juv.
SPERBERGRASMÜCKE

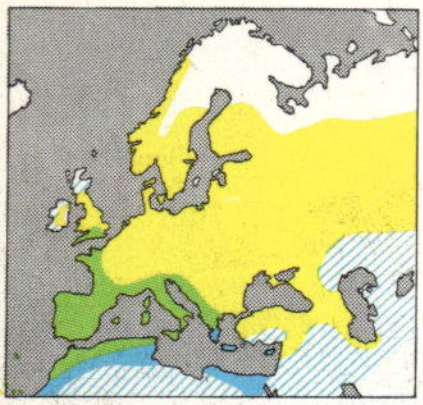

1

MÖNCHSGRASMÜCKE *Sylvia atricapilla.* Ad. ♂ leicht kenntlich an der schwarzen, im Gegensatz zu anderen schwarzköpfigen Grasmücken nicht auf die Kopfseiten ausgedehnten Scheitelfärbung; ohne den schwarzen Kehlfleck ähnlich gezeichneter Meisen (S. 269). ♀ und juv. mit rötlichbrauner Kopfplatte. Gesang abwechslungsreiches Zwitschern, das mit dem unverkennbaren „Überschlag", einer kurzen, auf und abgehenden Strophe lauter und klarer Flötentöne abschließt, die oft auch ohne Einleitung gebracht und bei manchen Individuen zum sog. „Leiern" vereinfacht ist. Bewohnt Wälder, Gehölze, Parks und größere Gärten. 14 cm. ● (1)

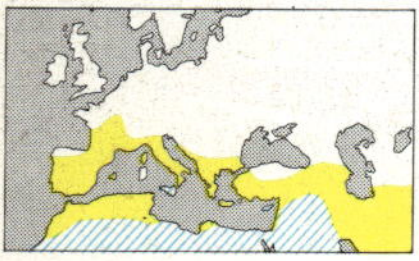

2

ORPHEUSGRASMÜCKE *Sylvia hortensis.* Größer als Mönchgrasmücke, auch Kopfseiten schwarz (♂) oder düster (♀), mit auffallend gelblichweißem Auge, weißer Kehle und weißem Außensaum des Schwanzes. Größer als die ähnliche Samtkopfgrasmücke und ohne deren roten Augenring. Juv. ähnlich junger Sperbergrasmücke (S. 231), ohne deren helle Flügelbinden. Gesang ähnlich dem von Sperber- und Gartengrasmücke, durch Wiederholung der Motive auch an Spötter und Singdrossel erinnernd. Alarmruf „terrr". Bewohnt lichte Wälder mit viel Unterholz, Buschwerk und Gärten. 15 cm. △ (2)

3

TAMARISKENGRASMÜCKE (Bartgrasmücke). *Sylvia mystacea.* Vielleicht nur Rasse der Samtkopfgrasmücke, durch matter schwarzen Kopf, weiße, rötlich überflogene (Übergänge zur Samtkopfgrasmücke?) bis ziegelrote Kehle und Brust mit weißem Bartstreif und gelblichem Augenring unterschieden. Bewohnt Dikkichte, besonders solche von Tamarisken, Gärten usw. 13,5 cm. (3)

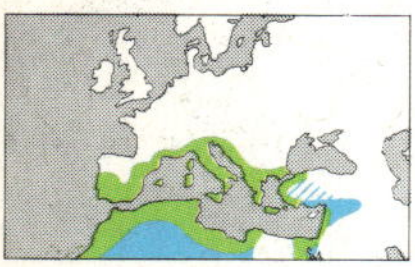

4

SAMTKOPFGRASMÜCKE *Sylvia melanocephala.* Ähnlich Orpheusgrasmücke, aber kleiner und mit auffallendem rotem oder orangefarbenem unbefiedertem Ring ums Auge. Gesang, oft im Singflug, dorngrasmückenähnlich, aber wohlklingender, jedoch mit schnarrenden Rufen durchsetzt; zaunkönigsartig zeternder Alarmruf „tschettetettettett . . .". Bewohnt Buschwerk, lichte Wälder mit viel Unterholz, auch Gärten und Parks; besonders häufig in der mediterranen Zwergbuschsteppe. 13,5 cm. (4)

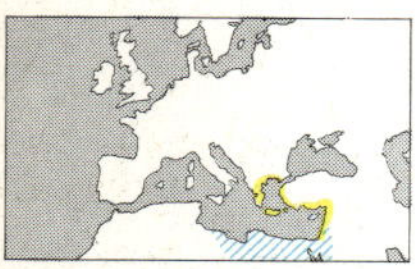

5

MASKENGRASMÜCKE *Sylvia rueppelli.* ♂ einzige Grasmücke mit schwarzem Kopf, schwarzer Kehle und weißem Bartstreif; wie Samtkopfgrasmücke mit orangerotem Augenring. ♀ ähnlich Samtkopfgrasmücke ♀, Füße rötlicher braun, Kehlmitte zuweilen dunkel gefleckt. Auch Gesang dem der vorigen Art ähnlich. Bewohnt dichtes Buschwerk. 14 cm. (5)

SCHUPPENGRASMÜCKE *Sylvia melanothorax.* Von der Samtkopfgrasmücke durch schuppig schwarzweiß (♂) oder düster gefleckte Unterseite unterschieden; Füße rötlich. Cypern, ausnahmsweise als Gast auf dem gegenüberliegenden Festland. 13,5 cm.

GRASMÜCKEN
Sumpfmeise
S. 269
Madeira
S. a. heineken
Melanistisch
MÖNCHS-
GRASMÜCKE
ORPHEUSGRASMÜCKE
SAMTKOPF-
GRASMÜCKE
TAMARISKEN-
GRASMÜCKE
MASKENGRASMÜCKE
SCHUPPENGRASMÜCKE

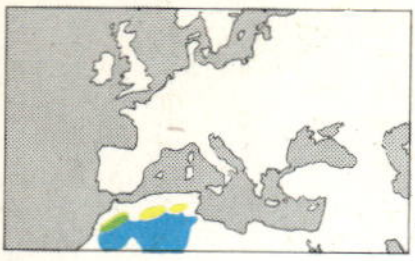

1

ATLASGRASMÜCKE *Sylvia deserticola.* Ähnlich einer kleinen Provencegrasmücke, aber blasser und mit rostfarbenen Armschwingensäumen. Von der Brillengrasmücke durch die dunkle Kehle, von der Weißbartgrasmücke durch Fehlen des weißen Bartstreifs unterschieden. ♀ heller und matter gefärbt. Ruft scharf „tschit" oder „tschitit". Singflug. Bewohnt Buschwerk und lichte Wälder der Berge; im Winter auch in der Wüste. 12 cm. (1)

2

WÜSTENGRASMÜCKE *Sylvia nana.* Kleinste und blasseste Grasmücke, asiatische Rasse (*S. n. nana*) dunkler und grauer als nordafrikanische (*S. n. deserti*). Gesang, oft im Singflug vorgetragen, erinnert an das Klingeln kleiner Glöckchen; ein klirrender Ruf erinnert an Wüstenprinie (S. 227). Bewohnt wüsten- oder halbwüstenhaftes Gelände mit einzelnen Dornbüschen. 11,5 cm. (2)

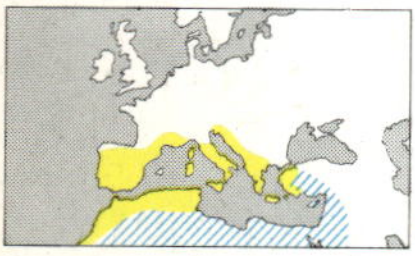

3

WEISSBARTGRASMÜCKE *Sylvia cantillans.* ♂ wie kleine, blaß gefärbte Provencegrasmücke, aber mit deutlichem weißem Bartstreif, durch diesen und das Fehlen rostfarbener Schwingensäume von der Atlasgrasmücke unterschieden, von der Tamariskengrasmücke durch hellere Kopffärbung und roten Augenring. ♀ matter gefärbt, unterseits weißlich, zuweilen rotbraun überlaufen oder gefleckt. Gesang ähnlich dem der Samtkopfgrasmücke (S. 233), aber wohlklingender, ohne rauhe Töne, oft im Singflug vorgetragen. Ruft „teck", Alarmruf zaunkönigsartig schnurrend „zerrrr". Bewohnt die Macchie, das Unterholz lichter Wälder, Waldränder, Hecken u. dgl. 12 cm. △ (3)

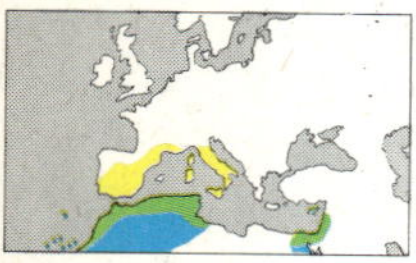

4

BRILLENGRASMÜCKE *Sylvia conspicillata.* Ähnlich einer kleinen dunklen Dorngrasmücke (S. 231) oder einer blassen Weißbartgrasmücke, von ersterer durch kontrastreichere Färbung und rötlichere Brust, von letztere durch rostbraune Armschwingensäume unterschieden, von beiden durch gelbe Füße. Weißer Augenring auffallend. Gesang dorngrasmückenartiges Geschwätz, oft im Singflug vorgetragen. Ruft „tze" und schnurrend „zerrrr". Bewohnt niedriges Gebüsch in offenem, trockenem Gelände. 12,5 cm. (4)

5

SARDENGRASMÜCKE *Sylvia sarda.* ♂ eine kleine, dunkelgraue Grasmücke mit rotem Augenring, auf den Balearen (Rasse *S. s. balearica*) unterseits rotbräunlich verwaschen; ♀ unterseits heller und bräunlicher. Von der nahe verwandten Provencegrasmücke durch grauere Unterseite unterschieden. Verhalten dieser Art ähnlich; ruft „tzig" und „zerrr". Bewohnt die niedrige Macchie und anderes niedriges Buschwerk. 12 cm. (5)

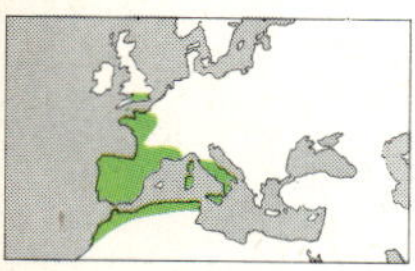

6

PROVENCEGRASMÜCKE *Sylvia undata.* Leicht kenntlich an dunkel braungrauer Ober- und purpurbrauner, beim ♀ hellerer Unterseite und langem, weiß gesäumtem, oft gestelztem Schwanz; Kehle weiß gefleckt; roter Augenring, gelbe Füße. Gesang dorngrasmückenartig, auch im Singflug; ruft „teck", schwanzmeisenartig „tschirrr" und melodisch und kennzeichnend „tschirrrtschiui". Bewohnt Dickichte, Ginster- und Heidegestrüpp u. dgl. 12,5 cm. (6)

S. n. nana
S. n. deserti
WÜSTENGRASMÜCKE
ATLAS-
GRASMÜCKE
BRILLEN-
GRASMÜCKE
WEISSBART-
GRASMÜCKE
SARDEN-
GRASMÜCKE
PROVENCE-
GRASMÜCKE

Laubsänger (Gattung *Phylloscopus*). Kleine Grasmücken, meist grünlich oder gelblich gefärbt. Viele zucken mit dem leicht ausgebuchteten Schwanz.

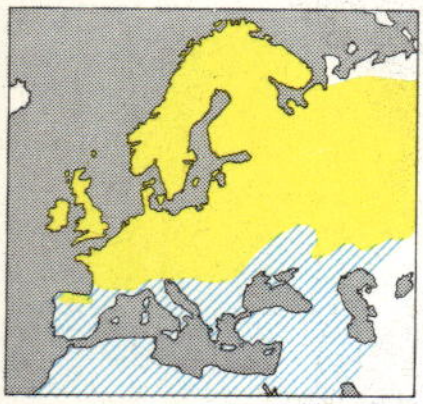

1

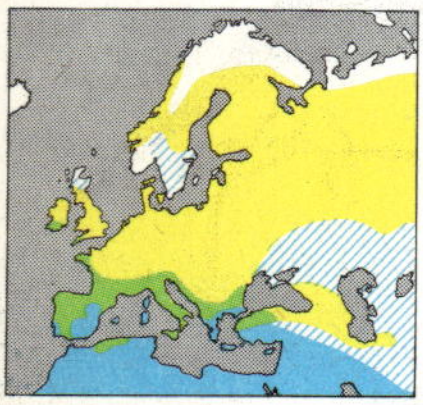

2

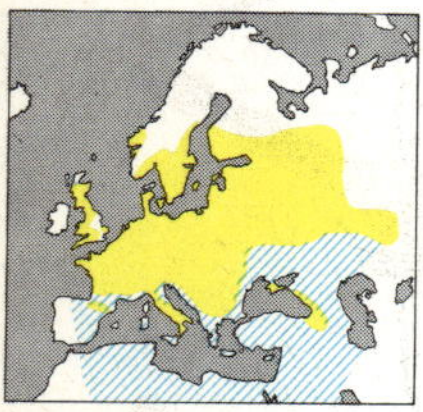

3

4

FITIS *Phylloscopus trochilus*. Häufigster Laubsänger im größten Teil des nördlichen Europa. Immat. (1. Winter) unterseits gelb. Nördliche und östliche Rassen vielfach grauer, unterseits reiner weißlich. Füße im Gegensatz zum Zilpzalp meist hellbraun. Sicher zu unterscheiden in der Hand durch Schwingenlänge (s. Abb.) und dadurch, daß 3. bis 5. (nicht 6.!) Schwinge (von außen und mit der reduzierten äußersten gezählt) außen eingebuchtet sind. Im Feld Unterscheidung nur durch Gesang, eine zarte, weiche, sehr wohltönende und langsam verklingende, abfallende Tonreihe. Ruft zweisilbig „huid". Bewohnt lichte, buschreiche Wälder, gern Birken, Schonungen, Weidicht, Parks usw. 11 cm. ● (1)

ZILPZALP *Phylloscopus collybita*. Kennzeichen in der Hand s. beim Fitis. Im Feld zu unterscheiden durch die Stimme: Gesang im größten Teil Europas monoton „zilp zalp zilp zilp zalp . . ." mit eingeschobenen leisen „trrt", im Südwesten und bei den außereuropäischen Rassen mehr oder weniger abweichend. Ruf einsilbig „hwid". Füße stets dunkel. Nord- und osteuropäische Rasse *Ph. c. abietinus* grauer als *Ph. c. collybita*, sibirische Rasse *Ph. c. tristis* (seltener Gast in Europa) noch grauer; im Kaukasusgebiet, wo in tieferen Lagen *Ph. c. abietinus* lebt, der dunkel graubraune *Ph. c. lorenzii*, den der innerasiatische *Ph. c. sindianus* mit *Ph. c. tristis* verbindet. Bewohnt Wälder, Parks und Gärten; liebt höhere Bäume als Fitis. 11 cm. ● (2)

WALDLAUBSÄNGER *Phylloscopus sibilatrix*. Größter im Gebiet brütender Laubsänger mit gelber Brust und Kehle und weißem Bauch; durch diesen, gelbbraune Füße und kürzeren Schnabel von Gelb- und Orpheusspötter (S. 229) unterschieden. Hat zwei Gesänge, ein trockenes Schwirren „ipp sipp sippsippsipp srrrrrrrrr" und eine schneller werdende Reihe klagender Flötentöne. Ruft „düh". Bewohnt Wälder, vor allem Buchen. 12,5 cm. ● (3)

BERGLAUBSÄNGER *Phylloscopus bonelli*. Grauer als Waldlaubsänger, unterseits weißlich, ad. mit gelblichem Bürzel. Gesang ein lockerer Triller, langsamer als Schwirren des Waldlaubsängers. Ruft sanft „ho-ihd". Bewohnt Bergwälder. 11,5 cm. ◑ (4)

BARTLAUBSÄNGER *Phylloscopus schwarzi*. Graubraun, Überaugenstreif und Unterseite rahmfarbig. Kräftiger Schnabel. Ruft „twit, twit". Gesang kurz und laut. Irrgast aus Sibirien. 12,5 cm. △

DUNKELLAUBSÄNGER *Phylloscopus fuscatus*. Dunkler, kleiner und dünnschnäbliger als Bartlaubsänger. Ruft „tschäck, tschäck". Viel am Erdboden. Irrgast aus Ostasien. 11 cm.

juv.
ad.
FITIS
juv.
W-Kanaren
Ph. c. canariensis
ad.
Kaukasus
Ph. c. lorenzii
ZILPZALP
BERG-
LAUBSÄNGER
WALDLAUBSÄNGER
DUNKELLAUBSÄNGER
BARTLAUBSÄNGER

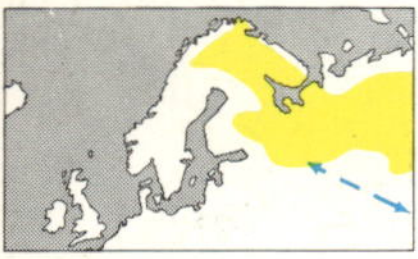
1

WANDERLAUBSÄNGER (Nordischer Laubsänger), *Phylloscopus borealis.* In der Größe zwischen Fitis und Waldlaubsänger (S. 237), von beiden durch dunklen Augenstreif, weißliche Kehle und 2 weißliche Flügelbinden, von denen eine meist nur andeutungsweise vorhanden ist und die andere im abgetragenen Gefieder auch verschwinden kann, unterschieden. Deutlicher Überaugenstreif. Füße hell. Gesang ein schwirrender Triller, von 1–3 „tzick" eingeleitet. Ruft „tzick" und „zirrip". Bewohnt hochnordische, in Ostasien auch alpine Birken-, Misch- und Nadelwälder. 12 cm. △ (1)

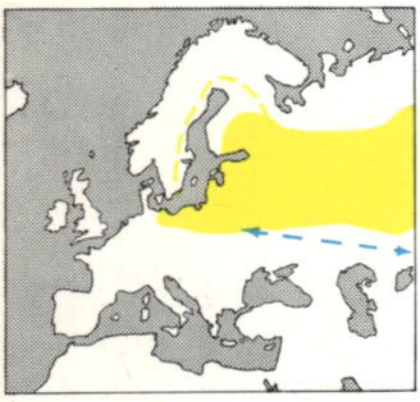
2

GRÜNLAUBSÄNGER *Phylloscopus trochiloides.* Kleiner und grauer als Wanderlaubsänger, Flügel stumpfer (s. Abb.) und 3.–6. Schwinge (von außen gezählt) außen eingebuchtet (beim Wanderlaubsänger nur 3.–5.). Vom Fitis (S. 237) unterschieden durch helle Flügelbinde, deutlicheren Überaugenstreif und wie beim Zilpzalp dunkle Füße. Gesang beginnt mit dem mehrfach wiederholten Ruf „tjie", dem ein Triller und Geschwätz folgen. Bewohnt Waldränder und lichte Wälder. 11 cm. ◑ (2)

GELBBRAUENLAUBSÄNGER *Phylloscopus inornatus.* Ähnlich Fitis, aber mit deutlicherem Überaugenstreif und 2 hellen Flügelbinden. Vgl. auch Goldhähnchen. Gesang ein anspruchsloser Triller; Ruf etwas zilpzalpartig „wiest-wiest". Bewohnt lichte Nadel-, Misch- und Birkenwälder. Seltener Gast aus Asien. 10 cm. △

3

WACHOLDERLAUBSÄNGER *Phylloscopus nitidus.* Oberseits grün, unterseits gelb, ähnlich kleinem Waldlaubsänger (S. 237), aber mit heller Flügelbinde. Ruft „tjiwi"; Gesang soll an Fitis erinnern. Bewohnt den Unterwuchs in Laub- und Wacholderwäldern der Berge. 11 cm. △ (3)

GOLDHÄHNCHENLAUBSÄNGER *Phylloscopus proregulus.* Kleinster Laubsänger des Gebietes, grüner als Gelbbrauenlaubsänger, mit gelbem Scheitelstreif, gelbem Bürzel und 2 gelben Flügelbinden. Vgl. Goldhähnchen. Gesang eine Reihe mehrfach wiederholter Rufe; ruft „duid" und „si si si si". Bewohnt Misch- und Nadelwald. Irrgast aus Innerasien. 9 cm. △

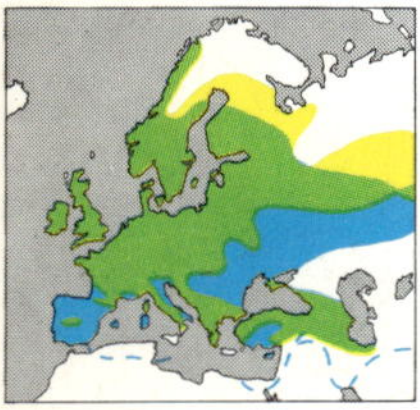
4

WINTERGOLDHÄHNCHEN *Regulus regulus.* Mit Sommergoldhähnchen kleinster Vogel unseres Gebietes, von allen Laubsängern durch den dünnen Schnabel und die schwarze Begrenzung des beim ♂ orange, beim ♀ gelb gefärbten Scheitels zu unterscheiden. 2 helle Flügelbinden. Helle Augenumgebung (vgl. dagegen Sommergoldhähnchen). Gesang leise wispernd, auf und ab gehend. Ruft „sisisi" ähnlich Meisen (S. 267, 269) und Waldbaumläufer (S. 273). Rüttelt wie Laubsänger vor Zweigspitzen. Bewohnt Nadel- und Mischwälder, Parks mit vielen Nadelbäumen u. dgl., im Winter auch Laubwald, Gebüsche und Hecken. 9 cm. ● (4)

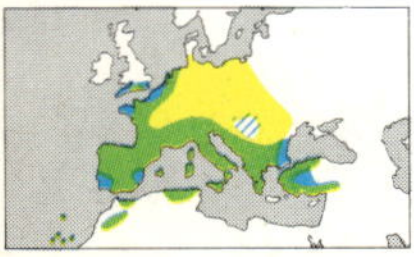
5

SOMMERGOLDHÄHNCHEN *Regulus ignicapillus.* Kenntlich durch schwarzen Augenstreif, der der Rasse von den Kanaren *(R. i. teneriffae)* fehlt, und goldolivfarbenen Fleck an den Kropfseiten. Gesang nicht auf- und abgehend, wie die Rufe etwas lauter als bei voriger Art. Nicht so sehr an Nadelholz gebunden wie Wintergoldhähnchen, mancherorts, besonders im Süden, auch in Laubholz. 9 cm. ● (5)

LAUBSÄNGER
GOLDHÄHNCHEN

● SÄNGER: *Muscicapidae*

Unterfamilie **FLIEGENSCHNÄPPER** *(Muscicapinae)*, von der nächsten Unterfamilie unscharf geschieden, enthält kleine, breitschnäbelige Vögel, die häufig von einer Warte aus auf vorbeifliegende Insekten Jagd machen. Nest in Höhlen oder Halbhöhlen.

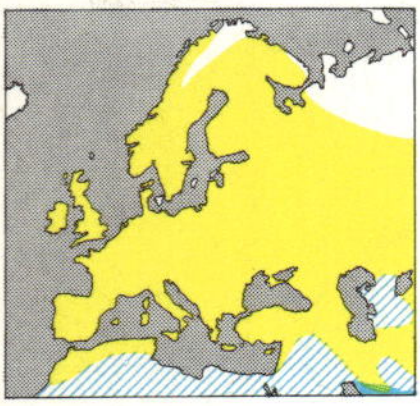
1

GRAUSCHNÄPPER *Muscicapa striata.* Braungrau mit gestreifter Stirn und Brust. Juv. wie bei fast allen Arten der Familie gefleckt (s. Abb.). Ruft „zieh" oder „pst", Alarm „zi-tek-tek". Gesang unauffällig, wenige dünne, abgehackte Töne. Bewohnt Parks, Waldränder, Obstpflanzungen und Gärten, gern auch Spaliere und Schlingpflanzen an Gebäuden in Dörfern und am Stadtrand („Hausvögelchen"). 14 cm. ● (1)

BRAUNSCHNÄPPER *Muscicapa latirostris.* Irrgast aus Ostasien. Merklich kleiner als Grauschnäpper, ungestreift, dadurch den ♀ von Zwerg- oder Trauerschnäpper ähnlich, aber ohne weiße Zeichnung in Schwanz oder Flügel. Aus der Nähe weißlicher Augenring auffallend. Juv. gefleckt. Schweigsam. 12 cm.

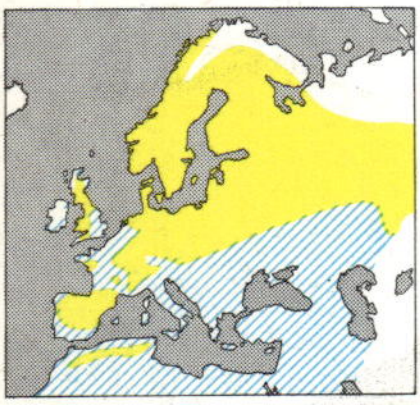
2

TRAUERSCHNÄPPER *Ficedula hypoleuca.* In Skandinavien, England, den Alpen und Südeuropa ♂ im Brutkleid meist schwarzweiß, in Mittel- und Osteuropa und West-Sibirien meist braungrau (s. Abb.), ähnlich Ruhekleid und ♀, ♂ aber stets mit weißer Stirn. Von anderen Fliegenschnäppern des Gebietes, außer von Halsband- und Halbringschnäpper, durch weiße Flügellängsbinde unterschieden. Gesang erinnert an Gartenrotschwanz, auf- und abgehend „wutiwutiwuti". Ruft rauchschwalbenähnlich „bit". Bewohnt Laubwälder und lichte Nadelwälder, Parks, Obstpflanzungen und große Gärten; brütet gern in künstlichen Nisthöhlen. 13 cm. ● (2)

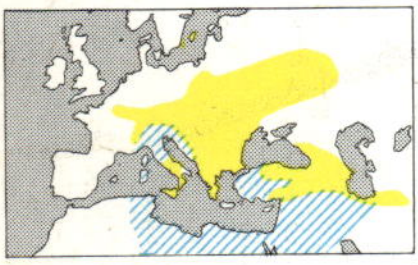
3

HALSBANDSCHNÄPPER *Ficedula albicollis.* ♂ im Brutkleid schwarzweiß, vom Trauerschnäpper durch weißes Halsband und weißen Bürzel unterschieden. ♀ und ♂ im Ruhekleid mit nur undeutlichem Halsband. Gesang kürzer als der des Trauerschnäppers. Ruft „sieb". 13 cm. ◑ (3)

Der ähnliche **HALBRINGSCHNÄPPER** *Ficedula semitorquata,* dessen Verbreitung in Südosteuropa und Vorderasien auf unserer Karte der Halsbandschnäpper-Verbreitung mit dargestellt ist, da er oft nur als Rasse dieser Art angesehen wird, hat nur angedeutetes Halsband. 13 cm.

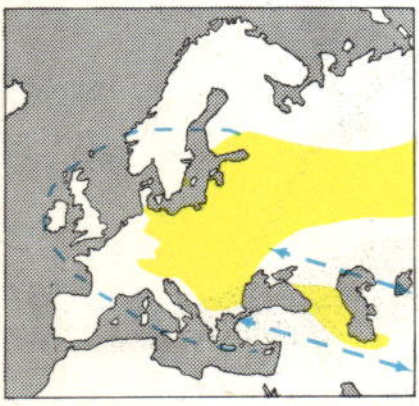
4

ZWERGSCHNÄPPER *Ficedula parva.* Kleinster Fliegenschnäpper des Gebietes. Ad. ♂ ähnlich Rotkehlchen (S. 253) gefärbt, aber kleiner und wie ♀ mit weißer Zeichnung an der Schwanzwurzel. ♀ und viele jüngere ♂ ohne rostrote Kehle, ähnlich Trauerschnäpper-♀, aber ohne helle Flügelbinde. Wippt mit dem Schwanz. Gesang variabel, mit einer glockenhellen Strophe „tink tink tink eida eida eida . . .". Ruft „tschick" und hat ein zaunkönigsartiges Schnurren: „zrrr". Bewohnt Hochwald mit reichlichem Unterholz. 11,5 cm. ◑ (4)

ad.
juv.
GRAUSCHNÄPPER
BRAUNSCHNÄPPER
♀
♂
Mitteleuropa
F. h. muscipeta
u. Ruhekleid
♂
TRAUERSCHNÄPPER
♂
♀
HALSBAND-
SCHNÄPPER
♀
♂
♂
HALBRINGSCHNÄPPER
ZWERGSCHNÄPPER

● Unterfamilie **DROSSELARTIGE** (*Turdinae*). Umfaßt u. a. die Schmätzer, Erdsänger und Drosseln. Zu dieser artenreichen Gruppe gehören viele der besten Sänger.

Wiesenschmätzer (Gattung *Saxicola*) sind kleine, an Rotkehlchen und Rotschwänze erinnernde Vögel, die gern in aufrechter Haltung auf Strauch- oder Halmspitzen oder dgl. sitzen und dabei mit dem Schwanz zucken. Juv. weibchenähnlich gefärbt und wie bei fast allen Drosselartigen gefleckt.

KANARENSCHMÄTZER *Saxicola dacotiae*. Steht in der Färbung zwischen Schwarz- und Braunkehlchen, wie ersteres ohne Weiß im Schwanz, jedoch an der Kehle weiß und wie Braunkehlchen mit weißem Überaugenstreif; Brust mit nur wenig Rostbraun. ♀ matter gefärbt. Alarmruf lauter und schärfer als der des Schwarzkehlchens; Gesang dem der Brillengrasmücke (S. 253) ähnlich. Bewohnt Buschwerk und Kulturland auf Fuerteventura, Allegranza und Montana Clara (östl. Kanaren). 12,5 cm.

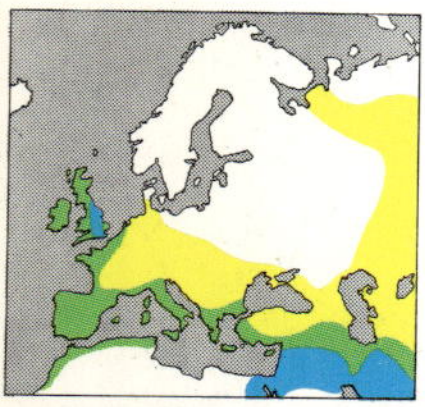

1

SCHWARZKEHLCHEN *Saxicola torquata*. ♂ auffällig schwarz-weiß-rotbraun mit weißen Halsseiten, Oberschwanzdecken und weißem Flügelfleck, im Winter bräunlicher. ♀ und juv. oberseits braun statt schwarz. Im Fluge bei allen weiße Flügelzeichnung auffallend. Gesang kurzes, rauhes Gezwitscher, ähnlich Heckenbraunelle, aber viel rauher. Ruft „fid kr kr". Bewohnt Heiden, Raine, Hänge, Halden und Bahndämme mit einzelnen Büschen, Schonungen, mancherorts Korbweidenpflanzungen. 12,5 cm. ● (1)

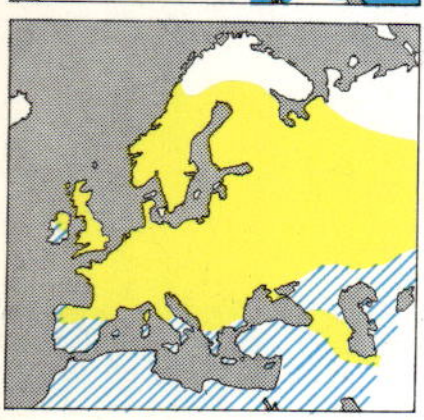

2

BRAUNKEHLCHEN *Saxicola rubetra*. ♂ leicht vom Schwarzkehlchen zu unterscheiden durch hellen Überaugenstreif und weiße Schwanzwurzel; Kehle rahmfarben. ♀ etwas matter gefärbt. Beide Geschlechter mit weißem Flügelfleck. Gesang abgerissen, mit rauhen und wohlklingenden Tönen. Ruf „fü-tick-tick". Bewohnt ausgedehnte Wiesen, Moore und grasreiche Raine. 12,5 cm. ● (2)

MOHRENSCHWARZKEHLCHEN *Saxicola caprata*. ♂ schwarz, Flügelfleck, Bürzel und Hinterbauch weiß. ♀ braun mit rostrotem Bürzel und hellerer Kehle, ohne Weiß im Flügel. Ruf ähnlich dem des Schwarzkehlchens, Gesang kurz, wohlklingend. 12,5 cm.

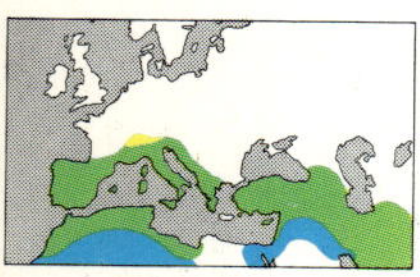

3

BLAUMERLE *Monticola solitarius*. ♂ durch (bei den Rassen in unserem Gebiet) einfarbig schieferblaues Gefieder mit dunkleren Flügeln und Schwanz leicht kenntlich. ♀ dunkler als Steinrötel-♀ und ohne Rostrot im Schwanz. Gesang amselartig flötend; Ruf „tack, tack", kleiberartig „uit, uit" und dünn „tsih". Felsiges Gelände von Meereshöhe bis zu den Berggipfeln; ersetzt in vielen südeuropäischen Ortschaften die Amsel (S. 257). 20 cm. △ (3)

4

STEINRÖTEL *Monticola saxatilis*. ♂ mit seinen schieferblauen, rostroten und weißen Farben einer der auffälligsten Bergvögel; ♀ gefleckt und mit größtenteils rostrotem Schwanz; vgl. Blaumerle. Scheu; zittert rotschwanzartig mit dem Schwanz (im Gegensatz zur Blaumerle). Ruf „tack, tack", Gesang abwechslungsreich flötend mit Nachahmungen, auch im Balzflug. Sommervogel in felsigem Gelände und an Ruinen, im W nur im Gebirge. 19 cm. ●△ (4)

♂
♀
KANARENSCHMÄTZER
♂
♀
SCHWARZ-
KEHLCHEN
♂
♀
BRAUNKEHLCHEN
♂
MOHREN-
SCHWARZKEHLCHEN
♀
♂
BLAUMERLE
♂
♀
STEINRÖTEL

Steinschmätzer (Gattung *Oenanthe*). Kleinere drosselartige Vögel, die meisten mit auffallend weißem Bürzel und weißem, am Ende und in der Mitte schwarzem Schwanz. ♂ im allgemeinen leicht kenntlich (Schlüssel S. 325), ♀ schwierig zu unterscheiden. Gesang meist kurz und abgehackt, von niedriger Erhebung aus oder im Singflug vorgetragen. Bodenbewohner; knicksen häufig; jagen gelegentlich fliegende Insekten.

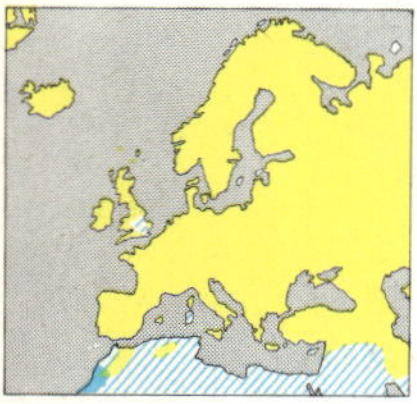
1

STEINSCHMÄTZER *Oenanthe oenanthe*. ♂ im Brutkleid an der Kopfzeichnung zu erkennen: Scheitel grau, Überaugenstreif weiß, Kopfseiten schwarz. ♂ im Winterkleid, ♀ und juv. viel bräunlicher. Die durch W-Europa wandernde grönländische Rasse *Oe. oe. leucorhoa* ist größer, im Winterkleid etwas dunkler und brauner als europäische Brutvögel, aber im Feld nicht zu unterscheiden. ♂ der nordafrikanischen Rasse *Oe. oe. seebohmi* mit schwarzer Kehle. Ruft „töck" oder „jiwtöck". Gesang kurz, ähnlich dem des Braunkehlchens (S. 242). Bewohnt offenes, trockenes Gelände (Halden, Heiden, Raine, Ödland), aber auch die Tundra; zur Zugzeit auf Feldern. 14,5–15 cm. ● (1)

2

WÜSTENSTEINSCHMÄTZER *Oenanthe deserti*. Ähnlich der nordafrikanischen Rasse des Steinschmätzers, aber mit deutlicher hell gesäumten Flügelfedern und nahezu ganz schwarzem Schwanz; ♀ nur am fast ganz schwarzen Schwanz vom Steinschmätzer-♀ zu unterscheiden. Ruf ein klagender Pfiff. Gesang melancholisch „trütrütitü". Bewohnt ebene Halbwüsten, im Winter auch Kulturland. 14,5 cm. △ (2)

3

ISABELLSTEINSCHMÄTZER *Oenanthe isabellina*. Groß und hochbeinig, Geschlechter gleich gefärbt, im Feld kaum von blassem Steinschmätzer-♀ zu unterscheiden, jedoch Ohrgegend heller und Flügelunterseite weißer. Auffallendes Balzspiel. Ruf pfeifend; Gesang laut, mit Nachahmungen. Bewohnt Steppen, Steinwüsten und steinige Hänge. 16,5 cm. (3)

4

ROSTBÜRZELSTEINSCHMÄTZER *Oenanthe xanthoprymna*. Von allen Steinschmätzern des Gebietes, außer vom Fahlbürzelsteinschmätzer (S. 247), durch rostfarbenen Bürzel unterschieden. ♂ vom ♂ des Fahlbürzelsteinschmätzers durch braunen, nicht schwarzen Rükken, Fehlen des Weiß im Flügel und viel satter rostroten Bürzel unterschieden, ♀ vom ♀ jener Art durch graubraunen statt rostfarbenen Oberkopf. Abgebildete Rasse *Oe. x. xanthoprymna* in SW-Iran; von Armenien durch N-Iran bis Afghanistan Rasse *Oe. x. chrysopygia* mit braunen Kopfseiten und Kehle des ♂ und rostfarbener Schwanzwurzel. Lebt an steinigen Hängen, im Winter in Halbwüsten. 14 cm. (4)

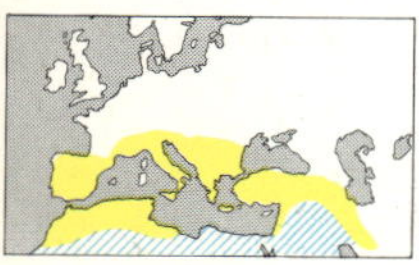
5

MITTELMEERSTEINSCHMÄTZER *Oenanthe hispanica*. ♂ mit schwarzer oder weißer Kehle, helle Gefiederteile im Sommer weißlich, bei der Rasse *Oe. h. melanoleuca* (von S-Italien ostwärts) fast rein weiß; diese im Winter grauer. ♀ ähnlich Steinschmätzer-♀, Flügel dunkler, Schwanz mit mehr Weiß. Vgl. Nonnensteinschmätzer (S. 247). Ruf rauh, auch ein Pfiff. Gesang ähnlich dem des Steinschmätzers, oft im Balzflug. Bewohnt offenes Gelände mit Büschen und Bäumen. 14, 5 cm. △ (5)

♂
Oe. oe. seebohmi
♀
♂
STEINSCHMÄTZER
♀
♂
WÜSTEN-
STEINSCHMÄTZER
ISABELL-
STEINSCHMÄTZER
♀
♂
ROSTBÜRZEL-
STEINSCHMÄTZER
Oe. h.
melanoleuca ♂
♂
schwarzkehlige
Phase
♀
♂
MITTELMEER-
STEINSCHMÄTZER

1

SCHWARZRÜCKENSTEINSCHMÄTZER *Oenanthe lugens.* ♂ vom schwarzkehligen ♂ des Mittelmeersteinschmätzers (S. 245) durch schwarzen Rücken zu unterscheiden, ferner durch Ausdehnung des schwarzen Kehlflecks bis zu den Flügeln, vom Fahlbürzelsteinschmätzer durch weißen Bürzel und einfarbig schwarze Flügel, vom Nonnensteinschmätzer durch stets rein weiße Brust, aber isabellfarbene Unterschwanzdecken, von allen durch schmalen weißen Endsaum des Schwanzes (auf der Abb. nicht zu erkennen). ♀ der asiatischen Rassen wie ♂, ♀ der nordafrikanischen Rasse *Oe. l. halophila* oberseits fahl graubraun, Flügel dunkler, Kehle fahl graubraun bis schwarz. Ruf „tschäck, tschäck"; Gesang variabel. Bewohnt bergiges, steiniges Wüstengelände. 13,5 cm. (1)

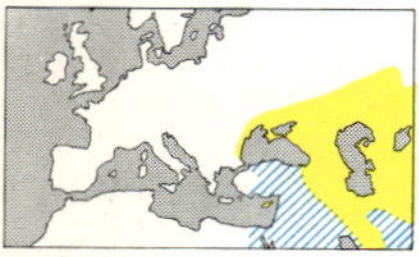

2

NONNENSTEINSCHMÄTZER *Oenanthe pleschanka.* Brust des ♂ im Herbstkleid (nicht abgebildet) rahmfarben, im Brutkleid weiß, dann sehr ähnlich Schwarzrückensteinschmätzer-♂ (Unterschiede s. dort); von schwarzkehligen Stücken des Mittelmeersteinschmätzers (S. 245) durch schwarzen Rücken unterschieden; vgl. auch Felsensteinschmätzer. ♀ ununterscheidbar vom ♀ des Mittelmeersteinschmätzers, auch dem des Steinschmätzers und des Isabellsteinschmätzers sehr ähnlich (s. S. 245). Ruft „tzäck". Gesang dem des Mittelmeersteinschmätzers ähnlich. Bewohnt offenes, steiniges Gelände mit Büschen, Berghänge, Flußufer, aber auch Kulturland und selbst Gärten. 14,5 cm. △ (2)

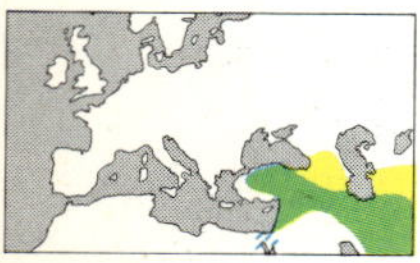

3

FELSENSTEINSCHMÄTZER *Oenanthe finschii.* ♂ oberseits weißlich, sehr ähnlich schwarzkehligen ♂ der östlichen Rasse des Mittelmeersteinschmätzers (S. 245) im Sommerkleid; im Herbst und Winter mit isabellfarbenem Oberkopf und Vorderrücken, stets durch die ausgedehntere, bis zu den Flügeln reichende schwarze Kehlzeichnung vom Mittelmeersteinschmätzer zu unterscheiden. ♀ schwer von anderen Steinschmätzer-♀ zu unterscheiden, Kehle hell oder schwärzlich, in der Hand von den ♀ aller in unserem Gebiet vorkommenden Arten, außer des durch ♀ mit rostfarbenem Oberkopf gekennzeichneten Fahlbürzelsteinschmätzers, dadurch verschieden, daß die 3. bis 6. Handschwinge (von außen gezählt) an der Außenfahne verengt ist (beim Nonnen- und Mittelmeersteinschmätzer 3. bis 5., beim Steinschmätzer und Isabellsteinschmätzer nur 3. und 4.). Lebt an kahlen felsigen und wüstenhaften Hängen und in Bergschluchten. 13,5 cm. (3)

4

FAHLBÜRZELSTEINSCHMÄTZER *Oenanthe moesta.* Groß, mit fahl rostfarbenem Bürzel und rostfarbener Schwanzwurzel; vgl. Rostbürzelsteinschmätzer (S. 245). Bis auf die Färbung von Bürzel und Schwanzwurzel am ähnlichsten dem Schwarzrückensteinschmätzer. ♀ mit rostfarbenem Oberkopf. Ansteigender, merkwürdig schwirrender Gesang, auch im Winter; ♂ und ♀ singen. Bewohnt wüstenhaftes Gelände mit Büschen. 16,5 cm (4)

5

KAPPENSTEINSCHMÄTZER *Oenanthe monacha.* ♂ schwarz-weiß, von allen ähnlichen Arten außer dem Saharasteinschmätzer durch bis zur Spitze weiße Seitenfedern des Schwanzes unterschieden, vom Saharasteinschmätzer durch weißen Unterkörper. Vgl. Schwarzrücken- und Nonnensteinschmätzer. Flug schmetterlingsartig. Bewohnt vegetationslose Schluchten und Wadis in der Wüste. Nicht häufig. 17 cm. (5)

STEINSCHMÄTZER
SCHWARZRÜCKEN-
STEINSCHMÄTZER
NONNENSTEINSCHMÄTZER
FELSEN-
STEINSCHMÄTZER
FAHLBÜRZEL-
STEINSCHMÄTZER
KAPPENSTEINSCHMÄTZER
21·VI·70

1

SAHARASTEINSCHMÄTZER (Weißbürzelsteinschmätzer), *Oenanthe leucopyga*. Ad. ♂ mit weißem Scheitel dem Kappensteinschmätzer-♂ ähnlich, aber mit schwarzem Unterkörper; ♀ und einjähriges ♂ dem Trauersteinschmätzer-♂ ähnlich, nur durch den seitlich bis zur Spitze weißen Schwanz zu unterscheiden. Gesang kurz und unauffällig. Ausgesprochener Wüstenbewohner, aber auch bei Häusern in Oasen. 17 cm. (1)

2

SCHWARZKOPFSTEINSCHMÄTZER *Oenanthe alboniger*. Einziger Steinschmätzer unseres Gebietes mit ganz schwarzem Kopf, aber bis zur Brust hinauf weißem Unterkörper. Nur zu verwechseln mit der schwarzköpfigen Phase des kleineren Elstersteinschmätzers *(Oe. picata)*, dessen Hauptareal östlicher liegt. ♀ wie ♂. Bewohnt felsige Schluchten und Bergtäler. 16,5 cm. (2)

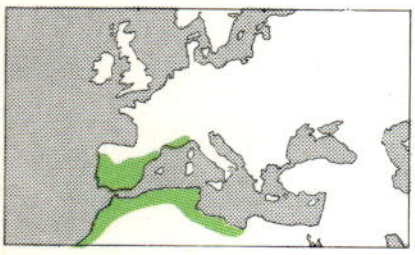

3

TRAUERSTEINSCHMÄTZER *Oenanthe leucura*. Groß; ♂ schwarz mit schwarzbraunen Schwingen, nur Bürzel, Unterschwanzdecken und seitliche Schwanzwurzel weiß; ♀ brauner. Vgl. ♀ und jüngere ♂ des Saharasteinschmätzers. Gesang abgehackt, mit einer Reihe wohlklingender Töne. Ruf „pih-pih-pih". Bewohnt felsiges Gelände in der Halbwüste, auch trockene Bergschluchten und die Meeresküste. 18 cm. (3)

4

SCHWARZSCHWANZ *Cercomela melanura*. ♂ grau, mit ständig wippendem schwarzem Schwanz; ♀ bräunlicher, Schwanz schwarz. Gesang ein wohlklingendes Gezwitscher. Bewohnt felsiges Halbwüstengelände. (4)

S c h l ü s s e l zur Bestimmung der Steinschmätzer s. S. 313.

Steinschmätzer-♂ mit schwarzen Kehlen

Oe. oe. seebohmi *Oe. hispanica* *Oe. deserti* *Oe. xanthoprymna* *Oe. moesta*

imm.
SAHARA-
STEINSCHMÄTZER
SCHWARZKOPF-
STEINSCHMÄTZER
♀
♂
TRAUERSTEINSCHMÄTZER
♀
♂
SCHWARZSCHWANZ
Oe. finschii
Oe. lugens
Oe. pleschanka
Oe. monacha
Oe. alboniger

Rotschwänze (Gattungen *Phoenicurus* und *Diplootocus*). Rotkehlchenähnlich, die meisten Arten gekennzeichnet durch zitternde oder schüttelnde Bewegungen des in unserem Gebiet stets rostroten Schwanzes. Junge gefleckt, außer beim Haus- und Riesenrotschwanz. Nehmen Insekten vom Erdboden, im Gezweige oder auch im Fluge auf. Höhlenbrüter.

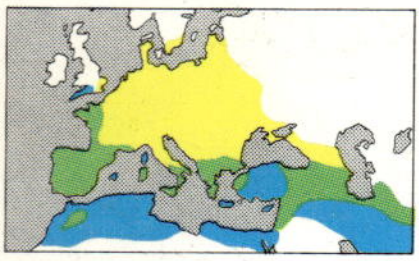
1

HAUSROTSCHWANZ *Phoenicurus ochruros*. Ad. ♂ mit schwarzem Vorderkörper und weißem Flügelfleck, vom Kaukasus (Rasse *Ph. o. ochruros*) und Syrien (*Ph. o. semirufus*) an ostwärts mit rostrotem Unterkörper. ♀, juv. und viele einjährige ♂ rauchgrau mit rostrotem Schwanz. Ruf „hid-tek-tek"; Gesang zweiteilig, gepreßt, „tîtitit, kschch-tîtiti". Singt schon sehr früh am Tage. Bewohnt felsige Berghänge, Ruinen und Gebäude, selbst inmitten großer Städte. 14 cm. ● (1)

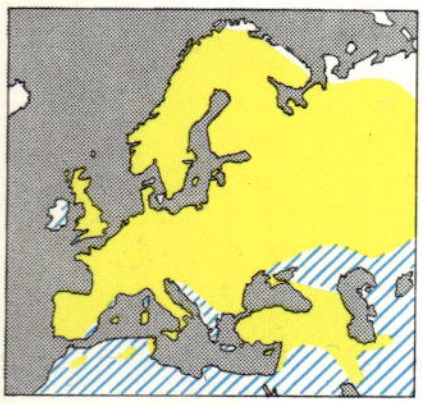
2

GARTENROTSCHWANZ *Phoenicurus phoenicurus*. ♂ auffallend bunt, in SW-Asien und auf der Krim (Rasse *Ph. ph. samamisicus*) mit weißem Flügelfleck; im Herbst mit hellen Federsäumen. ♀ bräunlicher als Hausrotschwanz-♀, unten heller. Ruft „füid" und „füid-tek-tek"; Gesang kurz, aber wohltönend, an Trauerschnäpper (S. 241) erinnernd, beginnt mit einem gezogenen höheren Ton, dem zwei oder drei kurze Töne folgen und dem ein kurzer Ton voraufgehen kann. Bewohnt Laub- und Mischwald, lichten Nadelwald, Parks, Anlagen, Alleen, Obstwiesen, Gärten u. dgl. 14 cm. ● (2)

3

RIESENROTSCHWANZ *Phoenicurus erythrogaster*. Größter Rotschwanz, ♂ leicht kenntlich an weißem Oberkopf, rostrotem Unterkörper und großem weißem Flügelfleck (östlich von unserem Gebiet der ähnliche Weißkopfschmätzer, *Chaimarrornis leucocephalus*, der aber schwarze Endbinde im Schwanz, keinen Flügelfleck und wie ♂ gefärbtes ♀ hat). ♀ wie großes Gartenrotschwanz-♀. Juv. ähnlich ♀, mit dunklen Federsäumen an Kehle und Brust. Bewohnt felsige Hänge im Hochgebirge. 18 cm. (3)

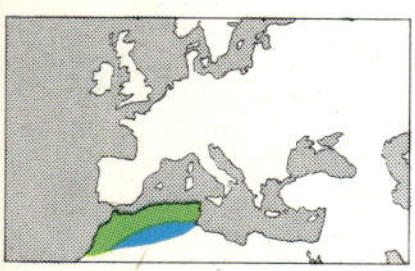
4

DIADEMROTSCHWANZ *Diplootocus moussieri*. Kleiner als andere Rotschwänze, ♂ leicht kenntlich am bis zum Hinterhals reichenden weißen Augenstreif, am großen weißen Flügelfleck und an der wie beim Sprosserrotschwanz rostroten Kehle. ♀ ähnlich Gartenrotschwanz-♀, aber kleiner. Erinnert im Verhalten sowohl an Rotschwänze wie an Schwarzkehlchen (S. 242). Ruf „zit zit krr" und „füid"; Gesang unbedeutend, mit gepreßten und wohlklingenden Tönen. Endemisch in Nordafrika; bewohnt dort Gebüsch, Waldränder und offenes, mit einzelnen Bäumen oder Büschen bestandenes Gelände. 12 cm. (4)

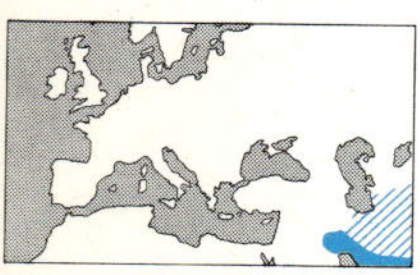
5

SPROSSERROTSCHWANZ *Phoenicurus erythronotus*. Seltener Durchzügler und Wintergast aus Innerasien in Transkaspien und im Iran. Groß; ♂ kenntlich an rotbraunem Rücken, weißer Flügelzeichnung und rostfarbener Kehle; ♀ graubraun. Ruf kurz und rauh, ähnlich dem von Nachtigall und Sprosser; Gesang schön und abwechslungsreich. 16 cm. (5)

♂
♀
♂
♀
HAUSROTSCHWANZ
GARTEN-
ROTSCHWANZ
♂
Winter
♂
♂
♂
Garten-
rot-
schwanz
Winter
Spanien, Portugal
Ph. o. aterrimus
Syrien, Palästina
Ph. o. semirufus
♂
juv.
♂
♂
♀
DIADEM-
ROT-
SCHWANZ
RIESEN-
ROTSCHWANZ
♀
♂
SPROSSERROTSCHWANZ

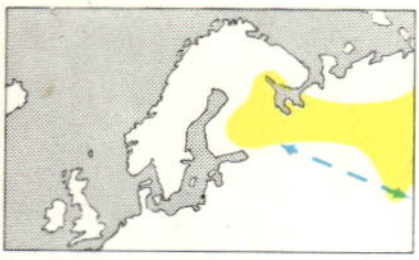

1

BLAUSCHWANZ *Tarsiger cyanurus.* Ad. ♂ gekennzeichnet durch blaue Oberseite (im Herbst mit bräunlichen Federrändern), lebhafter blauen (vor dem Auge weißen) Überaugenstreif und helle Unterseite mit rostfarbenen Flanken. Jüngere ♂ oft wie ♀. ♀ olivbraun mit matt blauem Bürzel und blau gesäumten Schwanzfedern; Flanken rostfarben. Juv. gefleckt, Verhalten erinnert an Fliegenschnäpper, Rotschwänze (Schwanzbewegungen) und Rotkehlchen. Ruft „füid“ und „tick tick“. Gesang, meist von Baumwipfeln aus vorgetragen, nicht laut, wie „trilih, trilih“. Bewohnt dichte, dunkle Nadelwälder mit viel Unterholz und Moosgrund. 14 cm. △ (1)

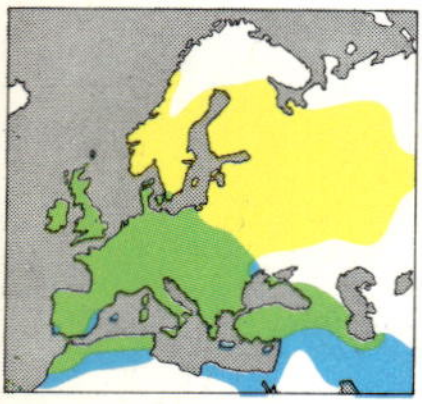

2

ROTKEHLCHEN *Erithacus rubecula.* Leicht zu erkennen an orangefarbener Stirn, Kehle und Brust und olivbrauner Oberseite. Juv. gefleckt, ohne orangerote Kehle usw., von jungen Rotschwänzen durch olivbraunen Schwanz unterschieden. Knickst wie Rotschwänze, zittert aber nicht mit dem Schwanz wie diese. Ruft „zick“, oft in schneller Folge („Schnickern“), bei Gefahr dünn „zieh“. Gesang von hohen, gepreßten Tönen zu melodischen, wehmütig klingenden Trillern abfallend, auch in der Morgen- und Abenddämmerung vorgetragen. Zutraulich. Allgemein auf den Britischen Inseln, vielerorts auch auf dem europäischen Kontinent in unmittelbarer Menschennähe in Hausgärten usw. brütend, anderswo nur im Winter bei Häusern; sonst in Laub-, Misch- und Nadelwäldern, vor allem in feuchten Mischwäldern, ferner in Gehölzen und Parkanlagen. 14 cm. ● (2)

3

RUBINKEHLCHEN *Luscinia (Calliope) calliope.* ♂ mit leuchtend hellroter Kehle, vom Rotkehlchen durch Farbton und viel geringere Ausdehnung des Rot und durch weiße Überaugen- und Bartstreifen unterschieden. ♀ mit weißer Kehle. Ruft „tack tiuit“. Gesang laut und schön, mehr an Grasmücken als an Nachtigall erinnernd; Schwanz wird beim Singen steil aufgestellt. Bewohnt Dickichte, besonders an Gewässern, und alte, unterholzreiche Nadelwälder. 14 cm. (3)

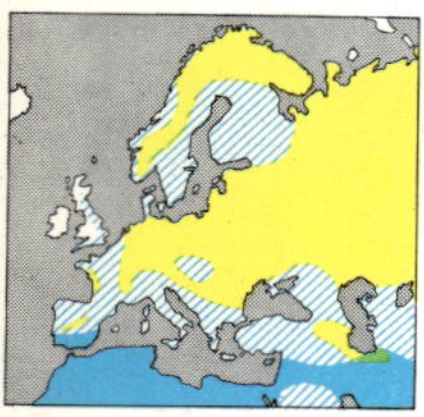

4

BLAUKEHLCHEN *Luscinia (Cyanosylvia) svecica.* Stets an der rostroten Schwanzwurzel zu erkennen; ad. stets mit schwarzem Brustband. ♂ im Brutkleid mit blauer Kehle, in deren Mitte bei den nord- und osteuropäischen Rassen *(L. s. svecica, L. s. pallidogularis)* ein rostroter, bei den südlichen (Spanien und Frankreich bis W-Rußland, Kaukasus und Iran: *L. s. cyanecula, L. s. magna*) ein weißer „Stern“ steht, der ausnahmsweise, in SW-Asien *(L. s. magna)* oft fehlt; in Mittel-Rußland die Mischrasse *L. s. volgae.* ♀ und Ruhekleid des ♂ s. auf der Abb. Ruft „hüit tack“. Gesang abwechslungsreich und mit Nachahmungen, etwas an Sumpfrohrsänger (S. 224) erinnernd, mit zögerndem „dip, dip, dip . . .“ eingeleitet. Bewohnt sumpfige Dickichte und buschreiche Ufer, auch Bergheiden, im Norden die Tundra; zur Zugzeit auch auf Feldern. 14 cm. ◐ (4)

Sommer *L. s. magna* — Sommer *L. s. svecica* — Winter *L. s. svecica* — Winter *L. s. svecica*

♀
BLAUSCHWANZ
♂
juv.
ad.
Gran Canaria, Teneriffa
E. r. superbus
ROTKEHLCHEN
♂
juv.
♀
RUBINKEHLCHEN
juv.
L. s. cyanecula
Sommer
♀
♂
Winter
♂
BLAUKEHLCHEN

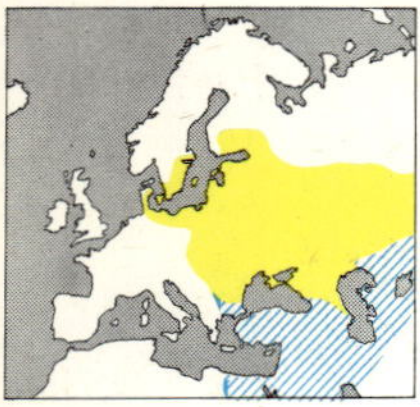

1

SPROSSER *Luscinia (Luscinia) luscinia.* Von der Nachtigall nur aus großer Nähe durch dunkel gewölkte Brust und weniger rötliche Oberseite zu unterscheiden, in der Hand dadurch, daß die äußerste Schwinge erheblich kürzer als die Handdecken (bei der Nachtigall so lang wie oder länger als diese) und die 4. Schwinge (von außen gezählt) nicht länger als die 2. ist. Stimme sehr ähnlich der der Nachtigall, aber Gesang ohne deren Crescendo-Strophen, oft härter und singdrosselartiger. Stärker als Nachtigall an feuchtes Gelände gebunden. 16,5 cm. ◑ (1)

2

Nachtigall, juv.

NACHTIGALL *Luscinia (Luscinia) megarhynchos.* Hochbeinig, oben braun mit rotbraunem Schwanz; Flügel oft hängend getragen; bewegt sich auf dem Erdboden in großen Sprüngen. Vgl. Sprosser. Juv. gefleckt, wie übergroßes junges Rotkehlchen (S. 253) mit rotbraunem Schwanz. Ruft „huit", „tack" und bei Alarm tief und rauh „karr". Gesang nur mit dem des Sprossers (s. O.) zu verwechseln, laut, strophenreich und wohltönend, mit anschwellenden „dü"-Reihen (Crescendo-Strophen) und harten Schmettertouren, sowohl am Tage wie in der Nacht zu hören, meist aus dem Gebüsch oder von niedrigen Baumästen, im Süden auch von offeneren Warten aus vorgetragen. Bewohnt dichte Laubwälder, besonders solche in feuchtem Gelände, Ufergebüsch, größere, nicht zu trockene Feldgehölze mit dichtem Unterholz, buschreiche Parkanlagen und verwilderte Gärten. In Mitteleuropa hauptsächlich in Höhenlagen unter 300–400 m, im Süden des Verbreitungsgebietes auch hoch im Gebirge. 16,5 cm. ● (2)

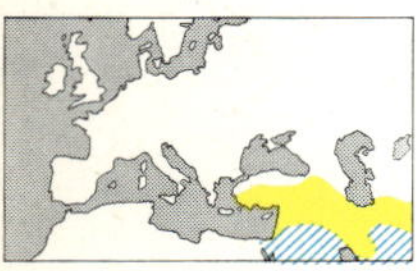

3

WEISSKEHLSÄNGER *Irania gutturalis.* ♂ leicht kenntlich durch weißen Überaugenstreif, schwarze Wangen, weiße Kehle, rostfarbene Unterseite und schwarzen Schwanz. ♀ ähnlich Nachtigall, grauer, mit schwarzem Schwanz. Juv. gefleckt. Ruf „teck", auch ein nachtigallenartiges Schnarren. Gesang, häufig im Balzflug vorgetragen, laut, eine schnelle Folge wohlklingender und rauherer Töne. Schwanz wird oft gestelzt. Bewohnt felsiges Gelände mit Buschwerk und einzelnen Bäumen, meist im Gebüsch versteckt wie andere Nachtigallenverwandte, zuweilen aber frei auf Felsen sitzend. 16,5 cm. (3)

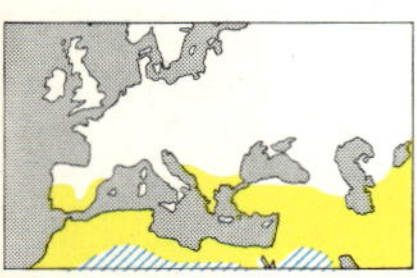

4

HECKENSÄNGER *Cercotrichas galactotes.* Vertritt eine hauptsächlich afrikanische, zwischen Drosselartigen und Grasmücken in der Mitte stehende Gruppe. Gekennzeichnet durch langen, stufigen, rostroten Schwanz mit auffälliger schwarz-weißer Endbinde, der ständig gefächert und bewegt wird. Westliche Rasse *(C.g. galactotes)* mit größtenteils rostbrauner Oberseite, östliche Rassen *(C.g. syriacus, C.g. familiaris)* oberseits grauer, nur Bürzel und Schwanz rostfarben. Ruft hart „teck, teck". Gesang wohlklingend, lerchenartig, aber abgehackt, von auffälliger Warte oder in schmetterlingsartigem Balzflug vorgetragen. Bewohnt Buschwerk, Gärten, Obst- und Olivenpflanzungen, Kaktushecken, aber auch Oasen, Wadis und halbwüstenhaftes Gelände mit einzelnen Büschen und Bäumen. 15 cm. △ (4)

SPROSSER
NACHTIGALL
♀
juv.
♂
WEISSKEHL-
SÄNGER
Singflug
C. g. galactotes
C. g. syriacus
HECKENSÄNGER

Drosseln (Gattung *Turdus* und verwandte Gattungen). Mittelgroße Singvögel mit ziemlich schlankem Schnabel, der zum Erwerb ihrer Hauptnahrung – Regenwürmer, Mollusken und andere Wirbellose, im Herbst Beeren – geeignet ist. Junge gefleckt. Nest in Büschen oder Bäumen. Abgrenzung der Gattungen problematisch.

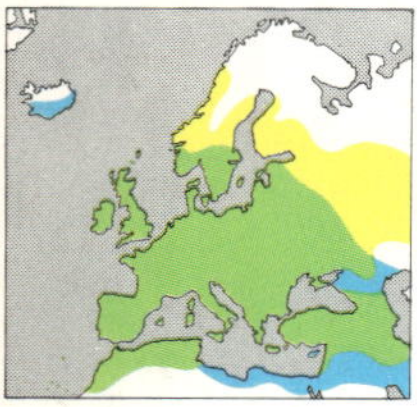
1

AMSEL *Turdus merula.* Einer der häufigsten Vögel des Gebietes. ♂ ad. mattschwarz mit orangegelbem Schnabel; der etwas kleinere Star (S. 303) hat schillerndes, mehr oder weniger hell geflecktes Gefieder, viel kürzeren Schwanz und andere Bewegungen sowohl am Erdboden wie in der Luft. ♀ oben dunkelbraun, unten heller und schwach gefleckt; juv. ähnlich, aber rötlicher braun, oberseits gelblich gefleckt. Häufig weiß gescheckte (teilalbinotische) Stücke. Vielfältige Rufe: „tschuck" oder „dack", „tschink tschink" oder „tix tix"; aufgescheuchte Amseln lassen schrilles Zetern hören; Angstruf dünn „sieh". Gesang getragen, feierlich flötend, die einzelnen Motive nicht wie bei Sing- und Misteldrossel (S. 259) mehrfach wiederholt. Flug wirkt etwas unbeholfen; nach dem Landen wird der Schwanz langsam auf und ab geschlagen; läuft und hüpft am Erdboden. Bewohnte ursprünglich Laub- und Nadelwälder, jetzt in allen Gehölzen, Parkanlagen, Obstpflanzungen, Gärten; in W- und Mittel-Europa einer der häufigsten Dorf- und Stadtvögel. 25 cm. ● (1)

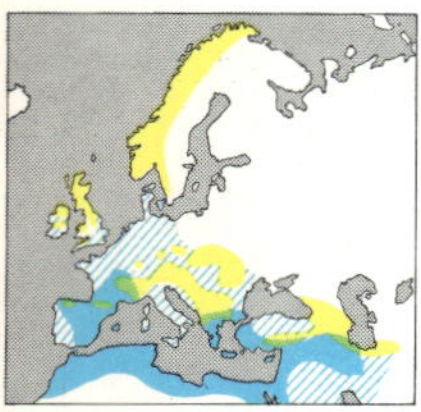
2

RINGDROSSEL *Turdus torquatus.* Von der Amsel durch weißes Brustschild und hellen Flügelfleck (letzterer besonders deutlich bei den süd- und mitteleuropäischen bzw. asiatischen Rassen *T. t. alpestris und T. t. amicorum),* durch Flügelfleck meist auch von teilalbinotischen Amseln zu unterscheiden; durch hellere Federsäume etwas schuppig wirkend (bes. die beiden südlichen Rassen). Juv. ohne Brustschild. Ruft amselartig „tack, tack, tack"; Gesang abgehackt, aus mehrfach wiederholten zwei- und dreisilbigen Rufen bestehend, zwischen die quarrende Laute eingestreut sind. Bewohnt Nadelwälder, Knieholz und Moore höherer Gebirge. 24 cm. ◑ (2)

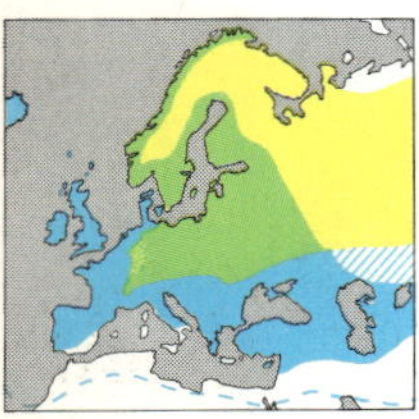
3

WACHOLDERDROSSEL (Krammetsvogel) *Turdus pilaris.* Kenntlich am bunten Gefieder. Wellenförmiger Flug mit Aufleuchten der weißen Flügelunterseite ähnelt dem der Misteldrossel (S. 259); bestes Kennzeichen des fliegenden Vogels der Ruf „tschack-tschack-tschack". Gesang unbedeutend. Rastende Durchzügler schwatzen im Chor. Bewohnt lichte Birkenwälder, Pappelbestände u. dgl., auch Nadelwald, Obstpflanzungen und Parkanlagen; seit langem in stetiger Ausbreitung nach Westen. 25,5 cm. ● (3)

4

SCHWARZKEHLDROSSEL *Turdus ruficollis atrogularis.* Die westliche Rasse der **Bechsteindrossel,** *T. ruficollis;* östliche Rasse (Rotkehldrossel) auf S. 260. ♂ grau mit schwarzer Kehle und weißem Unterkörper. ♀ mit weißer Kehle; s. Abb. Flügelunterseite bei ♂ und ♀ rostfarben. Rufe amselähnlich; Gesang unbedeutend. Bewohnt Laub-, Misch- und Nadelwälder; auf dem Zuge auch im Kulturland. 23,5 cm. △ (4)

Teilalbino
♂
♀
AMSEL
♀
♂
RINGDROSSEL
WACHOLDERDROSSEL
♀
♂
SCHWARZKEHLDROSSEL

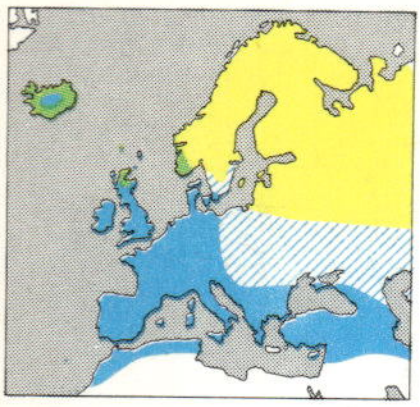

1

ROTDROSSEL *Turdus iliacus.* Die kleinste der häufigeren Drosseln unseres Gebietes, von der ähnlichen Singdrossel durch auffälligen hellen Überaugenstreif und rotbraune Körperseiten und Unterflügeldecken unterschieden; Unterseitenfleckung streifiger. Flugruf (oft nachts von überhin ziehenden Trupps zu hören) durchdringend „zieh"; weitere Rufe „djück" und „tschittak"; rastende Flüge schwatzen wie Wacholderdrosseln (S. 257). Gesang lokal verschieden, meist abfallende Tonreihe wie „trü-trü-trü-trü-tri". Bewohnt Birken-, Misch- und Nadelwälder des Nordens, auch Gebüsch am Rande der Tundra, in Skandinavien auch Gärten; auf dem Zuge und im Winterquartier in Wäldern und Kulturland. 21 cm. ○ (1)

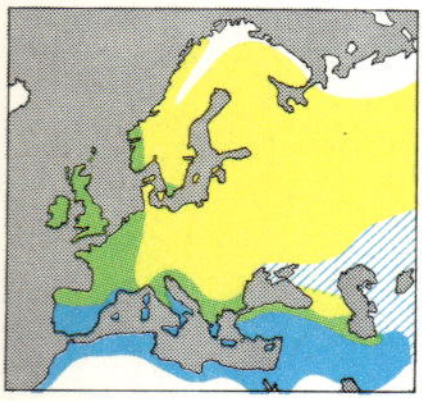

2

SINGDROSSEL *Turdus philomelos.* Von der etwas kleineren Rotdrossel durch Fehlen eines deutlichen Überaugenstreifs und durch ockergelbliche Unterflügeldecken, von der größeren Misteldrossel durch dunklere, braunere Oberseite, die Farbe der Unterflügeldecken und weniger grobe Unterseitenfleckung unterschieden. Rufe „zipp" und „dack"; Alarmzetern wie bei der Amsel (s. S. 256), aber weniger laut und gellend. Gesang laut und schön, eine Folge jeweils mehrmals wiederholter ein- oder mehrsilbiger Flötenrufe („Judith, Judith", „Kühedieb, Kühedieb" usw.). Flug geradlinig. Bewohnt Wälder aller Art, größere Gehölze, Parkanlagen, in W- und Mittel-Europa vielfach auch baumreiche Gärten in und bei Städten. 23 cm. ● (2)

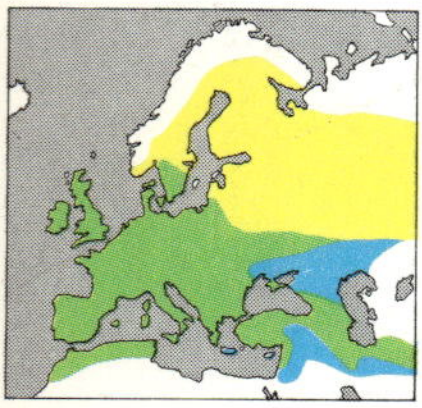

3

MISTELDROSSEL *Turdus viscivorus.* Ähnlich der Singdrossel, aber größer, grauer, mit gröberer Fleckung und weißer Flügelunterseite (vgl. Wacholderdrossel, S. 257). Ruft abweichend von allen anderen Drosseln unseres Gebietes, außer der Erddrossel, „schnärrr", wie wenn man einen Kamm über Holz streicht. Gesang laut, zwischen dem von Amsel und Singdrossel liegend, wie bei letzterer aus mehrfach wiederholten Rufen bestehend, deren Klangfarbe und Vortrag aber mehr amselartig und etwas schwermütig wirken. Flug leicht wellenförmig, wie der der Wacholderdrossel (S. 256). Ursprünglich Bewohner größerer Misch- und Nadelwälder, auch in Laubhochwäldern, jetzt in W-Europa einschließlich der ebenen Gebiete W- und NW-Deutschlands auch in kleineren Gehölzen und, selbst in der baumarmen Bördenlandschaft, bei Höfen und Dörfern, sofern dort in Gärten od. dgl. höhere Bäume vorhanden sind, und am Stadtrand. 27 cm. ● (3)

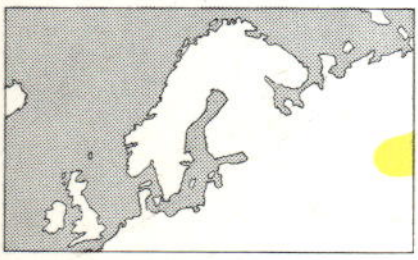

4

ERDDROSSEL *Zoothera dauma.* Vereinzelter Brutvogel in O-Rußland, sonst in unserem Gebiet nur als Irrgast. Über N-, O- und S-Asien bis Australien verbreitet. Ähnlich der oberseits gefleckten jungen Misteldrossel, durch goldbraune Grundfarbe, die Halbmondflecke und die Flügelzeichnung unterschieden. Groß. Flug wellenförmig. Ruf schnärrend wie Misteldrossel, auch dünn „zieh"; Gesang (der nordasiatischen Rasse *Z. d. aurea*) zwei laute, sehr verschieden hohe Flötentöne. Scheu. Lebt in dichten Wäldern. Bewegt sich auf dem Boden laufend. 27 cm. △ (4)

ROTDROSSEL
SINGDROSSEL
MISTELDROSSEL
ERDDROSSEL

WEISSBRAUENDROSSEL
Turdus obscurus
Nadelwälder O-Sibiriens. Ruft „zieh" und „tack, tack". Gesang kurz, eintönig. △

WANDERDROSSEL
Turdus migratorius
Nordamerika („Robin"). Lebt dort wie unsere Amsel. Rufe amselähnlich, Gesang aus 2- oder 3silbigen Motiven („cheerily, cheery") bestehend. △

NAUMANNDROSSEL
Turdus naumanni
O- u. Mittel-Sibirien. Vorn südl. Rasse *T. n. naumanni*, hinten nördl. Rasse *T. n. eunomus*. △

ROTKEHLDROSSEL
Turdus ruficollis ruficollis
O-Sibirien. S. Schwarzkehldrossel (S. 257). △

Erddrossel

Misteldrossel

Singdrossel

Rotdrossel

Die auf den Seiten 260 und 261 abgebildeten Drosseln erscheinen in unserem Gebiet nur als seltene Gäste, sei es aus Nordasien oder aus Nordamerika. Sie wurden meist im Herbst gefunden und vor allem auf Helgoland und den Britischen Inseln, jedoch keine dieser Drosseln in Europa öfter als etwa 20mal. Zum Vergleich sind unten andere Arten abgebildet.

GRAUWANGENDROSSEL
Turdus minimus
NO-Sibirien u. nördl. N-Amerika. 17 cm. △

ZWERGDROSSEL
Turdus ustulatus
Nördl. N-Amerika u. Kalifornien. Heller Augenring! 17 cm. △

♀

♂

SIBIRISCHE DROSSEL
(Schieferdrossel)
Cryptocichla sibirica
Mittel- u. O-Sibirien, Japan. In Dikkichten an Gewässern. △

Wacholderdrossel | Schwarzkehldrossel | Ringdrossel | Amsel

TIMALIEN: *Timaliidae.* Eine artenreiche, hauptsächlich südasiatische Familie, in unserem Gebiet nur vertreten durch vier Arten der Droßlinge (Gattung *Turdoides*), die braun oder bräunlich gefiedert sind und oberflächlich Drosseln ähneln, jedoch rundere, locker getragene Flügel und langen, stufigen Schwanz besitzen. ♀ wie ♂ gefärbt. Lärmende, bewegliche, aber schlecht fliegende Buschbewohner, fast stets in Gesellschaften, die, einer nach dem anderen, von Busch zu Busch oder von Baum zu Baum fliegen.

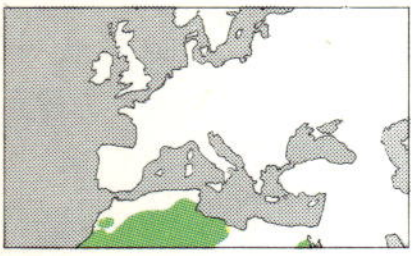

1

AKAZIENDROSSLING *Turdoides fulvus.* Einziger Droßling Nordafrikas. Groß, gelblichbraun, unterseits heller; erinnert an hellbraune Amsel (S. 257) mit längerem Schwanz und leicht gebogenem Schnabel. Bewohnt den Dornbusch der Halbwüste und des Wüstenrandes, besonders Akazien; auch in Oasen. 25 cm. (1)

2

GRAUDROSSLING *Turdoides squamiceps.* Graubraun, Oberkopf schwarz gefleckt, Stirnfedern steif und schuppig. Sehr gesellig, bis zu 2 Dutzend Vögel in einem Flug, die abends seltsame „Tänze" ausführen, bei denen sie den Schwanz stelzen und von einer Seite zur anderen bewegen. Neugierig; die Vögel nehmen jeden auffallenden Gegenstand in Augenschein und testen ihn mit dem Schnabel, was kleinen Lebewesen meist nicht gut bekommt. Vor allem im Akazienbusch. 26,5 cm. (2)

3

LANGSCHWANZDROSSLING *Turdoides caudatus.* Kleiner als der ähnliche Graudroßling, mit dunkel gestrichelter Oberseite und normaler, nicht schuppigsteifer Stirnbefiederung, bräunlicher; ähnlich auch einer kleinen, langschwänzigen Misteldrossel (S. 259) ohne Unterseitenfleckung. Juv. nicht so streifig. Hüpft auf dem Boden ruckweise mit hängendem Schwanz und nervös zuckenden Flügeln; erinnert an einen kleinen Fasan. Ruft „qui-qui-qui-ri-ri-ri-ri-ri"; Gesellschaften schwatzen im Chor. Bewohnt trockenes Buschgelände, aber auch Gärten. 23 cm. (3)

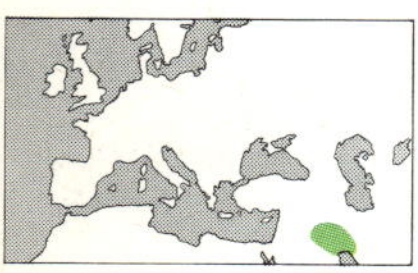

4

RIEDDROSSLING *Turdoides altirostris.* Kleiner als Langschwanzdroßling, ferner von diesem unterschieden durch kürzeren, höheren, stärker gebogenen Schnabel, feiner gestreifte Oberseite, ganz ungestreifte Unterseite und dunklere Füße. Juv. sehr verschieden durch blassere Oberseite, gelbbräunliche Kopfseiten und ungestreifte, gelbbräunliche Unterseite mit weißer Kehle und weißem Hinterbauch. Auf Schilfbestände, Palmenhaine und Kulturland in S-Irak und im angrenzenden SW-Iran beschränkt. 22 cm. (4)

AKAZIENDROSSLING
GRAUDROSSLING
LANGSCHWANZ-
DROSSLING
RIEDDROSSLING

PAPAGEISCHNÄBEL: *Paradoxornithidae*

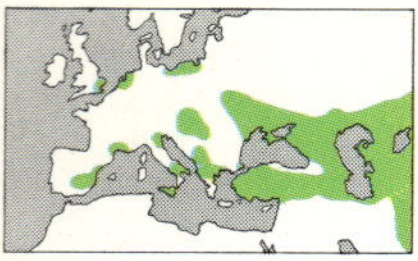
1

BARTMEISE *Panurus biarmicus.* Der einzige kleine Schilfvogel mit langem Schwanz. Vorherrschend gelbbräunlich; ♂ leicht kenntlich durch hellgrauen Kopf mit schwarzem „Bart“ und durch schwarze Unterschwanzdecken; schwarz-weiße Flügelzeichnung auch beim ♀, dessen Gefieder sonst alles Schwarz fehlt. Schnabel gelb, Füße schwarz. Juv. braun mit weißlicher Kehle und schwarzem Rücken. Ruft „ping-ping“, schnurrend „tschirrr“ und rohrammerartig „dschün“. Flug schlecht. Napfförmiges Nest am Grunde des Schilfwaldes. Auf große Schilfbestände beschränkt. 16,5 cm. (1)

SCHWANZMEISEN: *Aegithalidae*

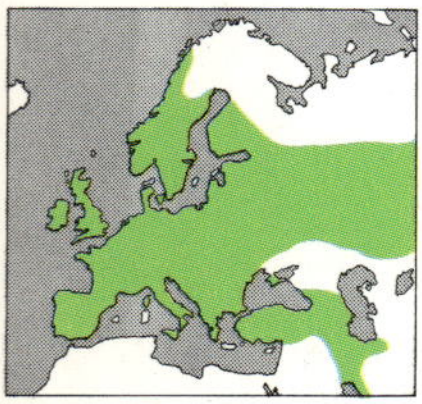
2

SCHWANZMEISE *Aegithalos caudatus.* Klein, rundlich und kurzschnäbelig mit langem Schwanz („Pfannenstielchen“), schwarz, weiß und rosa. Nord- und osteuropäische Rasse *(Ae. c. caudatus)* mit rein weißem Kopf, südliche Rassen (9, davon 7 in unserem Gebiet) mit grauem Rücken, schwarzem oder braunem Kopfseitenstreif; west- und mitteleuropäische (einschl. SO-Europa; *Ae. c. europaeus, Ae. c. rosaceus* und 5 andere; 3 ähnliche in O-Asien) wie Abb. Juv. stets mit Kopfstreif. Ruft „tserrrp“ und „si-si-si“; Gesang leise und unbedeutend. Bewohnt Laub- und Mischwälder, auch Parkanlagen u. dgl. Baut kunstvolles, eiförmiges Nest aus Moos, Spinnweben usw. 14 cm. ● (2)

BEUTELMEISEN: *Remizidae*

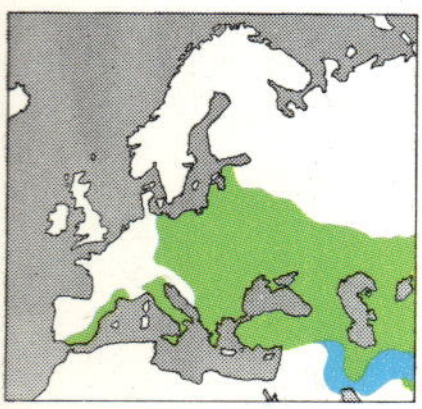
3

BEUTELMEISE *Remiz pendulinus.* Klein, hell grau und braun mit rotbraunem Vorderrücken und nach Rassen variabler schwarzer Kopfzeichnung; Rasse *R. p. caspius* (Kaukasus bis Uralfluß) mit rotbraunem Oberkopf. Juv. ohne Schwarz und Rotbraun. Ruft rohrammerartig „sih“ und leise „si-si-si“. Bewohnt Dickichte in Sümpfen, an Gewässern, Deichen usw., streckenweise auch Schilfbestände. Baut kunstvolle Beutelnester. 11 cm. ◑ (3)

● NEKTARVÖGEL: *Nectariniidae.*

Das altweltliche Gegenstück zu den (nicht verwandten) amerikanischen Kolibris; hauptsächlich in Afrika und Süd-Asien. Bunt schillernde Nektarsauger und Insektenfresser, viele mit langem, gebogenem Schnabel.

4

JERICHONEKTARVOGEL *Nectarinia osea.* ♂ im Brutkleid oben schillernd dunkelgrün, mit violetter Stirn, blau schillernder Kehle und orange und gelb gefärbten Federbüscheln an den Brustseiten. ♀ oben braungrau, unten weißlich. ♂ im Ruhekleid ähnlich ♀, aber mit grün schillernden Flügeldecken. Bewohnt trockenes Grasland mit Akazien oder anderen Büschen und Bäumen. Hängendes, flaschenförmiges Nest gewöhnlich in einem Dornbusch. 11 cm. (4)

5

ERZNEKTARVOGEL *Anthreptes (Hedydipna) platurus.* Kleiner als Jerichonektarvogel und mit kürzerem Schnabel. ♂ im Brutkleid mit sehr verlängerten mittleren Schwanzfedern. Bei der Rasse unseres Gebietes (*A. p. metallicus*) grüne Kehle unten meist violett begrenzt (auf Abb. nicht zu sehen). ♂ im Ruhekleid und ♀ kurzschwänzig, erinnern an Laubsänger (S. 237); ♂ bei der Mauser ins Brutkleid zunächst mit metallischem Kehlfleck. Bewohnt trockenen Busch, Grasland und Gärten. 10–15 cm. (5)

SCHWANZMEISE
Rasse
Ae. c. europaeus
Kaukasus
Ae. c. major
N- u. O-Europa
Ae. c. caudatus
♂
♀
BARTMEISE
ad.
BEUTELMEISE
Kaukasus
R. p. caspius
juv.
♂
JERICHO-
NEKTARVOGEL
♀
♂
Brutkleid
♀
in der Mauser
♂
ERZ-
NEKTARVOGEL

MEISEN: *Paridae.* Kleine, lebhafte, ziemlich kurzschnäbelige Insektenfresser, im Winter viele auch Körnerfresser, dann oft in lockeren Flügen; einige Arten häufig in Gärten. Keine Färbungsunterschiede nach Jahreszeit oder Geschlechtern. Höhlenbrüter. Drohen gegen Nestfeinde mit zischenden Lauten.

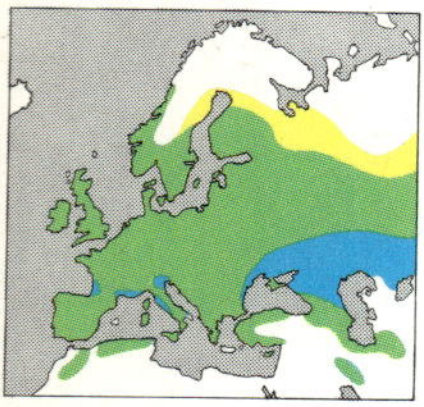

1

TANNENMEISE *Parus ater.* Eine der kleineren Meisenarten, leicht kenntlich am großen weißen oder (irische und algerisch-tunesische Rasse; alle juv.) gelblichen, schwarz eingefaßten Nackenfleck und schwarzen Oberkopf; sonst ähnlich Kohlmeise, aber ohne schwarzen Längsstreif auf der Unterseite. Bei der irischen Rasse, *P. a. hibernicus,* sind die bei englischen (*P. a. britannicus*) und kontinental-europäischen (*P. a. ater, P. ater abietum* u. a.) Tannenmeisen weißen Gefiederteile gelblich, bei der Rasse *P. a. ledouci* (Algerien und Tunesien) lebhaft gelb; die Rassen von Cypern (*P. a. cypriotes*), vom Kaukasus (*P. a. michalowskii*) und Iran (*P. a. phaeonotus* u. a.) haben braunen Rücken, bräunlichen Unterkörper. Ruft „dih" und leise „si-si", singt kohlmeisenartig, aber mit dünnerer Stimme „wize-wize-wize" und ähnl.; nordafrikanische Tannenmeisen rufen auch haubenmeisenartig „gürrr". Bewohnt Nadelwälder, auch Mischwälder und im Süden Korkeichenwälder u. dgl.; auf dem Zuge auch in Gärten, wo gelegentlich (auf den Britischen Inseln regelmäßig) auch brütend. 11,5 cm.

● (17)

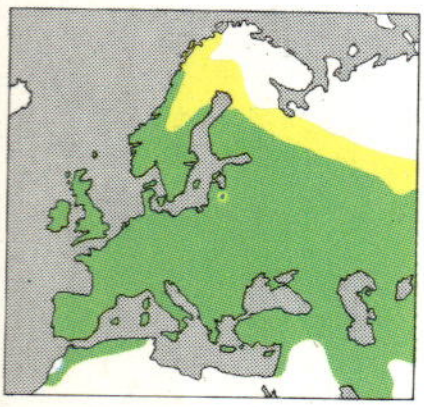

2

KOHLMEISE *Parus major.* Eine große Meise, kenntlich am schwarz-weißen Kopf und am schwarzen Längsband über die in unserem Gebiet gelbe oder (bei *P. m. aphrodite* von Cypern und einigen anderen südlichen Rassen) doch gelbliche Unterseite. Juv. bräunlich statt schwarz, Kopfseiten gelblich. Stimme äußerst vielfältig, u. a. buchfinkenartig „pink, pink", laubsängerartig „ti-vüid" und blaumeisenartig zeternd „trärretetet". Gesang („Läuten") laut „zizibäh, zizibäh, zizibäh" oder „spinn' dicke, spinn' dicke . . ." oder ähnlich. Häufig in Wäldern, Parkanlagen, Gärten und überall, wo Bäume stehen. 14 cm.

● (2)

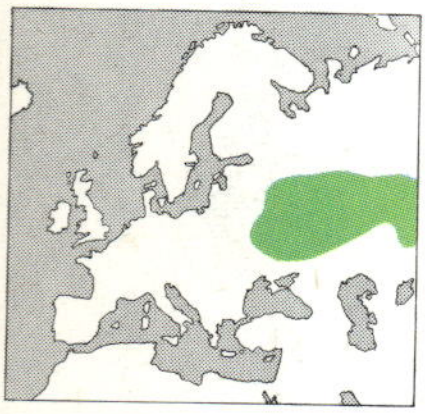

3

LASURMEISE *Parus cyanus.* Von S-Sibirien und Inner-Asien, wo sie die Blaumeise vertritt, bis Mittel-Rußland, wo sie sich gelegentlich (früher häufiger) mit dieser vermischt. Größer, langschwänziger als Blaumeise, in unserem Gebiet ohne alles Gelb. Ruft schwanzmeisenartig „tsirr", bei Alarm „tscher-pink". Bewohnt Birkenwälder, Auwälder und Weidicht. 13 cm.

△ (3)

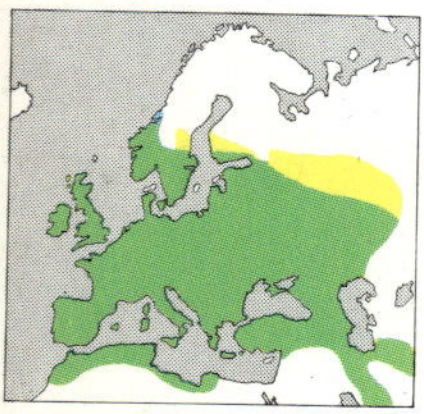

4

BLAUMEISE *Parus caeruleus.* Einziger Kleinvogel des Gebietes mit vorwiegend blau-gelbem Gefieder und weißen Kopfseiten, die bei juv. gelblich sind; Unterkörpermitte mit schwarzem Fleck. Kanarisch-nordafrikanische Rassen dunkler blau, mit grünem (*P. c. ombriosus* von Hierro) oder grauem Rücken (*P. c. palmensis* von La Palma, *P. c. teneriffae* von Teneriffa, Gran Canaria und Gomera, *P. c. ultramarinus* von N-Afrika u. a.). Ruft „si, si" und zeternd „zerretetet"; Gesang: „zizizirrrrrr", zuweilen im Balzflug. Bewohnt Laub- und Mischwälder, Parkanlagen, Alleen, Gärten usw. 11,5 cm.

● (4)

MEISEN
ad.
juv.
ad.
ad.
TANNENMEISE
Cypern
P. a. cypriotes
Algerien
Tunesien
P. a. ledouci
juv.
Cypern
P. m. aphrodite
KOHLMEISE
LASURMEISE
BLAUMEISE
Hierro
P. c. ombriosus
Palma
P. c. palmensis
Gomera, Teneriffa,
Gran Canaria
P. c. teneriffae
N-Afrika
P. c. ultramarinus

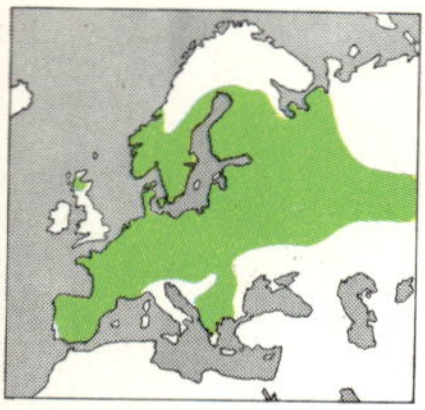

1

HAUBENMEISE *Parus cristatus.* In unserem Gebiet die einzige Meisenart mit Kopfhaube (Tannenmeisen sträuben zuweilen die Scheitelfedern etwas haubenartig). Flügel ohne helle Binden; charakteristische Kopfzeichnung (s. Abb.). Ruf ein lockeres „gür-r-r" und ein leises „sisi". Bewohnt Nadelwälder, hier und da auch Mischwälder, Parkanlagen mit Nadelhölzern und sogar Buchen-, im Süden auch Korkeichenwälder. 11,5 cm. ● (1)

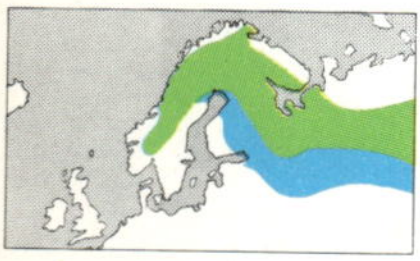

2

LAPPLANDMEISE *Parus cinctus.* Das nordische Gegenstück der Trauermeise, wie diese einer übergroßen Weidenmeise ähnlich, aber mit viel braunerem Oberkopf und dünnerem Schnabel. Rufe weidenmeisenartig. Bewohnt Birken-, Misch- und Nadelwälder des hohen Nordens. (2)

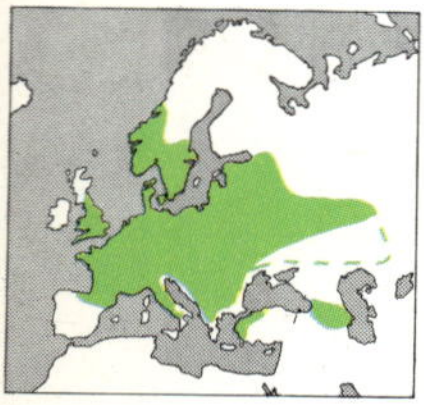

3

SUMPFMEISE *Parus palustris.* Sumpf- und Weidenmeise sind kleine, bräunliche Meisen mit schwarzem Oberkopf und schwarzem Kehlfleck, voneinander am besten durch die Stimme zu unterscheiden. Im Gegensatz zur Weidenmeise hat die ad. Sumpfmeise (nicht die juv.!) einen glänzend schwarzen (nicht matt schwarzen) Oberkopf und kein helles Feld auf dem Flügel in der Gegend der Armschwingen. Ruft „pistjä" und (oft im Anschluß daran) schnell und zeternd „dededede". Gesang klappernd „zjezjezjezje . . .", ähnlich Klappergrasmücke (s. S. 230), aber weniger hart. Bewohnt Laubwälder und Parks, auch baumreiche Gärten; zeigt keine besondere Vorliebe für Sümpfe. 11,5 cm. ● (3)

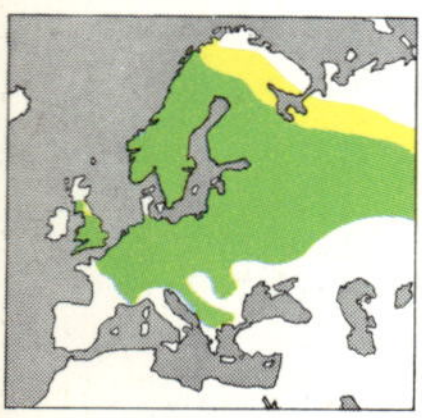

4

WEIDENMEISE *Parus montanus.* Vielleicht nicht artlich verschieden von der nordamerikanischen Schwarzkopfmeise und dann unter dem Namen *P. atricapillus* zu führen. Von der sehr ähnlichen Sumpfmeise durch stets matt (nicht glänzend) schwarzen Oberkopf und ein nicht immer deutliches helles Feld im Flügel (helle Armschwingsäume), im Feld jedoch sicher nur durch die Stimme zu unterscheiden: Ruf ein breites, gedämpftes „däh, däh, däh", oft mit voraufgehendem „sisi", auch ein sumpfmeisenartiges „pist", aber ohne nachfolgendes Zetern; Gesang pfeifend, nach Rassen verschieden, bei der Weidenmeise des Alpengebietes (*P. m. montanus*) eine Reihe gleichbleibender Pfeiftöne, „dihdihdihdih . . .", in W- und Mittel-Europa (Rassen *P. m. rhenanus, P. m. salicarius* u. a.), absinkende Töne, wie „zjih-zjih-zjih-zjih-zjih"; außerdem noch kurze Strophen mit gepreßten und klappernden Tönen, die wiederum an Sumpfmeise erinnern. Bewohnt Laub-, Misch- und Nadelwälder, Auwälder, vor allem Bestände mit Birken und anderen Weichhölzern, da die Weidenmeise sich im Gegensatz zu verwandten Arten die Bruthöhle selbst zimmert; auch in baumreichen Gärten und Anlagen. 11,5 cm. ● (4)

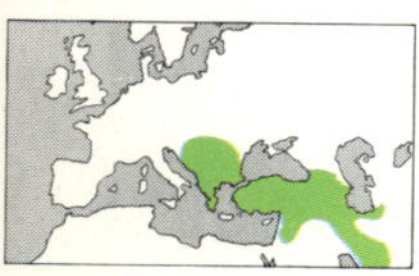

5

TRAUERMEISE *Parus lugubris.* Wie eine übergroße Weidenmeise mit kräftigem Schnabel und großem schwarzem Kehlfleck. Oberkopf schwarzbraun. Vgl. Lapplandmeise. Bei der kleinasiatischen Rasse *P. l. anatoliae* ist der Oberkopf schwärzer. Ruft „sisi törr"; Gesang eine Reihe gleichhoher Töne. Bewohnt bewaldetes Bergland. 14 cm. (5)

HAUBENMEISE
LAPPLAND-
MEISE
SUMPFMEISE
WEIDENMEISE
N-Skandinavien
P. m. loennbergi
S-Skandinavien
Mittel-Rußland
P. m. borealis
TRAUERMEISE
Kleinasien
P. l. anatoliae

SPECHTMEISEN: *Sittidae.*

Kleine, kurzschwänzige, an Bäumen oder Felsen kletternde Vögel. Geschlechter gleich oder ähnlich gefärbt. Die einzigen Vögel in unserem Gebiet, die regelmäßig auch kopfabwärts an Baumstämmen klettern. Nahrung Insekten, Sämereien, Nüsse usw.; größere Futterbrocken werden in Rindenspalten geklemmt und mit dem Schnabel bearbeitet. Höhlenbrüter.

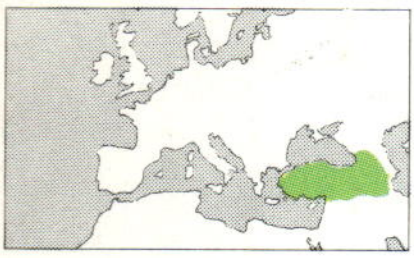
1

TÜRKENKLEIBER *Sitta krueperi.* Ähnlich dem Korsenkleiber, aber mit rotbraunem Brustband; ♀ oft mit weniger Schwarz am Oberkopf. Ruft weich „duid", ferner ein klares „qui, qui, qui, qui, qui . . ." und ein rauhes „schwih". Bewohnt Nadelwälder von Kleinasien bis zum Kaukasus; bildet mit dem Korsenkleiber und Arten in Ostasien und Nordamerika einen relikthaft verbreiteten Artenkreis. 12,5 cm. (1)

KORSENKLEIBER *Sitta whiteheadi.* Wie ein kleiner, unterseits blasser Kleiber mit weißem Überaugenstreif und beim ♂ schwarzem Oberkopf. Stimme der des Türkenkleibers ähnlich. Auf die Nadelwaldungen der Gebirge Korsikas beschränkt, wo der gewöhnliche Kleiber nicht vorkommt. 12 cm.

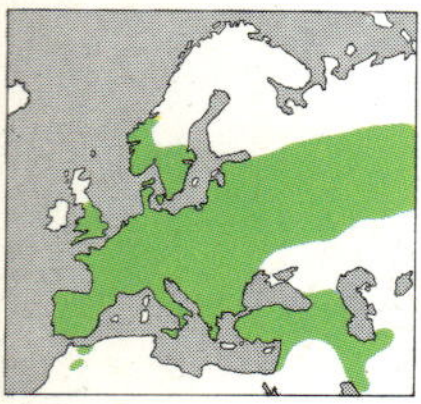
2

KLEIBER *Sitta europaea.* Die bei weitem häufigste und am weitesten verbreitete Spechtmeisenart des Gebietes, oberseits blaugrau, unterseits je nach der Rasse von weiß im Norden und Osten zu rostfarben im Süden und Westen variierend; schwarzer Augenstreif. Juv. ohne Kastanienbraun an den Körperseiten. Langer, gerader Schnabel. Stimme sehr wechselvoll, vielfach laut und weithin schallend; ruft „twiht, twiht" oder „twät, twät, twät", auch „twititit", ferner „ssi" und schwanzmeisenähnlich „tsirr"; Gesang ein laut pfeifendes „tüh" und ein trillerndes „quiquiquiqui . . .". Bewohnt Wälder, vor allem Laub- und Mischwälder, Gehölze, Parkanlagen, Alleen und Gärten, sofern genügend alte Bäume vorhanden sind; besucht gern Futterstellen und streift im Winter häufig mit Meisenschwärmen herum. Verklebt den Eingang der Nisthöhle bis auf ein kleines Flugloch mit Lehm. 14 cm. ● (2)

3

KLIPPENKLEIBER *Sitta tephronota.* Merklich größer als Felsenkleiber, mit längerem, breiterem Augenstreif und längerem, stärkerem Schnabel. Bewohnt ähnlichen Biotop wie Felsenkleiber; die Verbreitungsgebiete überschneiden sich im Irak, Iran und in Armenien, wo der Klippenkleiber aber meist in größeren Höhen (oberhalb 1000 m) lebt. 15 cm. (3)

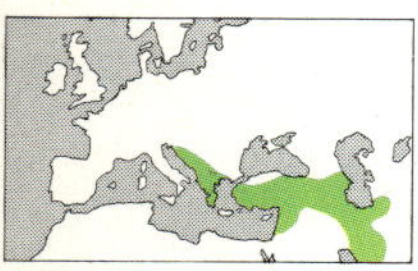
4

FELSENKLEIBER *Sitta neumayer.* Eine südöstliche Art, sehr ähnlich dem gewöhnlichen Kleiber, aber fahler und ohne weiße Zeichnungen im Schwanz; Lebensraum ganz verschieden; Rasse aus dem Irak und Iran *(S. n. tschitscherini)* blasser und fast ohne schwarzen Augenstreif. Stimme ähnlich der des Kleibers, sehr wechselvoll, u. a. eine abfallende Reihe von Pfeiftönen, die an eine Strophe des Baumpiepers (S. 209) erinnert. Lebt an Felsen, in felsigen Schluchten usw. Nest ein trichterförmiger Lehmbau an Felsen oder in Höhlen oder in einer Felsspalte, die bis auf ein Flugloch, das oft in einer Einflugröhre liegt, mit Lehm und Kot zugemauert ist. 14 cm. (4)

TÜRKENKLEIBER
♂
KORSENKLEIBER
♀
KLEIBER
Mitteleuropa
S. e. caesia
N-Europa
S. e. europea
KLIPPENKLEIBER
FELSEN-
KLEIBER

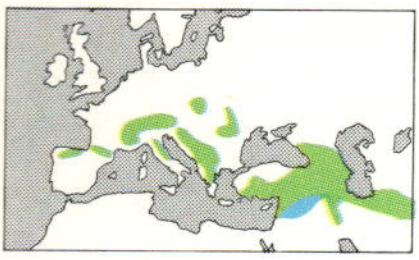

1

MAUERLÄUFER: *Tichodromadidae*

MAUERLÄUFER *Tichodroma muraria.* Sehr kenntlich durch die beim ständigen Flügelschlagen aufleuchtenden roten Flügelteile; sonst grau mit weißen Schwingenflekken und weißer Schwanzzeichnung; ♂ im Brutkleid mit schwarzer Kehle, ♀ im Brutkleid mit weißlicher Kehle und mit oder ohne schwarzen Kropffleck; im Ruhekleid Kehle bei ♂ und ♀ weißlich. Ruft dünn pfeifend „tih" oder „tiü"; Gesang, beim Klettern an Felswänden, an denen der Vogel sich ruckweise und oft schmetterlingsartig flatternd bewegt, „zizizitüi" u. ä., variabel. Bewohnt Felsen im Hochgebirge, im Sommer bis zur Schneegrenze; im Winter niedriger, dann auch an Gebäuden. 18 cm. ◑ (1)

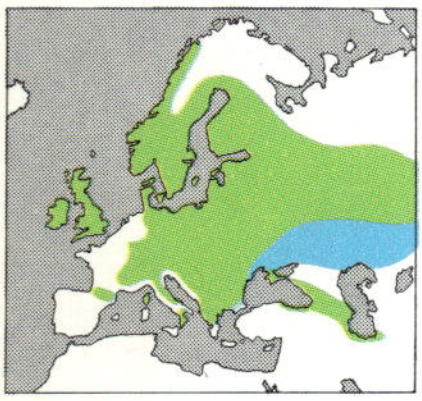

2

BAUMLÄUFER: *Certhiidae*

WALDBAUMLÄUFER *Certhia familiaris.* Baumläufer sind kleine, bräunliche, dünnschnäbelige Vögel, die mausartig an Baumstämmen aufwärts klettern. Die beiden Arten unseres Gebietes im Feld außer an der Stimme nur sehr schwer zu unterscheiden; der Waldbaumläufer hat kürzeren Schnabel, deutlicher hell gefleckte Stirn und reiner weiße Unterseite; er ruft dünn und hoch „sri" und hat einen längeren, etwas an die Blaumeise (S. 266) erinnernden, erst abfallenden, dann wieder ansteigenden Gesang. Bewohnt Nadel-, Misch- und Buchenwälder, Parkanlagen, auf den Britischen Inseln auch Gärten und kleinere Gehölze. 12,5 cm. ● (2)

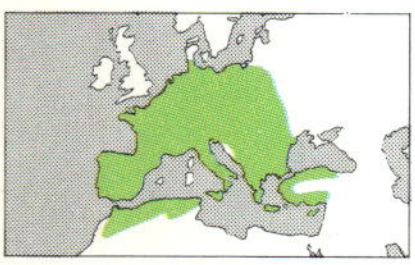

3

GARTENBAUMLÄUFER *Certhia brachydactyla.* Vom Waldbaumläufer durch etwas längeren Schnabel, undeutlich gefleckte Stirn und bräunliche Körperseiten, vor allem aber durch die Stimme zu unterscheiden: er ruft neben leisen „sri" auch laut „ti, ti . . ."; der Gesang ist viel kürzer, etwa „ti, ti, zir-lui-ti". Bewohnt Laubwälder, Parkanlagen, Alleen, Obstwiesen, Gärten, seltener lichte Nadelwälder. 12,5 cm. ● (3)

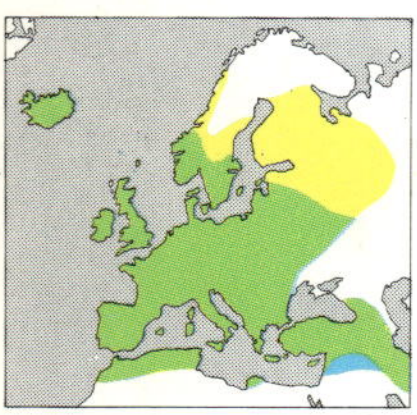

4

ZAUNKÖNIGE: *Troglodytidae*

ZAUNKÖNIG *Troglodytes troglodytes.* Einer der kleinsten Vögel des Gebietes, rundlich, mit kurzem, oft aufgerichtetem, rotbraunem Schwanz und braunem, dunkel quergebändertem Gefieder. Flug schwirrend. Knickst. Ruft „tick-tick-tick", in Erregung laut schnurrend „zerrrr". Gesang laut schmetternd mit einem harten Triller. Bewohnt dichtes Gebüsch in Wäldern und Gehölzen aller Art, Parkanlagen, Gärten, Hecken u. dgl., gern an Ufern von Gewässern, vor allem im Winter auch in Scheunen, Schuppen usw. Übernachtet auch nach der Brutzeit oft im kugelförmigen Nest. 9,5 cm. ● (4)

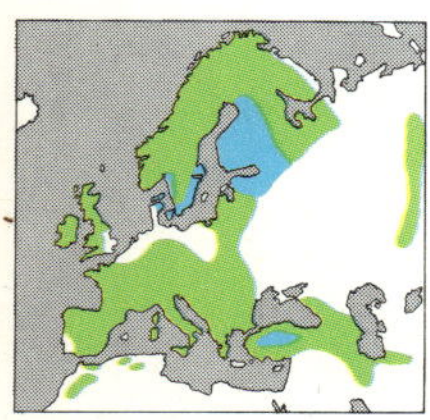

5

WASSERAMSELN: *Cinclidae*

WASSERAMSEL *Cinclus cinclus.* Unverkennbar: ein ständig knicksender, kurzschwänziger Vogel mit weißem Kehllatz auf einem Stein im Bach oder am Bachufer. Einige Rassen (so *C. c. cinclus* in N-Europa) ohne Rotbraun am Unterkörper. Juv. unterseits gefleckt. Vermag auf und unter der Wasseroberfläche zu schwimmen und sich am Boden eines Gewässers zu bewegen. Flug schnurrend, meist dem Wasserlauf folgend. Ruft „zit, zit", im Fluge „zrrrb". Gesang zwitschernd und pfeifend, entfernt an Zaunkönig erinnernd. Lebt an schnell fließenden Gewässern im Berg- und Hügelland. 18 cm. ◑ (5)

Winter
MAUERLÄUFER
Sommer
WALD-
BAUMLÄUFER
ZAUNKÖNIG
GARTEN-
BAUMLÄUFER
juv.
ad.
Mitteleuropa
C. c. aquaticus
WASSERAMSEL
N-Europa
C. c. cinclus

● AMMERN: *Emberizidae*.

Finkenähnliche Vögel, die in unserem Gebiet vorkommenden Arten vor allem in offenem Gelände und viel am Erdboden sich aufhaltende Insekten- und Körnerfresser mit kräftigem Schnabel. Gesang im allgemeinen unbedeutend. ♂ gewöhnlich lebhafter gefärbt als ♀. Flug hüpfend, aber ziemlich schnell. Alle Arten auf den S. 275–281 sind Eigentliche Ammern (Unterfamilie *Emberizinae*).

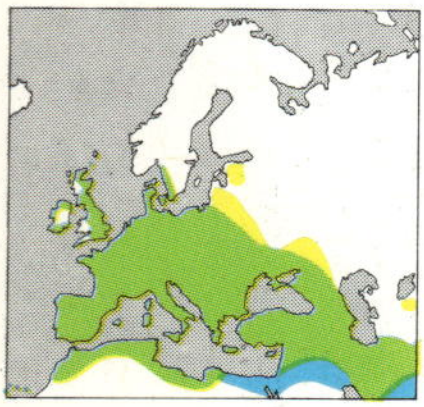

1

GRAUAMMER *Emberiza calandra*. Größte Ammer unseres Gebietes, ziemlich plump erscheinend, graubraun mit dunklerer Streifung; Geschlechter gleich gefärbt. Ohne alle besonderen Abzeichen im Gefieder; fliegt im Gegensatz zu fast allen anderen Kleinvögeln oft mit herabhängenden Beinen. Am besten zu erkennen am Gesang, der wie „zickzickzick schnirrrps" klingt, das „schnirrrps" wie das Klirren eines geschüttelten Schlüsselbundes, und der gewöhnlich von erhöhter Warte (Pfahl, Leitungsdraht u. dgl.), zuweilen auch von einer leichten Bodenerhöhung aus vorgetragen wird. Flugruf „ticks". Bewohnt offenes Feld- und Wiesengelände, Steppen, trockene Hänge mit einzelnen Büschen u. dgl. 18 cm. ● (1)

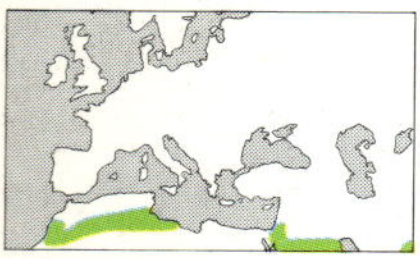

2

HAUSAMMER *Emberiza striolata*. Eine kleine Ammer, der einzige körnerfressende Vogel unseres Gebietes mit einfarbig grauer Färbung von Kopf, Hals und Brust und sonst rostbraunem Gefieder. Beim ♀ sind die beim ♂ grauen Gefiederpartien fahlbraun. Ohne die schwarzen Kopfstreifen der etwas ähnlichen Zippammer. Ruft „zwih". Gesang dem des Buchfinken (S. 284) ähnlich. In Nordafrika Stadt- und Dorfvogel, zutraulicher als Haussperling und halb domestiziert, lebt aber auch, vor allem in SW-Asien, in entlegenem, felsigem Gelände, jedoch nicht in der eigentlichen Wüste; oft bei Schaf- und Ziegenherden. 13,5 cm. (2)

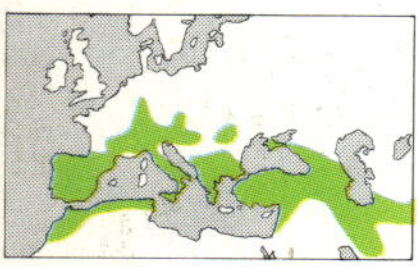

3

ZIPPAMMER *Emberiza cia*. ♂ leicht kenntlich an der charakteristischen schwarzen Zeichnung des grauen Kopfes; Unterkörper und Bürzel ungestreift rotbraun; junge ♂ durch den einfarbigen Bürzel von jungen Ortolanen (S. 279) unterschieden. ♀ ohne die markante Kopfzeichnung des ♂, auch sonst matter gefärbt und stärker gestreift. Ruft „zip", zuweilen auch „zititit". Gesang an Rohrammer und Heckenbraunelle erinnernd. Bewohnt steile Felshänge mit etwas Gebüsch, gern in und bei Weinbergen, im Winter in den Tälern. 16 cm. ◑ (3)

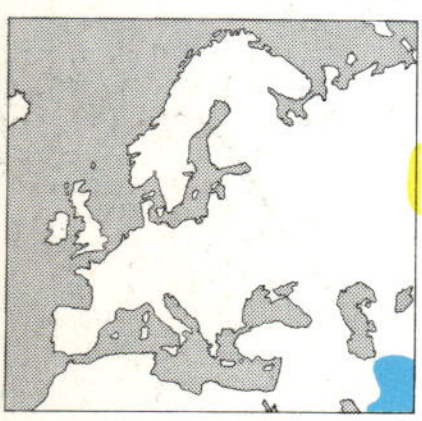

4

FICHTENAMMER *Emberiza leucocephalos*. Trotz abweichender Färbung vielleicht nicht artlich verschieden von der Goldammer, mit der sie sich in W-Sibirien vielfach vermischt. ♂ ein braun-weißer Vogel mit auffallend rotbrauner Kehle; ♀ ähnlich einem Goldammer-♀ (S. 277), aber weißlich statt gelb. Ruf und Gesang goldammerähnlich. Bewohnt lichte Nadelwälder, Flußtäler in der Taiga und parkartiges Gelände. 16,5 cm. △ (4)

Fliegt oft mit
hängenden
Beinen
GRAUAMMER
♂
♂
♀
HAUSAMMER
Sahara
E. st. sahari
Sudan
Vorderasien
E. st. striolata
♂
♀
ZIPPAMMER
♂
Winter
♂
FICHTENAMMER

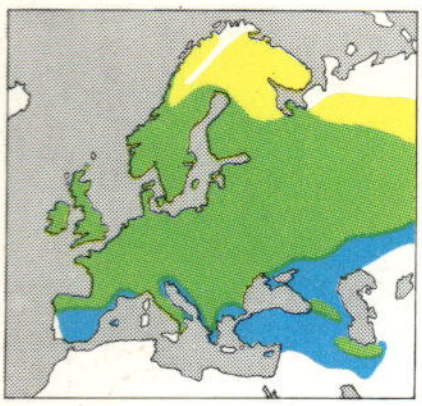

1

GOLDAMMER *Emberiza citrinella.* ♂ der einzige Kleinvogel unseres Gebietes mit leuchtend gelber Kopfzeichnung und gleichzeitig rotbraunem Bürzel; vgl. Schafstelze (S. 213) und Kappenammer. ♀ mit weniger Gelb am Oberkopf, das Gelb des Gefieders wie auch bei juv. meist matter. In allen Kleidern mit weißer Zeichnung am Schwanzaußensaum. Vgl. auch Zaunammer. Ruft „zick" und „ziss", beim Auffliegen „zickzürr". Gesang charakteristisch mit gedehntem Schlußton, „zizi zizizi zih" („Wie, wie, wie hab ich dich lieb!"). Bewohnt offenes Gelände mit Hecken, Büschen und Bäumen, Waldränder und Waldlichtungen; im Winter auch bei Höfen und Feldscheunen. 16,5 cm. ● (1)

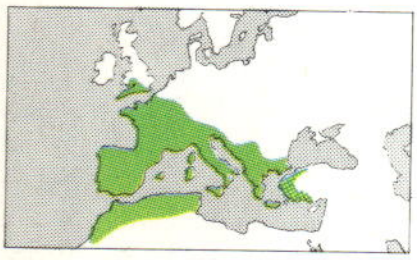

2

ZAUNAMMER *Emberiza cirlus.* ♂ vom Goldammer-♂ leicht zu unterscheiden durch schwarze Kehle; alle Kleider von den entsprechenden Kleidern der Goldammer durch olivgrauen statt rotbraunen Bürzel unterschieden. Ruft „zip", höher als Goldammer; ferner ein schnurrender Alarmruf. Gesang ein klirrendes Klappern, ähnlich dem Gesang der Klappergrasmücke (S. 231) oder auch einem Goldammergesang ohne dessen gedehnten Schlußton, meist von einem Baum aus vorgetragen. Bewohnt offenes, aber busch- und baumreiches Gelände, Obstwiesen, Friedhöfe, hohe Hecken, mancherorts auch Weinberge. 16,5 cm. ◑ (2)

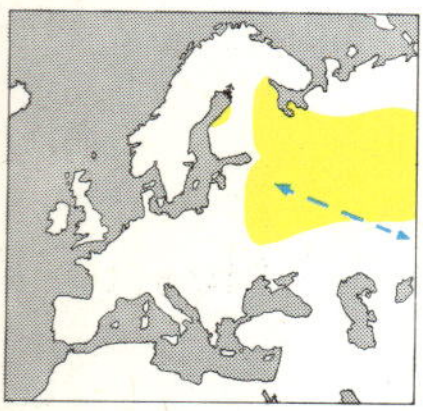

3

WEIDENAMMER *Emberiza aureola.* Eine kleine Ammer, ♂ sehr kenntlich durch dunklen Kopf, leuchtend gelbe Unterseite mit rotbraunem Brustband und besonders im Fluge auffällige weiße Flügelzeichnung. ♀ und juv. ähnlich jungen Goldammern, aber Brust ungestreift gelb, heller Scheitelstreif und helle Flügelbinden. Ruft „zipp" und weich „trssit". Gesang erinnert an den des Ortolans (S. 278), wohlklingend „tü-li, tüli, tü-li, lüli, li-lüli". Bewohnt reichlich mit Büschen bestandenes Wiesengelände, Weidicht in Flußauen, stellenweise auch Bergwiesen. 14 cm. △ (3)

4

BRAUNKOPFAMMER *Emberiza bruniceps.* ♂ sehr verschieden von dem der nahe verwandten, möglicherweise nicht artlich zu trennenden Kappenammer, mit der sie sich im Gebiet südöstlich des Kaspisees vermischt: Gesicht, Kopfseiten, Kehle und Brust rotbraun, Kopf ohne Schwarz, Rücken olivgrünlich, dunkel gestreift. ♀ erinnert in der Färbung an Haussperlings-♀ (S. 299), ist aber schlanker und an Bauch und Unterschwanzdecken gelblich, vom sehr ähnlichen Kappenammer-♀ durch gelblich graubraunen statt gelblich rostfarbenen Bürzel unterschieden. Häufig im Tierhandel, aber als Stubenvogel wenig geschätzt; die zahlreich in W- und Mittel-Europa vorgekommenen Stücke daher wohl meist freigelassene oder entkommene Käfigvögel. Ruft „twiht". Gesang kurz, an Grauammer erinnernd, aber wohlklingender. Bewohnt buschreiche Steppen, Ufergebüsch und Schilf, auch die Halbwüste, im Winter Kulturland. 16,5 cm. △ (4)

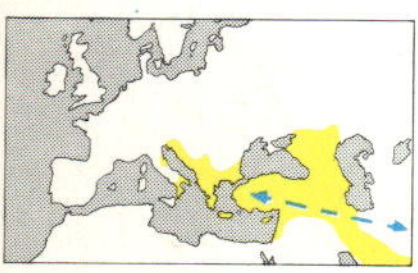

5

KAPPENAMMER *Emberiza melanocephala.* ♂ unverkennbar, von der etwas ähnlichen Weidenammer durch bedeutendere Größe, gelbe Kehle und Fehlen des Brustbandes leicht zu unterscheiden. ♀ ähnlich Braunkopfammer-♀, aber Bürzel rostfarbener. Läßt im Fluge oft wie Grauammer (S. 275) die Beine baumeln. Ruft „zitt" und „zieh"; Gesang kurz, dem der Braunkopfammer ähnlich, aber melodischer „zizirizíziü". Bewohnt Buschwerk, Hecken, Gärten und Olivenhaine. 16,5 cm. △ (5)

AMMERN
♀
♂
GOLDAMMER
♀
♂
ZAUNAMMER
♀
♂
WEIDENAMMER
♀
♂
BRAUNKOPFAMMER
♂
♀
KAPPENAMMER

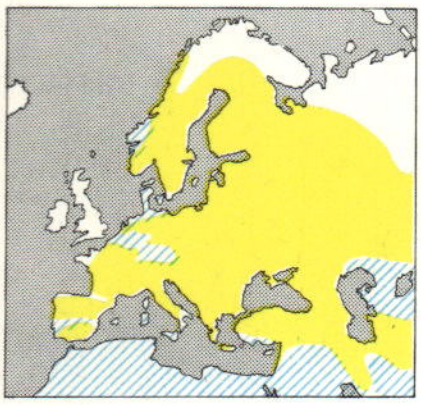

1

ORTOLAN *Emberiza hortulana.* Ohne leuchtende Farben: ♂ kenntlich am graugrünen Kopf mit gelber Kehle und hellgelbem Augenring, am rotbraunen Unterkörper und bräunlichroten Schnabel; ♀ und juv. matter gefärbt, Oberkopf und Brust dunkel gestrichelt. Vgl. Grau- und Steinortolan. Ruft „zip", „zih-ip" und weicher „ziüh". Gesang goldammerähnlich, weicher, schwermütig klingend, sehr variabel, von Singwarte aus, zuweilen auch im Flug über das Brutrevier (Abb.) vorgetragen; beim seltenen steilen Balzflug auch eine sumpfmeisenartige Klapperstrophe. Sporadisch verbreitet; bewohnt in Mitteleuropa locker und nicht zu hoch gewachsene Getreide-, seltener Rüben- und Kartoffelfelder auf trockenem Boden, sofern sie an Laub- oder Mischwälder grenzen oder Feldgehölze, Baumreihen oder dgl. aufweisen;

anderswo auch in lichten Kiefernwäldern, Heiden, Weinbergen usw. 16,5 cm. ◑ (1)

2

GRAUORTOLAN *Emberiza caesia.* Ähnlich dem Ortolan, jedoch mit grauem statt graugrünem Kopf und rostfarbener statt gelber Kehle; juv. rostbräunlicher als junge Ortolane und wie ad. mit weißlicher (beim Ortolan graugelblicher) Flügelunterseite, von jungen Zippammern (S. 275) nur durch den rötlichen Schnabel zu unterscheiden. Ruf ein eindringliches „stjip". Gesang dem des Ortolans ähnlich, aber kürzer. Bewohnt felsige Hänge mit spärlicher Vegetation, auch halbwüstenhaftes Gelände, meist auf dem Erdboden oder auf Felsen, selten auf Büschen sich aufhaltend. Auf dem Zuge oft recht zutraulich. 16 cm. △ (2)

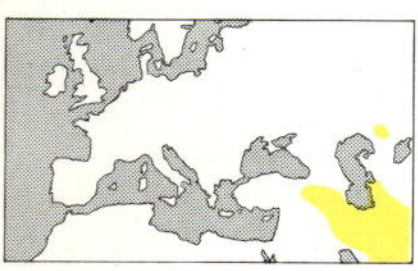

3

STEINORTOLAN *Emberiza buchanani.* Dem Grauortolan ähnlich, aber nur Oberkopf und Kopfseiten bis zum Vorderrücken blau-grau, Kehle und ganze Unterseite rotbraun. ♀ matter gefärbt. Ruft „zip" und „tchup". Gesang schwermütig klingend wie der des Ortolans, aber länger, erst ansteigend, dann abfallend, etwa „zi zi zi zi-u". Bewohnt trockenes, steiniges Gelände mit Felsen und spärlicher Vegetation in Höhen von mehr als 2300 m. 14,5 cm. (3)

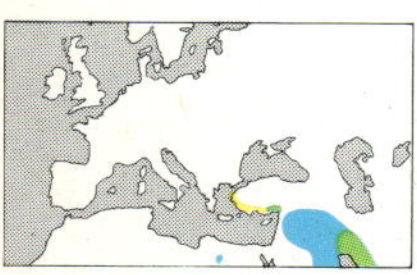

4

TÜRKENAMMER (Kleinasiatische Ammer) *Emberiza cineracea.* ♂ eine bräunlichgraue Ammer mit grünlichgelbem Kopf, bei der iranischen Rasse (*E. c. semenowi*), die auf dem Zuge auch in Syrien und im Irak vorkommt, mit gelbem Unterkörper, ♀ bräunlich mit gelblicher, schwach dunkel gestrichelter Kehle. Juv. ohne alles Gelb, bräunlich, dunkel gestrichelt. Ruft „kip". Gesang aus drei langen und zwei kurzen Tönen bestehend. Bewohnt felsige Hänge im Hochgebirge; auf dem Zuge in vielen Wüstengebieten Vorderasiens. Brütet auf Mytilene in der Ägäis. 16,5 cm. (4)

juv.
♂
ORTOLAN
♀
♂
GRAUORTOLAN
juv.
♀
♂
STEINORTOLAN
♀
E. c. semenowi
♂
♀
TÜRKENAMMER

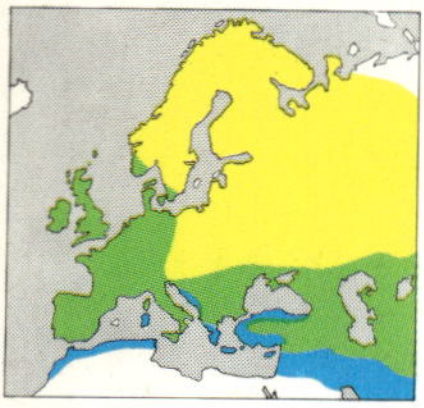

1

ROHRAMMER *Emberiza schoeniclus.* ♂ im Brutkleid kenntlich an schwarzem Kopf und schwarzer Kehle mit weißem Bartstreif und Nacken; im Herbst und Winter ist das Schwarz durch braune Federränder verdeckt. ♀ und juv. im ganzen streifig braun, Kopf ohne Schwarz, ähnlich Waldammer-♀ und Zwergammer, von ersterem durch grauen, rostbraun gestreiften, nicht rotbraunen Bürzel, von letzterer durch bedeutendere Größe, rotbraune kleine Flügeldecken („Schultern") und nicht so rötliche Kopfseiten unterschieden; junge ♂, die ins Alterskleid mausern, haben dreieckigen braunen Brustfleck. Äußerste Schwanzfedern in allen Kleidern großenteils weiß, was beim Auffliegen gut sichtbar ist. Schnabelform nach den Rassen sehr verschieden. Ruft gedehnt „zieh" (ähnlich manchen Schafstelzenrufen) und metallisch „tschink"; Gesang kurz, abgehackt, „zja, tit, tai-zississ" oder ähnlich. Bewohnt Schilfbestände, Weidicht in Sümpfen und an Ufern, stellenweise (z. B. in Teilen Englands) auch weniger feuchtes Gelände; zur Zugzeit im Kulturland. 15 cm. ● (1)

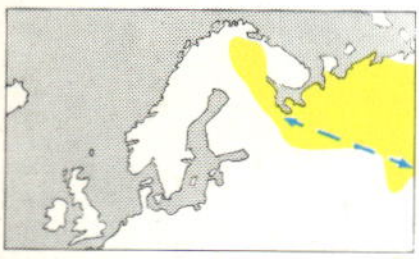

2

ZWERGAMMER *Emberiza pusilla.* Sehr ähnlich einem kleinen Rohrammer-♀ mit rostbraunen Kopfseiten und rotbrauner Oberkopfmitte; kleine Flügeldecken wie Rükken gefärbt. Ruft rohrammerartig „zjieh"; Alarmruf „tschick". Gesang an Goldammer und Ortolan erinnernd. Bewohnt Weidengebüsch in der Tundra, an Flußufern in der Waldzone und in Sümpfen. 13,5 cm. △ (2)

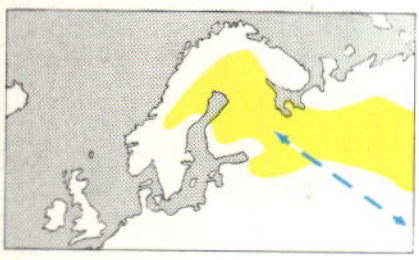

3

WALDAMMER *Emberiza rustica.* ♂ im Brutkleid ähnlich Rohrammer-♂, aber mit weißer Kehle, weißem Streif hinter dem Auge, rotbraunem Brustband und rotbraunem statt grauem Bürzel; im Winterkleid ist das Schwarz des Kopfes großenteils durch braune Federränder verdeckt. ♀ und juv. ähnlich Rohrammer-♀, aber Bürzel rotbraun statt grau, im Herbst und Winter jedoch mit fahlbraunen Federrändern; Streifung der Unterseite rötlicher. Sträubt zuweilen Scheitelfedern zu einem Häubchen. Ruft „zip". Gesang wohlklingend, rotkehlchenähnlich, aber kürzer. Bewohnt vor allem Birken- und Mischwälder an sumpfigen Stellen der Nadelwaldzone. 14,5 cm. △ (3)

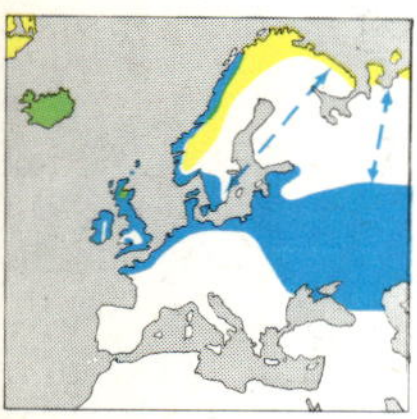

4

SCHNEEAMMER *Plectrophenax nivalis.* ♂ im Brutkleid unverkennbar schwarz-weiß, im Winterkleid durch rostbraune Federsäume viel bräunlicher. ♀ im Brutkleid (nicht abgebildet) mit schwärzlichem Oberkopf, hellen Federsäumen am Rücken und weniger Weiß im Flügel; ♀ im Winter und juv. viel bräunlicher. Langflügelig. Gesellig. Ruft klirrend „brrr", klagend „diüh" u. a. Gesang von Warte oder im Balzflug wohltönend „tjuri-tjuri-tjuri-tetiü". Bewohnt die kahle Tundra, felsige Küsten und Hochgebirge des Nordens; im Winterquartier an Küsten, selten im Binnenland auf Feldern. 16,5 cm. ○ (4)

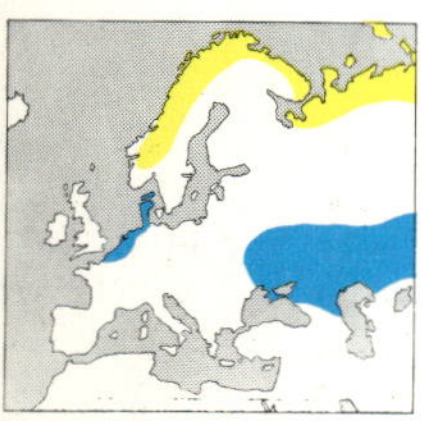

5

SPORNAMMER *Calcarius lapponicus.* ♂ im Brutkleid durch rotbraunen Nacken und Fehlen des Bartstreifs vom Rohrammer-♂ zu unterscheiden, ♂ im Winter und ♀ vom Rohrammer-♀ durch stets gelben Schnabel und rötlicheren Nacken. Ruft „tihe", hänflingsartig „gegegeg" und schnurrend „trrr". Gesang lerchenartig, aber kurz. Bewegt sich laufend, nicht hüpfend fort. Bewohnt die Tundra und Hochgebirge des Nordens mit niedriger Vegetation. 15 cm. ○ (5)

AMMERN
♂
Winter
♀
♂
Sommer
ROHRAMMER
Winter
♂
♀
♂
Sommer
WALDAMMER
ZWERGAMMER
♂
♂
Winter
♀
Winter
Sommer
SCHNEEAMMER
♂
♂
Winter
♀
Sommer
SPORNAMMER

ROTAUGENVIREO
Vireo olivaceus
(Familie Vireos, Vireonidae) 14 cm. △

MEISENSÄNGER
Parula americana
(Fam. Waldsänger, Parulidae)
11,5 cm

SCHNÄPPERWALDSÄNGER
Setophaga ruticilla
(Fam. Waldsänger, Parulidae)
♀ wie einjähriges ♂. 12.5 cm.

KRONWALDSÄNGER
Dendroica coronata
(Fam. Waldsänger, Parulidae)
♀ im Brutkleid ähnl. ♂ (Sommer), bräunlicher; ♂ u. ♀ im Winter ähnl. immat. 13 cm.

BALTIMORETRUPIAL
Icterus galbula
(Familie Stärlinge, Icteridae)
♀ ähnlich immat., aber meist mit mehr Schwarz an Kehle und Oberseite. 19 cm.

WEISSKEHLAMMER
Zonotrichia albicollis
(Fam. Ammern; Unterfam. Eigentl. Ammern, s. S. 274)

FUCHSAMMER
Passerella iliaca
(Fam. Ammern; Unterfam. Eigentl. Ammern, s. S. 274)
△

JUNKO
Junco hyemalis
(Fam. Ammern; Unterfam. Eigentl. Ammern, s. S. 274)
Östl. Rasse *(J. h. hyemalis)*; andere Rassen mit braunem Rücken.

ad. ♂
Sommer

immat.

SCHWARZKOPFKERNKNACKER
Pheucticus ludovicianus
(Fam. Ammern; Unterfam. Kardinäle, Cardinalinae). Östl. Rasse (*Ph. l. ludovicianus:* Rosenbrustkernknacker).
♂ im Winter und ♀ ähnl. immat.

DROSSELWALDSÄNGER
Seiurus noveboracensis
(Fam. Waldsänger, Parulidae). An Gewässern; wippt wie Flußuferläufer (S. 133)

● **FINKEN:** *Fringillidae.* Ziemlich kleine Singvögel mit kräftigem Körnerfresserschnabel, viele nach der Brutzeit gesellig, die meisten an Baumwuchs gebunden und mit eigenartig hüpfendem Flug wie bei vielen Ammern und Stelzen. Vielfach bessere Sänger als die Ammern. Zwei Unterfamilien: Edelfinken (*Fringillinae*; die Gattung *Fringilla*) und Stieglitzartige oder Gimpel (*Carduelinae;* alle übrigen); als dritte Gruppe wurden früher, vielleicht nicht ganz zu Unrecht, die Sperlinge hinzugerechnet.

Finken, Feldsperling und Goldammern am Fasanenfutterplatz

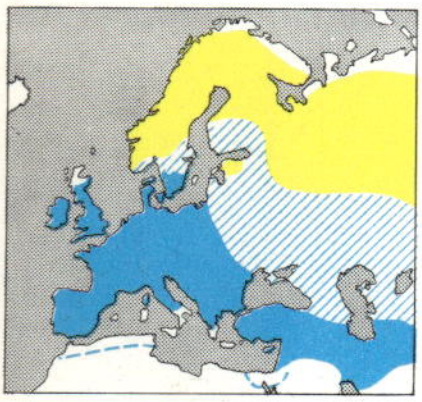

1

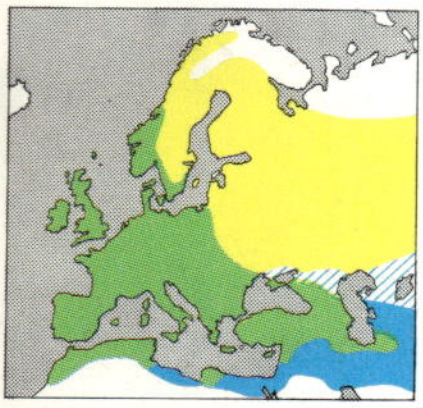

2

BERGFINK *Fringilla montifringilla.* Das nordische Gegenstück zum Buchfinken. Bestes Kennzeichen beim abfliegenden Vogel der weiße Bürzel, aber auch die orangebraune Färbung von Brust und Schultern charakteristisch; im Brutkleid des ♂ schwarzer Oberkopf und schwarze Kopfseiten auffallend. Schnabel zur Brutzeit schwärzlich, im Winter gelb. Kennzeichnender Ruf „quäih" („Quäker"), Flugruf wie beim Buchfinken „jüp". Gesang kurz und unbedeutend, an das „ihtsch" des Grünlings (S. 286) erinnernd. Bewohnt Birken-, Espen- und Nadelwälder des Nordens; im Winterquartier vor allem in Buchenwäldern, auch im Kulturland, oft zusammen mit Buchfinken. 15 cm. ○ (1)

BUCHFINK *Fringilla coelebs.* In Europa vielerorts die häufigste Finkenart, kenntlich in allen Kleidern und Rassen durch die auffallenden weißen Flügelbinden, ♂ überdies durch den graublauen (im Winter durch bräunliche Federränder mehr bräunlich-grauen) Oberkopf und (außer bei den Rassen von den Kanaren-Inseln Palma und Hierro) grünen Bürzel; Rücken des ♂ gewöhnlich braun, jedoch blaugrau auf den Kanaren (Rassen *F. c. tintillon, F. c. ombriosa, F. c. palmae*), grünlich auf Madeira (*F. c. maderensis*), blaugrau und grünlich auf den Azoren (*F. c. moreletti*) und grün in Nordafrika (*F. c. africana, F. c. spodiogenys*). ♀ olivgraubraun. Schnabel des ♂ im Frühjahr und Sommer blau, sonst hornfarben. Ruft „pink"; Flugruf „jüp"; sog. „Regenruf" lokal verschieden, meist „rülschend" „wried" oder rotschwanzartig „füitt"; auch sperlingsartige Laute. Gesang laut schmetternd, lokal verschieden, besonders die Schlußfigur („würzgebier", „reitzug" usw.), der oft noch ein buntspechtartiges „kick" angehängt wird; Rufe und Gesang der südlichen Rassen z. T. von dem west- und mitteleuropäischer Vögel stark abweichend. Bewohnt Wälder und Gehölze aller Art, Alleen, Obstwiesen, Anlagen, Gärten u. dgl., im Winter auch in offenem Gelände und dann oft vergesellschaftet mit Bergfinken u. a. 15 cm. ● (2)

TEYDEFINK *Fringilla teydea. Unverkennbar;* ♂ blaugrau, ♀ olivgrau. Bewohnt die Nadelwälder von Teneriffa und Gran Canaria. 16 cm.

♂
Sommer
♀
BERGFINK
♂
Winter
BUCHFINK
♀
Madeira
F. c. maderensis
♂
♂
N-Afrika
F. c. spodiogenys
♂
♂
Azoren
F. c. moreletti
♂
Hierro
F. c. ombriosa
♂
♀
TEYDEFINK

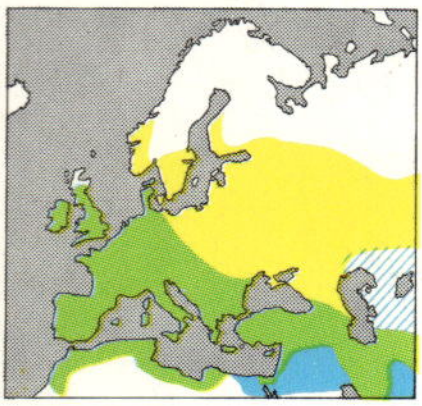

1

STIEGLITZ *Carduelis (Carduelis) carduelis.* Ad. kenntlich am schwarzweißroten Kopf und der breiten gelben Flügelbinde; Bürzel weiß. Juv. mit bräunlichem Kopf und gestreift, aber ebenfalls mit gelber Flügelbinde und im Unterschied zum ähnlichen jungen Grünling ohne Gelb im Schwanz. Flug ausgesprochen hüpfend. Ruft „stigelitt" und „zwitt-witt-witt", auch gedehnt „a-i" und rauh „ihz". Gesang flüssiges Zwitschern mit einer schmetternden Strophe. Bewohnt Gärten, Obstpflanzungen, Parkanlagen; besucht gern Raine und Ödland mit fruchtenden Disteln und anderen Unkräutern, deren Samen er verzehrt („Distelfink"). 12 cm. ● (1)

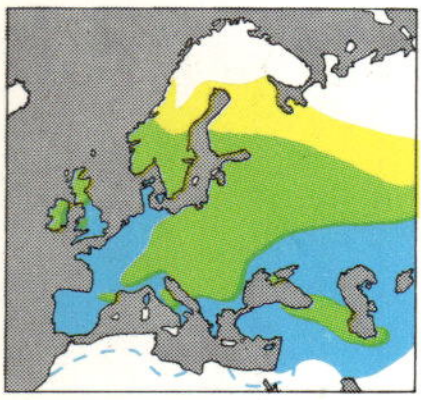

2

ZEISIG *Carduelis (Spinus) spinus.* Ein kleiner gelbgrünlicher Fink mit gelbem Bürzel, ♂ durch schwarzen Scheitel von Girlitz und Zitronengirlitz (S. 293) unterschieden, von ersterem auch durch viel schlankeren Schnabel. ♀ streifiger, mit weniger Gelb und ohne Schwarz am Kopf, vom Girlitz durch mehr Gelb im Flügel und schlanken Schnabel unterschieden. Ruft „djetdjetet . . .", im Flug gedehnt „di-eh". Gesang ein trockenes Zwitschern, oft mit gezogenem „ihtsch" endend, zuweilen in fledermausartigem Balzflug vorgetragen. Bewohnt Nadel-, vor allem Fichtenwälder; im Winter auch in anderen Gehölzen und Parkanlagen, besonders aber in Erlen („Erlenzeisig") und Birken. 12 cm. ◑ (2)

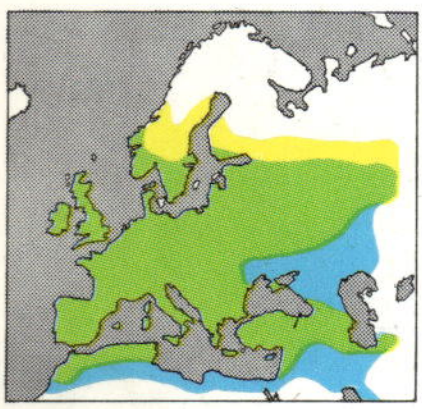

3

GRÜNLING *Carduelis (Chloris) chloris.* Der größte gelbgrüne Fink des Gebietes, ad. kenntlich am ungestreiften gelbgrünen (♂) oder graugrünen (♀) Gefieder mit großem gelbem Flügelspiegel und besonders im Fluge auffallender hellgelber Schwanzwurzel. Letztere auch kennzeichnend für den gestreiften Jungvogel, der viel dickschnäbliger als der junge Zeisig ist, der auch etwas Gelb an der Schwanzwurzel besitzt. Vgl. auch Stieglitz juv. Ruft klingelnd „gügügügüg" (klangvoller als der ähnliche Ruf des Hänflings, S. 290) und „djui"; charakteristisch im Frühling und Sommer ein lautes, langgezogenes, rauhes „ihtsch" („Schwunschen"). Gesang, oft in fledermausartigem Balzflug, aus Rufen und Strophen wie „djuldjuldjul"; „gigigigig" und „girrr" zusammengesetzt. Bewohnt vor allem Gärten und Parkanlagen, mancherorts dort die häufigste Finkenart, ferner Obstpflanzungen, Olivenhaine, Alleen, Waldränder usw., im Winter zusammen mit anderen Körnerfressern auch auf Feldern u. dgl. 14,5 cm. ● (3)

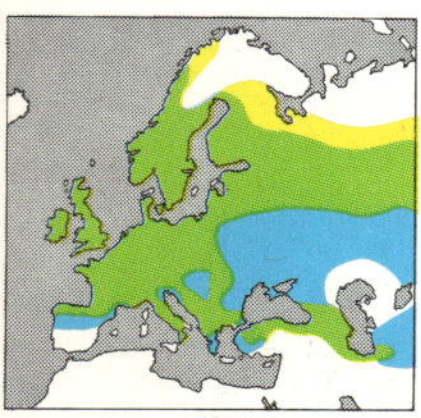

4

GIMPEL (Dompfaff) *Pyrrhula pyrrhula.* ♂ unverkennbar durch rote Unterseite (außer bei der Azorenrasse), schwarze Kappe und beim Abfliegen auffallenden weißen Bürzel, der bei der Azorenrasse braungrau ist. ♀ unterseits rötlichgrau, juv. braun ohne schwarze Kappe. Nordische Vögel (*P. p. pyrrhula*) größer als mittel- und westeuropäische (*P. p. coccinea, P. p. europaea*) und britische (*P. p. pileata*); nordspanische (*P. p. iberiae*) lebhafter rot. Ganz verschieden die Rasse *P. p. murina* von São Miguel (Azoren): Bürzel braungrau, ♂ unterseits graubraun statt rot, wie ♀ *P. p. murina* ist sehr selten und galt zeitweilig als ausgestorben. Der Gimpel ruft sanft pfeifend „dü"; der Gesang ist leise und unbedeutend. Bewohnt Wälder, im N und O meist Nadelwälder, mancherorts auch Obstpflanzungen, Parkanlagen und Gärten, vor allem im Winter. 14,5–16 cm. ● (4)

♂
juv.
ad.
STIEGLITZ
♀
juv.
ZEISIG
♂
♂
GIMPEL
♀
♀
juv.
juv.
♂
GRÜNLING
P. p. murina

Kernbeißer (Winter)

Bergfink (Winter)

Buchfink (Winter)

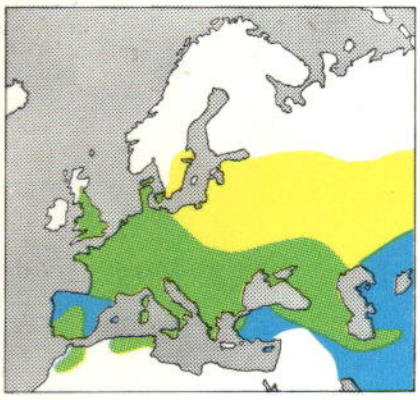

1

KERNBEISSER *Coccothraustes coccothraustes.* Groß; unverkennbar durch den ungewöhnlich dicken (im Frühjahr und Sommer graublauen, im Winter und bei juv. gelblichen) Schnabel, mit dem er selbst die Steine von Kirschen und Pflaumen aufknackt, um zu den Samen zu gelangen (das Fruchtfleisch wird nicht verzehrt). Ad. braun mit besonders im Fluge auffallender weißer Zeichnung im Flügel und am Ende des kurzen Schwanzes. Juv. mit gelber Kehle und dunkler Fleckung an den Körperseiten. Ruft rotkehlchenartig und scharf „zick" und durchdringend „zieh". Gesang selten zu hören, unbedeutend, ähnlich dem des Gimpels (S. 286). Lebt versteckt in den Baumwipfeln von Laub- und Mischwäldern, Parkanlagen, Gärten u. dgl., meist erst zu sehen, wenn die Vögel in schnellem Fluge abstreichen. 18 cm. ● (1)

Wacholderkernbeißer

WACHOLDERKERNBEISSER *Mycerobas carnipes.* Dickschnäblig wie der Kernbeißer (Oberschnabel mit zahnartigem Vorsprung der Schneide), aber langschwänziger und ♂ schwarz und grüngelb, ♀ und juv. grau und grüngelb gefärbt. Ruf rauh „gähk", beim Abfliegen „gägägäg", Gesang ein zweisilbiger Pfiff. Bewohnt hauptsächlich die Wacholderbestände der Hochgebirge (2800–3500 m). Von N-Iran bis W-China. 21 cm.

2

WEISSFLÜGELGIMPEL (Schwarzzügelgimpel) *Rhodospiza obsoleta.* Ähnlich dem Wüstengimpel, aber mit viel Weiß an Schwingen und Schwanz und im Frühjahr und Sommer schwarzem (sonst hornfarbenem) Schnabel; ♂ mit schwarzem Zügel. Ruft weich schnurrend „trrrii", erst ansteigend, dann abfallend; Gesang hübsch, dem des Grünlings ähnlich. Bewohnt offenes Gelände mit einzelnen Bäumen und Büschen, oft auch an Landstraßen und in Gärten, im Gegensatz zum Wüstengimpel häufig auf Bäumen oder Büschen sitzend. 14,5 cm. (2)

3

WÜSTENGIMPEL (Wüstentrompeter) *Bucanetes githagineus.* ♂ im Brutkleid graubraun, am Kopf grauer, Schwanz dunkelbraun, das ganze Gefieder rosenrot überflogen, Schnabel rot. ♂ im Winter und ♀ grauer und mit bräunlichgelbem Schnabel. Juv. ohne alles Rosenrot, sandbräunlich. Kennzeichnend der nasal trompetende, kurze Ruf, der ständig ausgestoßen wird. Bewohnt steiniges Wüstengelände und kahle Felsen. 12,5 cm. (3)

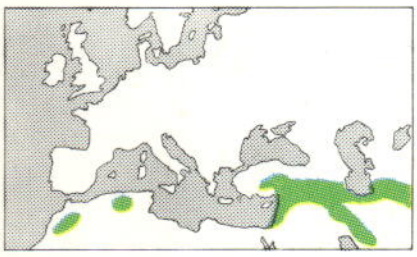

4

ROTFLÜGELGIMPEL *Rhodopechys sanguinea.* Größer als Wüstengimpel, dunkel gefleckt, mit rosenroten Flügeln und gelbem Schnabel, ♂ mit schwarzem Scheitel. Rufe etwas hänflingsähnlich (S. 290). Bewohnt felsige Hänge und Berggipfel, gewöhnlich nicht unterhalb 1200 m Meereshöhe, in Nordafrika oberhalb 2800 m, jedoch im Winter auch in tiefer gelegenem Kulturland auf Feldern. 15 cm. (4)

juv. ♂
♂
♀
KERNBEISSER
♂
♀
WEISSFLÜGEL-
GIMPEL
♂
Winter
WÜSTENGIMPEL
♂
♀
♂
ROTFLÜGELGIMPEL
♀

Birkenzeisige und **Hänflinge** (Gattung *Acanthis*). Kleine bräunliche Finken mit kurzem Kegelschnabel, manche mit roten oder rosenfarbenen Gefiederpartien. Gesellig. Der Berghänfling verbindet in Aussehen und Stimme den Hänfling mit den Birkenzeisigen.

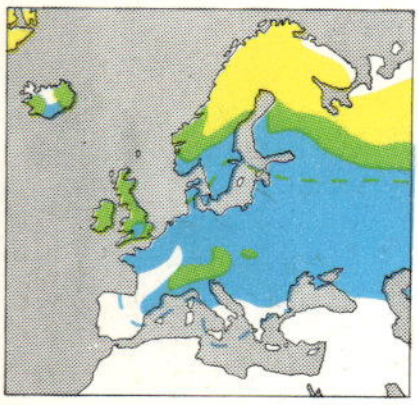
1

BIRKENZEISIG *Acanthis flammea*. Von Hänfling und Berghänfling durch schwarzen Kinnfleck unterschieden, von ersterem auch durch die hellen Flügelbinden. ♂ und ♀ mit rotem Scheitelfleck, der juv. fehlt, ♂ überdies mit mehr oder weniger rosenroter Kehle und Brust und rosa überlaufenem hinterem Bürzel. Schnabel horngelb. Sehr variabel, am kleinsten und dunkelsten die Rasse der mitteleuropäischen Hochgebirge und der Britischen Inseln (*A. f. cabaret)*, blasser und größer die nordische Rasse *A. f. flammea*, beide als Wintergäste in Deutschland; groß, dunkel und dickschnäbelig ist *C. f. rostrata* von S-Grönland. Ruft blechern „dschädschädschädsch“ und ein rollendes „irrr“, ängstlich ein klagendes „zuit“. Gesang, zuweilen im Balzflug vorgetragen, aus diesen und ähnlichen Lauten zusammengesetzt, bei *A. f. cabaret* klangvoller, grünlingsähnlich (S. 286). Bewohnt Nadel- und Birkenwälder, auch Weidicht; im Winter in Gehölzen aller Art, besonders in Birken und Erlen, oft zusammen mit Zeisigen. 13–15 cm. ◐ (1)

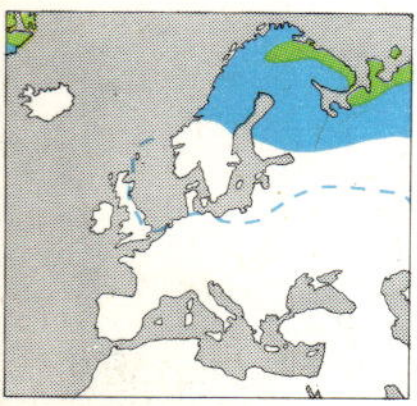
2

POLARBIRKENZEISIG *Acanthis hornemanni*. Blasser als Birkenzeisig, mit weißem Bürzel. Vielleicht nicht artlich vom Birkenzeisig verschieden, zumal *A. flammea islandica* von Island zwischen beiden steht und vielleicht eine Mischform ist. Bewohnt die Tundra nördlich des Verbreitungsgebietes des Birkenzeisigs. Im Winter nicht so weit südlich wie dieser. 13 cm. △ (2)

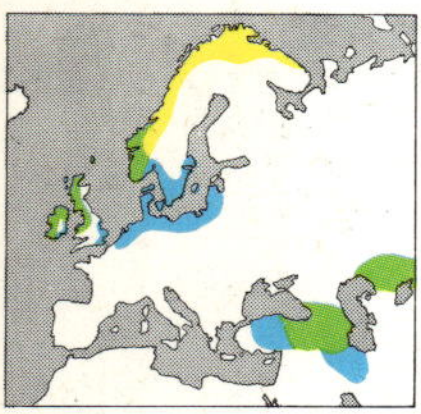
3

BERGHÄNFLING *Acanthis flavirostris*. Ähnlich einem Hänfling-♀, aber mit heller Flügelbinde und im Winter mit gelbem Schnabel; ♂ mit rosafarbenem Bürzel. Vom Birkenzeisig durch Fehlen des Rots am Kopf und den Mangel des schwarzen Kinnflecks unterschieden. Rasse *A. f. brevirostris* aus O-Kleinasien bis NW-Iran mit schwärzlichen Brustflecken. Ruft weicher als Hänfling „gjägjägjä“ und ein kennzeichnendes nasales „tschui“. Gesang hänflingsartig. Bewohnt hochgelegene Moore und steiniges Ödland mit einzelnen Büschen; im Winter vor allem an den Küsten, seltener im Binnenland Mitteleuropas. 13,5 cm. ○ (3)

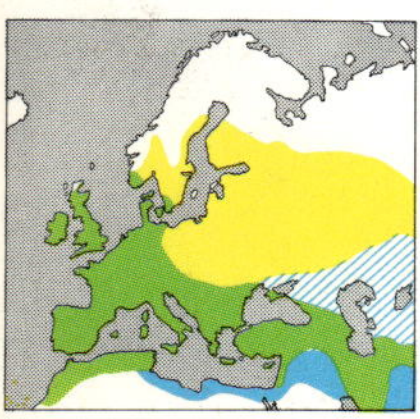
4

HÄNFLING (Bluthänfling) *Acanthis cannabina*. Eine der häufigsten Finkenarten. ♂ im Brutkleid der einzige Kleinvogel des Gebietes mit rotem Scheitel, roter Brust, rotbraunem Rücken und weißen Schwingensäumen (jedoch ohne Flügelbinde). ♂ im Winter ähnlich dem ♀, zuweilen mit etwas Rot. ♀ stets ohne alles Rot, Rücken streifig graubraun. Schnabel braungrau, niemals gelb (vgl. Berghänfling). Kleinasiatische Rasse *A. c. bella* heller, mit fast weißem Bürzel. Flugruf „gegegeg“, ähnlich Grünling (S. 286), aber härter. Gesang wohlklingend, abgehackt, mit geggernden, pfeifenden und gezogenen Tönen. Bewohnt buschreiches offenes Gelände: Heiden, Waldränder, Hecken, Gärten, Parkanlagen mit lockerem Baumbestand; zur Nahrungssuche und im Winter auf Wiesen und Feldern. 13,5 cm. ● (4)

juv.
Island
A. f. islandica
♀
BIRKEN-
ZEISIG
A. f. flammea
A. f. cabaret
♂
♂
♀
POLARBIRKENZEISIG
♂
BERG-
HÄNFLING
♂
Winter
♂
A. f.
brevirostris
♀
♂
HÄNFLING
A. c. bella

Girlitze (Gattung *Serinus*). Kleine, einerseits an Hänflinge (S. 291), anderseits an Grünlinge und Zeisige (S. 287) erinnernde Finken, die meisten grünlich oder gelblich gefiedert. Flug hüpfend.

KANARIENVOGEL (Kanarengirlitz) *Serinus canaria.* Vertritt auf den westlichen Kanaren, den Azoren und Madeira den Girlitz, ist aber größer, oberseits grauer, unterseits gelber als dieser und stimmlich sehr verschieden: Gesang ähnlich dem des von ihm abstammenden domestizierten Kanarienvogels, oft im Balzflug vorgetragen. Bewohnt Obstpflanzungen, Gärten und Wälder. 12,5 cm.

1

ZEDERNGIRLITZ *Serinus syriacus.* Größer und blasser gefärbt als Girlitz, viel weniger gestreift, mit gelber Gesichtsmaske am grauen Kopf; langschwänziger. ♀ matter und etwas bräunlicher als ♂, juv. bräunlich, weniger streifig als junge Girlitze. Gesang wohlklingend, abwechslungsreich. Bewohnt die Zedernbestände der Berge, auch andere Gehölze, im Winter auch in Obstgärten u. dgl. 12,5 cm. (1)

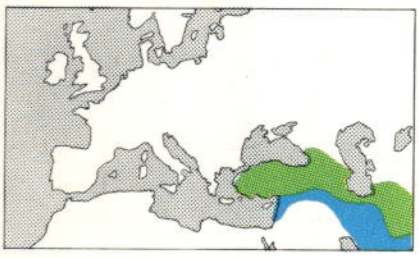

2

ROTSTIRNGIRLITZ *Serinus pusillus.* Ad. leicht kenntlich am dunklen Kopf mit feuerrotem Vorderscheitel; im Fluge vorn dunkel, hinten ockerfarben erscheinend, Bürzel gelb, Flügel und Schwanz mit gelben Zeichnungen. Juv. ohne Rot am Scheitel. Ruft girlitzartig „zirrip". Gesang dem des Girlitz ähnlich, aber reiner klingend. Bewohnt steinige Hänge mit Büschen, vor allem Wildrosen, und lockeren Laub- oder Nadelholzbeständen, gern in Wacholdergehölzen, zur Brutzeit nur im Gebirge. 12 cm. (2)

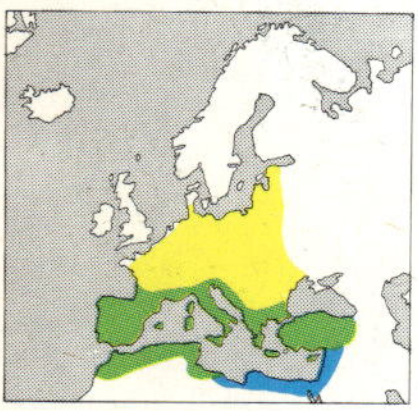

3

GIRLITZ *Serinus serinus.* Der kleinste der europäischen Finken, gelbgrünlich, dunkel gestreift, ♂ mit leuchtend gelber Brust. Vom nur wenig größeren Zeisig (S. 287) unterschieden durch viel kürzeren Schnabel und das Fehlen von Gelb an der Schwanzwurzel, ad. dazu durch viel auffälliger gelben Bürzel; Oberkopf nicht schwarz wie beim Zeisig-♂. Juv. rostbräunlich, kräftig dunkel gestreift, Bürzel nicht gelb, am kurzen, dicken Schnabel zu erkennen. Ruft klirrend „girlitt" und pfeifend „zuit". Gesang ein schnelles klirrendes und schwirrendes Zwitschern, ähnlich dem Schluß des Grauammergesanges (S. 274), aber weniger grob, länger und in der Tonhöhe auf- und absteigend. Bewohnt Parkanlagen, Gärten, Obstpflanzungen, Weinberge, Friefhöfe. Seit etwa 1800 in Ausbreitung begriffen. 11,5 cm. ● (3)

4

ZITRONENGIRLITZ *Serinus citrinella.* Ad. von Zeisig (S. 287) und Girlitz durch unterseits ungestreiftes gelbgrünliches Gefieder mit grauen Halsseiten und Nacken unterschieden; Schwanz ohne auffallendes Gelb. Schnabel mehr zeisig- als girlitzartig. Rasse von Korsika, Sardinien und Elba (*S. citrinella corsicanus*) mit braunem Rücken (brauner als auf Abb.). Juv. stark gestreift, ohne Gelb am Bürzel. Ruft „dididit". Gesang, oft im Balzflug vorgetragen, klirrend und zwitschernd, an Girlitz und Stieglitz (S. 286) erinnernd. Bewohnt Lichtungen und Ränder der Gebirgsnadelwälder und Hänge mit einzelnen Nadelbäumen; in Spanien auch in Stechpalmenbeständen. 12 cm. ◑ (4)

Haus-
Kanarienvogel
♀
ZEDERN-
GIRLITZ
KANARIEN-
VOGEL
♂
juv.
juv.
♂
ROTSTIRN-
GIRLITZ
♀
GIRLITZ
juv.
♂
♀
juv.
S. citr.
corsicanus
ZITRONENGIRLITZ

Karmingimpel (Gattung *Carpodacus*). Eine bis nach O-Europa und Nordamerika verbreitete, aber hauptsächlich asiatische Gattung dickschnäbeliger Finken mit mehr oder weniger rot gefiederten ♂; ♀ bräunlich, meist gestreift. Flug hüpfend oder wellenförmig.

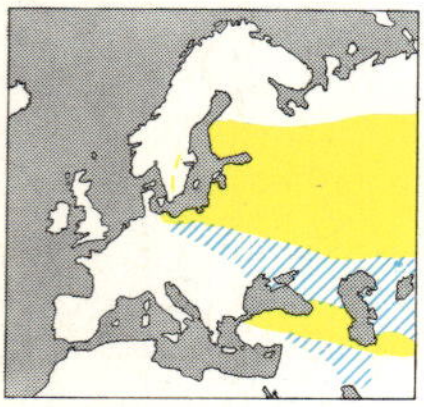

1

KARMINGIMPEL *Carpodacus erythrinus*. Die am weitesten verbreitete Art der Gattung *Carpodacus*, in O-Europa in langsamer Ausbreitung nach W begriffen. Ad. ♂ mit roter Färbung an Kopf, Kehle, Brust und Bürzel; ♂ im ersten Jahreskleid, ♀ und juv. oben olivbraun mit zwei helleren Flügelbinden, unterseits weißlich, olivbraun gefleckt und gestrichelt, ähnlich einer kleinen, schlanken Grauammer (S. 275) mit hellen Flügelbinden. Ruft leise „zlit" und ängstlich „tschäeüb", ähnlich dem „tschui" des Berghänflings (S. 291). Gesang wie ein schwacher Pirolpfiff, etwa „ti-tü-tehütja". Bewohnt feuchte, unterholzreiche, aber sonst nicht zu dichte Wälder und Gehölze, Ufergebüsch, buschreiche Gärten usw. 14,5 cm. ◑ (1)

Grauammer S. 275

Haussperling-♀ S. 299

Karmingimpel, imm. S. 295

ROSENGIMPEL *Carpodacus roseus*. Ad. ♂ mit von steifen, weiß und rosenrot gefärbten Federchen bedecktem Vorderkopf, sonst unten rosenrot; Flügel mit zwei rosaweißlichen Binden. Einjähriges ♂ und ♀ dem ♀ des Karmingimpels ähnlich, aber mit rosa Bürzel und an Vorderkopf, Kehle und Brust mehr oder weniger rötlich. Juv. ähnlich ♀, aber mit weniger Rot. Schweigsam; Ruf ein sehr leiser Pfiff, Gesang ein leises Wispern und Zwitschern. Bewohnt lichte Nadelwälder und die Krummholzzone der Gebirge O- und Mittel-Sibiriens; seltener Gast in O-Europa. 15 cm.

2

EINÖDGIMPEL *Carpodacus synoicus*. Größer als Wüstengimpel (S. 289), ♂ mit mehr Rot, vor allem an Kopf, Brust und Bürzel, aber ohne Rot im Flügel und Schnabel gelbbräunlich, niemals rot; über den Augen, an Wangen und Kehle mit silberweißer Strichelung. ♀ fahl graubraun, undeutlich dunkler gestreift. Alarmruft „tuit". Gesang soll wohlklingend sein. Sehr lokal in steinigem Wüstengelände. 14,5 cm. (2)

3

BERGGIMPEL *Carpodacus rubicilla*. Die größte Karmingimpel-Art unseres Gebietes, ♂ dunkelrot (innerasiatische Rassen heller), an Kopf und Unterseite weiß gefleckt. ♂ im ersten Jahr und ♀ graubraun, unterseits kräftig dunkel gestreift. Fliegende Berggimpel erscheinen dunkel. Flug langsam, wellig; Fortbewegung auf dem Erdboden hüpfend. Ruft „düid" und „kip kip". Gesang an Kreuzschnäbel (S. 296) erinnernd. Bewohnt hochgelegene Felshänge mit Wacholder und anderen Büschen, Schluchten u. dgl., in unserem Gebiet nur im Kaukasus oberhalb 3000 m Höhe. 20 cm. (3)

KARMIN-
GIMPEL
♂
♀
♀
♂
ROSEN-
GIMPEL
♂
♀
EINÖDGIMPEL
♀
♂
BERGGIMPEL

Kreuzschnäbel (Gattung *Loxia*). Ziemlich große Finken, einzigartig unter allen Vögeln unseres Gebietes durch die gekreuzten Spitzen von Ober- und Unterschnabel, die die Vögel in die Lage versetzen, unter bezeichnender Hin- und Herbewegung des Kopfes die Schuppen der Fichten- und Tannenzapfen, auch die der Lärchen und mit größerer Mühe die der Kiefern zu entfernen, um zu den Samen zu gelangen. Gefieder variabel, ♂ ad. meist rot, oft mehr oder weniger gelb, ♀ oliv, juv. gestreift. Schwanz tief ausgebuchtet. An Nadelwaldungen gebunden. In manchen Jahren Invasionen nach W- und Mitteleuropa und bis nach Irland.

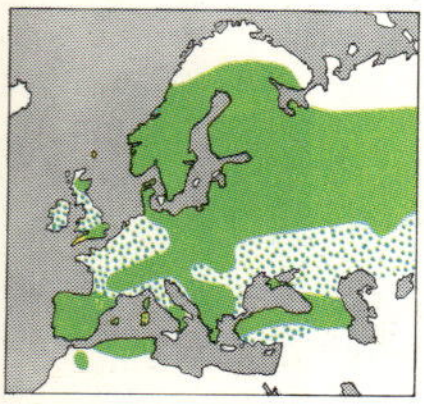
1

FICHTENKREUZSCHNABEL *Loxia curvirostra.* Der häufigste Kreuzschnabel, der als Invasionsvogel auch westlich und südlich des Brutgebietes auftritt. Flügel ohne Binden (im Gegensatz zum Bindenkreuzschnabel). Bei der nordafrikanischen Rasse, *L. c. poliogyna,* sind die ♂ meist matt orange statt rot (oder, wie auch bei anderen Rassen, olivgelb), die ♀ wie bei anderen südlichen Rassen grauer, nicht so oliv wie die nördlich-östliche *L. c. curvirostra.* Wenn der gekreuzte Schnabel nicht zu erkennen, sind das papageienartige Klettern an Fichtenzapfen und der Ruf „gipp, gipp, gipp" gute Kennzeichen. Angenehm klingender Gesang mit diesen und mit zwitschernden und kurz trillernden Lauten, etwas an Grünling (S. 286) erinnernd. Nadelwaldbewohner, hauptsächlich in Fichten und Tannen; bei Invasionen auch in isolierten kleinen Koniferengruppen und in Gärten und Parks. Nomadisiert („Zigeunervogel") und kann in allen Monaten des Jahres, auch im Winter, brütend angetroffen werden. 16,5 cm. ◑ (1)

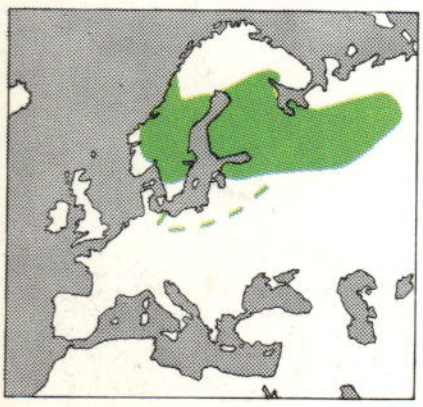
2

KIEFERNKREUZSCHNABEL *Loxia pytyopsittacus.* Etwas größer als Fichtenkreuzschnabel und mit viel dickerem Schnabel. Meist in Kiefernwäldern und daher selten zusammen mit anderen Kreuzschnäbeln, doch auch in gemischten Nadelwäldern, viel seltener als Fichtenkreuzschnabel. Ruft tief „köp, köp" und „zock". 17 cm. ● (2)

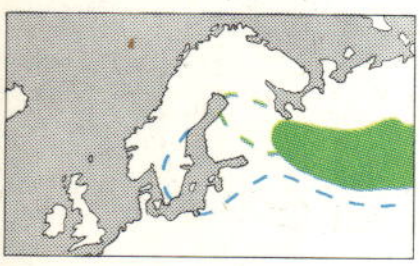
3

BINDENKREUZSCHNABEL *Loxia leucoptera.* Kleiner als die beiden anderen Kreuzschnabel-Arten und leicht kenntlich an den weißen (auch bei juv. schon vorhandenen, aber schmäleren) Flügelbinden. Rufe weniger metallisch als die des Fichtenkreuzschnabels, etwa „giff, giff", ferner „piht"; Gesang wohlklingender, an Kanarienvogel erinnernd. Bewohnt Nadelwälder, vor allem Zirbelkiefern- und Lärchenwälder. Hin und wieder Invasionen bis W- und Mittel-Europa. 14,5 cm. △ (3)

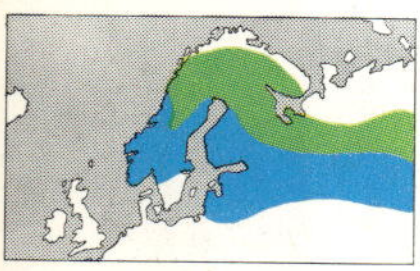
4

HAKENGIMPEL *Pinicola enucleator.* Der größte Fink des Gebietes, starengroß, ähnlich einem übergroßen Bindenkreuzschnabel ohne gekreuzte Schnabelspitzen. ♀ und juv olivgelblich, oft etwas rötlich überflogen, Rücken und Unterkörper mehr oder weniger grau. Manche (jüngere?) ♂ weibchenähnlich. Ruf ein dreisilbiger Pfiff. Gesang aus flötenden und nasalen Lauten bestehend. Bewohnt die Nadelwälder des Nordens der Alten und Neuen Welt. 20 cm. △ (4)

FICHTEN-
KREUZSCHNABEL
♂
♀
♀
♂
juv.
♂
L. c. poliogyna
KIEFERN-
KREUZSCHNABEL
♂
♀
♂
BINDEN-
KREUZ-
SCHNABEL
♀
♂
♂
imm.
HAKENGIMPEL

SPERLINGE: *Passeridae*. Meist ziemlich unauffällig gefärbte, finkenähnliche Vögel mit kräftigem Schnabel, früher allgemein zu den Finken (S. 285) gerechnet, dann als Unterfamilie zu den afrikanisch-indischen Webervögeln *(Ploceidae)* gestellt, neuerdings wieder in die Nähe der Finken gerückt. Flug geradlinig oder hüpfend.

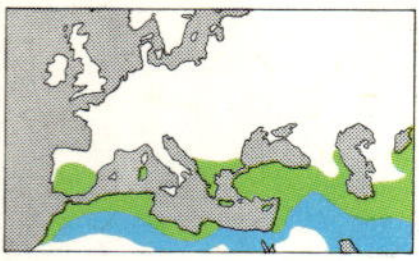

1

WEIDENSPERLING *Passer (domesticus) hispaniolensis*. ♂ vom Haussperling-♂ durch kastanienbraunen Oberkopf, reiner weiße Kopfseiten, schwarze Brust, schwarz gestreifte Körperseiten und kontrastreichere Rückenfärbung unterschieden. ♀ und juv. wie Haussperlings-♀, aber mit angedeuteter dunkler Streifung der Unterseite. Im Osten unseres Gebietes in die blassere Rasse *P. (d.) transcaspicus* übergehend. Stimme tiefer als die des Haussperlings. Bewohnt vielfach Buschwerk, besonders in Flußtälern, Oliven- und Palmenhaine und offenes Gelände mit Bäumen, anderswo, vor allem in Teilen Nordafrikas, Ortschaften, hier meist sich mit dem Haussperling mischend, den er auf den Kanaren ersetzt. Eigentlich nur Rassengruppe des Haussperlings. 14,5 cm. (1)

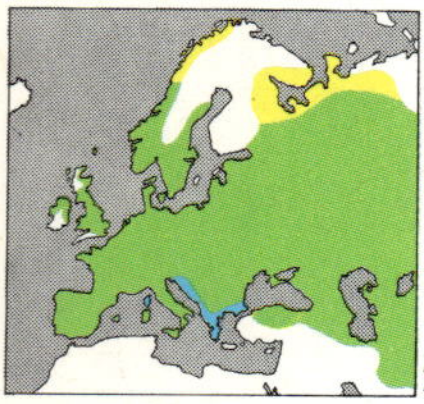

2

FELDSPERLING *Passer montanus*. ♂ und ♀ gleich gefärbt und vom Haussperlings-♂ (außer Weiden- und Italiensperling) durch rotbraunen Oberkopf, von allen durch schwarzen Ohrfleck auf den weißen Kopfseiten unterschieden. Schwarzer Kehlfleck kleiner als beim Haussperlings-♂, Bürzel gelbbraun statt grau. Rufe kürzer und härter als beim Haussperling, u. a. schnell „tschicktschicktschick"; kennzeichnender Flugruf hart „tjeck". Bewohnt baumbestandenes Kulturland, Feldgehölze, Dorfränder u. dgl.; besetzt häufig Nistkästen. In unserem Gebiet in viel geringerem Umfang dem Menschen angeschlossen als der Haussperling. 14 cm. ● (2)

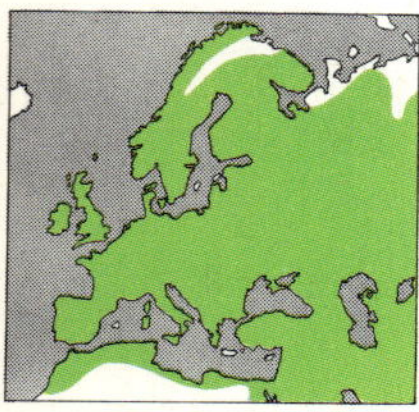

3

HAUSSPERLING *Passer domesticus*. Allbekannt; ♀ und juv. ohne besondere Kennzeichen, mit fahlem Streif hinter den Augen und gestreiftem Rücken; ♂ mit im Winter z. T. verdecktem schwarzem Kehllatz, grauem Bürzel und grauem, hinten seitwärts rotbraunem Oberkopf. Die italienische Rasse (Italiensperling, *P. d. italiae*), eine stabilisierte Mischform zwischen Haus- und Weidensperling, hat ganz rotbraunen Oberkopf; ähnliche Mischpopulationen auch an anderen Stellen des Mittelmeergebietes. Rufe schilpend. Lebt in Ortschaften, selbst inmitten der Großstädte, und im Kulturland; nistet bei uns meist an Gebäuden. 14,5 cm. ● (3)

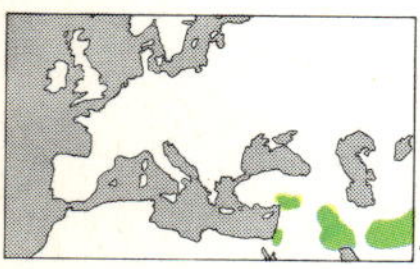

4

MOABSPERLING *Passer moabiticus*. Ähnlich Haussperling, kleiner, ♂ und ♀ mit gelbem Halsseitenfleck. Ruft „dli-dli". Lokal verbreitet; in Wassernähe in Buschwerk mit Tamarisken, Pappeln usw. 12 cm. (4)

5

WÜSTENSPERLING *Passer simplex*. Sehr blaß gefärbt, ♂ mit schwarzer Kehle und zur Brutzeit schwarzem Schnabel; im Flug dunkle Flügelbinde auffällig. Wüstenvogel: bewohnt Wadis mit Büschen und Bäumen, aber auch Sanddünen mit spärlichem Graswuchs; in manchen Wüstendörfern den Haussperling ersetzend. 13,5 cm. (5)

SPERLINGE

WEIDEN-
SPERLING
FELDSPERLING
P. d. italiae
HAUSSPERLING
MOABSPERLING
WÜSTEN-
SPERLING

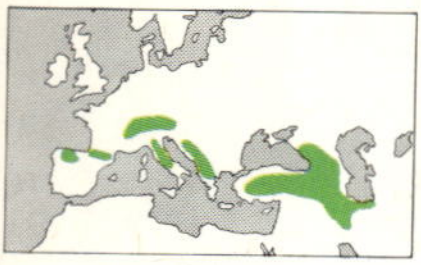

1

SCHNEEFINK *Montifringilla nivalis.* Ein schlanker, finkenähnlicher, graugköpfiger Hochgebirgssperling mit schwarzem, im Winter durch graue Federränder teilweise verdecktem Kehlfleck, viel Weiß im Schwanz und schneeammerähnlicher (S. 281) weißer Flügelzeichnung. ♀ und juv. matter gefärbt, juv. ohne schwarze Kehle. Schnabel gelb mit schwarzer Spitze, beim ♂ zur Brutzeit schwarz. Sitzt in aufgerichteter Haltung und zuckt mit dem Schwanz. Ruft rauh „zuihk", an Bergfink (S. 284) erinnernd, und weicher „pitsch". Gesang, im Balzflug und im Sitzen, eintönig „sittitsche, sittitsche . . .". Bewohnt felsige Hänge und Schluchten im Hochgebirge oberhalb der Baumgrenze; auch an hochgelegenen Gebäuden; auch im Winter nur ausnahmsweise in den Tälern. 18 cm. ◑ (1)

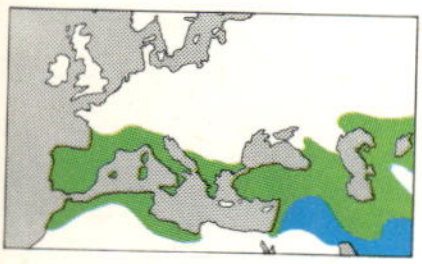

2

STEINSPERLING *Petronia (Petronia) petronia.* Ähnlich Haussperling-♀, aber mit hellem Überaugenstreif und hellem Scheitelstreif; gelber Kehlfleck und weiße Schwanzspitzenflecke oft schwer zu erkennen. Juv. ohne gelben Kehlfleck. Ruft „bäi" (ähnlich Bergfink, S. 284), stieglitzartig „düi-döi" und erregt schnurrend „rrr". Gesang eine Reihe von „düi-döi"-Rufen. Läuft am Erdboden pieperartig; Flug wellenförmig. Bewohnt steinige Hänge mit oder ohne Gebüsch, Ruinen u. dgl., stellenweise auch im Kulturland und bei Ortschaften. Früher auch in Deutschland brütend. 14 cm. (2)

3

GELBKEHLSPERLING *Petronia (Gymnoris) xanthocollis.* Ähnlich dem Steinsperling, kleiner, Kopf ungestreift. Flügel mit rotbraunem „Schulterfleck" und zwei hellen Binden. Schnabel des ♂ zur Brutzeit schwarz, sonst bräunlich. ♀ und juv. matter gefärbt als ♂, Schnabel bräunlich. Gesang abgehackt „tschip, tschip, tschjok, tschok". Bewohnt offenes Gelände mit einzelnen Bäumen, lichte Wälder, Gärten und Dörfer; nistet in Baumhöhlen, auch an Gebäuden und in Nistkästen. 12,5 cm. (3)

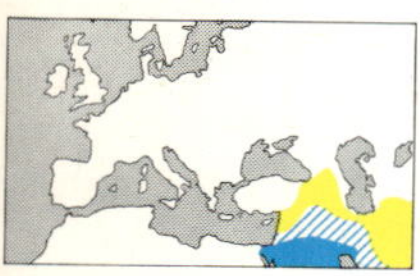

4

FAHLSPERLING *Carpospiza brachydactyla.* Ein eintönig fahlbrauner Vogel von Grünlingsgröße, ohne die Kopfstreifen und den gelben Kehlfleck des Steinsperlings; Schwanz mit deutlichen weißen Spitzenflecken auf den Innenfahnen der Federn. Der Gesang beginnt mit pfeifenden Tönen und endet mit einem schwirrenden Triller, der an Grillen erinnert. Gesellig. Bewohnt wüsten- oder halbwüstenhaftes Gelände mit einzelnen Büschen. 14 cm. (4)

PRACHTFINKEN: *Estrildidae*

WELLENASTRILD *Estrilda astrild.* Ein winziger bräunlicher, dunkel gewellter Vogel mit weißlichen Wangen, rotem Augenstreif, roter Bauchmitte und bei ad. rotem, bei juv. schwarzem Schnabel; Schwanz ziemlich lang. Ruft „tjük", „tzep" und „tjüküp", Gesang kurz, rauh und schnell. Bewohnt Afrika von Sierra Leone und Aethiopien bis zur Kapprovinz Südafrikas; bei Obidos in Portugal aus Angola eingeführt und eingebürgert. Dort in großen Flügen im Schilf bei Gemüsefeldern. 10 cm.

juv.
ad. Sommer
SCHNEEFINK
ad. Winter
Schneeammer S. 281
ad.
juv.
STEINSPERLING
ad.
GELBKEHLSPERLING
ad.
FAHLSPERLING
ad.
WELLENASTRILD

STARE: *Sturnidae.* Mittelgroße, kräftig gebaute Vögel mit kräftigen Füßen und kräftigem, aber meist schlankem Schnabel, die sich auf dem Erdboden laufend fortbewegen. Geschlechter gleich gefärbt. Flug schnell und geradlinig; Schwärme führen oft erstaunliche Flugmanöver aus.

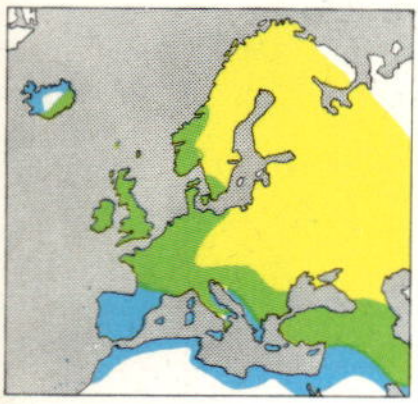
1

STAR *Sturnus (Sturnus) vulgaris.* Ad. schwarz, grün und purpurn schillernd, im Herbst und Winter mit weißlichen Flecken, die durch Abnutzung zum Frühjahr und Sommer hin verschwinden. Schnabel im Frühjahr und Sommer hellgelb, nicht so goldgelb wie der der Amsel (S. 257), von der zu allen Zeiten durch den kürzeren Schwanz, das metallisch glänzende Gefieder, die geschäftige Fortbewegungsweise auf dem Erdboden und im Fluge durch den dreieckigen Umriß der Flügel zu unterscheiden. Juv. matt braun mit heller Kehle. Vgl. Einfarbstar und Rosenstar. Gesang ein Gemisch aus pfeifenden, schnalzenden und schwatzenden Lauten, mit vielen Nachahmungen, oft unter Flügelschlagen vorgetragen, nicht sehr laut. Nestjunge rufen unablässig „tschirr". Bewohnt Wälder und Gehölze aller Art, Parkanlagen, Gärten, Städte und Dörfer; zur Nahrungssuche und nach der Brutzeit auf Wiesen und Weiden und in großer Zahl in Gehölzen oder selbst auf Bäumen oder an Gebäuden in den Städten nächtigend. 21,5 cm. ● (1)

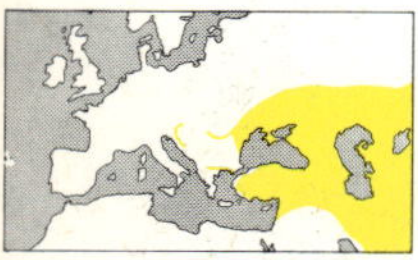
2

ROSENSTAR *Sturnus (Pastor) roseus.* Ad. mit Haube, schwarz und rosaweißlich, unverwechselbar; juv. sehr ähnlich jungem Star, aber heller, mit heller Schnabelwurzel und hellen Füßen. Stimme der des Stars ähnlich. Bewohnt Grassteppen und offenes, felsiges Gelände und folgt den Schwärmen der Heuschrecken, die in erster Linie seine Nahrung bilden, westwärts. 21,5 cm. △ (2)

3

EINFARBSTAR *Sturnus (Sturnus) unicolor.* Vom Star, dem in Verhalten und Stimme sehr ähnlich, nur durch das im Winter wenig und zur Brutzeit gar nicht gefleckte Gefieder unterschieden. Juv. dunkler als junge Stare. 21 cm. (3)

4

TRISTRAMSTAR *Onychognathus tristramii.* In unserem Gebiet der einzige Vertreter einer in Afrika artenreichen Gattung; glänzend blauschwarz (♀ mit grauerem Kopf), mit im Fluge auffälligem rotbraunem Flügelfleck. Gesang melancholisch, wohlklingend. Schwärme führen wie der Star Flugmanöver aus. Bewohnt felsige Schluchten. 25 cm. (4)

PIROLE: *Oriolidae*

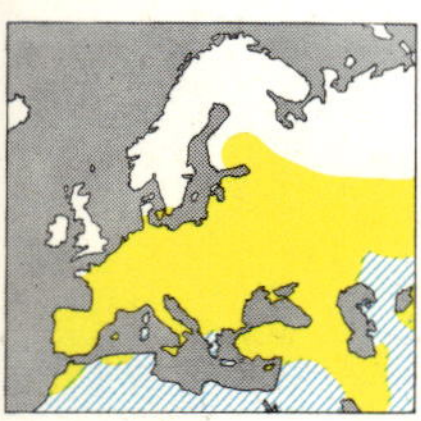
5

PIROL *Oriolus oriolus.* ♂ unverkennbar goldgelb und schwarz. ♀ und juv. grünlich, zuweilen mit jungen Grünspechten (S. 193) verwechselt, die aber stärkeren Schnabel und ganz andere Bewegungen haben. ♂ flötet laut „düdelio" oder ähnlich; ♂ und ♀ kreischen häherähnlich. Juv. rufen abfallendes „gügügügü". Flug flach wellig. Bewohnt Laubwälder, Pappelpflanzungen, Parkanlagen und große Gärten. 24 cm. ● (5)

imm.
Winter
Sommer
juv.
imm.
STAR
juv.
ad. Sommer
ROSENSTAR
Sommer
Winter
EINFARBSTAR
♀
♂
TRISTRAMSTAR
♀
♂
PIROL

● **RABENVÖGEL:** *Corvidae.* Diese Familie enthält die größten Arten der Ordnung Sperlings- oder Singvögel; Vögel mit kräftigen Schnäbeln und Füßen, neugierig, kühn und begabt, aber mit für das menschliche Ohr wenig angenehmer Stimme.

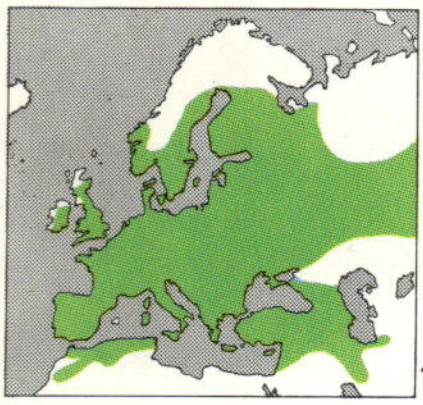
1

EICHELHÄHER *Garrulus glandarius.* Gefiederfärbung nach den Rassen recht verschieden, aber stets kenntlich an den besonders im Fluge auffallenden blauen und weißen Flügelzeichnungen und an dem weißen Bürzel. Kopffedern können zur Haube gesträubt werden. Ruf ein lautes, wildes Kreischen, „rätsch" oder „raak", manchmal im Chor; ferner bussardartiges „hiäh" und viele andere gluckende und knackende Laute. Gesellschaften lassen oft eine Art seltsamen Gesangs aus halblauten Tönen hören. Flug etwas unbeholfen erscheinend. Hüpft auf dem Erdboden. Bewohnt Waldungen aller Art, Gehölze und größere Parkanlagen; gelegentlich auch in Gärten und Obstwiesen. 34 cm. ● (1)

Cypern
G. g. glaszneri

N- und O-Rußland
G. g. sewerzowii

N-Kleinasien
G. g. krynicki

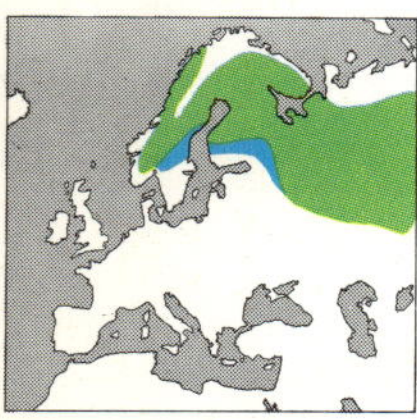
2

UNGLÜCKSHÄHER *Perisoreus infaustus.* Graubraun, mit rotbraunen Abzeichen in Flügeln und Schwanz; kleiner, kurzschnäbliger und langschwänziger als Eichelhäher und ohne Weiß. Ruft rauh „tschär", ferner „kuk, kuk" und zweisilbig „whisky", schwarzspechtähnlich (S. 192). Zutraulich und nicht scheu, jedoch zur Brutzeit schweigsam und unauffällig. Bewohnt die Nadelwälder des Nordens, wo meisenartig im Geäst turnend, um zu den Zapfen zu gelangen; im Winter auch am Rande von Ortschaften. 30,5 cm. (2)

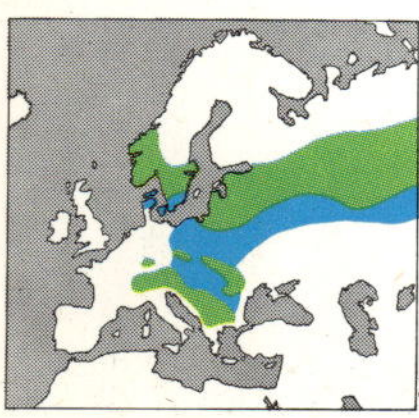
3

TANNENHÄHER *Nucifraga caryocatactes.* Der einzige etwa eichelhähergroße Vogel unseres Gebietes mit dichter weißer Fleckung und im Fluge auffälligem weißem Schwanzende. Gewöhnlicher Ruf eichelhäherähnlich „rätsch", rauh „kror" und ein schnurrender Alarmruf. Flug ähnlich wie beim Eichelhäher. Hüpft auf dem Erdboden. Bewohnt Nadel- und Mischwälder, in den Alpen besonders Arven, deren Samen er verzehrt und die er durch Verstecken der Samen verbreitet, wie er es nach Eichelhäherart in Skandinavien mit Haselnüssen tut. Die dünnschnäbelige sibirische Rasse *N. c. macrorhynchos* erscheint in manchen Jahren im Herbst invasionsartig in W- und Mitteleuropa. 32 cm. ◑ (3)

Großbritannien
G. g. rufitergum
Skandinavien
Mitteleuropa
G. g. glandarius
EICHELHÄHER
S-Kleinasien bis Irak
G. g. atricapillus
Atlas
G. g. minor
N-Algerien, N-Tunesien
G. g. cervicalis
UNGLÜCKSHÄHER
TANNENHÄHER

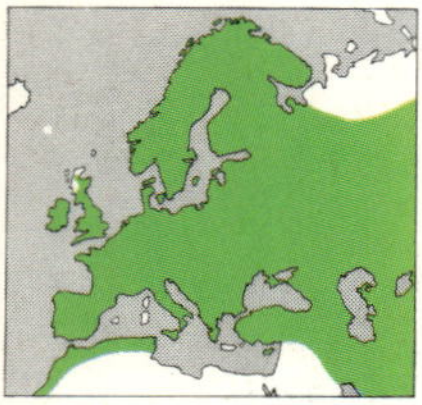
1

ELSTER *Pica pica*. Einer der am leichtesten zu erkennenden Vögel unseres Gebietes, schwarz (auf Flügeln und Schwanz mit nur aus der Nähe zu sehendem blauem, grünem und purpurnem Glanz) und weiß mit langem Schwanz. Ruft „schack-schack" (zuweilen vom Eichelhäher, S. 305, nachgeahmt); hat keinen eigentlichen Gesang, läßt aber ein nicht sehr lautes Geschwätz hören. Flug wirkt unbeholfen. Auf dem Erdboden läuft die Elster oder hüpft seitwärts. Außer an den Schlafplätzen und bei Versammlungen im Frühjahr meist nur in kleinen Gesellschaften. Bewohnt Kulturland und offenes Gelände mit einzelnen Bäumen, Büschen oder Gehölzen von der Tundra bis zur Wüste; vielfach auch in Ortschaften. 46 cm. ● (1)

2

BLAUELSTER *Cyanopica cyanus*. Leicht kenntlich an Gestalt und Färbung (Kopf schwarz, Kehle weiß, Flügel und langer Schwanz blau). Gesellig und lärmend, ständig ein ansteigendes „srih" rufend. Flug ähnlich Elster. Bewohnt lichte Wälder, Gehölze im Kulturland, Obst- und Olivenpflanzungen, Eukalyptusanpflanzungen und größere Gärten; außer in SW-Europa (Rasse *C. c. cooki*) auch in O-Asien vorkommend. 34 cm. (2)

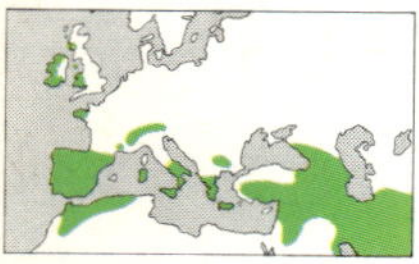
3

ALPENKRÄHE *Pyrrhocorax pyrrhocorax*. Der einzige schwarze Vogel des Gebietes mit rotem Schnabel und roten Füßen; die Alpendohle ist gelbschnäbelig, Raben und Krähen (S. 309 und 311) haben schwarzen Schnabel. Juv. mit orangefarbenem Schnabel. Ruft „kjau" ähnlich jungen Dohlen (S. 310), ferner möwenartige Rufe und ein kennzeichnendes „kschaff". Flug leichter als der anderer schwarzer Rabenvögel, mit kolkrabenartigen (S. 308) Flugspielen. Hüpft und läuft auf dem Erdboden. Bewohnt Klippen an Steilküsten und schwer zugängliche Felsen im Gebirge. 39,5 cm. △ (3)

Alpendohle ad. Alpenkrähe juv. Alpenkrähe ad.

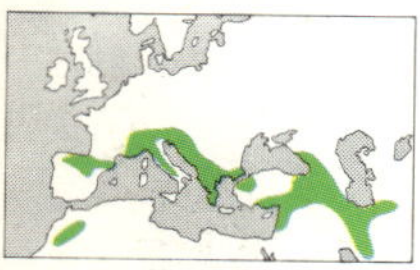
4

ALPENDOHLE *Pyrrhocorax graculus*. Der einzige schwarze Vogel unseres Gebietes, der gelben Schnabel und rote Füße hat; Schnabel kürzer als der der im allgemeinen viel selteneren Alpenkrähe. Juv. von junger Alpenkrähe durch gelben Schnabel und schwarze Füße zu unterscheiden. Verhalten ähnlich dem der Alpenkrähe, aber gewöhnlicher Ruf metallisch „schirrik", von Flügen oft im Chor ausgestoßen; ruft ferner „tschjup". Bewohnt felsige Partien im Hochgebirge, aufwärts bis zur Schneegrenze. 38 cm. ◑ (4)

N-Afrika
P. p. mauritanica
ELSTER
BLAUELSTER
juv.
ALPENKRÄHE
ad.
ALPENDOHLE

Raben und **Krähen** (Gattung *Corvus*). Die typischen Rabenvögel, meist mehr oder weniger schwarz gefärbt; gelten als die klügsten und anpassungsfähigsten aller Vögel. Von Alpenkrähen und Alpendohlen (S. 307) durch den niemals gelben oder roten Schnabel unterschieden.

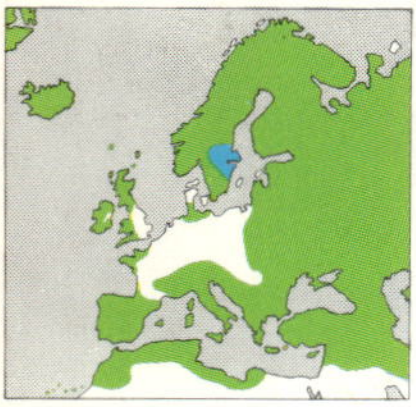

1

KOLKRABE *Corvus corax*. Der größte schwarze Vogel unseres Gebietes, bussardgroß, von den Krähen durch bedeutendere Größe, stärkeren Schnabel, die Stimme und im Fluge durch den keilförmigen Schwanz zu unterscheiden. Vgl. auch Wüsten- und Borstenraben. Gegenüber den Krähen (S. 311) Hals länger und Schnabel merklich stärker erscheinend. Ruf tief und sonor „korrk", könnte mit ähnlichem, weniger tiefem Ruf verwechselt werden, der zuweilen von der Saatkrähe zu hören ist. Flug wuchtig; segelt oft; im Frühjahr akrobatische Flugspiele. Schreitet auf dem Boden „majestätisch". Zur Brutzeit paar- und familienweise, sonst, wo häufig, auch in Flügen. Bewohnt mehr oder weniger offenes Gelände von der Tundra bis zur Wüste, aber auch Auen- und Bergwälder, Felsen und Steilküsten; in W- und M-Europa vielerorts ausgerottet. Brütet sehr früh im Jahr. 64 cm. ◑ (1)

Kolkrabe

Rabenkrähe

2

WÜSTENRABE *Corvus ruficollis*. Ein Wüstenvogel, in mancher Hinsicht mehr einer Krähe als einem Raben ähnlich und vielleicht dem schwarzweißen Schildraben *(Corvus albus)* Afrikas näher verwandt als dem Kolkraben. Der kennzeichnende braune Farbton des Nacken- und Halsgefieders ist nur aus der Nähe zu erkennen; er fehlt juv. und wird im abgetragenen Gefieder deutlicher. Schnabel weniger stark als beim Kolkraben, Flügel spitzer. Vgl. Borstenrabe. Stimme krähenähnlicher (vgl. S. 310), mit einem glockenartigen Ruf. Ersetzt den Kolkraben in vielen Trockengebieten; in Nordafrika vor allem in der Beifußsteppe mit einzelnen Bäumen, in denen er nistet. 50 cm. (2)

3

BORSTENRABE *Corvus rhipidurus*. Schwarz, auffallend kurzschwänzig, daher mit fledermausartigem Flugbild; Schnabel stark, kürzer als bei Kolk- und Wüstenrabe, am Grunde mit aus der Nähe sichtbaren aufgerichteten Borsten. Gefieder zuweilen bronzefarben getönt, aber durch Schnabelform und kurzen Schwanz auch dann vom Wüstenraben zu unterscheiden. Stimmlage noch höher als die des Wüstenraben. Wohl mit den afrikanischen Erz- und Geierraben *(C. crassirostris* und *C. albicollis)* am nächsten verwandt. Führt oft gemeinschaftlich Flugspiele aus und läuft häufig mit geöffnetem Schnabel. Bewohnt Klippen und Felsen, an denen er auch nistet; stellenweise bei Ortschaften. 47 cm. (3)

KOLKRABE
WÜSTENRABE
BORSTENRABE

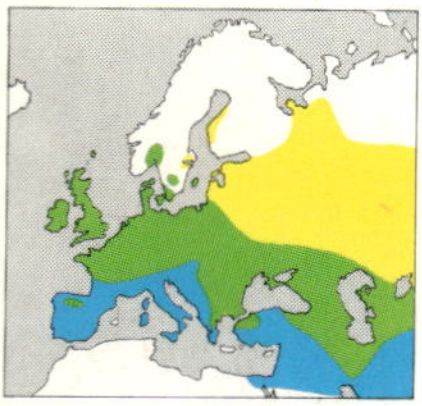

1

SAATKRÄHE *Corvus frugilegus.* Ad. der einzige schwarze Rabenvogel mit nacktem, hellem Gesicht, das bei juv. bis zum Ende des ersten Winters schwarz befiedert ist. In jedem Alter von der Rabenkrähe durch Purpurglanz des Gefieders, herabhängende Federn an den Schenkeln und schlankeren Schnabel, von der Dohle, mit der oft in Flügen vergesellschaftet, durch bedeutendere Größe und Fehlen von Grau am Hals zu unterscheiden. Ruft tief, heiser „gag" und „krah", die Rufe gezogener als bei der Aaskrähe und gewöhnlich nicht dreimal wiederholt. Gesellig; brütet in oft großen Kolonien und erscheint zur Zugzeit und im Winter in W- und Mitteleuropa in großen Scharen. Bewohnt Kulturland und anderes offenes Gelände mit einzelnen Gehölzen, Baumreihen u. dgl.; zur Nahrungssuche in der freien Feldflur. 46 cm. ● (1)

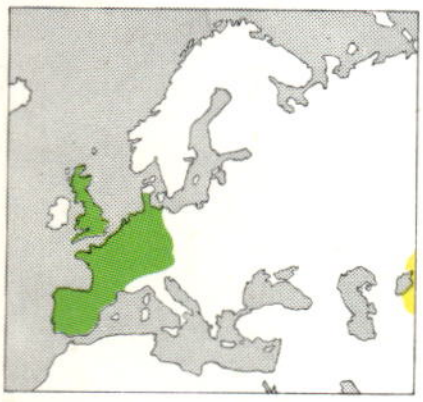

2

AASKRÄHE *Corvus corone* ●

Rabenkrähe *Corvus corone corone.* Schwarz, von der Saatkrähe durch grünlichen statt purpurnen Glanz des Gefieders und an den Schenkeln glatt anliegendes Gefieder, durch stärkeren Schnabel und von ad. Saatkrähen durch befiedertes Gesicht unterschieden. Vgl. auch Kolkrabe (S. 308) und Dohle. Rufe, oft dreimal hintereinander, krächzend „arrk" oder „krah"; auch ein mehrfach wiederholtes „kürrk". Läuft auf dem Erdboden und hüpft seitwärts in ungeschickten Sprüngen. Einzeln, paarweise oder in Familienverbänden; wo häufig, auch in kleinen Flügen. Bewohnt sowohl Waldungen wie offenes Gelände aller Art, vor allem baumbestandenes Kulturland. Nistet meist auf Bäumen, auch auf Felsen, vereinzelt an Gebäuden. Ostwärts bis W-Mecklenburg und zur Elbe. Eine ähnlich schwarze Rasse, *C. c. orientalis,* von Transkaspien und Mittelsibirien ostwärts. 47 cm. (2)

Mischlinge zwischen Nebel- und Rabenkrähe

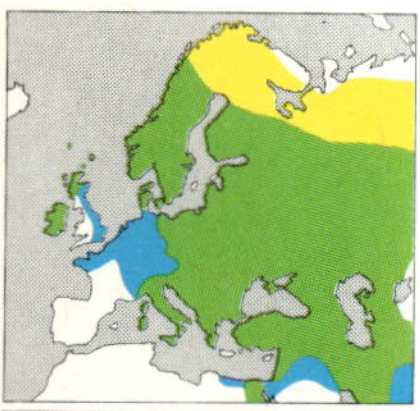

3

Nebelkrähe *Corvus corone cornix* (Irland, N-Schottland, N- und O-Europa), *C. c. sardonius* (Italien, Sardinien und Korsika, SO-Europa, Kleinasien bis Ägypten), *C. c. sharpii* (Kaukasus und Iran bis W-Sibirien), *C. c. capellanus* (Irak bis SW-Iran). Durch schwarz-graue Gefiederzeichnung von der Rabenkrähe unterschieden, mit der sie sich an den Verbreitungsgrenzen als zur gleichen Art gehörig vermischt. 47 cm. (3)

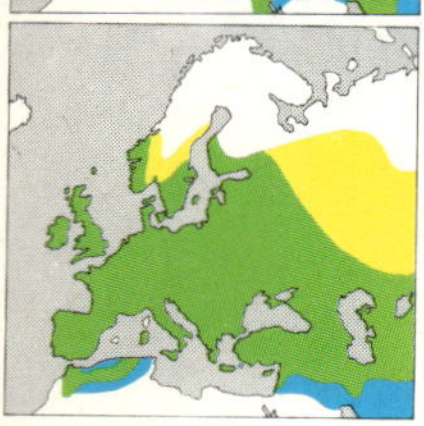

4

DOHLE *Corvus monedula.* Kleiner als Krähen, der einzige schwarze oder schwärzliche Vogel mit grauem Nacken; östliche Rasse (Halsbanddohle, *C. m. soemmeringii)* mit weißem Halsseitenfleck. Ruft „kjack", manchmal gereiht. Flug und Gang leichter als bei den Krähen. Bewohnt Wälder, Gehölze, Felsen, Ruinen, Ortschaften, sofern Nistmöglichkeiten in Baumhöhlen, Felsspalten, Mauerlöchern, Schornsteinen oder dgl. vorhanden. Nistet oft kolonieweise. Zur Zugzeit gern mit Saatkrähen vergesellschaftet. 33 cm. ● (4)

ad.
SAATKRÄHE
juv.
RABENKRÄHE
NEBELKRÄHE
C. m. soemmeringii
DOHLE

IRRGÄSTE, die im Text nicht erwähnt sind, die aber gelegentlich in unserem Gebiet vorgekommen sind (einige vielleicht nur Zoo- oder Volierenflüchtlinge)

Name		*Heimat*	*Nachgewiesen in*
Albatrosse			
Wanderalbatros	*Diomedea exulans*	Südl. Ozeane	Sizilien, Portugal, Frankreich, Belgien, Deutschland
Graukopfalbatros	*Diomedea chrysostoma*	Südl. Ozeane	Norwegen
Rußalbatros	*Phoebetria palpebrata*	Südl. Ozeane	Frankreich (?)
Sturmvögel			
Brustbandsturmvogel (Gouldsturmvogel)	*Pterodroma leucoptera*	S.- u. W.-Pazifik	Großbritannien
Teufelssturmvogel	*Pterodroma hasitata*	W.-Atlantik. Kar. Meer, Pazifik	Großbritannien
Kermadecsturmvogel	*Pterodroma neglecta*	Pazifik	Großbritannien
Jouanins Bulwersturmvogel	*Bulweria fallax*	Ind. Ozean	Israel
Sturmschwalben			
Swinhoes Wellenläufer	*Oceanodroma monorhis*	W.-Pazifik, Ind. Ozean	Israel
Reiher			
Mandschurendommel	*Ixobrychus eurhythmus*	O.-Asien	Deutschland, Italien
Graurückendommel	*Ixobrychus sturmii*	Afrika	Kanaren
Enten			
Dunkelente	*Anas rubripes*	Nordamerika	Großbritannien, Irland
Fahlente	*Anas capensis*	Afrika	Cyrenaica
Greife			
Kappengeier	*Necrosyrtes monachus*	Afrika	W.-Sahara
Schwalbenweih	*Elanoides forficatus*	Amerika	Deutschland
Gaukler	*Terathopius ecaudatus*	Afr., SW.-Arab.	Irak
Falken			
Buntfalke	*Falco sparverius*	Amerika	Dänemark
Regenpfeifer und **Kiebitze**			
Schwarzschopfkiebitz	*Sarciophorus tectus*	Afrika	Östl. Mittelmeergebiet
Schnepfen und **Brachvögel**			
Schlammtreter	*Catoptrophorus semipalmatus*	N.-Amerika	Schweden, Frankreich, Jugoslawien
Eskimo-Brachvogel	*Numenius borealis*	N.-Amerika (fast ausgest.)	Großbritannien, Irland
Möwen			
Aztekenmöwe	*Larus atricilla*	N.-Amerika	Schweden, Großbritannien, Frankreich
Seeschwalben			
Sumpfseeschwalbe	*Sterna forsteri*	N.-Amerika	Irland
Noddi	*Anous stolidus*	Trop. Meere	Deutschland
Alken			
Schopfalk	*Aethia cristatella*	N.-Pazifik	Island
Rotschnabelalk (Papageialk)	*Cyclorrhynchus psittacula*	N.-Pazifik	Schweden
Tauben			
Gelbaugentaube	*Columba eversmanni*	Inner-Asien	Rußland
Spechte			
Saftlecker	*Sphyrapicus varius*	N.-Amerika	Island
Lerchen			
Uferlerche	*Calandrella raytal*	S.-Asien	Spanien
Spottdrosseln			
Rote Spottdrossel	*Toxostoma rufum*	N.-Amerika	Großbritannien
Katzenvogel	*Dumetella carolinensis*	N.-Amerika	Deutschland
Grasmücken			
Riesenschwirl	*Locustella fasciolata*	N.- u. O.-Asien	Frankreich, Dänemark
Dickschnabelsänger	*Phragamaticola aedon*	Asien	Großbritannien
Fliegenschnäpper			
Goldschnäpper	*Ficedula narcissina*	O.-Asien	Frankreich (?)
Mugimakischnäpper	*Ficedula mugimaki*	O.-Asien	Italien

Name		Heimat	Nachgewiesen in
Drosseln			
Einsiedlerdrossel	*Turdus guttatus*	N.-Amerika	Island, Deutschland
Einfarbdrossel	*Turdus unicolor*	Himalaja	Deutschland
Ammern			
Wiesenammer	*Emberiza cioides*	Asien	Italien
Grauschulterrohram.	*Emberiza pallasi*	NO.-Asien	Rußland, Dänemark
Prachtammer	*Emberiza chrysophrys*	NO.-Asien	Belgien, Frankreich
Rötelammer	*Emberiza rutila*	NO.-Asien	Holland, Frankreich
Maskenammer	*Emberiza spodocephala*	O.- u. NO.-Asien	Deutschland
Singammer	*Melospiza melodia*	N.-Amerika	Großbritannien
Grundammer	*Pipilo erythrophtalmus*	N.-Amerika	Großbritannien
Indigofink	*Passerina cyanea*	N.-Amerika	Isld., Azor., Großbrit.
Sommertangare	*Piranga rubra*	N.-Amerika	Großbritannien
Waldsänger			
Kletterwaldsänger	*Mniotilta varia*	N.-Amerika	Großbritannien
Brauenwaldsänger	*Vermivora peregrina*	N.-Amerika	Großbritannien
Goldwaldsänger (Gelber Waldsänger)	*Dendroica petechia*	N.-Amerika	Großbritannien
Streifenwaldsänger	*Dendroica striata*	N.-Amerika	Großbritannien
Grünwaldsänger	*Dendroica virens*	N.-Amerika	Deutschland
Gelbkehlchen	*Geothlypis trichas*	N.-Amerika	Großbritannien
Stärlinge			
Bobolik	*Dolichonyx oryzivorus*	N.-Amerika	Großbritannien
Brillenstärling	*Xanthocephalus xanthocephalus*	N.-Amerika	Großbritannien
Finken			
Chinesengrünling	*Carduelis (Chloris) sinica*	O.-Asien	Dänemark, Deutschld.
Abendkernbeißer	*Hesperiphona vespertina*	N.-Amerika	Großbritannien
Prachtfinken			
Amarant	*Lagonosticta senegala*	Afrika	Marokko
Tigerfink	*Amandava amandava*	S.-Asien	Ägypten (zeitweilig eingebürgert)
Rabenvögel			
Elsterdohle	*Corvus dauuricus*	N.- u. NO.-Asien	Finnland

Schlüssel zur Bestimmung der Steinschmätzer-♂ in unserem Gebiet (s. S. 248)

1. Rücken hell (grau, isabell, bräunlich oder weiß)
1.1. Ohne Schwarz am Kopf
1.1.1. Bürzel rostfarben: **Rostbürzelsteinschmätzer,** Rasse *Oe. x. chrysopygia*
1.1.2. Bürzel weiß: **Isabellsteinschmätzer**
1.2. Nur Kopfseiten (Augen- und Ohrgegend) schwarz oder dunkel
1.2.1. Rücken grau (im Herbst bräunlich), weniger Weiß im Schwanz: **Steinschmätzer**
1.2.2. Rücken graubräunlich, isabell oder weiß, mehr Weiß im Schwanz: **Mittelmeersteinschmätzer** (hellkehlige Variante)
1.3. Kopfseiten und Kehle schwarz oder dunkel
1.3.1. Bürzel weiß
1.3.1.1. Schwarz der Kopfseiten vom Schwarz der Flügel getrennt
1.3.1.1.1. Rücken grau (oder bräunlich), weniger Weiß im Schwanz: **Steinschmätzer** (nordafrikan. Rasse)
1.3.1.1.2. Rücken graubräunlich, isabell oder weiß, mehr Weiß im Schwanz: **Mittelmeersteinschmätzer** (schwarzkehlige Variante)
1.3.1.1.3. Rücken isabell, Schwanz fast ganz schwarz: **Wüstensteinschmätzer**
1.3.1.2. Schwarz der Kopfseiten mit dem der Flügel verbunden: **Felsensteinschmätzer**
1.3.2. Bürzel rostfarben: **Rostbürzelsteinschmätzer,** Rasse *Oe. x. xanthoprymna*
2. Rücken schwarz
2.1. Oberkopf hell, Kopfseiten und Kehle schwarz
2.1.1. Bürzel fahl rostfarben, Schwanz schwarz: **Fahlbürzelsteinschmätzer**
2.1.2. Bürzel weiß
2.1.2.1. Unterkörper (nicht nur Unterschwanzdecken) weiß
2.1.2.1.1. Schwanzseiten ganz weiß: **Kappensteinschmätzer**
2.1.2.1.2. Spitzenteil des Schwanzes schwarz
2.1.2.1.2.1. Schwanz mit schmalem weißen Endsaum, Unterschwanzdecken rahmfarben: **Schwarzrückensteinschmätzer**
2.1.2.1.2.2. Schwanz ohne schmalen weißen Endsaum, Unterschwanzdecken weiß: **Nonnensteinschmätzer**
2.1.2.2. Unterkörper schwarz, Schwanzseiten ganz weiß: **Saharasteinschmätzer** (♂ ad.)
2.2. Ganzer Kopf schwarz
2.2.1. Brust und Unterkörper weiß: **Schwarzkopfsteinschmätzer**
2.2.2. Brust und Unterkörper schwarz
2.2.2.1. Schwanz seitlich ganz weiß: **Saharasteinschmätzer** (junges ♂ und ♀)
2.2.2.2. Schwanz seitlich mit schwarzer Endbinde: **Trauersteinschmätzer**

Literatur in deutscher Sprache (Auswahl)

I. Allgemeine Werke

Handbücher: *Berndt, R.; Meise, W.* (1959–1966): Naturgeschichte der Vögel. Bd. 1 (1959) Allg. Vogelkunde; Bd. 2 (1962) Spezielle Vogelkunde; Bd. 3 (1966) Bibliographien und Register. Stuttgart. – *Diesselhorst, G.* (1964): Klasse Aves, Vögel. In: Handbuch der Biologie VI, H. 29–33, S. 745–866. Konstanz.

Lehrbücher: *Rand, A. L.* (1971): Die Vögel. Ornithologie populär. (Übers. u. bearb. von G. Steinbacher). München. – *Schildmacher, H.* (1965, 3. Aufl. 1970): Wir beobachten Vögel. Jena.

Vögel der Erde: *Austin, O. L.* (1963): Die Vögel der Welt. Übers. aus dem Amerik. von H. Wermuth. München u. Zürich. – *Grzimek, B.*, u. a. (1968–1970): Vögel. In: Grzimeks Tierleben. Bd. 7–9. – Zürich u. München. – *Gilliard, E. T.; Steinbacher, G.* (1959): Vögel. In: Knaurs Tierreich. München u. Zürich.

Meeresvögel: *Alexander, W. B.* (1959): Die Vögel der Meere. Deutsche Bearbeitung von G. Niethammer. Hamburg u. Berlin.

Verhalten: *Tinbergen, N.* (1956): Instinktlehre. Vergleichende Erforschung angeborenen Verhaltens. Berlin u. Hamburg.

Stimme: *Thielcke, G.* (1970): Vogelstimmen. In: Verständliche Wissenschaft. Bd. 104. Berlin.

Eier: *Makatsch, W.* (1967): Kein Ei gleicht dem anderen. Radebeul. – *Peterson, R.; Mountfort, G.; Hollom, P. A. D.* (1970): Die Vögel Europas: Farbtafeln sämtlicher in Europa nistender Singvögel, soweit sie nicht weiß sind. – *Schönwetter, M.* (1967): Handbuch der Oologie. Hrsg. von W. Meise. Erscheint in Lieferungen. Berlin.

Vogelzug: *Salomonsen, F.* (1969): Vogelzug. München, Basel, Wien. – *Schüz, E.* (1971): Grundriß der Vogelzugskunde. Unter Mitarbeit von P. Berthold, E. Gwinner und H. Oelke. Berlin u. Hamburg.

Vogelhaltung: *Steinbacher, G.* (1957). Knaurs Vogelbuch. München u. Zürich.

Vogelfang und Beringung: *Bub, H.* (1967–1969): Vogelfang und Vogelberingung. Teil I–IV. Wittenberg Lutherstadt.

Geschichte: *Stresemann, E.* (1951): Die Entwicklung der Ornithologie von Aristoteles bis zur Gegenwart. Berlin, Aachen.

II. Vögel unseres Gebietes

Systematik: *Hartert, E.* (1903–1922, Ergbd. 1932–1938): Die Vögel der paläarktischen Fauna. 3 Bd. u. Ergbd. (mit F. Steinbacher). Berlin. – (Auf gegenwärtigen Wissensstand gebracht durch: Vaurie, Ch. [1959–1965]: The Birds of the Palearctic Fauna. A systematic reference. Bd. Passeriformes [1959]; Bd. Non-Passeriformes [1965]. London.)

Tiergeographie: *Voous, K. H.* (1962): Die Vogelwelt Europas und ihre Verbreitung. Hamburg u. Berlin.

Verhalten: *Heinroth, O.* u. *M.* (1924–1933): Die Vögel Mitteleuropas. 4 Bde. Berlin. Neudruck 1969.

Stimme: *Voigt, A.; Bezzel, E.* (1961): Exkursionsbuch zum Studium der Vogelstimmen. Heidelberg.

Monographien einzelner Arten: Die Neue Brehm-Bücherei (seit 1949 bis 1971 etwa 110 Bände erschienen). Wittenberg Lutherstadt.

Biographie: *Gebhardt, L.* (1964–1970): Die Ornithologen Mitteleuropas. Bd. 1 (1964). Gießen. Bd. 2 (1970). Sonderband des J. Orn. Berlin.

Handbücher: *Glutz v. Blotzheim, U.* (Herausgeber) (1966–1971): Handbuch der Vögel Mitteleuropas. 4 Bde. Frankfurt/M. – *Niethammer, G.* (1937–1942): Handbuch der deutschen Vogelkunde. 3 Bde. Leipzig.

Feldführer: *Bruun, B.; Singer, A.; König, C.* (1971): Der Kosmos-Vogelführer. Stuttgart. – *Makatsch, W.* (1966): Wir bestimmen die Vögel Europas. Melsungen. – *Peterson, R.; Mountfort, G.; Hollom, P. A. D.* (1970): Die Vögel Europas. Übers. und bearb. von G. Niethammer. 9. Aufl. Hamburg u. Berlin.

Listen: *Niethammer, G.; Kramer, H.; Wolters, H. E.* (1964): Die Vögel Deutschlands. Artenliste. Frankfurt/M.

Avifaunen: Siehe in *Peterson, Mountfort* und *Hollom* (1970): Die Vögel Europas (übers. u. bearb. von Niethammer, Hamburg und Berlin, S. 398–402. Ferner für:

- **N-Afrika:** *Etchécopar, R. D.; Hüe, F.* (1964): Les Oiseaux du Nord de l'Afrique. (Französisch!). Paris.
- **Vorderasien:** *Hüe, F.; Etchécopar, R. D.* (1970): Les Oiseaux du Proche et du Moyen Orient. (Französisch!). Paris.
- **Kleinasien:** *Kumerloeve, H.* (1961): Zur Kenntnis der Avifauna Kleinasiens. Bonner zool. Beiträge 12, Sonderheft. Bonn.
- **Griechenland:** *Kanellis, A.* (1969): Catalogus Faunae Graeciae. Bearb. von W. Bauer, O. v. Helversen, M. Hodge u. J. Martens. Thessaloniki.
- **Deutschland:** *Wüst, W.* (1970): Die Brutvögel Mitteleuropas. München.
- **Westfalen:** *Peitzmeier, J.* (1969): Avifauna von Westfalen. Münster.
- **Südwestdeutschland:** *Hölzinger, J.; Knötzsch, G.; Kroymann, B.; Westermann, K.* (1970): Die Vögel Baden-Württembergs. Anzeiger der Ornithologischen Gesellschaft in Bayern, Bd. 9 – Sonderheft. – *Jacoby, H.; Knötzsch, G.; Schuster, S.* (1970): Die Vögel des Bodenseegebietes. Der Ornithologische Beobachter, Beiheft zu Bd. 67. ALA/Schweizerische Gesellschaft für Vogelkunde und Vogelschutz.
- **Helgoland:** *Vauk, G.* (1972): Die Vögel Helgolands. Hamburg u. Berlin.

III. Zeitschriften

Journal für Ornithologie. Organ der Deutschen Ornithologen-Gesellschaft.

Die Vogelwarte. Organ der Vogelwarten Helgoland und Radolfzell.

Die Vogelwelt. Zeitschrift für Vogelkunde und Vogelschutz.

Ornithologische Schriftenschau. Hrsg. vom Dachverband Deutscher Avifaunisten in Zusammenarbeit mit der Zeitschrift „Die Vogelwelt“ (s. o.).

REGISTER

der Artnamen, einschließlich der wichtigsten Synonyme, das heißt der in der Literatur der letzten 60–70 Jahre häufiger verwendeten, heute aber ungebräuchlichen oder ungültigen deutschen und wissenschaftlichen Vogelnamen. Die Namen der Rassen sind nicht aufgenommen, meist auch dann nicht, wenn es sich um Namen solcher Rassen handelt, die von einigen auch als besondere Arten angesehen werden.

Aaskrähe 310
Abendfalke s. Rotfußfalke
Abendkernbeißer 313
Acanthis cannabina 290
flammea 290
flavirostris 290
hornemanni 290
Acanthopneuste s. *Phylloscopus*
Accentor s. *Prunella*
Accipiter badius 74
brevipes 74
gentilis 74
nisus 74
Acrocephalus aedon s. *Phragamaticola a.*
agricola 224
aquaticus s. *A. paludicola*
arundinaceus 224
dumetorum 224
griseldis s. *A. arundinaceus*
melanopogon 226
paludicola 226
palustris 224
schoenobaenus 226
scirpaceus 224
stentoreus 224
streperus s. *A. scirpaceus*
turdoides s. *A. arundinaceus*
Actitis hypoleucos s. *Tringa h.*
macularia s. *Tringa m.*
Adlerbussard 76
Aegithalos caudatus 264
Aegolius funereus 180
tengmalmi s. *Ae. funereus*
Aegypius monachus 84
Aesalon s. *Falco*
Aethia cristatella 312
Afrardea s. *Ardea*
Agriospiza s. *Acanthis*
Agrobates s. *Cercotrichas*
Aix galericulata 50
Akaziendroßling 262
Alaemon alaudipes 198
Alauda arvensis 204
gulgula 204
Alaudala s. *Calandrella*
Alca torda 164
Alcedo atthis 190
Alectoris barbara 102
chukar 102
graeca 102
rufa 102
Alle s. *Plautus*
Alopochen aegyptiacus 50
Alpenbraunelle 220
Alpendohle 306
Alpenflühevogel s. Alpenbraunelle
Alpenkrähe 306
Alpenlerche s. Ohrenlerche
Alpenschneehuhn 96
Alpensegler 186
Alpenstrandläufer 126, 135
Alseonax latirostris s. *Muscicapa l.*
Amandava amandava 313
Amarant 313
Amherstfasan s. Diamantfas.
Ammer, Kleinasiatische 278
Ammomanes cinctura 200
Ammomanes deserti 200
Ammoperdix griseogularis 104
heyi 104
Amoropelia s. *Streptopelia*
Amsel 256
Amydrus s. *Onychognathus*
Anas acuta 56
americana 52
angustirostris s. *Marmaronetta a.*
boschas s. *A. platyrhynchos*
capensis 312
clypeata 56
crecca 54
discors 54
falcata 54
formosa 54
penelope 52
platyrhynchos 52
querquedula 54
rubripes 312
sibilatrix 52
strepera 52
Anhinga rufa 32
Anous stolidus 312
Anser albifrons 46
anser 46
arvensis s. *A. fabalis*
brachyrhynchus 46
caerulescens 44
erythropus 46
fabalis 46
hyperboreus s. *A. caerulescens*
indicus 44
Anthoscopus pendulinus s. *Remiz p.*
Anthreptes (Hedydipna) platurus 264
Anthropoides virgo 110
Anthus berthelotii 210
campestris 210
cervina 208
gustavi 208
hodgsoni 208
novaeseelandiae 210
pratensis 208
richardi s. *A. novaeseelandiae*
similis 210
spinoletta 210
trivialis 208
Apus affinis 186
apus 186
unicolor 186
caffer 186
melba 186
pallidus 186
Aquila chrysaetos 78
clanga 80
heliaca 78
nipalensis s. *A. rapax*
pomarina 80
rapax 80
orientalis 80
verreauxi 80
Arabertrappe 112
Arceuthornis s. *Turdus*
Archibuteo s. *Buteo*
Arctonetta s. *Somateria*
Ardea cinerea 34
Ardea goliath 34
melanocephala 34
purpurea 34
Ardeiralla s. *Ixobrychus*
Ardeola grayii 36
ibis s. *Bubulcus i.*
ralloides 36
Ardeotis arabs 112
kori 112
Ardetta s. *Ixobrychus*
Arenaria interpres 122, 135
Argya s. *Turdoides*
Arizelomyia latirostris s. *Muscicapa l.*
Arquatella s. *Calidris*
Asio accipitrinus s. *A. flammeus*
capensis 178
flammeus 178
otus 178
Astur s. *Accipiter*
Athene brama 180
noctua 180
Atlasgrasmücke 234
Audubon-Sturmtaucher s. Sturmtaucher, Kleiner
Auerhuhn 98
Augenstreifgoldhähnchen s. Sommergoldhähnchen
Austernfischer 118
Schwarzer 118
Aythya collaris 58
ferina 58
fuligula 58
marila 58
nyroca 58
Aztekenmöwe 312

Bachstelze 212
Weiße, s. Bachstelze
Bairdstrandläufer 136
Bajudaziegenmelker 184
Baltimoretrupial 281
Bartgeier 82
Bartgrasmücke 232
Bartkauz 182
Bartlaubsänger 236
Bartmeise 264
Bartramia longicauda 137
Baßtölpel 30
Baumfalke 94
Baumlerche s. Heidelerche
Baumpieper 208
Baumwachtel 109
Bechsteindrossel 256
Bekassine 140
Bengalen-Brandseeschwalbe s. Rüppellseeschwalbe
Bengalenracke s. Hinduracke
Bergbraunelle 220
Bergente 58
Bergfink 285
Berggimpel 294
Berghänfling 290
Bergkalanderlerche 202

Berglaubsänger 236
Bergstelze s. Gebirgstelze
Bergstrandläufer 136
Beutelmeise 264
Bienenfresser 188
Grüner, s. Smaragdspint
Persischer, s. Blauwangenspint
Bindenkreuzschnabel 296
Bindenlerche s. Sandlerche
Bindenseeadler 70
Bindenstrandläufer 137
Bindentaucher 22
Binsenrohrsänger s. Seggenrohrsänger
Birkenzeisig 290
Birkhuhn 98
Bläßgans 46
Bläßhuhn 116
Blaßspötter 228
Blaudrossel s. Blaumerle
Blauelster 306
Blauflügelente 54
Blaukehlchen 252
Blaumerle 242
Blauracke 188
Blauschwanz 252
Blauwangenbienenfresser s. Blauwangenspint
Blauwangenspint 188
Blutfink s. Gimpel
Bluthänfling 290
Blutspecht 194
Bobolink 313
Bombycilla garrulus 216
Bonaparte-Möwe 148, 154, 156
Bonasa bonasia s. *Tetrastes b.*
Borstenrabe 308
Botaurus lentiginosus 38
stellaris 38
Brachpieper 210
Brachschwalbe 142
Brachvogel, Großer 138
Brahmakauz 180
Brandgans 50
Brandseeschwalbe 158
Branta bernicla 48
canadensis 48
leucopsis 48
ruficollis 48
Brauenwaldsänger 313
Braunachsel-Goldregenpfeifer s. Goldregenpfeifer, Kleiner
Braunbauchflughuhn 168
Braunkehlchen 242
Braunkehl-Uferschwalbe 206
Braunkopfammer 276
Braunliest 190
Braunnackenrabe s. Wüstenrabe
Braunschnäpper 240
Brillenente 62
Brillengrasmücke 234
Brillenstärling 313
Bruchwasserläufer 132, 134
Brustbandsturmvogel 312
Bubo bubo 176
zeylonensis s. *Ketupa z.*
Bubulcus ibis 36
Bucanetes githagineus 288
Bucephala albeola 64
clangula 64
islandica 64
Buchfink 285
Budytes s. *Motacilla*
Büffelkopfente 64
Bulweria bulwerii 28
fallax 312
Bulwersturmschwalbe 28
Buntdrossel s. Erddrossel
Buntfalke 312
Buntfußsturmschwalbe 28
Buntspecht 194
Großer, s. Buntspecht
Kleiner, s. Kleinspecht
Mittlerer, s. Mittelspecht
Burhinus oedicnemus 142
senegalensis 142
Buschgrasmücke 230
Buschrohrsänger 224
Buschspötter 228
Buteo buteo 76
lagopus 76
rufinus 76

Caccabis s. *Alectoris*
Calamodus s. *Acrocephalus*
Calamodyta s. *Acrocephalus*
Calamoherpe s. *Acrocephalus*
Calandrella brachydactyla 200
cinerea s. *C. brachydactyla*
raytal 312
rufescens 200
Calcarius lapponicus 280
Calidris acuminata 136
alba 128, 135
alpina 126, 135
arenaria s. *C. alba*
bairdii 136
canutus 128, 135
ferruginea 126, 135
fuscicollis 136
maculata s. *C. melanotos*
maritima 128, 135
mauri 136
melanotos 136
minuta 126, 135
minutilla 136
pusilla 136
temminckii 126, 135
testacea s. *C. ferruginea*
Calipareus s. *Podiceps*
Calliope s. *Luscinia*
Callipepla californica s. *Lophortyx c.*
Calobates s. *Motacilla*
Calonectris diomedea 26
Capella s. *Gallinago*
Caprimulgus aegyptius 184
europaeus 184
nubicus 184
ruficollis 184
Carduelis (Carduelis) carduelis 286
(Chloris) chloris 286
sinica 313
citrinella s. *Serinus c.*
(Spinus) spinus 286
Carine s. *Athene*
Carolinasumpfhuhn 114
Carpodacus erythrinus 294
roseus 294
rubicilla 294
synoicus 294
Carpospiza brachydactyla 300
Casarca s. *Tadorna*
Casmerodius albus 36
Catharacta s. *Stercorarius*
Catharus s. *Turdus*
Catoptrophorus semipalmatus 312
Cecropis daurica 206
Centropus senegalensis 174
Cepphus grylle 164
Cerchneis s. *Falco*
Cercomela melanura 248
Cercotrichas galactotes 254
Certhia brachydactyla 272
familiaris 272
Ceryle alcyon 190
rudis 190
Cettia cetti 226
Chaetura caudacuta s. *Hirundapus caudacutus*
Chaimarrornis leucocephalus 250
Charadrius s. auch *Pluvialis, Eudromias*
alexandrinus 120, 135
asiaticus 122
dubius 120, 135
hiaticula 120, 135
leschenaultii 120
mongolus 120
pecuarius 120, 134
vociferus 120
Chaulelasmus s. *Anas*
Chelidon s. *Hirundo*
Chelidonaria s. *Delichon*
Chen s. *Anser*
Chenalopex s. *Alopochen*
Chersophilus duponti 200
Chettusia gregaria 124
Chileflamingo 42
Chinesengrünling 313
Chlamydotis undulata 112
Chlidonias hybrida 162
leucopareia s. *Ch. hybrida*
leucopterus 162
niger 162
Chloris s. *Carduelis*
Chloroptila s. *Serinus*
Chordeiles minor 184
Choriotis s. *Ardeotis*
Chrysolophus amherstiae 108
pictus 108
Chukarsteinhuhn 102
Cichloselys s. *Turdus*
Ciconia ciconia 42
nigra 42
Cinclus cinclus 272
Cinnyris s. *Nectarinia*
Circaetus gallicus 72
Circus aeruginosus 86
cyaneus 86
macrourus 86
pygargus 86
Cirrepidesmus s. *Charadrius*
Cistensänger 226
Cisticola juncidis 226
Clamator glandarius 174
Clangula hyemalis 64
Coccothraustes coccothraustes 288
Coccystes s. *Clamator*
Coccyzus americanus 174
erythrophthalmus 174
Colinus virginianus 109
Coloeus dauuricus s. *Corvus d.*
monedula s. *Corvus m.*
Columba eversmanni 312
junoniae 170
livia 170
oenas 170
palumbus 170
trocaz 170
Colymbus s. *Gavia*

Comatibis s. *Geronticus*
Compsothlypis s. *Parula*
Coracias benghalensis 188
garrulus 188
Corvus affinis s. *C. rhipidurus*
corax 308
corone 310
capellanus 310
cornix 310
corone 310
sardonius 310
sharpii 310
dauuricus 313
frugilegus 310
monedula 310
rhipidurus 308
ruficollis 308
Cractes s. *Perisoreus*
Crex crex 114
Crocethia s. *Calidris*
Cryptocichla sibirica 261
Cryptoglaux s. *Aegolius*
Cuculus canorus 174
optatus s. *C. saturatus*
saturatus 174
Cuncuma leucoryphus s. *Haliaeetus l.*
Curruca s. *Sylvia*
Cursorius cursor 142
Cyanistes s. *Parus*
Cyanocincla s. *Monticola*
Cyanopica cyanus 306
Cyanosylvia s. *Luscinia*
Cyclorrhynchus psittacula 312
Cygnus bewickii 44
cygnus 44
olor 44
Cypselus s. *Apus*

Dafila s. *Anas*
Daption capensis 24
Delawarenmöwe 146
Delichon urbica 206
Dendrocopos leucotos 196
major 194
medius 194
minor 196
syriacus 194
Dendrocoptes s. *Dendrocopos*
Dendroica coronata 281
petechia 313
striata 313
virens 313
Dendronessa s. *Aix*
Diademrotschwanz 250
Diamantfasan 108
Dickfuß s. Triel
Dickschnabellumme 164
Dickschnabelsänger 312
Diomedea chlororhynchos 24
chrysostoma 312
exulans 312
melanophris 24
Diplootocus moussieri 250
Distelfink 286
Dohle 310
Dolichonyx oryzivorus 313
Dompfaff 286
Doppelschnepfe 140
Doppelspornfrankolin 104
Dorngrasmücke 230
Dornspötter 228
Dreizehenmöwe 152, 156
Dreizehenspecht 196
Dromas ardeola 118
Drossel, Blasse, s. Weißbrauendrossel
Sibirische 261
Drosselrohrsänger 224
Südlicher, s. Stentorrohrsänger
Dryobates s. *Dendrocopos*
Dryocopus martius 192
Dünnschnabel-Brachvogel 138
Dünnschnabelmöwe 146, 154, 156
Dumetella carolinensis 312
Dunkelente 312
Dunkellaubsänger 236
Dupontlerche 200
Dytes s. *Podiceps*

Edelfasan s. Fasan
Egretta alba s. *Casmerodius albus*
ardesiaca 36
garzetta 36
gularis 36
intermedia s. *Mesophoyx i.*
Eibischgrasmücke 230
Eichelhäher 304
Eiderente 60
Eilseeschwalbe 158
Einfarbdrossel 313
Einfarbsegler 186
Einfarbstar 302
Einödgimpel 294
Einsiedelwasserläufer 137
Einsiedlerdrossel 313
Eisente 64
Eismöwe 150, 154, 155, 157
Eissturmvogel 24
Eistaucher 20
Eisvogel 190
Elanoides forficatus 312
Elanus caeruleus 72
Eleonorenfalke 92
Elfenbeinmöwe 152, 156
Elster 306
Elsterdohle 313
Elstersteinschmätzer 248
Emberiza aureola 276
bruniceps 276
buchanani 278
caesia 278
calandra 274
chrysophrys 313
cia 274
cineracea 278
cioides 313
cirlus 276
citrinella 276
hortulana 278
icterica s. *E. bruniceps*
leucocephalos 274
melanocephala 276
pallasi 313
pusilla 280
rustica 280
rutila 313
schoeniclus 280
spodocephala 313
striolata 274
Epilais s. *Sylvia*
Erddrossel 258
Eremialector s. *Pterocles*
Eremophila alpestris 198
bilopha 198
Eremopterix nigriceps 198
Ereunetes s. *Calidris*
Erismatura s. *Oxyura*
Erithacus rubecula 252
Erlenzeisig s. Zeisig
Erolia s. *Calidris*
Erythrina s. *Carpodacus*
Erythropus s. *Falco*
Erythropygia s. *Cercotrichas*
Erythroscelus s. *Tringa*
Erznektarvogel 264
Eskimo-Brachvogel 312
Estrilda astrild 300
senegala s. *Lagonosticta s.*
Eudromias morinellus 122
Eulabeia s. *Anser*
Eunetta s. *Anas*
Eupoda s. *Charadrius*
Eutolmaetus s. *Hieraaetus*

Fahlbürzelsteinschmätzer 246
Fahlente 312
Fahlkauz 182
Fahlsegler 186
Fahlsperling 300
Falco biarmicus 90
feldeggi 90
cherrug 90
columbarius 94
concolor 92
eleonorae 92
naumanni 94
pelegrinoides 92
peregrinus 92
rusticolus 90
sparverius 312
subbuteo 94
tinnunculus 94
vespertinus 94
Falkenlerche s. Knackerlerche
Falkenraubmöwe 144
Fasan 106
Fausthuhn 168
Feldeggsfalke 90
Feldhuhn s. Rebhuhn
Feldlerche 204
Kleine 204
Feldrohrsänger 224
Feldschwirl 222
Feldsperling 298
Felsenhuhn 102
Felsenkleiber 270
Felsenschwalbe 206
Felsensteinschmätzer 246
Felsentaube 170
Felskarmingimpel s. Berggimpel
Ficedula albicollis 240
hypoleuca 240
mugimaki 312
narcissina 312
parva 240
semitorquata 240
Fichtenammer 274
Fichtengimpel s. Hakengimpel
Fichtenkreuzschnabel 296
Finschtrauersteinschmätzer s. Felsensteinschmätzer
Fischadler 70
Fischmöwe 146, 155, 157
Fischreiher 34
Fischuhu 176
Fitis 236
Flachsfink s. Hänfling, Birkenzeisig
Flamingo 42
Fliegenschnäpper, Grauer, s. Grauschnäpper

Flußregenpfeifer 120, 135
Flußrohrsänger s. Schlagschwirl
Flußschwirl s. Schlagschwirl
Flußseeschwalbe 160
Flußuferläufer 132, 134
Formosafasan 106
Francolinus bicalcaratus 104
francolinus 104
Fratercula arctica 164
Fregata magnificens 30
Fregattensturmschwalbe 28
Fringilla coelebs 285
montifringilla 285
teydea 285
Fringillaria s. *Emberiza*
Fuchsammer 283
Fulica atra 116
cristata 116
Fuligula s. *Aythya*
Fulmarus glacialis 24

Gabelweihe s. Rotmilan
Gänsegeier 84
Gänsesäger 66
Galeoscoptes s. *Dumetella*
Galerida cristata 204
theklae 204
Gallinago gallinago 140
media 140
stenura 140
Gallinula chloropus 116
Garrulus glandarius 304
Gartenammer s. Ortolan
Gartenbaumläufer 272
Gartengrasmücke 230
Gartenlaubvogel s. Gelbspötter
Gartenrotschwanz 250
Gartensänger s. Gelbspötter
Gartenspötter s. Gelbspötter
Gaukler 312
Gavia adamsii 20
arctica 20
immer 20
stellata 20
Gebirgstelze 212
Gecinus s. *Picus*
Gelbaugentaube 312
Gelbbrauenlaubsänger 238
Gelbkehlchen 313
Gelbkehlsperling 300
Gelbnasenalbatros 24
Gelbschenkel 137
Großer 137
Gelbschnabel-Eistaucher 20
Gelbschnabelkuckuck 174
Gelbschnabelseeschwalbe s. Eilseeschwalbe
Gelbschnabelsturmtaucher 26
Gelbspötter 228
Gelbsteißbülbül s. Graubülbül
Gelochelidon anglica s. *G. nilotica*
nilotica 158
Gennaeus nycthemerus 108
Geokichla sibirica s. *Cryptocichla* s.
Geothlypis trichas 313
Gerfalke 90
Geronticus eremita 40
Gerstenammer s. Grauammer
Getreiderohrsänger s. Sumpfrohrsänger
Gimpel 286
Girlitz 292
Glareola nordmanni 142
pratincola 142
Glaucidium passerinum 180
Glaucionetta s. *Bucephala*
Gleitaar 72
Glockenreiher 36
Glottis s. *Tringa*
Gluckente 54
Goldammer 276
Goldamsel s. Pirol
Golddrossel s. Erddrossel
Goldfasan 108
Goldhähnchen, Gelbköpfiges, s. Wintergoldhähnchen
Feuerköpfiges, s. Sommergoldhähnchen
Goldhähnchenlaubsänger 238
Goldregenpfeifer 122, 134
Kleiner 122
Sibirischer s. Kleiner G.
Goldschnäpper 312
Goldschnepfe 140
Goldwaldsänger 313
Goliathreiher 34
Gouldsturmvogel 312
Granativora s. *Emberiza*
Grasläufer 136
Grasmücke, Gelbe, s. Gelbspötter
Grauammer 274
Graubruststrandläufer 136
Graubülbül 216
Graudroßling 262
Graufischer 190
Graugans 46
Graukehl-Sumpfhuhn 114
Graukopfalbatros 312
Grauortolan 278
Graureiher s. Fischreiher
Graurückendommel 312
Grauschnäpper 240
Grauschulterrohrammer 313
Grauspecht 192
Grauwangendrossel 261
Grauwürger s. Raubwürger
Kleiner, s. Schwarzstirnwürger
Großtrappe 112
Grouse 96
Grünfink s. Grünling
Grünlaubsänger 238
Grünling 286
Grünschenkel 130, 134
Grünspecht 192
Grünwaldsänger 313
Grundammer 313
Grundrötel s. Grundammer
Grus antigone 110
grus 110
leucogeranus 110
Gryllteiste 164
Gürtelfischer 190
Gypaetus barbatus 82
Gyps africanus 84
fulvus 84
rueppellii 84

Habicht 74
Habichtsadler 78
Habichtskauz 182
Häherkuckuck 174
Haematopus moquini 118
ostralegus 118
Hänfling 290
Hakengimpel 296
Halbringschnäpper 240
Halcyon smyrnensis 190
Haliaeetus albicilla 70
leucoryphus 70
Halietor s. *Phalacrocorax*
Halsbandfrankolin 104
Halsbandregenpfeifer s. Sandregenpfeifer
Halsbandschnäpper 240
Halsbandsittich 190
Halsringente 58
Hammelvogel 26
Harelda s. *Clangula*
Harpolestes s. *Tchagra*
Haselhuhn 96
Haubenlerche 204
Haubenmeise 268
Haubensteinschmätzer s. Kappensteinschmätzer
Haubensteißfuß s. Haubentaucher
Haubentaucher 22
Hausammer 274
Hausbaumläufer s. Gartenbaumläufer
Hausrotschwanz 250
Hausschwalbe s. Mehlschwalbe
Haussegler 186
Hausspatz s. Haussperling
Haussperling 298
Haustaube 170
Hausvögelchen 240
Heckenbraunelle 220
Heckensänger 254
Hedydipna s. *Anthreptes*
Hedymeles s. *Pheucticus*
Heidelerche 204
Helenafasänchen s. Wellenastrild
Helmperlhuhn 100
Hemprichmöwe 146
Hengst 22
Herbivocula s. *Phylloscopus*
Heringsmöwe 150, 155, 157
Hesperiphona vespertina 313
Heteropygia s. Calidris
Heuschreckensänger s. Feldschwirl
Heuschreckenschwirl s. Feldschwirl
Hieraaetus fasciatus 78
pennatus 78
Hierofalco s. *Falco*
Himantopus himantopus 118
Hinduracke 188
Hippolais caligata 228
icterina 228
languida 228
olivetorum 228
pallida 228
polyglotta 228
Hirtenregenpfeifer 120, 134
Hirundapus caudacutus 186
Hirundo daurica s. *Cecropis d.*
fuligula s. *Ptyonoprogne f.*
obsoleta s. *Ptyonoprogne o.*
rupestris s. *Ptyonoprogne r.*
rustica 206
urbica s. *Delichon u.*
Histrionicus histrionicus 62
Höckerschwan 44

Hohltaube 170
Kleine, s. Gelbaugentaube
Hopfkuckuck 174
Hoplopterus spinosus 124
Hühnerhabicht s. Habicht
Hydrobates pelagicus 28
Hydrochelidon s. *Chlidonias*
Hydrocoloeus s. *Larus*
Hydroprogne caspia 158
tschegrava s. *H. caspia*
Hylocichla s. *Turdus*
Hypocolius ampelinus 216

Ianthia s. *Tarsiger*
Ibis, Heiliger 40
Ibis ibis 42
Icterus galbula 281
Iduna s. *Hippolais*
Iliacus s. *Turdus*
Indigofink 313
Ionornis s. *Porphyrula*
Irania gutturalis 254
Isabellsteinschmätzer 244
Isabellwürger 218
Italiensperling 298
Ixobrychus eurhythmus 312
minutus 38
sturmii 312

Jagdfalke s. Gerfalke
Jagdfasan s. Fasan
Jerichonektarvogel 264
Jouanins Bulwersturmvogel 312
Junco hyemalis 283
Jungfernkranich 110
Junko 283
Jynx torquilla 196

Kaffernadler 80
Kaffernsegler 186
Kaiseradler 78
Kalanderlerche 202
Kalliope s. Rubinkehlchen
Kammbläßhuhn 116
Kampfläufer 132, 134
Kanadagans 48
Kanarenbuchfink s. Teydefink
Kanarengirlitz 292
Kanarenpieper 210
Kanarenschmätzer 242
Kanarienvogel 292
Kapohreule 178
Kappenammer 276
Kappengeier 312
Kappensäger 66
Kappensteinschmätzer 246
Kapschaf s. Wanderalbatros
Kapsturmvogel 24
Kaptäubchen 172
Karmingimpel 294
Karrekiet 224
Katzendrossel s. Katzenvogel
Katzenvogel 312
Kaukasusbirkhuhn 98
Keilschwanzregenpfeifer 120
Kermadecsturmvogel 312
Kernbeißer 288
Ketupa zeylonensis 176
Kiebitz 124
Kiebitzregenpfeifer 122, 134
Kiefernkreuzschnabel 296
Kirschkernbeißer s. Kernbeißer
Klappergrasmücke 230
Kleiber 270
Kleinspecht 196
Kletterwaldsänger 313
Klippenkleiber 270
Klippenstrandläufer s. Meerstrandläufer
Knackerlerche 202
Knäkente 54
Knutt 128, 135
Königsfasan 108
Königshuhn
Kaspisches 100
Kaukasisches 100
Königsseeschwalbe 158
Kohlmeise 266
Kolbenente 56
Kolkrabe 308
Korallenmöwe 146
Kormoran 32
Kornspötter s. Sumpfrohrsänger
Kornweihe 86
Korsenkleiber 270
Krabbentaucher 164
Krähenscharbe 32
Kragenente 62
Kragentrappe 112
Krammetsvogel 256
Kranich 110
Krauskopfpelikan 30
Krickente 54
Krokodilwächter 142
Kronenflughuhn 166
Kronwaldsänger 281
Krüper-Kappenkleiber s. Türkenkleiber
Kuckuck 174
Küstenreiher 36
Küstenseeschwalbe 160
Kuhreiher 36
Kuhstelze s. Schafstelze
Kupferfasan s. Fasan
Kurzfangsperber 74
Kurzschnabelgans 46
Kurzschwanzrabe s. Borstenrabe
Kurzzehenlerche 200
Kuttengeier s. Mönchsgeier

Lachmöwe 148, 154, 156
Lachseeschwalbe 158
Lachtaube 172
Lagonosticta senegala 313
Lagopus lagopus 96
scoticus 96
mutus 96
Laiscopus s. *Prunella*
Langschnabelpieper 210
Langschwanzdroßling 262
Lanius collurio 218
excubitor 218
minor 218
nubicus 218
senator 218
Lanner 90
Lapplandmeise 268
Larus argentatus 150, 155, 157
atricilla 312
audouinii 146
canus 152, 156
delawarensis 146
fuscus 150, 155, 157
genei 146, 154, 156
glaucoides 150, 155, 157
glaucus s. *L. hyperboreus*
hemprichii 146
hyperboreus 150, 154, 157
ichthyaetus 146, 155, 157
leucophthalmus 146
marinus 150, 155, 157
melanocephalus 148, 154, 156
minutus 148, 154, 156
philadelphia 148, 154, 156
ridibundus 148, 154, 156
sabini 148, 154
tridactylus s. *Rissa tridactyla*
Lasurmeise 266
Laubsänger, Nordischer 238
Laufhühnchen 110
Leimonites s. *Calidris*
Leucopolius s. *Charadrius*
Limicola falcinellus 126
Limnodromus griseus 137
scolopaceus 137
Limosa lapponica 138
limosa 138
Linaria s. *Acanthis*
Lobipes s. *Phalaropus*
Lobivanellus indicus 124
Locustella certhiola 222
fasciolata 312
fluviatilis 222
lanceolata 222
luscinioides 222
naevia 222
Löffelente 56
Löffelreiher s. Löffler
Löffler 40
Lophodytes s. *Mergus*
Lophophanes s. *Parus*
Lophortyx californica 109
Lophura nycthemera s. *Gennaeus nycthemerus*
Lorbeerlerche s. Theklalerche
Lorbeertaube 170
Loxia curvirostra 296
leucoptera 296
pytyopsittacus 296
Lullula arborea 204
Luscinia (Calliope) calliope 252
(Cyanosylvia) svecica 252
(Luscinia) luscinia 254
megarhynchos 254
philomela s. *L. luscinia*
Lusciniola s. *Acrocephalus*
Lymnocryptes minimus 140
Lyrurus mlokosiewiczi 98
tetrix 98

Machetes s. *Philomachus*
Madeira-Wellenläufer 28
Mäusebussard 76
Mandarinente 50
Mandschurendommel 312
Mantelmöwe 150, 155, 157
Mareca s. *Anas*
Mariskensänger 226
Marmaronetta angustirostris 56
Marmelente 56
Maskenammer 313
Maskengrasmücke 232
Maskentölpel 30
Maskenwürger 218

Mattkopfmeise s. Weidenmeise
Mauerläufer 272
Mauersegler 186
Meenataube 172
Meerrenner s. Reiherläufer
Meerstrandläufer 128, 135
Megaceryle s. *Ceryle*
Megalornis s. *Grus*
Mehlschwalbe 206
Meisensänger 281
Melanitta fusca 62
nigra 62
perspicillata 62
Melanocorypha bimaculata 202
calandra 202
leucoptera 202
sibirica s. *M. leucoptera*
yeltoniensis 202
Meleagris gallopavo 109
Melierax metabates 74
Melizophilus s. *Sylvia*
Melospiza melodia 313
Mergellus s. *Mergus*
Mergus albellus 66
cucullatus 66
merganser 66
serrator 66
Merlin 94
Merops apiaster 188
orientalis 188
superciliosus 188
Merula s. *Turdus*
Mesophoyx intermedia 36
Microcarbo s. *Phalacrocorax*
Micropalama himantopus 137
Micropus s. *Apus*
Milan, Roter, s. Rotmilan
Schwarzer, s. Schwarzmilan
Miliaria s. *Emberiza*
Milvus migrans 72
milvus 72
Misteldrossel 258
Mittelente s. Schnatterente
Mittelmeersteinschmätzer 244
Mittelreiher 36
Mittelsäger 66
Mittelspecht 194
Mniotilta varia 313
Moabsperling 298
Mönchsgeier 84
Mönchsgrasmücke 232
Mönchsmeise s. Weidenmeise
Mohrenlerche 202
Mohrenschwarzkehlchen 242
Mollymauk 24
Mongolenregenpfeifer 120
Mongolfasan 106
Monticola saxatilis 242
solitarius 242
Montifringilla nivalis 300
Moorente 58
Moorschneehuhn 96
Schottisches 96
Mornellregenpfeifer 122
Morus s. *Sula*
Motacilla aguimp 212
alba 212
boarula s. *M. cinerea*
cinerea 212
citreola 212
flava 212
sulphurea s. *M. cinerea*
Müllerchen s. Klappergrasmücke
Mugimakischnäpper 312
Muscicapa s. auch *Ficedula*
atricapilla s. *Ficedula hypoleuca*
collaris s. *Ficedula albicollis*
grisola s. *M. striata*
latirostris 240
striata 240
Mycerobas carnipes 288
Mycteria ibis s. *Ibis i.*

Nachtfalke 184
Nachtigall 254
Nachtigallschwirl s. Rohrschwirl
Nachtreiher 38
Nachtschattenfresser s. Seidenwürger
Nachtschwalbe s. Ziegenmelker
Naumanndrossel 260
Nebelkrähe 310
Necrosyrtes monachus 312
Nectarinia osea 264
Neophron percnopterus 82
Netta rufina 56
Nettion s. *Anas*
Neuntöter 218
Nilgans 50
Nimmersatt 42
Noddi 312
Nonnengans 48
Nonnenkranich 110
Nonnenmeise s. Sumpfmeise
Nonnensteinschmätzer 246
Nordseetaucher s. Sterntaucher
Nucifraga caryocatactes 304
Numenius arquata 138
borealis 312
phaeopus 138
tenuirostris 138
Numida meleagris 100
Nußknacker s. Tannenhäher
Nyctale s. *Aegolius*
Nyctea nyctea s. *N. scandiaca*
scandiaca 176
Nycticorax nycticorax 38
Nyctiperdix s. *Pterocles*
Nyroca s. *Aythya*

Oceanites oceanicus 28
Oceanodroma castro 28
leucorhoa 28
monorhis 312
Odinshühnchen 128, 135
Amerikanisches 128
Oedicnemus s. *Burhinus*
Oena capensis 172
Oenanthe alboniger 248
finschii 246
hispanica 244
isabellina 244
leucomela s. *Oe. pleschanka*
leucopyga 248
leucura 248
lugens 246
moesta 246
monacha 246
oenanthe 244
picata 248
pleschanka 246
xanthoprymna 244
Ohrengeier 82
Ohrenlerche 198
Ohrensteißfuß s. Ohrentaucher
Ohrentaucher 22
Oidemia s. *Melanitta*
Olivenspötter 228
Olor s. *Cygnus*
Onychognathus tristramii 302
Oreocincla s. *Zoothera*
Orientturteltaube s. Meenataube
Oriolus oriolus 302
Orpheusgrasmücke 232
Orpheusspötter 228
Ortolan 278
Ortygometra s. *Porzana*
Otis tarda 112
tetrax s. *Tetrax tetrax*
Otocoris s. *Eremophila*
Otus brucei 178
scops 178
Oxyechus s. *Charadrius*
Oxyura jamaicensis 66
leucocephala 66

Paddyreiher 36
Pagophila eburnea 152, 156
Palaeornis s. *Psittacula*
Palästina-Felsenglanzstar s. Tristramstar
Palmtaube 172
Palumbus s. *Columba*
Pandion haliaetus 70
Panurus biarmicus 264
Papageialk 312
Papageitaucher 164
Paperling s. Bobolink
Parula americana 281
Parus ater 266
atricapillus 268
caeruleus 266
cinctus 268
cristatus 268
cyanus 266
major 266
lugubris 268
montanus 268
palustris 268
Passer domesticus 298
hispaniolensis 298
italiae 298
moabiticus 298
montanus 298
simplex 298
Passerella iliaca 283
melodia s. *Melospiza m.*
Passerina cyanea 313
nivalis s. *Plectrophenax n.*
Pastor s. *Sturnus*
Pelagodroma marina 28
Pelecanus crispus 30
onocrotalus 30
rufescens 30
Pelidna s. *Calidris*
Pelikan, Gemeiner, s. Rosapelikan
Perdix perdix 102
Periparus s. *Parus*
Perisoreus infaustus 304
Perlhuhn s. Helmperlhuhn
Pernis apivorus 76
Petronia brachydactyla s. *Carpospiza b.* (*Gymnoris*)

Petronia xanthocollis 300
(Petronia) petronia 300
Petschorapieper 208
Pfannenstielchen 264
Pfeifente 52
Pfeifente, Chilenische 52
Nordamerikanische 52
Pfuhlschnepfe 138
Phaethon aethereus 30
Phalacrocorax africanus 32
aristotelis 32
carbo 32
nigrogularis 32
pygmeus 32
Phalaropus fulicarius 128
lobatus 128, 135
tricolor 128
Pharaonenziegenmelker 184
Phasianus colchicus 106
formosanus 106
mongolicus 106
principalis 106
torquatus 106
versicolor 106
Pheucticus ludovicianus 283
Philomachus pugnax 132, 134
Phoebetria palpebrata 312
Phoeniconaias s. *Phoenicopterus*
Phoenicopterus chilensis 42
minor 42
ruber 42
roseus = *Ph. ruber roseus*
Phoenicurus erythrogaster 250
erythronotus 250
ochruros 250
moussieri s. *Diplootocus m.*
phoenicurus 250
titys s. *Ph. ochruros*
Phragamaticola aedon 312
Phylloscopus bonelli 236
borealis 238
collybita 236
fuscatus 236
humii s. *Ph. inornatus*
inornatus 238
nitidus 238
proregulus 238
schwarzi 236
sibilatrix 236
superciliosus s. *Ph. inornatus*
trochiloides 238
trochilus 236
Pica pica 306
Picoides s. auch *Dendrocopos*
tridactylus 196
Picus canus 192
viridis 192
Pinicola enucleator 296
Pipilo erythrophthalmus 313
Piranga rubra 313
Pirol 302
Pisobia s. *Calidris*
Planesticus s. *Turdus*
Platalea leucorodia 40
Plautus alle 164
Plectrophanes s. *Calcarius*
Plectrophenax nivalis 280
Plegadis falcinellus 40
Plüschkopfente 60
Pluvialis apricaria 122, 134
dominica 122
squatarola 122, 134
Pluvianus aegyptius 142
Podiceps auritus 22
caspicus s. *P. nigricollis*
cristatus 22
grisegena 22
Podiceps nigricollis 22
ruficollis s. *Tachybaptus r.*
Podilymbus podiceps 22
Poecile s. *Parus*
Polarbirkenzeisig 290
Polarmöwe 150, 155, 157
Polartaucher s. Prachttaucher
Poliomyias s. *Ficedula*
Polysticta stelleri 60
Porphyrio alleni s. *Porphyrula a.*
martinica s. *Porphyrula m.*
porphyrio 116
Porphyrula alleni 116
martinica 116
Porzana carolina 114
marginalis 114
parva 114
porzana 114
pusilla 114
Prachtammer 313
Prachteiderente 60
Prachtfregattvogel 30
Prachttaucher 20
Prärieläufer 137
Pratincola s. *Saxicola*
Prince-of-Wales-Fasan 106
Prinia gracilis 226
Proctopus s. *Podiceps*
Provencegrasmücke 234
Prunella atrogularis 220
collaris 220
modularis 220
montanella 220
ocularis 220
Pseudogyps s. *Gyps*
Pseudotantalus s. *Ibis*
Psittacula krameri 190
Psittacula torquata s. *P. krameri*
Pterocles alchata 168
coronatus 166
exustus 168
lichtensteinii 166
orientalis 168
senegallus 166
Pterodroma hasitata 312
leucoptera 312
mollis 24
neglecta 312
Ptyonoprogne fuligula 206
obsoleta 206
rupestris 206
Puffinus assimilis 26
gravis 26
griseus 26
kuhlii s. *Calonectris diomedea*
puffinus 26
Purpurhuhn 116
Purpurreiher 34
Pycnonotus barbatus 216
capensis 216
leucogenys 216
Pyrrherodia s. *Ardea*
Pyrrhocorax graculus 306
pyrrhocorax 306
Pyrrhula pyrrhula 286
Pyrrhulauda s. *Eremopterix*
Querquedula s. *Anas*

Rabe s. Kolkrabe
Rabenkrähe 310
Rackelhuhn 98
Rallenreiher 36
Rallus aquaticus 114
Ramphocoris clotbey 202
Raubadler 80
Raubmöwe, Große, s. Skua
Kleine, s. Falkenraubmöwe
Lanzettschwänzige, s. Falkenraubmöwe
Mittlere, s. Spatelraubmöwe
Raubseeschwalbe 158
Raubwürger 218
Rauchschwalbe 206
Rauhfußbussard 76
Rauhfußkauz 180
Raytallerche s. Uferlerche
Rebhuhn 102
Recurvirostra avosetta 118
Regenbrachvogel 138
Regenpfeifer, Kaspischer, s. Wermutregenpfeifer
Reguloides s. *Phylloscopus*
Regulus ignicapillus 238
regulus 238
Reiherente 58
Reiherläufer 118
Remiz pendulinus 264
Rennvogel 142
Rhadina s. *Phylloscopus*
Rhodopechys s. auch *Bucanetes, Rhodospiza*
sanguinea 288
Rhodopyga s. *Lagonosticta*
Rhodospiza obsoleta 288
Rhodostethia rosea 152, 154, 156
Rhyacophilus s. *Tringa*
Rieddroßling 262
Riedscharbe 32
Riesenrotschwanz 250
Riesenschwirl 312
Riesenseeschwalbe s. Raubseeschwalbe
Riesentrappe 112
Ringamsel s. Ringdrossel
Ringdrossel 256
Ringfasan 106
Ringelgans 48
Ringellumme 164
Ringeltaube 170
Riparia paludicola 206
riparia 206
Rissa tridactyla 152, 156
Rötelammer 313
Rötelfalke 94
Rötelpelikan 30
Rötelschwalbe 206
Rohrammer 280
Rohrdommel 38
Nordamerikanische 38
Rohrschwirl 222
Rohrweihe 86
Rosaflamingo s. Flamingo
Rosapelikan 30
Rosenbrustkernknacker 283
Rosengimpel 294
Rosenmöwe 152, 154, 156
Rosenseeschwalbe 160
Rosenstar 302
Rostbartammer s. Grauortolan
Rostbürzelsteinschmätzer 244

Rostflügeldrossel s. Naumanndrossel
Rostgans 50
Rostkehlgrasmücke s. Weißbartgrasmücke
Rostratula benghalensis 140
Rotaugenlaubwürger s. Rotaugenvireo
Rotaugenrotmeermöwe s. Hemprichmöwe
Rotaugenvireo 281
Rotbürzelsteinschmätzer s. Fahrbürzelsteinschmätzer
Rotdrossel 258
Rotflügelgimpel 288
Rotfußfalke 94
Rothalsgans 48
Rothalstaucher 22
Rothalsziegenmelker 184
Rothuhn 102
Rotkehlchen 252
Rotkehldrossel 260
Rotkehlpieper 208
Rotkopfwürger 218
Rotlappenkiebitz 124
Rotmilan 72
Rotrückenwürger s. Neuntöter
Rotschenkel 130, 134
Großer, s. Dunkler Wasserläufer
Rotschnabelalk 312
Rotschnabel-Tropikvogel 30
Rotschwanzsteinschmätzer s. Rostbürzelsteinschmätzer
Rotstirngirlitz 292
Rottgans 48
Rubicilla s. *Carpodacus*
Rubinkehlchen 252
Rufibrenta s. *Branta*
Rüppellseeschwalbe 158
Rußalbatros 312
Rußseeschwalbe 162
Ruticilla s. *Phoenicurus*
Rüttelfalke 94

Saatgans 46
Saatkrähe 310
Säbelschnäbler 118
Sängergrasmücke s. Orpheusgrasmücke
Saftlecker 312
Sahara-Ohrenlerche 198
Saharasteinschmätzer 248
Sakerfalke s. Würgfalke
Samtente 62
Samtkopfgrasmücke 232
Sanderling 128, 135
Sandflughuhn 168
Sandlerche 200
Sandregenpfeifer 120, 135
Sandstrandläufer 136
Sarciophorus tectus 312
Sardengrasmücke 234
Saruskranich 110
Saxicola s. auch *Oenanthe*
caprata 242
dacotiae 242
rubetra 242
rubicola s. *S. torquata*
torquata 242
Schafstelze 212
Scheckente 60
Schelladler 80
Schellente 64
Schieferdrossel 261
Schieferfalke 92
Schikra 74
Schilfrohrsänger 226
Schillerfasan 106
Schlagschwirl 222
Schlammläufer, Großer 137
Schlammläufer, Kleiner 137
Schlammtreter 312
Schlangenadler 72
Schlangenhalsvogel, Afrikanischer 32
Schleiereule 176
Schlüpfgrasmücke s. Provencegrasmücke
Schmalschnabelente s. Marmelente
Schmalschnabellerche s. Dupontlerche
Schmarotzermilan s. Schwarzmilan
Schmarotzerraubmöwe 144
Schmutzgeier 82
Schnäpperwaldsänger 281
Schnatterente 52
Schneeammer 280
Schnee-Eule 176
Schneefink 300
Schneegans 44
Schneekranich 110
Schneesperling s. Schneefink
Schneezeisig s. Polarbirkenzeisig
Schoeniclus s. *Emberiza*
Schopfalk 312
Schopfwachtel 109
Schreiadler 80
Schuppengrasmücke 232
Schwalbenmöwe 148, 154
Schwalbenweih 312
Schwanzmeise 264
Schwarzdrossel s. Amsel
Schwarzflügelbrachschwalbe 142
Schwarzgesichtscharbe 32
Schwarzhalsreiher 34
Schwarzhalstaucher 22
Schwarzhalssteißfuß s. Schwarzhalstaucher
Schwarzkappenwaldsänger s. Streifenwaldsänger
Schwarzkehlbraunelle 220
Schwarzkehlchen 242
Schwarzkehldrossel 256
Schwarzkopfkernknacker 283
Schwarzkopfmöwe 148, 154, 156
Schwarzkopf-Ruderente 66
Schwarzkopftschagra s. Senegaltschagra
Schwarzkopfsteinschmätzer 248
Schwarzmilan 72
Schwarzplättchen s. Mönchsgrasmücke
Schwarzrückensteinschmätzer 246
Schwarzschnabelkuckuck 174
Schwarzschnabelsturmtaucher 26
Schwarzschopfkiebitz 312
Schwarzschwanz 248
Schwarzschwanzfelsenschmätzer s. Schwarzschwanz
Schwarzschwanzsandlerche s. Sandlerche
Schwarzspecht 192
Schwarzstirnwürger 218
Schwarzstorch 42
Schwarzzügelgimpel 288
Scolopax rusticola 140
Scotiaptex s. *Strix*
Scotocerca inquieta 226
Seeadler 70
Seeregenpfeifer 120, 135
Seggenrohrsänger 226
Seidenreiher 36
Seidensänger 226
Seidenschwanz 216
Seidenwürger 216
Semmelreiher 26
Senegalamarant s. Amarant
Senegalflughuhn s. Tropfenflughuhn
Senegaltaube s. Palmtaube
Senegaltriel 142
Senegaltschagra 216
Serinus canaria 292
citrinella 292
pusillus 292
serinus 292
syriacus 292
Setophaga ruticilla 281
Sibirionetta s. *Anas*
Sichelente 54
Sichelstrandläufer 126, 135
Sichler 40
Silberfasan 108
Silberhalstaube 170
Silbermöwe 150, 155, 157
Silberreiher 36
Sinai-Karmingimpel s. Einödgimpel
Singammer 313
Singdrossel 258
Singhabicht, Kleiner 74
Singschwan 44
Sitta europaea 270
krueperi 270
neumayer 270
tephronota 270
whiteheadi 270
Skua 144
Smaragdspint 188
Somateria fischeri 60
mollissima 60
spectabilis 60
Sommergoldhähnchen 238
Sommertangare 313
Spatelente 64
Spatelraubmöwe 144
Spatula s. *Anas*
Spatz s. Haussperling
Spechtmeise s. Kleiber
Sperber 74
Sperbereule 180
Sperbergeier 84
Sperbergrasmücke 230
Sperlingskauz 180
Sphyrapicus varius 312
Spießbekassine 140
Spießente 56
Spießflughuhn 168
Spinus s. *Carduelis*
Spitzschwanzlaufhühnchen s. Laufhühnchen
Spitzschwanzstrandläufer 136
Spornammer 280
Spornkiebitz 124
Spornkuckuck 174
Spornpieper 210
Spottdrossel, Rote 312
Sprachmeister s. Gelbspötter
Sprosser 254
Sprosserrotschwanz 250
Squatarola s. *Pluvialis*

Stachelschwanzsegler 186
Star 302
Steganopus s. *Phalaropus*
Steinadler 78
Steinbraunelle 220
Steinhuhn 102
Steinkauz 180
Steinlerche 200
Steinortolan 278
Steinrötel 242
Steinschmätzer 244
Grauer, s. Steinschmätzer
Steinschwalbe 206
Steinsperling 300
Steinwälzer 122, 135
Stelzenläufer 118
Stentorrohrsänger 224
Steppenadler 80
Steppenhuhn 168
Steppenkiebitz 124
Steppenweihe 86
Stercorarius longicaudus 144
parasiticus 144
pomarinus 144
skua 144
Sterna albifrons 160
anaethetus 162
bengalensis 158
bergii 158
cantiaca s. *S. sandvicensis*
dougallii 160
forsteri 312
fuscata 162
hirundo 160
macrura s. *S. paradisaea*
maxima 158
minuta s. *S. albifrons*
paradisaea 160
repressa 160
sandvicensis 158
Sterntaucher 20
Stieglitz 286
Stigmatopelia s. *Streptopelia*
Stockente 52
Storch, Weißer, s. Weißstorch
Schwarzer, s. Schwarzstorch
Strandläufer, Bogenschnäbliger, s. Sichelstrandläufer
Isländischer, s. Knutt
Strandpieper 210
Streifenbuschsänger s. Wüstenprinie
Streifengans 44
Streifenohreule 178
Streifenprinie 226
Streifenschwirl 222
Streifenwaldsänger 313
Streptopelia decaocto 172
orientalis 172
roseogrisea 172
senegalensis 172
turtur 172
Strichelammer s. Hausammer
Strichelschwirl 222
Strix aluco 182
butleri 182
flammea s. *Tyto alba*
nebulosa 182
uralensis 182
Stummellerche 200
Sturmmöwe 152, 156
Sturmschwalbe 28
Sturmtaucher, Dunkler 26
Großer 26
Kleiner 26
Sturnus (Pastor) roseus 302
(Sturnus) unicolor 302
(Sturnus) vulgaris 302
Sula bassana 30
Sula dactylatra 30
leucogaster 30
Sultanshuhn, Afrikanisches 116
Amerikanisches 116
Kleines, s. Sultanshuhn, Afrikanisches
Sumpfhuhn, Kleines 114
Sumpfläufer 126
Sumpfmeise 268
Sumpfohreule 178
Sumpfrohrsänger 224
Sumpfseeschwalbe 312
Surnia ulula 180
Swinhoes Wellenläufer 312
Sylvia althaea 230
atricapilla 232
borin 230
cantillans 234
communis 230
conspicillata 234
curruca 230
deserticola 234
hortensis 232; s. auch *S. borin*
melanocephala 232
melanothorax 232
minula 230
mystacea 232
nana 234
nisoria 230
orphea s. *S. hortensis*
rueppelli 232
sarda 234
simplex s. *S. borin*
subalpina s. *S. cantillans*
undata 234
Syriengirlitz s. Zederngirlitz
Syrmaticus reevesii 108
Syrnium s. *Strix*
Syrrhaptes paradoxus 168

Tachybaptus ruficollis 22
Tachymarptis s. *Apus*
Tadorna ferruginea 50
tadorna 50
Tafelente 58
Tamariskengrasmücke 232
Tamariskensänger s. Mariskensänger
Tannenhäher 304
Tannenmeise 266
Tarsiger cyanurus 252
Tchagra senegala 216
Teichhuhn 116
Teichrohrsänger 224
Teichwasserläufer 130, 134
Telophorus senegalus s. *Tchagra senegala*
Temminckstrandläufer 126, 135
Tephrocorys s. *Calandrella*
Terathopius ecaudatus 312
Terekwasserläufer 130
Tetrao s. auch *Lyrurus*
urogallus 98
Tetraogallus caspius 100
caucasicus 100
Tetrastes bonasia 96
Tetrax tetrax 112
Teufelssturmvogel 312
Teydefink 285
Thalassarche s. *Diomedea*
Thalasseus s. *Sterna*
Thalassidroma s. *Hydrobates*
Theklalerche 204
Thorshühnchen 128
Threskiornis aethiopicus 40
Tichodroma muraria 272
Tigerfink 313
Tinnunculus s. *Falco*
Tordalk 164
Torgos tracheliotus 82
Totanus s. *Tringa*
Toxostoma rufum 312
Trauerente 62
Trauermeise 268
Trauerschnäpper 240
Trauerseeschwalbe 162
Trauersteinschmätzer 248
Triel 142
Tringa s. auch *Calidris*
Tringa erythropus 130, 134
flavipes 137
glareola 132, 134
hypoleucos 132, 134
macularia 136
melanoleuca 137
nebularia 130, 134
ochropus 132, 134
terek 130
totanus 130, 134
solitaria 137
stagnatilis 130, 134
Tringoides s. *Tringa*
Triorchis s. *Buteo*
Tristramstar 302
Troglodytes troglodytes 272
Tropfenflughuhn 166
Trottellumme 164
Truthuhn 109
Tryngites subruficollis 136
Tüpfelsumpfhuhn 114
Türkenammer 278
Türkenkleiber 270
Türkentaube 172
Turdoides altirostris 262
caudatus 262
fulvus 262
squamiceps 262
Turdus aliciae s. *T. minimus*
dauma s. *Zoothera d.*
ericetorum s. *T. philomelos*
eunomus = *T. naumanni eu.*
fuscatus = *T. naumanni eunomus*
guttatus 313
iliacus 258
merula 256
migratorius 260
minimus 261
musicus s. *T. iliacus*
naumanni 260
obscurus 260
philomelos 258
pilaris 256
ruficollis 256
atrogularis 256
ruficollis 260
sibiricus s. *Cryptocichla sibirica*
torquatus 256
unicolor 313
ustulatus 261
varius s. *Zoothera dauma*
viscivorus 258
Turmfalke 94
Turmsegler s. Mauersegler

Turnix sylvatica 110
Turteltaube 172
Turtur douraca s. *Streptopelia decaocto*
orientalis s. *Streptopelia o.*
turtur s. *Streptopelia t.*
Tyto alba 176

Uferläufer, Amerikanischer 136
Uferlerche 312
Uferrohrsänger s. Schilfrohrsänger
Uferschnepfe 138
Rostrote, s. Pfuhlschnepfe
Schwarzschwänzige s. Uferschnepfe
Uferschwalbe 206
Uhu 176
Unglückshäher 304
Upupa epops 190
Uralkauz s. Habichtskauz
Uria aalge 164
lomvia 164
ringvia s. *U. aalge*
troille s. *U. aalge*
Urinator s. *Gavia*

Vanellochettusia leucura 124
Vanellus s. auch *Chettusia, Hoplopterus, Lobivanellus, Sarciophorus, Vanellochettusia*
Vanellus vanellus 124
Vermivora peregrina 313
Viehstelze s. Schafstelze
Vireo olivaceus 281

Wacholderdrossel 256
Wacholderkernbeißer 288
Wacholderlaubsänger 238
Wachtel 104
Wachtelkönig 114
Waldammer 280
Waldbaumläufer 272
Waldkauz 182
Waldlaubsänger 236
Waldohreule 178
Waldpieper 208
Waldrapp 40
Waldsänger, Gelber 313
Waldschnepfe 140
Waldschwirrvogel s. Waldlaubsänger
Waldwasserläufer 132, 134
Wanderalbatros 312
Wanderdrossel 260
Wanderfalke 92
Wanderlaubsänger 238
Wasseramsel 272
Wasserläufer, Dunkler 130, 134
Einsamer, s. Einsiedelwasserläufer
Wasserpieper 210
Wasserralle 114
Wasserschwätzer s. Wasseramsel
Wassertreter, Schmalschnäbliger, s. Odinshühnchen
Plattschnäbliger, s. Thorshühnchen
Weichfedersturmvogel 24
Weidenammer 276
Weidenlaubsänger s. Zilpzalp
Weidenmeise 268
Weidensperling 298
Weindrossel s. Rotdrossel
Weißachselnonnensteinschmätzer s. Schwarzrückensteinschmätzer
Weißaugenmöwe 146
Weißbartgrasmücke 234
Weißbartseeschwalbe 162
Weißbauchtölpel 30
Weißbindenkreuzschnabel s. Bindenkreuzschnabel
Weißbrauendrossel 260
Weißbürzelsegler s. Haussegler
Weißbürzelsteinschmätzer 248
Weißbürzelstrandläufer 136
Weißbürzelwassertreter s. Odinshühnchen, Amerikanisches
Weißflügelgimpel 288
Weißflügellerche 202
Weißflügelseeschwalbe 162
Weißkehlammer 283
Weißkehlsänger 254
Weißkopf-Ruderente 66
Weißkopfschmätzer 250
Weißohrbülbül 216
Weißrückengeier 84
Weißrückenspecht 196
Weißschwanzsteppenkiebitz 124
Weißstirnlerche 198
Weißstorch 42
Weißwangengans s. Nonnengans
Weißwangenseeschwalbe 160
Wellenastrild 300
Wellenflughuhn 166
Wellenläufer 28
Wendehals 196
Wermutregenpfeifer 122
Wespenbussard 76
Wiedehopf 190
Wiesenammer
Wiesenpieper 208
Wiesenschmätzer, Braunkehliger, s. Braunkehlchen
Schwarzkehliger, s. Schwarzkehlchen
Wiesenstelze s. Schafstelze
Wiesenstrandläufer 136
Wiesenweihe 86
Wildputer s. Truthuhn
Winterammer s. Junko
Wintergoldhähnchen 238
Witwenstelze 212
Würger, Großer, s. Raubwürger
Würgfalke 90
Wüstenfalke 92
Wüstenflughuhn s. Tropfenflughuhn
Wüstengimpel 288
Wüstengrasmücke 234
Wüstenhuhn, Arabisches, 104
Persisches 104
Wüstenläuferlerche 198
Wüstenlerche s. Steinlerche
Wüstenprinie 226
Wüstenrabe 308
Wüstenregenpfeifer 120
Wüstenschwalbe 206
Wüstensperling 298
Wüstensteinschmätzer 244
Wüstentrompeter 288

Xanthocephalus xanthocephalus 313
Xema s. *Larus*
Xenus cinereus s. *Tringa terek*

Zamelodia s. *Pheucticus*
Zanthopygia s. *Ficedula*
Zaunammer 276
Zaungrasmücke s. Klappergrasmücke
Zaunkönig 272
Zederngirlitz 292
Zeisig 286
Ziegenmelker 184
Ägyptischer, s. Pharaonenziegenmelker
Zilpzalp 236
Zippammer 274
Zistensänger s. Cistensänger
Zitronengirlitz 292
Zitronenstelze 212
Zitronenzeisig s. Zitronengirlitz
Zonotrichia albicollis 283
Zoothera dauma 258
sibirica s. *Cryptocichla s.*
Zügelseeschwalbe 162
Zwergadler 78
Zwergammer 280
Zwergdommel 38
Zwergdrossel 261
Zwergflamingo 42
Zwerggans 46
Zwerglangschwanznektarvogel s. Erznektarvogel
Zwergmöwe 148, 154, 156
Zwergohreule 178
Zwergsäger 66
Zwergscharbe 32
Zwergschnäpper 240
Zwergschnepfe 140
Zwergschwan 44
Zwergseeschwalbe 160
Zwergsteißfuß s. Zwergtaucher
Zwergstrandläufer 126, 135
Zwergsumpfhuhn 114
Zwergtaucher 22
Zwergtrappe 112